Mag. Andreas Reimair
Mag.[a] Renate Ginzinger
Mag. Wolfgang Huber

Mathematik

Berufsreifeprüfung
Lehre mit Matura

Erarbeitungsteil

auf Basis des Grundkompetenzkatalogs Teil A
und Clusters P im Teil B
inklusive der neuen Aufgabenformate für die sRDP ab Mai 2018

bvl Bildungsverlag Lemberger
ikon ikon VerlagsGesmbH

Dieses Buch ist Teil eines umfassenden Lehr- und Lernkonzeptes.

NEU

→ So finden Sie sich im gedruckten Buch zurecht.

ERKLÄR-VIDEO	Über 80 Gratis-Videos als wichtige Unterstützung zum Lernen, Üben und Verstehen von Mathematik-Aufgaben.
Merke	Merksatz
Formel	Hier gilt besondere Aufmerksamkeit
Übung 1	Übungen zum Festigen des Lernstoffes

→ Unsere Lernplattform digi.study bildet die Grundlage für alle digitalen Möglichkeiten mit zahlreichen Vorteilen für Ihr Lernen in Mathematik.

→ Digitales Lernen mit der genialen App zum Buch.

- → Zu jedem Kapitel gibt es eine Quest in der eSquirrel-App.
- → Beantworten Sie die Fragen in der Quest, um einen Level weiterzukommen.
- → Vergleichen Sie sich mit Ihren KollegInnen und fordern Sie sie heraus.
- → Lernen, wo und wann Sie wollen.
- → Bereiten Sie sich auf die Berufsreifeprüfung vor, indem Sie Prüfungsfragen gezielt unter Zeitdruck üben.

Einfach gratis ausprobieren!
Gleich direkt in Ihr Smartphone eintippen: digi.study/bd-eSquirrel

Vorwort

Dieser Unterrichtsbehelf wurde für Teilnehmer/innen an Kursen als Vorbereitung für die Berufsreifeprüfung und Lehre mit Matura aus Mathematik und angewandter Mathematik entwickelt.

Als Grundlage galt die seit 1. 9. 2010 gültige Berufsreifeprüfungscurricularverordnung, BGBl. II Nr. 40/2010. Seit dem Sommertermin 2017 (Anfang Mai) wird diese Berufsreifeprüfung (auch Lehre mit Matura) zentral als standardisierte schriftliche Reife- und Diplomprüfung abgelegt. Ab dem Sommertermin 2018 stimmen die Aufgabenstellungen mit denen aus dem Cluster P überein, d.h. es werden fünf Aufgabenstellungen aus dem Grundkompetenzkatalog A und weitere aus dem Grundkompetenzkatalog B dieses Clusters geprüft.

Dieser Unterrichtsbehelf berücksichtigt das im Curriculum geforderte Kompetenzmodell. Bei den Übungsaufgaben werden die vier Handlungen angewendet und speziell gekennzeichnet.

Eingefügt wurde Kapitel 0 mit grundlegenden Beispielen der Sekundarstufe I, welche als Voraussetzung für die Berufsreifeprüfung und Lehre mit Matura gelten.

A...Modellieren und Transferieren: Es wird das Übertragen von Realsituationen in Gleichungen, Funktionen und Darstellungen wie Diagramme oder Tabellen entwickelt. Die im mathematischen Modell gewonnene Lösung wird auf Tauglichkeit für die jeweilige Situation überprüft und gegebenenfalls angepasst. Schließlich wird ein Zusammenhang zwischen dem Modell und der Realität hergestellt.

B...Operieren und Technologieeinsatz: Der Einsatz von Technologie steht dabei im Mittelpunkt. Ohne Technologieeinsatz werden nur mehr einfache numerische oder algebraische Berechnungen durchgeführt.

Die Lernenden verfügen über einen grafikfähigen Taschenrechner (z.B. einen TI-82) oder über die frei verfügbare Software GeoGebra (www.geogebra.org), Microsoft Excel oder ein anderes professionelles Computeralgebrasystem (CAS).

Mithilfe der Technologie kann besonders auf die Grundlagen und die Modellbildung, die Interpretation und Dokumentation der Ergebnisse eingegangen werden, rechentechnische Probleme treten somit in den Hintergrund.

C...Interpretieren und Dokumentieren: Es ist wichtig, dass die Lernenden aus den verschiedenen mathematisch relevanten Informationen und grafischen Darstellungen die Beziehungen und Zusammenhänge erfassen und sie darüber hinaus im Sachzusammenhang deuten können.

Die Informationen, Ansätze, Ergebnisse, Lösungswege werden entweder in Worten oder auch grafisch dokumentiert und damit nutzbar gemacht.

D...Argumentieren und Kommunizieren: Mit der Angabe von mathematischen Aspekten wird begründet, warum man sich für oder gegen eine bestimmte Sichtweise/Entscheidung ausspricht. Es erfordert eine korrekte und adäquate Verwendung mathematischer Eigenschaften/Beziehungen, mathematischer Regeln sowie der mathematischen Fachsprache.

Sie finden bei den Übungen am Ende die Symbole (A), (B), (C) oder (D) als Kennzeichnung der betroffenen Handlung.

Die Beschreibung der Grundkompetenzen (= Deskriptoren) aus dem Grundkompetenzkatalog A bzw. B des Bildungsministeriums (BMB), welche bei der standardisierten schriftlichen Reife- und Diplomprüfung abgefragt werden, stehen bei den entsprechenden Inhalten.

Für alle jene Kursteilnehmer/innen, welche zusätzliches Übungsmaterial haben möchten, gibt es ein Übungsbuch mit ausgearbeiteten Lösungen.

Inhaltsverzeichnis

0 Wiederholung von Grundlagen (Basiswissen)

digi.study/bm-k00

Die Aufgaben in diesem Kapitel behandeln Inhalte der 4. – 8. Schulstufe und orientieren sich an den Bildungsstandards für die 8. Schulstufe. Mithilfe dieser Aufgaben können Sie die in der Schulzeit erworbenen Fähigkeiten und Fertigkeiten wiederholen. Diese Aufgaben dienen als Voraussetzung für die Inhalte der Berufsreifeprüfung. Die Vertiefung der Inhalte erfolgt in den folgenden Kapiteln dieses Buches.

0.1 Maße und ihre Teile (Deskriptor 1.3)

0.1.1 Längenmaße

digi.study/bm-k001

Längenmaße haben folgende Umwandlungszahlen:

$$\textbf{km} \underbrace{\ .\ \ .\ \ .\ }_{1\,000} \textbf{m} \underbrace{\ .\ }_{10} \textbf{dm} \underbrace{\ .\ }_{10} \textbf{cm} \underbrace{\ .\ }_{10} \textbf{mm}$$

Übung 0.1.1.01
digi.study/bm-k0011a1

1 Verwandeln Sie die gegebenen Längen in die nächstkleinere Einheit. (A)

35 cm   14 km   65 dm   1 340 m   970 cm

2 Übertragen Sie die gegebenen Längen in die Einheit Meter (m). (A)

736 cm   0,38 dm   28,09 km   3 248 mm   17 cm

3 Schreiben Sie die gegebenen Längen mehrnamig an. (A)

Beispiel: 4,15 m = 4 m 1 dm 5 cm

12 470 m   4 567 mm   753,04 m   0,025 km   36,65 dm

4 Ordnen Sie die folgenden Längenmaße der Größe nach, beginnend mit der kleinsten. (B)

3,5 m   0,00035 km   350 dm   35 mm   30 cm 6 mm

Übung 0.1.1.02
digi.study/bm-k0011a2

Ein Handelsreisender zeichnet die während der Arbeitswoche gefahrenen Weglängen auf:

124 km   102 560 m   78 km 45 m   950 000 dm   45 km 123 m

1 Berechnen Sie, welche Weglänge in Metern der Handelsreisende während der Woche insgesamt zurückgelegt hat. (B)

2 Schreiben Sie das Ergebnis mit mehrnamigen Größen an. (A)

3 Berechnen Sie, wie viele km der Handelsreisende durchschnittlich pro Tag gefahren ist. (B)

Übung 0.1.1.03

digi.study/bm-k0011a3

Die Längen von österreichischen Eisenbahntunnels sind bekannt:

Arlbergtunnel: 10 270 m
Bosrucktunnel: 4,8 km
Karawankentunnel: 7,976 km
Semmeringtunnel: 1 430 m
Tauerntunnel: 8 km 550 m

1 Berechnen Sie, um wie viele Kilometer der Arlbergtunnel länger als jeder andere Tunnel ist. (B)

Der Simplontunnel ist 19,823 km lang.

2 Berechnen Sie, um wie viele Kilometer der Arlbergtunnel kürzer als der Simplontunnel ist.

Übung 0.1.1.04

digi.study/bm-k0011a4

Die folgende Abbildung zeigt den Grundriss eines Grundstückes.

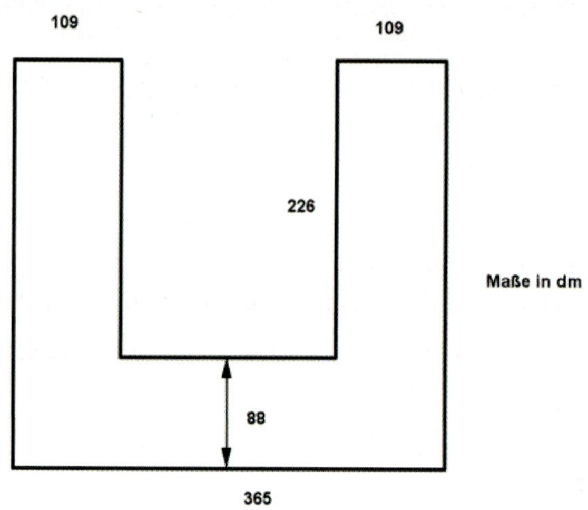

Dieses Grundstück muss mit Holzlatten umzäunt werden. Eine Holzlatte hat eine Länge von 120 cm.

1 Berechnen Sie den Umfang des Grundstückes. (B)

2 Ermitteln Sie die Anzahl der dafür mindestens benötigten Holzlatten. (B)

0.1.2 Flächenmaße

Flächenmaße haben folgende Umwandlungszahlen:

$$\mathbf{km^2} \underbrace{\ \cdot\ \ \cdot\ }_{100} \mathbf{ha} \underbrace{\ \cdot\ \ \cdot\ }_{100} \mathbf{a} \underbrace{\ \cdot\ \ \cdot\ }_{100} \mathbf{m^2} \underbrace{\ \cdot\ \ \cdot\ }_{100} \mathbf{dm^2} \underbrace{\ \cdot\ \ \cdot\ }_{100} \mathbf{cm^2} \underbrace{\ \cdot\ \ \cdot\ }_{100} \mathbf{mm^2}$$

1 Verwandeln Sie die gegebenen Flächenmaße in die nächsthöhere Einheit. (A)

475 cm^2 35 ha 2 341 a 340 mm^2 9 dm^2

2 Übertragen Sie die gegebenen Flächenmaße in die Einheit Quadratmeter (m^2). (A)

736 cm^2 0,88 dm^2 28,09 ha 3 248 a 17 km^2

3 Schreiben Sie die gegebenen Flächenmaße mehrnamig an. (A)

2 470 m^2 4 567 mm^2 753,04 a 0,025 km^2 36,65 dm^2

4 Ordnen Sie die folgenden Flächenmaße der Größe nach, beginnend mit der größten. (B)

4,2 a 0,42 ha 0,402 km^2 4 200 dm^2 42 000 cm^2

Übung 0.1.2.01

digi.study/bm-k0012a1

Eine rechteckige Tischplatte hat eine Länge von 1,85 m und eine Breite von 11 dm. Eine dafür genähte Tischdecke hängt auf jeder Seite 20 cm über die Kante.

1 Erstellen Sie eine saubere Skizze und tragen Sie die gegebenen Maße ein. (A)

2 Berechnen Sie die Größe der Tischfläche. (B)

3 Berechnen Sie die Länge und die Breite der Tischdecke. (B)

Diese Tischdecke wird mit einer Borte verschönert. 1 Laufmeter der Borte kostet € 4,20.

4 Berechnen Sie, wie viele Meter der Borte gekauft werden müssen, wenn für die Ecken um einen halben Meter mehr eingekauft wird. (B)

5 Berechnen Sie die Kosten für diese Borte. (B)

Übung 0.1.2.02

digi.study/bm-k0012a2

Auf dem Boden eines Carports mit quadratischer Grundfläche werden Pflastersteine verlegt. Der Umfang des Carports beträgt 36 m. Die Pflastersteine haben die Maße 37 cm x 45 cm.

1 Schreiben Sie eine Formel an, mit welcher man die Seitenlänge der quadratischen Grundfläche berechnen kann. (A)

2 Berechnen Sie die Größe der quadratischen Grundfläche. (B)

3 Berechnen Sie, wie viele Pflastersteine mindestens eingekauft werden müssen. (B)

Übung 0.1.2.03

digi.study/bm-k0012a3

Übung 0.1.2.04

digi.study/bm-k0012a4

In einem Privatzoo hat das rechteckige Kleintiergehege einen Umfang von 98 m und eine Breite von 19 m. Das Kleintiergehege soll nun auf eine Fläche von 874 m^2 vergrößert werden, wobei die Breite nicht verändert werden kann.

1 Schreiben Sie eine Formel zur Berechnung der Länge des Kleintiergeheges an. (A)

2 Berechnen Sie die Länge des Kleintiergeheges. (B)

3 Schreiben Sie eine Formel zur Berechnung der Länge des neuen Kleintiergeheges an. (A)

4 Berechnen Sie die Länge des neuen Kleintiergeheges. (B)

Übung 0.1.2.05

digi.study/bm-k0012a5

Die Wände und die Decke eines Arbeitszimmers in einem Altbau werden neu ausgemalt. Der Flächeninhalt des 6,5 m langen rechteckigen Bodens beträgt 27,95 m^2. Der Raum ist 302 cm hoch. Die Tür ins Arbeitszimmer hat die Maße 120 cm x 130 cm und wird nicht bemalt.

1 Fertigen Sie eine saubere Skizze an und tragen Sie die gegebenen Maße ein. (A)

2 Berechnen Sie die Breite des Bodens. (B)

3 Schreiben Sie an, wie man die Größe der auszumalenden Fläche berechnen kann. (C)

4 Berechnen Sie die Größe der auszumalenden Fläche. (B)

Für 15 m^2 benötigt man 2,25 kg Farbe.

5 Berechnen Sie, wie viele kg Farbe mindestens gekauft werden müssen. (B)

0.1.3 Raummaße

Raummaße haben folgende Umwandlungszahlen:

$$\mathbf{km^3}\underbrace{\ldots\ \ldots\ \ldots}_{1\,000\,000\,000}\mathbf{m^3}\underbrace{.\ .\ .}_{1\,000}\mathbf{dm^3}\underbrace{.\ .\ .}_{1\,000}\mathbf{cm^3}\underbrace{.\ .\ .}_{1\,000}\mathbf{mm^3}$$

Übung 0.1.3.01

digi.study/bm-k0013a1

1 Verwandeln Sie die gegebenen Raummaße in die nächstgrößere Einheit. (A)

3,24 cm^3 76 mm^3 61 dm^3 672 cm^3 1 435 mm^3

2 Übertragen Sie die gegebenen Raummaße in die Einheit Kubikmeter (m^3). (A)

645 cm^3 15 436 dm^3 7 dm^3 672 312 cm^3 21 456 mm^3

3 Schreiben Sie die gegebenen Raummaße mehrnamig an. (A)

1 435 dm^3 367 589 mm^3 0,5 cm^3 4,08 m^3 4 123,098 dm^3

4 Ordnen Sie die folgenden Raummaße der Größe nach, beginnend mit der kleinsten. (B)

63,3 dm^3 0,633 m^3 6 330 cm^3 633 000 mm^3

Übung 0.1.3.02

digi.study/bm-k0013a2

Ein Holzstapel aus 18 gleich großen trockenen Eichenbrettern soll mit einem Traktoranhänger abtransportiert werden. Auf den Anhänger dürfen maximal 500 kg geladen werden.

Ein Eichenbrett ist 28 mm dick, 22 cm breit und 3,5 m lang.

Man weiß, dass 1 dm^3 trockenes Eichenholz eine Masse von 0,86 kg hat.

0,86 kg/dm^3 nennt man die Dichte ρ eines Stoffes ($\rho = \frac{m}{V}$).

1 Berechnen Sie das Volumen der 18 Eichenbretter. (B)

Ein Bauer behauptet, dass er die 18 Eichenbretter sicher mit einer einzigen Fuhre abtransportieren kann.

2 Überprüfen Sie durch eine Rechnung, ob seine Behauptung den Tatsachen entspricht. (D)

Übung 0.1.3.03

digi.study/bm-k0013a3

Für eine Hafenanlage werden Granitwürfel als Wellenbrecher verwendet. Die Kantenlänge eines Würfels beträgt 75 cm.

Man weiß, dass ein Kubikmeter (m^3) Granit eine Masse von 2 800 kg hat ($\rho = 2800 \frac{kg}{m^3}$).

1 Berechnen Sie die Masse eines Granitwürfels. (B)

Die Granitwürfel müssen mit Lastkraftwagen angeliefert werden. Ein LKW kann maximal 3 800 kg aufladen.

2 Berechnen Sie, wie viele dieser Granitwürfel ein LKW aufladen kann. (B)

Übung 0.1.3.04

digi.study/bm-k0013a4

Entlang eines Gartenzaunes stehen 6 Zaunpfeiler, die aus quaderförmigen Vollziegeln gemauert sind.

Ein Vollziegel hat folgende Maße: 25 cm x 12 cm x 65 mm (B x L x H)

Die Höhe eines Zaunpfeilers ist 6 Mal so groß wie die Höhe eines Vollziegels.

Seine Länge und die Breite sind doppelt so lang wie die Länge bzw. die Breite eines Vollziegels.

Man weiß, dass 1 dm^3 eines Vollziegels eine Masse von 1,7 kg besitzt ($\rho = 1{,}7 \frac{kg}{dm^3}$).

1 Ermitteln Sie die Maße eines Zaunpfeilers. (B)

2 Berechnen Sie, wie viele Vollziegel für den Bau der 6 Zaunpfeiler notwendig sind. (B)

3 Berechnen Sie die Masse eines Vollziegels. (B)

Martin behauptet, dass die Masse eines Zaunpfeilers 24 Mal so viel ist wie jene eines Vollziegels.

4 Erklären Sie, warum die Behauptung von Martin richtig ist. (D)

0.1.4 Hohlmaße

Es gelten folgende Umwandlungszahlen:

$$\mathbf{1\,L = 1\,dm^3}$$

$$\mathbf{hl}\underbrace{\;.\;\;\;.\;}_{100}\mathbf{L}\underbrace{\;.\;}_{10}\mathbf{dl}\underbrace{\;.\;}_{10}\mathbf{cl}\underbrace{\;.\;}_{10}\mathbf{ml}$$

Übung 0.1.4.01

digi.study/bm-k0014a1

1 Verwandeln Sie die gegebenen Größen in die Einheit Liter (L). (A)

259 dm^3 76 hl   6 100 cm^3 672 ml   35 dl

2 Übertragen Sie die gegebenen Größen in die Einheit Hektoliter (hl). (A)

645 dm^3 4,36 m^3 2 702 cm^3 672 312 dm^3 21 456 mm^3

3 Schreiben Sie die gegebenen Hohlmaße mehrnamig an. (A)

1,435 L   3 675 ml   0,056 L   408 cl   412,98 hl

4 Setzen Sie die folgenden Relationszeichen richtig ein: „<", „>", „=". (D)

2,7 L … 270 cl   45 L … 4 500 ml   70 ml … 0,7 L

203,9 L … 2,03 hl   0,65 L … 6,5 dl   40 cl … 0,4 L

Übung 0.1.4.02

digi.study/bm-k0014a2

Ein Spielzeug für Kinder setzt sich aus acht oben offenen Würfeln zusammen. Der größte Würfel hat ein Volumen von 1 Liter. Die Seitenlänge eines jeden anderen Würfels verringert sich jeweils um 1 cm.

1 Berechnen Sie die Kantenlängen der einzelnen Würfel. (B)

2 Erstellen Sie eine Formel für die Oberfläche des größten Würfels und berechnen Sie diese. (A) (B)

3 Berechnen Sie das Gesamtvolumen aller Würfel. (B)

Übung 0.1.4.03

digi.study/bm-k0014a3

Die Kartoffelkiste eines Biobauern ist 1,10 m lang, 120 cm breit und hat ein Volumen von 1 848 dm^3.

1 Schreiben Sie eine Formel an, mit deren Hilfe sich die Höhe einer Kartoffelkiste berechnen lässt. (A)

2 Berechnen Sie die Höhe einer Kartoffelkiste. (B)

Ein Schwimmbecken ist 32 m lang, 20 m breit und 1,9 m tief. Da es während des Winters entleert war, muss es nun gefüllt werden. In einer Minute fließen 30 hl Wasser hinein.

1 Berechnen Sie, wie lange die Füllung dauert, wenn es bis 10 cm unter dem Beckenrand gefüllt wird. (B)

2 Ermitteln Sie, wie viele Liter in der Sekunde in das Becken fließen. (B)

Der Boden und die Wände des Schwimmbeckens sollen mit quadratischen Fliesen mit 31 cm Kantenlänge verfliest werden.

3 Berechnen Sie, wie viele Fliesen mindestens eingekauft werden müssen, wenn für den Verschnitt um 50 Fliesen mehr gekauft werden. (B)

Übung 0.1.4.04

digi.study/bm-k0014a4

0.1.5 Massenmaße

Es gelten folgende Umwandlungszahlen:

$$\textbf{t}\underbrace{\;.\;\;.\;\;.\;}_{1000}\textbf{kg}\underbrace{\;.\;\;.\;}_{100}\textbf{dag}\underbrace{\;.\;}_{10}\textbf{g}$$

1 Verwandeln Sie die gegebenen Massenmaße in die Einheit Kilogramm (kg). (A)

9 t   76 dag   6 100 g   6 t 72 g   240 dag 5 g

2 Übertragen Sie die gegebenen Massenmaße in die Einheit Dekagramm (dag). (A)

645 g   4,36 t   270,2 kg   0,006 t   2,14 kg

3 Schreiben Sie die gegebenen Massenmaße mehrnamig an. (A)

1 435 kg   3 675 dag   408 g   0,056 765 t   412,98 kg

4 Setzen Sie die folgenden Relationszeichen richtig ein: „<“ , „>“, „=“ (D)

2,7 t … 2 700 kg   45 kg … 450 dag   40 kg …0,40 t

203 g …0,203 kg   70,4 dag … 0,704 kg   0,65 t … 65 kg

5 Ordnen Sie die gegebenen Massenmaße der Größe nach. Beginnen Sie mit der kleinsten Zahl. (D)

5 007 kg   50 700 dag   50 070 g   5,07 t

Übung 0.1.5.01

digi.study/bm-k0015a1

Das Fassungsvermögen des Treibstofftanks eines Autos beträgt 40 L. Ein Kubikzentimeter (cm^3) Treibstoff hat eine Masse von 0,84 g. Auf der Anzeigetafel einer Tankstelle sieht man, dass 1 L Diesel € 1,089 kostet.

1 Berechnen Sie, wie viele Kilogramm die volle Tankfüllung hat. (B)

Der Besitzer des Autos tankt dieses Mal 36 Liter (L) Diesel.

2 Berechnen Sie, welchen Betrag er dafür bezahlen muss. (B)

Übung 0.1.5.02

digi.study/bm-k0015a2

Übung 0.1.5.03

digi.study/bm-k0015a3

Beim Fleischhauer Max kosten 85 dag Krakauer € 9,35. Im Supermarkt bezahlt man für 71 dag dieser Sorte € 8,52.

1 Vergleichen Sie die Preise. (B)

Übung 0.1.5.04

digi.study/bm-k0015a4

Im Jahr 2014 haben 7 200 österreichische Rübenbauern 3,7 Millionen Tonnen (t) Zuckerrüben geerntet. Der Ertrag pro Hektar (ha) betrug dabei durchschnittlich 75 t.

1 Erstellen Sie einen mathematischen Ausdruck, mit welchem man berechnen kann, wie viele kg Rüben ein österreichischer Rübenbauer im Jahr 2014 durchschnittlich geerntet hat. (A)

2 Berechnen Sie diesen Wert. (B)

3 Berechnen Sie, wie groß die Anbaufläche für Rüben in Österreich im Jahr 2014 war. (B)

4 Übertragen Sie die Größe der erhaltenen Anbaufläche in die Einheit Quadratmeter (m^2). (A)

0.1.6 Zeitmaße

Es gelten folgende Umwandlungszahlen:

$$\textbf{Tag}(\textbf{d}) \underbrace{\quad}_{24} \textbf{Stunde}(\textbf{h}) \underbrace{\quad}_{60} \textbf{Minute}(\textbf{min}) \underbrace{\quad}_{60} \textbf{Sekunde}(\textbf{s})$$

Übung 0.1.6.01

digi.study/bm-k0016a1

1 Verwandeln Sie die gegebenen Zeitmaße in die Einheit Minuten (min). (A)

900 s   76 h   6 d   6,72 h   2 405 s

2 Übertragen Sie die gegebenen Zeitmaße in die Einheit Stunden (h). (A)

645 s   4,36 d   270,2 min   0,006 d

Übung 0.1.6.02

digi.study/bm-k0016a2

Ein Schnellzug fährt um 7:35 Uhr in Bludenz ab und erreicht Wien Hauptbahnhof um 14:45 Uhr.

1 Berechnen Sie die Fahrzeit des Schnellzuges. (B)

Eine Person möchte mit diesem Schnellzug nach Wien fahren. Leider hat der Zug 24 Minuten Verspätung. Auf dem Weg nach Salzburg verliert er nochmals 15 Minuten.

2 Berechnen Sie in diesem Fall die Ankunftszeit des Schnellzuges in Wien Hauptbahnhof. (B)

Durch einen Flachstahl muss ein kreisförmiges Loch gebohrt werden. Für die Bohrung eines Loches benötigt man 11 Sekunden.

1 Berechnen Sie, wie viele Minuten und Sekunden für die Bohrung von 500 Löchern aufgewendet werden müssen. (B)

Am Montag wird mit der Bohrung um 7:20 Uhr begonnen. Bis 12:00 Uhr sollen 1 500 Löcher gebohrt sein.

2 Überprüfen Sie, ob dieses Ziel tatsächlich erreicht werden kann. (D)

Übung 0.1.6.03

digi.study/bm-k0016a3

Eine Sekretärin überprüft die Telefonrechnung des letzten Monats. Es wurde dieser Abrechnung zufolge insgesamt 18 Stunden, 4 Minuten und 44 Sekunden telefoniert.

Auf der Rechnung sind folgende Zeiten vermerkt:

3 min 48 s	12 min 56 s	1 h 34 min 53 s
1 h 52 min 15 s	7 min 36 s	2 h 12 min 14s
45 min	2 h 43 min 54 s	3 h 3 min 45 s
4 h 12 min 23 s		

1 Berechnen Sie die Summe aller auf der Rechnung vermerkten Telefonzeiten. (B)

2 Berechnen Sie den Unterschied zur verrechneten Gesamtzeit. (B)

Übung 0.1.6.04

digi.study/bm-k0016a4

0.2 Rechnen mit ganzen Zahlen, Grundrechnungsarten, Vorrangregeln

Für die Addition und die Subtraktion gelten folgende Vorzeichenregeln:

$+(+) = +$ $\quad +(-) = -$ $\quad -(+) = -$ $\quad -(-) = +$

Für die Multiplikation lauten die Vorzeichenregeln folgendermaßen:

$+ \cdot + = +$ $\quad + \cdot (-) = -$ $\quad - \cdot + = -$ $\quad - \cdot (-) = +$

Für die Division lauten die Vorzeichenregeln folgendermaßen:

$+ : + = +$ $\quad + : (-) = -$ $\quad - : + = -$ $\quad - : (-) = +$

Klammern müssen vorher berechnet werden.
Die **Punktrechnungen** haben **Vorrang** vor den **Strichrechnungen**.

Übung 0.2.01

digi.study/bm-k002a1

1 Führen Sie die folgenden Rechnungen ohne bzw. anschließend zur Kontrolle mit dem Taschenrechner aus. (B)

a) $(+31) + (+27) =$ b) $(-68) + (-32) =$ c) $(+58) + (-25) =$

d) $(+81) - (+45) =$ e) $(+125) - (-39) =$ f) $(-1\,200) - (-450) =$

g) $(31) \cdot (-60) : (15) =$ h) $(+17) \cdot (+36) : (-9) =$ i) $(-72) : (-8) : (-2) =$

j) $36 : 4 - 14 \cdot 4 =$ k) $104 - 27 \cdot 3 + 220 : 5 =$

l) $245 - (33 + 56 \cdot 4) - 42 =$ m) $-3 \cdot [-3 \cdot (-3)] =$ n) $(27 \cdot 15 - 105) : 30 =$

Der folgende Ausdruck wird als **Potenz** bezeichnet. Es gilt: $a^5 = a \cdot a \cdot a \cdot a \cdot a$
Das **Potenzieren** hat **Vorrang** vor den **Punktrechnungen** und den **Strichrechnungen**.

Übung 0.2.02

digi.study/bm-k002a

1 Führen Sie die folgenden Rechnungen ohne bzw. anschließend zur Kontrolle mit dem Taschenrechner aus. Schreiben Sie anfangs die Potenzen ausführlich an. (B)

Beispiele: $3^4 - 3 \cdot 7 = 3 \cdot 3 \cdot 3 \cdot 3 - 3 \cdot 7 = 81 - 21 = 60$

$(-4)^3 + 5^2 = (-4) \cdot (-4) \cdot (-4) + 5 \cdot 5 = -64 + 25 = -39$

a) $-3 - (-3)^2 =$ b) $4^3 - (-4)^3 =$ c) $(+4) + (-2)^2 =$

d) $[(-2) \cdot (-3)]^2 =$ e) $(3 + 5 \cdot 4)^2 =$ f) $(17 - 2 \cdot 3)^2 =$

g) $(2^3 + 3^2)^3 =$ h) $(+10) - [(4^2) : 2^3]^4 =$ i) $(+10) - 4 \cdot 5^2 =$

0.3 Brüche, Dezimalzahlen

Man kann einen Bruch als Dezimalzahl darstellen: $3 : 4 = 0{,}75$

Jede endliche Dezimalzahl lässt sich in einen Bruch umwandeln: $0{,}125 = \frac{125}{1\,000} = \frac{1}{8}$

Ist der Wert eines Bruches größer als ein Ganzes, so lässt er sich als gemischte Bruchzahl anschreiben und umgekehrt: $\frac{13}{5} = 2\frac{3}{5}$ bzw. $3\frac{5}{6} = \frac{23}{6}$

Kürzen eines Bruches: $\frac{72}{108} = \frac{72:36}{108:36} = \frac{2}{3}$

Erweitern eines Bruches: $\frac{4}{5} = \frac{4 \cdot 3}{5 \cdot 3} = \frac{12}{15}$

1 Stellen Sie den Bruch als Dezimalzahl dar. (A)

a) $\frac{1}{4} =$ b) $\frac{1}{2} =$ c) $\frac{3}{8} =$ d) $\frac{4}{5} =$

2 Übertragen Sie die Dezimalzahl in einen Bruch. Achten Sie darauf, dass der Bruch gekürzt ist.(A)

a) $0{,}25 =$ b) $0{,}625 =$ c) $0{,}5 =$ d) $0{,}6 =$

3 Kürzen Sie die Brüche bis zum angegebenen Nenner. (B)

a) $\frac{72}{216} = \frac{}{3}$ b) $\frac{33}{66} = \frac{}{2}$ c) $\frac{32}{80} = \frac{}{5}$ d) $\frac{322}{364} = \frac{}{26}$

4 Erweitern Sie die Brüche auf den angegebenen Nenner. (B)

a) $\frac{2}{3} = \frac{}{27}$ b) $\frac{3}{5} = \frac{}{25}$ c) $\frac{5}{8} = \frac{}{128}$ d) $\frac{7}{13} = \frac{}{78}$

5 Erweitern Sie die Brüche so, dass alle einen gemeinsamen Nenner haben. (A)

a) $\frac{1}{3}, \frac{3}{4}, \frac{5}{6}, \frac{7}{12}$ b) $\frac{1}{4}, \frac{3}{5}, \frac{1}{2}, \frac{3}{10}$ c) $\frac{9}{10}, \frac{3}{5}, \frac{21}{25}, \frac{1}{2}$ d) $\frac{5}{6}, \frac{11}{20}, \frac{1}{3}, \frac{23}{15}$

6 Ordnen Sie die Brüche der Größe nach. Beginnen Sie mit dem größten Bruch. (B)

a) $\frac{5}{6}, \frac{3}{4}, \frac{5}{8}, \frac{11}{12}$ b) $\frac{9}{10}, \frac{14}{50}, \frac{3}{25}, \frac{1}{100}$ c) $\frac{3}{4}, \frac{2}{7}, \frac{1}{2}, \frac{5}{8}$ d) $\frac{17}{10}, \frac{1}{2}, \frac{13}{6}, \frac{11}{5}$

Übung 0.3.01

digi.study/bm-k003a1

Addition und Subtraktion von Brüchen:

$\frac{3}{7} + \frac{5}{7} = \frac{3+5}{7} = \frac{8}{7} = 1\frac{1}{7}$

$\frac{8}{9} + \frac{2}{3} = \frac{8}{9} + \frac{6}{9} = \frac{8+6}{9} = \frac{14}{9} = 1\frac{5}{9}$

$\frac{3}{7} - \frac{5}{7} = \frac{3-5}{7} = \frac{-2}{7}$

$\frac{5}{8} - \frac{2}{3} = \frac{5 \cdot 3}{8 \cdot 3} - \frac{2 \cdot 8}{3 \cdot 8} = \frac{15-16}{24} = -\frac{1}{24}$

Multiplikation und Division von Brüchen:

$\frac{7}{9} \cdot \frac{27}{28} = \frac{7 \cdot 3 \cdot 9}{9 \cdot 4 \cdot 7} = \frac{3}{4}$

$\frac{7}{9} : \frac{35}{36} = \frac{7}{9} \cdot \frac{36}{35} = \frac{7 \cdot 4 \cdot 9}{9 \cdot 5 \cdot 7} = \frac{4}{5}$

$1\frac{3}{4} \cdot 2\frac{5}{6} = \frac{7}{4} \cdot \frac{17}{6} = \frac{119}{24} = 4\frac{23}{24}$

$1\frac{3}{4} : 2\frac{5}{6} = \frac{7}{4} : \frac{17}{6} = \frac{7}{4} \cdot \frac{6}{17} = \frac{7 \cdot 2 \cdot 3}{2 \cdot 2 \cdot 17} = \frac{21}{34}$

Die Vorrangregeln gelten wie beim Rechnen mit ganzen Zahlen.

1 Führen Sie die folgenden Rechnungen aus. Beachten Sie, dass der Bruch im Endergebnis gekürzt ist. (B)

a) $\frac{1}{8} + \frac{5}{8} =$ b) $\frac{5}{7} - \frac{3}{7} =$ c) $\left(\frac{5}{11} + \frac{3}{11}\right) - \frac{6}{11} =$ d) $\frac{3}{5} + \frac{7}{10} =$

e) $\frac{5}{6} - \frac{2}{5} =$ f) $\frac{7}{12} - \left(\frac{3}{4} - \frac{1}{6}\right) =$ g) $\left(12\frac{3}{4} - 2\frac{7}{8}\right) - \left(\frac{1}{2} + \frac{33}{10}\right) =$

h) $\frac{2}{5} \cdot \frac{30}{21} =$ i) $\frac{5}{6} : \frac{150}{93} =$ j) $\frac{3}{4} - \frac{4}{3} \cdot \frac{1}{2} =$

k) $\left(\frac{5}{7} \cdot \frac{2}{9}\right) : \left(\frac{3}{4} - \frac{5}{8}\right) =$ l) $\left(\frac{6}{7} \cdot \frac{21}{24}\right) \cdot \left(\frac{5}{9} + \frac{2}{3}\right) =$

Übung 0.3.02

digi.study/bm-k003a2

Übung 0.3.03

digi.study/bm-k003a3

In einem Fass lagern 12 Liter (L) Sonnenblumenöl. Es wird in $\frac{7}{10}$-Literflaschen abgefüllt.

1 Berechnen Sie, wie viele Flaschen gefüllt werden können. (B)

Eine Marktforschung hat ergeben, dass die Konsumenten Flaschen mit einem halben Liter Inhalt bevorzugt kaufen.

2 Berechnen Sie, um wie viel mehr Flaschen gefüllt werden können. (B)

Übung 0.3.04

digi.study/bm-k003a4

Auf einem Bauernhof wird ein Schwein geschlachtet. Das Fleisch wird an die Kunden des Hofladens verkauft. Eine Schweinshälfte hat eine Masse von 25 kg.

Davon werden verkauft: $3\frac{3}{10}$ kg, $5\frac{1}{2}$ kg, 54 dag, 1 030 g, $2\frac{3}{5}$ kg

1 Erstellen Sie eine Formel, mit der man den noch verbleibenden Rest berechnen kann. (A)

2 Berechnen Sie, welche Masse nach dem Verkauf noch über ist. (B)

Der Rest wird in Portionen zu je $\frac{3}{10}$ kg für den Hofhund verpackt.

3 Berechnen Sie, wie viele Portionen hergestellt werden können. (B)

Übung 0.3.05

digi.study/bm-k003a5

Ein Gehsteig von einer Siedlung ins Dorfzentrum ist 7,75 km lang. Letzte Woche wurden davon $2\frac{4}{5}$ km asphaltiert. Diese Woche sollen laut Plan 3 500 m asphaltiert werden.

1 Berechnen Sie, wie viele km nach dieser Woche noch zur Asphaltierung anstehen. (B)

Übung 0.3.06

digi.study/bm-k003a6

In einem internationalen Konzern arbeiten insgesamt 6 192 Personen. In einer Erhebung wurde festgestellt, dass ein Viertel der Personen aus Österreich kommt, ein Sechstel aus Deutschland, ein Drittel aus Großbritannien und zwei Achtel aus der Schweiz.

1 Ordnen Sie die Anteile an den verschiedenen Ländern der Größe nach, beginnen Sie mit dem geringsten Anteil. (A)

2 Berechnen Sie, wie viele Personen aus Deutschland kommen. (B)

Übung 0.3.07

digi.study/bm-k003a7

In einem Sägewerk werden aus Baumstämmen Bretter geschnitten. Es können aber nur $\frac{3}{4}$ eines Baumstammes für die Produktion von Brettern genutzt werden und der Rest kommt in die Hackschnitzelanlage. Ein Lastkraftwagen transportiert 12 Baumstämme zu je 5 m^3 ins Sägewerk.

1 Berechnen Sie, wie viele Kubikmeter (m^3) Holz zu Brettern verarbeitet werden können. (B)

2 Berechnen Sie, wie viele Kubikmeter für die Herstellung von Hackschnitzel anfallen. (B)

0.4 Prozent- und Promillerechnung (Deskriptor 1.5)

$$p\ \% = \frac{p}{100}$$

Beispiel:

$7\ \% = \frac{7}{100} = 0{,}07$

Der **Grundwert *G*** legt dabei das Ganze, also 100 % fest.

Der **Prozentsatz *p*** gibt den Anteil in Bezug auf das Ganze in Prozent an.

Der **Prozentanteil *A*** ist jener Teil des Grundwertes, der dem Prozentsatz entspricht.

$q\ ‰ = \frac{q}{1\,000}$ „q Promille“

Übung 0.4.01
digi.study/bm-k004a1

1 Übertragen Sie die Prozentzahlen in einen Bruch bzw. in eine Dezimalzahl. (A)

5 % = 25 % = 75 % = 100 % = 150 % =

2 Übertragen Sie die Bruchzahlen in die Angaben mit Prozent. (A)

$\frac{1}{4} =$ $\frac{7}{10} =$ $\frac{2}{5} =$ $\frac{2}{1} =$ $\frac{1}{2} =$

Übung 0.4.02
digi.study/bm-k004a2

1 Beschreiben Sie in den folgenden Beispielen den Grundwert *G*, den Prozentsatz *p* und den Prozentanteil *A*. (C)

a) 258 Kursteilnehmerinnen und Kursteilnehmer von insgesamt 645 sind Männer, das sind 40 %.

b) 275 Sportlerinnen sind 55 % von insgesamt 500 Sportlern.

c) Eine Teilstrecke von 3 km sind 2 % der 150 km langen Gesamtstrecke.

d) Von 800 Jugendlichen haben 89 % ein Handy, das sind 712 Jugendliche.

Übung 0.4.03
digi.study/bm-k004a3

a) Nach einer Lohnerhöhung um 1,5 % beträgt der Bruttolohn € 1.423,60.

1 Berechnen Sie den ursprünglichen Bruttolohn. (B)

b) Beim Kauf eines Fahrrades wird eine Anzahlung von € 350,00 geleistet. Das sind 30 % vom Kaufpreis.

1 Berechnen Sie den Preis des Fahrrades. (B)

c) Ein kreisförmiger Tisch wird auf beiden Seiten furniert. Inklusive 20 % Verschnitt werden insgesamt 3,8 m^2 Furnier benötigt.

1 Berechnen Sie die Größe der Tischfläche. (B)

d) Ein junges Paar will einen Kasten kaufen. Der Nettoverkaufspreis beträgt € 450. Die Mehrwertsteuer macht 20 % aus. Das junge Paar hat nur € 520 zur Verfügung.

1 Überprüfen Sie, ob das vorhandene Geld für den Kauf des Kastens ausreicht. (D)

Übung 0.4.04

digi.study/bm-k004a4

Aus einem quaderförmigen Rohling mit den Maßen 130 mm x 75 mm x 48 mm wird in mehreren Arbeitsgängen ein Werkstück gefräst.

Beim ersten Arbeitsgang werden 23 % vom Volumen des Rohlings weggefräst und beim 2. Arbeitsgang vom verbleibenden Rest 17 %. Beim letzten Arbeitsgang werden nochmals 40 % weggefräst.

1 Berechnen Sie das Volumen des unbearbeiteten Rohlings. (B)

2 Berechnen Sie das Volumen des nach dem 1. Arbeitsgang bearbeiteten Rohlings. (B)

3 Berechnen Sie das Volumen des fertigen Werkstücks in cm^3. (A)(B)

4 Berechnen Sie die Größe des Abfalls in Prozent. (B)

Übung 0.4.05

digi.study/bm-k004a5

Familie Berger schließt nach dem Wohnungskauf eine Versicherung in der Höhe von 2,5 ‰ des Kaufpreises in der Höhe von € 254.000 ab. Dieser Betrag muss jährlich am 1. April bezahlt werden.

1 Berechnen Sie die Höhe des jährlich zu entrichtenden Versicherungsbeitrages. (B)

Übung 0.4.06

digi.study/bm-k004a6

Eine Hose kostete ursprünglich € 100,00. Dieser Preis wurde aus Gründen der Umsatzsteigerung eine Woche lang um 20 % gesenkt. Danach wurde der Preis wieder um 20 % erhöht.

1 Berechnen Sie, wie viele Euro nun die Hose kostet. (B)

0.5 Rechnen mit Variablen, binomische Formeln, Gleichungen

Mathematische Ausdrücke, auch Terme bezeichnet, dürfen nur dann **addiert** bzw. **subtrahiert** werden, wenn sie gleich sind.

Beispiel:

$3 \cdot a + 2 \cdot b - 5 \cdot a = -2 \cdot a + 2 \cdot b$

Multiplikation von einfachen Ausdrücken:

$5 \cdot r \cdot 2 \cdot c \cdot 7 \cdot d = 5 \cdot 2 \cdot 7 \cdot c \cdot d \cdot r = 70 \cdot c \cdot d \cdot r$

Division einfacher Ausdrücke: $\frac{36 \cdot x \cdot y}{4 \cdot x^2 \cdot y} = \frac{9 \cdot 4 \cdot x \cdot y}{4 \cdot x \cdot x \cdot y} = \frac{9}{x} \quad x, y \neq 0$

Ausmultiplizieren von Termen: $r \cdot (s + t) = r \cdot s + r \cdot t$

$3 \cdot d \cdot (2 \cdot a - 5 \cdot b) = 6 \cdot a \cdot d - 15 \cdot b \cdot d$

$(r + s) \cdot (t + u) = r \cdot t + r \cdot u + s \cdot t + s \cdot u$

Herausheben von gemeinsamen Faktoren (Faktorisieren): $3 \cdot x - 6 \cdot y = 3 \cdot (x - 2 \cdot y)$

Übung 0.5.01

digi.study/bm-k005a1

Führen Sie die Rechenoperationen aus und geben Sie das Ergebnis in vereinfachter Form an. (B)

a) $20 \cdot x + 12 \cdot y - (32 \cdot x + 56 \cdot z - 3 \cdot y) - 23 \cdot z =$

b) $-y - [-y - (-y)] =$

c) $\frac{b-1}{2} - \frac{b+1}{3} =$

d) $3 \cdot a^2 + 2 \cdot a - 2 \cdot a^2 - a =$

e) $\frac{3}{8} \cdot r + (\frac{1}{4} \cdot s + \frac{3}{4} \cdot r) + \frac{5}{8} \cdot s =$

f) $(\frac{1}{5} \cdot x \cdot \frac{5}{7} \cdot y) : (\frac{6}{21} \cdot z) =$

g) $(-5 \cdot a) \cdot (7 \cdot b) \cdot (-9 \cdot c) =$

h) $\frac{144 \cdot a \cdot b}{3 \cdot a \cdot 6 \cdot b} =$

Übung 0.5.02

digi.study/bm-k005a2

1 Multiplizieren Sie die folgenden Ausdrücke aus. (B)

a) $s \cdot (m + n) =$

b) $(h - t) \cdot l =$

c) $(2 \cdot x + 5 \cdot y - 6 \cdot z) \cdot 3 \cdot x - 5 =$

d) $(x + y) \cdot (f + g) =$

e) $(e - f) \cdot (d + e) =$

f) $(2 \cdot k + 3 \cdot h) \cdot (5 \cdot a - 6 \cdot b) =$

2 Heben Sie die gemeinsamen Faktoren heraus.

a) $4 \cdot x + 2 \cdot x \cdot y + 18 \cdot x^2 =$

b) $3 \cdot m \cdot g - 27 \cdot m^2 \cdot g + 99 \cdot m \cdot g^2 =$

Binomische Formeln:

$(a + b)^2 = a^2 + 2 \cdot a \cdot b + b^2$

$(a - b)^2 = a^2 - 2 \cdot a \cdot b + b^2$

$(a + b) \cdot (a - b) = a^2 - b^2$

Übung 0.5.03

digi.study/bm-k005a3

1 Berechnen Sie die folgenden binomischen Formeln. (B)

a) $(m + z)^2 =$ b) $(j - d)^2 =$ c) $(2 \cdot f - 3 \cdot s)^2 =$

d) $(5 \cdot a - 3 \cdot h)^2 =$ e) $(7 \cdot g + 9 \cdot x) \cdot (7 \cdot g - 9 \cdot x) =$

Lösen von Gleichungen:

$$\begin{aligned} 3 \cdot x - 5 &= 4 \quad | + 5 \\ 3 \cdot x &= 9 \quad |:3 \\ x &= 3 \end{aligned}$$

Übung 0.5.04

digi.study/bm-k005a4

1 Lösen Sie die folgenden Gleichungen auf. (B)

a) $x + 41 = 76$ b) $128 - x = 67$

c) $2 \cdot a - 5 = 7$ d) $18 - 3 \cdot s = 0$

e) $2 \cdot (2 \cdot y - 3) = 3 \cdot (4 - 2 \cdot y) + 2$

f) $(5 \cdot a + 8) \cdot 3 = 54 + 10 \cdot a \cdot 3$

1 Aussagenlogik

Bei der Beschäftigung mit mathematischen Sachverhalten ist es notwendig, einheitliche und international verständliche Formulierungen (Definitionen) zu verwenden.

digi.study/bm-k01

1.1 Aussage, Aussageform

digi.study/bm-k011

Merke

Definition: Aussage, Aussageform
Eine **Aussage** ist ein Satz, der wahr oder falsch sein kann. Enthält ein Satz mindestens eine Variable (einen Platzhalter), so spricht man von einer **Aussageform**.

Beispiel 1.1.01 für Aussagen:

Der Elefant ist ein Säugetier. wahr (w)
Jahn ist ein Mädchenname. falsch (f)

Beispiel 1.1.02 für eine Aussageform:

$3 \cdot x + 4 = 16$ Gleichung
Ersetzt man in dieser Gleichung die Variable x durch eine Zahl, so entsteht eine Aussage. Für $x = 4$ wird es eine wahre Aussage, für alle anderen Werte eine falsche Aussage.

Zum Verknüpfen von mathematischen Objekten verwendet man **Operatoren**, wie z.B.

Arithmetische Operatoren:

Zeichen	Name
+	Additionsoperator, „plus“
–	Subtraktionsoperator, „minus“
·	Multiplikationsoperator, „mal“
:	Divisionsoperator, „dividiert durch“

Vergleichsoperatoren (zum Vergleichen von zwei Zahlen bzw. Ausdrücken):

Zeichen	Name	Beispiel	
=	Ist-gleich-Zeichen	$7 = 7$	„7 ist gleich 7“
≠	Ist-ungleich-Zeichen	$7 \neq 9$	„7 ist ungleich 9“
<	Kleiner-als-Zeichen	$2 < 3$	„2 ist kleiner als 3“
≤	Kleiner-gleich-Zeichen	$5 \leq 5$	„5 ist kleiner oder gleich 5“
>	Größer-als-Zeichen	$8 > 4$	„8 ist größer als 4“
≥	Größer-gleich-Zeichen	$4 \geq 3$	„4 ist größer oder gleich 3“

Mit diesen Operatoren lassen sich neue Aussagen bilden:
$3 < 4$ w oder
$32 = 7$ f

Weitere Operatoren:

Allquantor	$\forall$… „für alle“
Existenzquantor	$\exists$ … „es gibt (mindestens) ein“
	$\exists_1$ … „es gibt (genau) ein“
	$\mid$ … „es gilt, für die gilt“
	$\perp$ … „steht normal auf“
	$a \mid b$ … „a ist ein Teiler von b“

Beispiel 1.1.03:

$\forall x, y \in \mathbb{R} \mid (x < y) \vee (x = y) \vee (x > y)$ wahre Aussage

Sprachliche Übersetzung: „Für alle x und y aus der Menge der reellen Zahlen gilt: x ist kleiner als y oder x ist gleich groß wie y oder x ist größer als y.“

1.2 Verknüpfung von Aussagen

1.2.1 Konjunktion (Und-Verknüpfung)

Merke

Eine Aussage, die durch Verbindung zweier Aussagen M und K mittels „Und“ gebildet wird, ist nur dann wahr, wenn beide Aussagen wahr sind.
mathematisches Symbol: $M \wedge K$

Beispiel 1.2.1.01:

Der Inn ist ein Fluss $\wedge$ Krems liegt an der Donau.	w
$(2 \cdot 2 = 4) \wedge (3 > 7)$	f
$(2 < 5) \wedge (2 \cdot 3 = 6)$	w

1.2.2 Disjunktion (Oder-Verknüpfung)

Merke

Zwei Aussagen M und K, die mit „Oder“ verbunden werden, sind genau dann wahr, wenn mindestens eine von ihnen wahr ist, oder auch beide wahr sind.
mathematisches Symbol: $M \vee K$

Beispiel 1.2.2.01:

$(2 + 2 = 4) \vee (6 - 2 = 4)$	w
$(2 \cdot 4 = 7) \vee (6 > 4)$	w
$(4 > 5) \vee (3 + 4 = 6)$	f

1.2.3 Negation (Verneinung)

Merke

Eine Aussage **¬R** heißt dann Verneinung einer Aussage **R**, wenn sie das Gegenteil angibt. Ist die Aussage **R** falsch, dann muss **¬R** wahr sein und umgekehrt.

Beispiel 1.2.3.01:

R	„Heute scheint die Sonne"	w
¬R	„Heute scheint die Sonne nicht."	f
S	„Das Wasserglas ist voll."	f
¬S	„Das Wasserglas ist nicht voll."	w

1.2.4 Implikation und Äquivalenz

Merke

Wird eine Aussage **M** vorausgesetzt und folgt daraus die Aussage **K**, so spricht man von einer Implikation.
mathematisches Symbol: $\mathbf{M \Rightarrow K}$
Gilt zudem auch die Umkehrung, d.h. aus der vorausgesetzten Aussage **K** folgt die Aussage **M**, so spricht man von der Äquivalenz der beiden Aussagen.
mathematisches Symbol: $\mathbf{M \Leftrightarrow K}$
Die Aussage $M \Leftrightarrow K$ ist gleich bedeutend mit $(M \Rightarrow K) \wedge (K \Rightarrow M)$.

Beispiel 1.2.4.01:

$\forall\, x \in \mathbb{N} : (4 \mid x) \Rightarrow (2 \mid x)$ Wenn 4 ein Teiler (|) der Zahl x ist, dann ist auch 2 ein Teiler von x.

$(5 > 2) \Leftrightarrow (2 < 5)$

1.2.5 Wahrheitstabellen für die Verknüpfungen von Aussagen

Es sind M und K Aussagen. Für die Wahrheitswerte der Verknüpfungen gilt:

		Konjunktion	Disjunktion	Implikation	Äquivalenz
M	**K**	$\mathbf{M \wedge K}$	$\mathbf{M \vee K}$	$\mathbf{M \Rightarrow K}$	$\mathbf{M \Leftrightarrow K}$
w	w	w	w	w	w
w	f	f	w	f	f
f	w	f	w	w	f
f	f	f	f	w	w

Übung 1.01

digi.study/bm-k0125a1

1 Überprüfen Sie, ob es sich bei den angegebenen Sätzen um Aussagen handelt. (D)
2 Schreiben Sie bei den Aussagen den Wahrheitswert an. (C)

a) Heute ist es eisig.
b) Gib mir das Buch!
c) Bist du morgen anwesend?
d) Wien ist die Hauptstadt von Belgien.
e) Blau ist die schönste Farbe.
f) 5 ist größer als 7.
g) Mein Würfel hat 7 gleich große Flächen.

Übung 1.02

digi.study/bm-k0125a2

Es gelte $n \in \mathbb{N}$.
1 Ordnen Sie den Aussagen jeweils die korrekte Verneinung zu. (A)

a) $n \geq 3 \wedge n \leq 7$
b) $n = 1 \vee n \geq 4$
c) $n^2 = 4 \wedge n > 0$
d) $n = 5 \vee n = 6$
e) $n \geq 2 \vee n^2 = 100$
f) $n = 0 \vee 2 \leq n \leq 3$
g) $n < 5 \vee n > 6$
h) $n \leq 2 \vee n > 7$
i) $n = 0 \vee n = 1$
j) $n \in \mathbb{N} \setminus \{2\}$

2 Mengenlehre (Deskriptor B_P_1.1)

digi.study/bm-k2

Merke

Definition: Unter einer **Menge** M versteht man die Zusammenfassung von unterscheidbaren Objekten (den **Elementen**) zu einem Ganzen.

ERKLÄR-VIDEO digi.study/bm-k2d1

Üblicherweise werden Mengen mit Großbuchstaben bezeichnet. Die Elemente einer Menge werden – durch Beistriche getrennt – zwischen zwei geschwungenen Klammern angeführt. Gleiche Elemente werden dabei nur einmal angeschrieben. Die Reihenfolge ist nicht wesentlich.

Beispiel 2.01:

$M = \{1, 2, 3, 4, 5\} = \{2, 4, 1, 5, 3\}$

$\mathbb{N} = \{0, 1, 2, 3, \ldots\}$	Menge der natürlichen Zahlen
$\mathbb{N}_g = \{0, 2, 4, 6, \ldots\}$	Menge der geraden natürlichen Zahlen
$\mathbb{N}_u = \{1, 3, 5, 7, \ldots\}$	Menge der ungeraden natürlichen Zahlen
$\mathbb{Z} = \{\ldots, -3, -2, -1, 0, 1, 2, \ldots\}$	Menge der ganzen Zahlen

Mengen kann man im **aufzählenden Verfahren** angeben (siehe Beispiel oben) oder im **beschreibenden Verfahren**.

Beispiel 2.02:

$S = \{x \in \mathbb{N} \mid 5 \leq x < 10\}$

Sprachliche Übersetzung: „S ist die Menge aller Elemente x aus der Menge der natürlichen Zahlen $\mathbb{N}$ (siehe Kapitel 3), für die gilt: 5 ist kleiner oder gleich x und x ist kleiner als 10."

Im aufzählenden Verfahren: $S = \{5, 6, 7, 8, 9\}$

Man kann sagen:

$6 \in S$ „6 ist ein Element der Menge S."

$10 \notin S$ „10 ist kein Element der Menge S."

Die Menge, die kein Element besitzt, heißt die **leere Menge**.
mathematisches Symbol: { } oder ∅

Merke

ERKLÄR-VIDEO digi.study/bm-k2d2

Verknüpfungen von Mengen:
Gleichheit von Mengen: Gehören alle Elemente einer Menge A auch zur Menge B und umgekehrt, dann sind die beiden Mengen **gleich**.
mathematische Schreibweise:

$A = B \Leftrightarrow ((\forall x \in A \mid x \in B) \wedge (\forall x \in B \mid x \in A))$

Beispiel 2.03:

$A = \{5, 4, 3\}$

$B = \{y \in \mathbb{N} \wedge 2 < y < 6\}$

A und B enthalten dieselben Elemente, daher gilt: $A = B$

Merke

Teilmenge: Eine Menge ***A*** ist dann eine **Teilmenge** der Menge ***M***, wenn jedes Element der Menge A auch in der Menge M enthalten ist.
mathematische Schreibweise: $A \subseteq M \Leftrightarrow (\forall x \in A \mid x \in M)$

Beispiel 2.04:

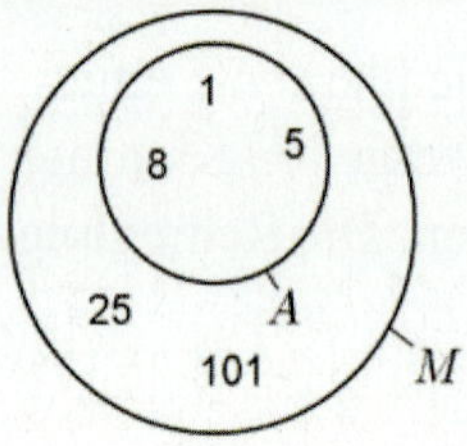

$A = \{1, 5, 8\}$
$M = \{1, 5, 8, 25, 101\}$
$A \subseteq M$

Es gilt: Die leere Menge ist Teilmenge einer jeden Menge: $\{\} \subseteq A$

Merke

Durchschnittsmenge: Sucht man die gemeinsamen Elemente von zwei Mengen A und B, dann erhält man den **Durchschnitt** der beiden Mengen.
mathematische Schreibweise: $A \cap B = \{x \mid (x \in A) \wedge (x \in B)\}$

Beispiel 2.05:

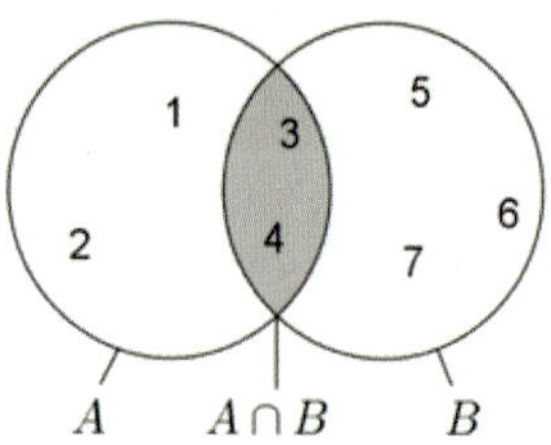

$A = \{1, 2, 3, 4\}$
$B = \{3, 4, 5, 6, 7\}$
$A \cap B = \{3, 4\}$

Ist die Durchschnittsmenge die leere Menge, so nennt man die beiden Mengen **elementfremd** oder **disjunkt**.

Für den Durchschnitt von zwei Mengen gelten folgende Gesetze:

Formel

$A \cap B = B \cap A$	Kommutatives Gesetz
$(A \cap B) \cap C = A \cap (B \cap C) = A \cap B \cap C$	Assoziatives Gesetz
$A \cap \{\} = \{\}$	

Merke

Vereinigungsmenge: Werden alle Elemente der Menge A und alle Elemente der Menge B in eine gemeinsame Menge gegeben, dann spricht man von der **Vereinigung** der Mengen A und B.
mathematische Schreibweise: $A \cup B = \{x \mid (x \in A) \vee (x \in B)\}$

Beispiel 2.06:

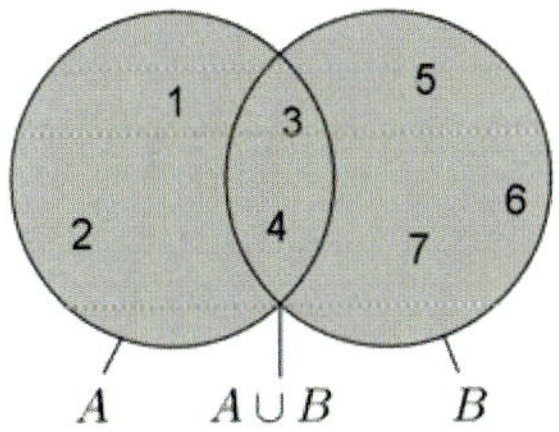

$A = \{1, 2, 3, 4\}$
$B = \{3, 4, 5, 6, 7\}$
$A \cup B = \{1, 2, 3, 4, 5, 6, 7\}$

Für die Vereinigung von zwei Mengen A und B gelten folgende Gesetze:

Formel

$A \cup B = B \cup A$ Kommutatives Gesetz
$(A \cup B) \cup C = A \cup (B \cup C) = A \cup B \cup C$ Assoziatives Gesetz
$A \cup \{\} = A$

Merke

Differenzmenge: Nimmt man nur jene Elemente aus der Menge A, welche nicht in B enthalten sind, dann spricht man von der **Differenz** der Mengen A und B.
mathematische Schreibweise: $A \setminus B = \{x \mid (x \in A) \wedge (x \notin B)\}$

Beispiel 2.07:

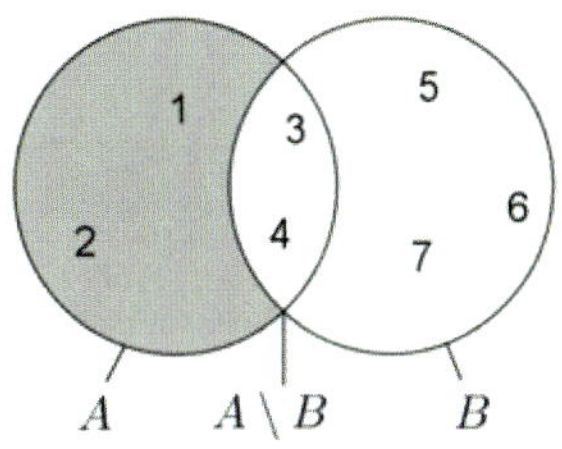

$A = \{1, 2, 3, 4\}$
$B = \{3, 4, 5, 6, 7\}$
$A \setminus B = \{1, 2\}$
$B \setminus A = \{5, 6, 7\}$

Für die Differenz von zwei Mengen A und B gilt im Allgemeinen das kommutative Gesetz nicht:
$A \setminus B \neq B \setminus A$

Merke

Produktmenge: Bildet man die Menge aller geordneten Paare $(a \mid b)$, wobei a ein Element der Menge A und b ein Element der Menge B ist, so spricht man von der **Produktmenge.**
mathematische Schribweise: $A \times B = \{(a \mid b) \mid (a \in A) \wedge (b \in B)\}$

Hinweis: Statt $(\boldsymbol{a} \mid \boldsymbol{b})$ könnte man auch $(\boldsymbol{a}, \boldsymbol{b})$ schreiben. „|“ bzw. „ , “ sind nur Trennzeichen.

Beispiel 2.08:
$A = \{u, e, i\}, B = \{1, 2\}$
$A \times B = \{(u \mid 1), (u \mid 2), (e \mid 1), (e \mid 2), (i \mid 1), (i \mid 2)\}$

Jede Produktmenge kann auch in einem **Koordinatensystem** dargestellt werden. Dabei trägt man die Elemente der Menge A auf der ***x*-Achse**, **Abszissenachse** oder der **horizontalen Achse**, jene der Menge B auf der ***y*-Achse**, **Ordinatenachse** oder der **vertikalen Achse** auf.

Merke

Beachten Sie:
Bei geordneten Paaren $(a \mid b)$ ist die Reihenfolge wichtig!
a nennt man **erste Koordinate,** b nennt man **zweite Koordinate**.

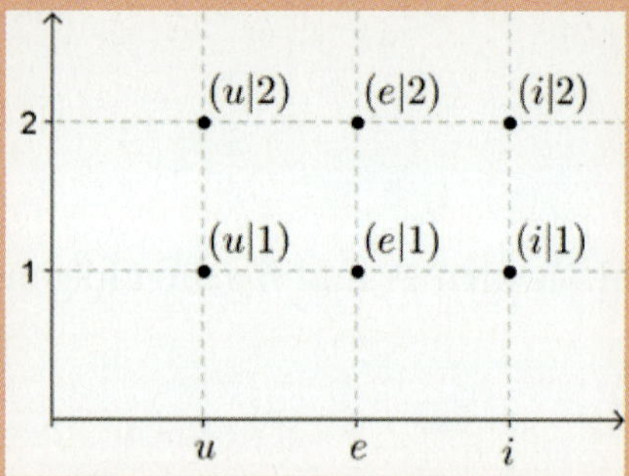

Für die Produktmenge $A \times B$ gilt das kommutative Gesetz nicht: $A \times B \neq B \times A$

Übung 2.01

digi.study/bm-k2a1

1 Schreiben Sie folgende Mengen im aufzählenden Verfahren an: (A)

a) $A = \{x \in \mathbb{N} \mid 7 \geq x > 4\}$
b) $B = \{x \in \mathbb{N} \mid 3 < x \leq 6\}$
c) $C = \{x \in \mathbb{Z} \mid -3 < x < 5\}$
d) $D = \{x \in \mathbb{Z} \mid -5 \leq x < -1\}$
e) $E = \{x \in \mathbb{N} \mid x < 4\}$
f) $F = \{x \in \mathbb{N} \mid x^2 \leq 25\}$
g) $G = \{x \in \mathbb{Z} \mid x > -3\}$
h) $H = \{x \in \mathbb{N} \mid x > 3 \wedge x^2 < 37\}$
i) $I = \{x \in \mathbb{N} \mid x < 3 \vee x^2 < 37\}$
j) $J = \{x \in \mathbb{N} \mid x > 2 \wedge x < 6\}$

Übung 2.02

digi.study/bm-k2a2

1 Geben Sie folgende Mengen im beschreibenden Verfahren an: (A)

a) $A = \{2, 3, 4\}$
b) $B = \{4, 5, 6, \ldots\}$
c) $C = \{-2, -1, 0, 1\}$
d) $D = \{\ldots, -2, -1, 0\}$
e) $E = \{-4, -3, -2\}$
f) $F = \{-1, 0, 1, 2, \ldots\}$

Übung 2.03

digi.study/bm-k2a3

1 Begründen Sie, ob A eine Teilmenge von B ist. (D)

a) $A = \{3, 4, 5\}, B = \{3, 4, 5, 6\}$
b) $A = \{2, 3\}, B = \{x \in \mathbb{Z} \mid -1 < x < 4\}$
c) $A = \{x \in \mathbb{Z} \mid x < 4\}, B = \{x \in \mathbb{N} \mid x < 6\}$
d) $A = \{3, 4, 5, 6\}, B = \{x \in \mathbb{N} \mid x > 3 \wedge x < 7\}$
e) $A = \{x \in \mathbb{Z} \mid x > 3\}, B = \mathbb{N}$
f) $A = \{x \in \mathbb{N} \mid x < 5\}, B = \{x \in \mathbb{Z} \mid -3 < x \leq 4\}$

Übung 2.04

digi.study/bm-k2a4

1 Geben Sie die Durchschnittsmenge, die Vereinigungsmenge der Mengen A und B und die Differenzmengen $A \setminus B$ und $B \setminus A$ an. (A)

a) $A = \{3, 4, 5\}, B = \{1, 2, 3\}$
b) $A = \{5, 6, 7\}, B = \{-1, 0\}$
c) $A = \{7, 8, 9\}, B = \{5, 6\}$
d) $A = \{-1, 0, 1, 2, 3\}, B = \{-2, -1, 0, 1\}$
e) $A = \{-2, -1, 0, 1\}, B = \mathbb{N}$
f) $A = \{2, 3, 4, 5, 6\}, B = \{3, 4\}$
g) $A = \{x \in \mathbb{N} \mid x \leq 2\}, B = \{-1, 0, 1\}$
h) $A = \{x \in \mathbb{N} \mid x < 4\}, B = \{x \in \mathbb{Z} \mid -2 < x \leq 2\}$

Übung 2.05

digi.study/bm-k2a5

1 Entscheiden Sie, ob folgende Aussagen wahr oder falsch sind und schreiben Sie Ihre Entscheidung an (w/f). (C)

a) $\{3\} \neq \{5\}$
b) $\{\,\} \neq \{0\}$
c) $\{4\} \neq \{6\}$
d) $\{43, 34\} \neq \{34, 43\}$
e) $\{x \in \mathbb{N} \mid x < 0\} \neq \{\,\}$
f) $\{2\} \cup \{2\} = \{4\}$
g) $\{4, 5\} \subseteq \{3, 5, 4, 6\}$
h) $\{2\} \cap \{2\} = \{4\}$
i) $\{3, 4, 5\} \subseteq \{5, 4, 3\}$

Übung 2.06

digi.study/bm-k2a6

1 Zeichnen Sie, wenn möglich, in die dargestellten Mengendiagramme (**Venn-Diagramme**) die Mengen $A \cup B$, $A \cap B$, $A \setminus B$, sowie $B \setminus A$ ein. (B)

a) b) c)

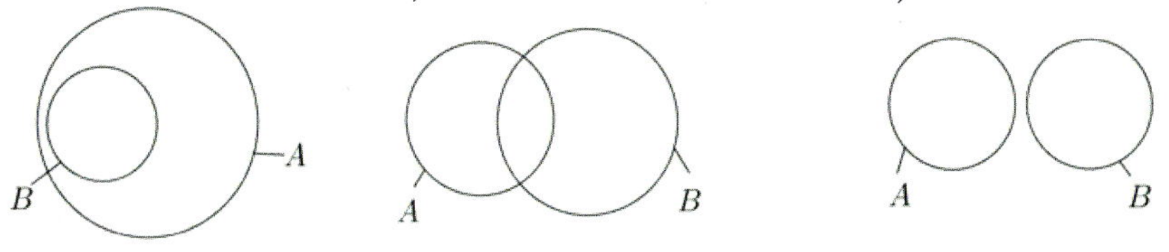

Übung 2.07

digi.study/bm-k2a7

1 Geben Sie die Eigenschaften der folgenden Mengen beschreibend an. (A)

a) $D \cap E =$
b) $F \setminus R =$
c) $K \cup L =$

Übung 2.08

digi.study/bm-k2a8

Gegeben sind die Mengen A, B und C.

$A = \{y \in \mathbb{N}_g \mid 4 < y < 16\}$

B ist die Menge aller durch 3 teilbaren Zahlen von 6 bis 21.

$C = \{t \in \mathbb{Z} \mid t = 4 \cdot k, k \in \mathbb{Z}\}$

1 Überprüfen Sie anhand der gegebenen Mengen, ob die folgende Gleichung für diese Mengen gültig ist: (A) (B) (D)

$A \setminus (B \cap C) = (A \cap B) \setminus (A \cap C)$

Übung 2.09

digi.study/bm-k2a9

Gegeben sind die Mengen F, G und H.

$F = \{10, 12, 14, 16, 18, 20, 22\}$

$G = \{x \mid x \in \mathbb{N}_g \wedge 18 < x \leq 24\}$

$H = \{y \mid y \in \mathbb{N} \wedge 3 \mid y\}$

1 Erstellen Sie ein Venn-Diagramm für die folgende Menge: (A)
$(F \setminus G) \cap H$

Übung 2.10

digi.study/bm-k2a10

Von den 958 Schüler/innen einer Schule betreiben viele regelmäßig Sport. 319 Schüler/innen spielen regelmäßig Tennis, 810 gehen regelmäßig schwimmen. Nur 98 geben an, weder Tennis zu spielen noch schwimmen zu gehen.

1 Berechnen Sie, wie viele Schüler/innen beide Sportarten regelmäßig betreiben. (B)

2 Dokumentieren Sie die Rechenschritte. (C)

Übung 2.11

digi.study/bm-k2a11

In einem Unternehmen erscheinen an einem bestimmten Tag 26 Personen zum Mittagessen. Angeboten wird: Suppe (S), Schnitzel (SCH), Obst (O). Im nachfolgenden Venn-Diagramm wird dargestellt, wie sich diese Personen ihr Mittagessen zusammenstellen. Es gibt keine Person, die nichts isst.

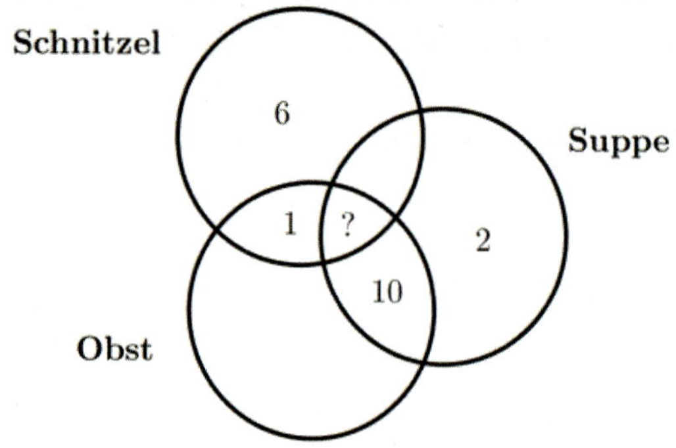

1 Ermitteln Sie die möglichen Kombinationen und wie oft diese gewählt wurden. (B)

2 Ermitteln Sie, wie viele Portionen Suppe, Schnitzel und Obst jeweils verzehrt wurden. (B)

3 Interpretieren Sie, welche Bedeutung der Ausdruck $SCH \setminus (S \cap O)$ im Sachzusammenhang hat. (C)

Übung 2.12

digi.study/bm-k2a12

In einer Gemeinde wurden Jugendliche befragt, welche Sportarten sie ausüben.
Das nachfolgende Mengendiagramm stellt das Ergebnis der Befragung grafisch dar.

Sportarten: SF… Schifahren
SW… Schwimmen
EL… Eislaufen

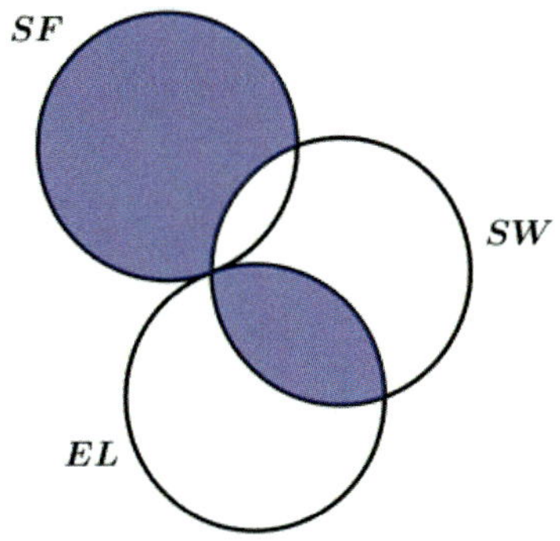

1 Beschreiben Sie mit Hilfe von Mengensymbolen den lila unterlegten Bereich des Mengendiagrammes, das die von den Jugendlichen genannten Sportarten wiedergibt. (C)

Übung 2.13

digi.study/bm-k2a13

Auf einem Jungscharlager nehmen 24 Kinder am abschließenden Spielefest teil. Insgesamt waren 18 Kinder beim Ballwerfen (BW). Beim Kirschkernspucken (KS) beteiligten sich insgesamt 14 Kinder. 10 Kinder beteiligten sich sowohl beim Ballwerfen als auch beim Kirschkernspucken.

1 Erstellen Sie ein Venn-Diagramm, das diesen Sachverhalt beschreibt. (A)

2 Lesen Sie aus diesem Diagramm ab, wie viele Kinder keine dieser beiden Spielstationen besucht haben. (C)

3 Beschreiben Sie, was die folgenden Mengenverknüpfungen im Sachzusammenhang bedeuten: (C)

(1) $M_1 = KS \setminus BW$
(2) $M_2 = KS \cap BW$

3 Zahlenmengen (Deskriptor 1.1)

digi.study/bm-k3

3.1 Die Menge der natürlichen Zahlen

ERKLÄR-VIDEO
digi.study/bm-k31

Die ersten Zahlen, die Kinder lernen, sind die natürlichen Zahlen.
$\mathbb{N} = \{0, 1, 2, 3, \dots\}$ **Menge aller natürlichen Zahlen**

Jede natürliche Zahl n hat einen Nachfolger $n + 1$.
Jeder natürlichen Zahl kann man auf der **Zahlengeraden** einen Punkt zuordnen und sie somit darstellen:

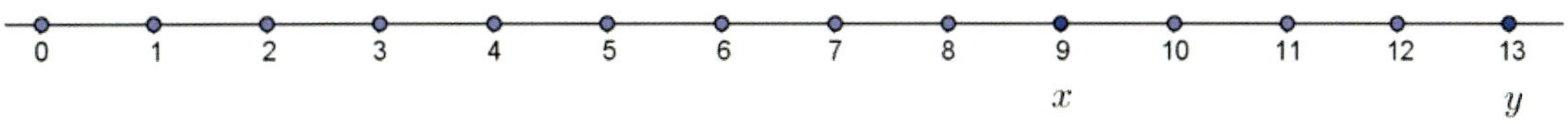

Ist eine Zahl **x kleiner als y** ($x < y$), so liegt die Zahl x auf der Zahlengeraden **links von y**.

Merke

Natürliche Zahlen, welche durch 2 teilbar sind, heißen **gerade natürliche Zahlen.**
$\mathbb{N}_g = \{0, 2, 4, 6, \dots\}$

Merke

Ist eine natürliche Zahl nicht durch 2 teilbar, dann nennt man sie eine **ungerade natürliche Zahl**.
$\mathbb{N}_u = \{1, 3, 5, 7, \dots\}$

Merke

Ist eine natürliche Zahl nur durch genau zwei Zahlen (1 und sich selbst) teilbar, so spricht man von einer **Primzahl**.
$\mathbb{P} = \{2, 3, 5, 7, 11, 13, \dots\}$ **Menge aller Primzahlen**

Merke

ERKLÄR-VIDEO
digi.study/bm-k31d4

Mit den natürlichen Zahlen lassen sich die vier Grundrechenarten ausführen:

Addition:	**1. Summand + 2. Summand = Summe**
Subtraktion:	**Minuend – Subtrahend = Differenz**
Multiplikation:	**1. Faktor · 2. Faktor = Produkt**
Division:	**Dividend : Divisor = Quotient**

Beachten Sie: Subtraktion und Division sind in $\mathbb{N}$ nicht immer möglich.

Addition und Subtraktion werden als **Strichrechnungen**,
Multiplikation und Division als **Punktrechnungen** bezeichnet.
Strichrechnungen sind Rechnungen 1. Stufe, Punktrechnungen solche 2. Stufe.

Merke

Beachten Sie: $x \cdot 0 = 0 \cdot x = 0, \ \forall x \in \mathbb{N}$
Wird eine Zahl mit Null multipliziert, so ergibt dies stets Null.

Merke

Beachten Sie: Die Division durch Null ist nicht möglich.
Begründung: Angenommen $5 : 0 = r$, dann müsste $r \cdot 0 = 5$ sein. Das stimmt nicht, da $r \cdot 0 = 0$ ist.
Auch $0 : 0$ ist nicht möglich, denn die Gleichung $r \cdot 0 = 0$ stimmt für jedes r und somit hat $0 : 0$ kein eindeutiges Ergebnis.

Addiert bzw. multipliziert man zwei natürliche Zahlen, so erhält man wieder eine natürliche Zahl. Man sagt: Die Menge der natürlichen Zahlen $\mathbb{N}$ ist in Bezug auf die Addition bzw. die Multiplikation **abgeschlossen**.

Formel

Rechengesetze für das Rechnen in $\mathbb{N}$

$\forall x, y \in \mathbb{N} \mid x + y = y + x$	Kommutatives Gesetz der Addition (Vertauschungsgesetz)
$\forall x, y, z \in \mathbb{N} \mid (x + y) + z = x + (y + z) = x + y + z$	Assoziatives Gesetz der Addition (Verbindungsgesetz)
$\forall x \in \mathbb{N} \mid 0 + x = x + 0 = x$	0 ist ein neutrales Element bezüglich der Addition. (0 ist auch das einzige neutrale Element.)
$\forall x, y \in \mathbb{N} \mid x \cdot y = y \cdot x$	Kommutatives Gesetz der Multiplikation
$\forall x, y, z \in \mathbb{N} \mid (x \cdot y) \cdot z = x \cdot (y \cdot z) = x \cdot y \cdot z$	Assoziatives Gesetz der Multiplikation
$\forall x \in \mathbb{N} \mid 1 \cdot x = x \cdot 1 = x$	1 ist ein neutrales Element bezüglich der Multiplikation. (1 ist auch das einzige neutrale Element.)
$\forall x, y, z \in \mathbb{N} \mid x \cdot (y \pm z) = x \cdot y \pm x \cdot z$	Distributives Gesetz (Verteilungsgesetz)

Beispiel 3.1.01:

$5 + 6 = 6 + 5 = 11$

$(4 + 11) + 1 = 4 + (11 + 1) = 4 + 11 + 1 = 16$

$7 + 0 = 0 + 7 = 7$

$6 \cdot 8 = 8 \cdot 6 = 48$

$(12 \cdot 2) \cdot 4 = 12 \cdot (2 \cdot 4) = 12 \cdot 2 \cdot 4 = 96$

$1 \cdot 13 = 13 \cdot 1 = 13$

Veranschaulichung des distributiven Gesetzes:

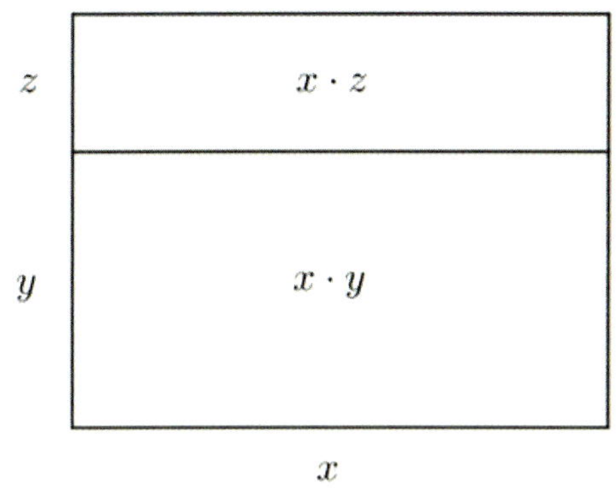

Das gesamte Rechteck mit den Seitenlängen x und $(y + z)$ hat folgenden Flächeninhalt:

$$A = x \cdot (y + z)$$

Diese Fläche setzt sich aus den beiden Teilrechtecken zusammen, daher kann der gesamte Flächeninhalt A auch folgendermaßen dargestellt werden:

$$A = x \cdot y + x \cdot z$$

Merke

Beachten Sie:
Das kommutative Gesetz gilt nicht für die Subtraktion und die Division.

Beispiel 3.1.02:
$5 - 3 \neq 3 - 5$
$12 : 3 \neq 3 : 12$

Wird eine natürliche Zahl a wiederholt mit sich selbst multipliziert, schreibt man die Multiplikation verkürzt als **Potenz** an.

Beispiel 3.1.03:
$7 \cdot 7 \cdot 7 = 7^3 = 343$
Zu beachtende **Vorrangregeln**:
Rechenoperationen höherer Stufe haben Vorrang.
Die Klammern haben Vorrang vor
dem Potenzieren (Rechenoperation **3. Stufe**),
der Punktrechnung (Rechenoperation **2. Stufe**) und
der Strichrechnung (Rechenoperation **1. Stufe**).

Beispiel 3.1.04:
a) $(7 + 5) \cdot 4^2 = 12 \cdot 16 = 192$
b) $7 + 5 \cdot 6 = 7 + 30 = 37$
c) $(16 - 4) : 3 = 12 : 3 = 4$
d) $7 + 5 \cdot 6^2 = 7 + 5 \cdot 36 = 7 + 180 = 187$
e) $(24^2 - 13) \cdot 5 = (576 - 13) \cdot 5 = 563 \cdot 5 = 2\,815$

1 Führen Sie diese Berechnungen ohne Taschenrechner (TR) aus. (B)
2 Kontrollieren Sie Ihre Ergebnisse mithilfe des Taschenrechners. (B)

a) $78 - 23 - 18 =$
b) $229 - 87 - 92 + 56 - 34 - 12 + 6 =$
c) $3^3 + (12 - 7) \cdot 5^2 =$
d) $4 \cdot 5 : (300 - 295) =$
e) $100 : (3 + 11 \cdot 2) =$
f) $93 : (88 : 11 + 2\,300 : 100) =$

Übung 3.1.01
digi.study/bm-k31a1

Übung 3.1.02

digi.study/bm-k31a2

1 Übersetzen Sie die folgenden Texte in einen Ausdruck. (A)

2 Führen Sie die Rechnung aus. (B)

a) Die Summe der Zahlen 435 und 26 wird mit 3 multipliziert.

b) Der Quotient der Zahlen 476 und 17 wird verdreifacht.

c) Addieren Sie zur Differenz der Zahlen 13 425 und 7 560 das Produkt der Zahlen 123 und 16.

Übung 3.1.03

digi.study/bm-k31a3

a) Eine natürliche Zahl n sei gegeben: $n = 2 \cdot 3 \cdot 4 \cdot 5 \cdot 6 \cdot 7 \cdot 8 \cdot 9$

1 Begründen Sie mathematisch, dass die Zahl $n + 2$ keine Primzahl ist. (D)

b) Sie denken sich eine beliebige natürliche Zahl $n > 0$ aus und bilden die Summe aus dieser Zahl, ihrem Vorgänger und ihrem Nachfolger.

1 Begründen Sie, dass diese Summe stets das Dreifache der gedachten Zahl ergibt. (D)

Übung 3.1.04

digi.study/bm-k31a4

a) Maximilian behauptet, dass die Summe von vier aufeinander folgenden natürlichen Zahlen immer eine gerade natürliche Zahl ist.

1 Argumentieren Sie, ob diese Behauptung stimmt. (D)

b) In einer Zeitschrift steht, dass es keine größte natürliche Zahl gibt.

1 Überprüfen Sie die Richtigkeit der Aussage. (D)

Übung 3.1.05

digi.study/bm-k31a5

Es sei M die Anzahl der Arbeiter und R die Anzahl der Angestellten in einer Abteilung. Zwei Behauptungen werden aufgestellt:

(1) Es sind 11 Arbeiter mehr in der Abteilung als Angestellte.

(2) $R = 2 \cdot M$

1 Begründen Sie, ob es möglich ist, dass die in (1) und (2) genannten Behauptungen beide zugleich wahr sind. (D)

Übung 3.1.06

digi.study/bm-k31a6

Die Querschnittsfläche eines Containers für Bauschutt hat die Form eines rechtwinkeligen Trapezes mit den Innenmaßen $a = 3{,}5$ m, $c = 4{,}5$ m und $h = 2{,}5$ m. Der Container hat ein Fassungsvermögen von etwa 10 Kubikmetern (m^3).
Hinweis: Prisma mit einem Trapez als Grundfläche.

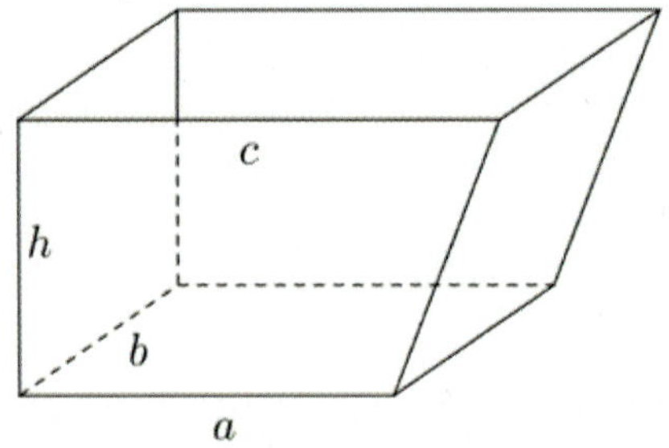

1 Dokumentieren Sie, wie man aus den Angaben die Länge der Seite b des Containers berechnen kann. (C)

2 Berechnen Sie diese Länge. (B)

Für einen (quaderförmigen) Container hat man folgende Abmessungen ermittelt: Länge 5,5 m, Breite 2,5 m, Höhe 2,25 m

3 Berechnen Sie, wie viele Liter (L) der Container fasst. (B)

Paul behauptet: „Jedes Vielfache der Zahl 10 ist auch ein Vielfaches von 5."
1 Überprüfen Sie die Behauptung auf Richtigkeit. (D)

Übung 3.1.07
digi.study/bm-k31a7

1 Berechnen Sie die Summe der Quadrate von 11 und 15. (B)
2 Schreiben Sie die dazugehörige Rechnung an. (A)

Übung 3.1.08
digi.study/bm-k31a8

3.2 Die Menge der ganzen Zahlen

Der Grund für die Erweiterung der natürlichen Zahlen auf die Menge der ganzen Zahlen $\mathbb{Z}$ liegt darin, dass die Subtraktion in der Menge der natürlichen Zahlen nicht abgeschlossen ist. So ergibt z. B. 4 – 9 keine natürliche Zahl.

$$\mathbb{Z} = \{\ldots, -3, -2, -1, 0, 1, 2, 3, \ldots\} = \{x - y \mid x \in \mathbb{N} \wedge y \in \mathbb{N}\}$$

Teilmengen der ganzen Zahlen:

$$\mathbb{Z}^{+} = \{1, 2, 3, \ldots\} \quad \mathbb{Z}^{-} = \{\ldots, -4, -3, -2, -1\}$$

Jeder ganzen Zahl lässt sich auf der Zahlengeraden ein Punkt zuordnen.

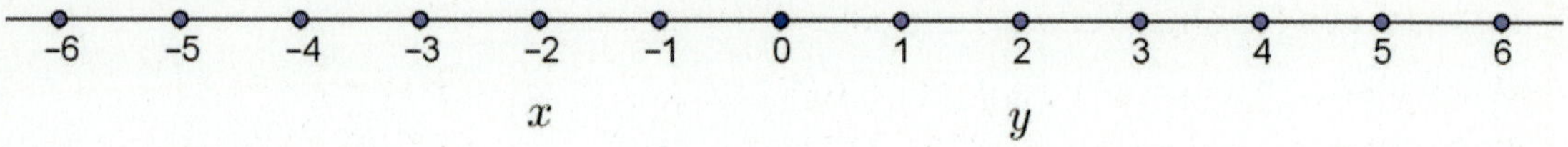

Ist eine Zahl **x kleiner als y** ($x < y$), so liegt die Zahl x auf der Zahlengeraden **links von** y.

Bezüglich der **Anordnung der ganzen Zahlen** auf der Zahlengeraden gilt also:

$\forall\, x, y \in \mathbb{N} \mid -x < -y \Leftrightarrow x > y$

Beispiel 3.2.01:

$-5 < -2 \Leftrightarrow 5 > 2$

Formel

Vorzeichenregeln:

$+(+x) = x$	$+(-x) = -x$	$-(+x) = -x$	$-(-x) = +x$
$(+x)\cdot(+y) = x\cdot y$	$(+x)\cdot(-y) = -x\cdot y$	$(-x)\cdot(+y) = -x\cdot y$	$(-x)\cdot(-y) = x\cdot y$
$\frac{+x}{+y} = \frac{x}{y},\quad y \neq 0$	$\frac{+x}{-y} = -\frac{x}{y},\quad y \neq 0$	$\frac{-x}{+y} = -\frac{x}{y},\quad y \neq 0$	$\frac{-x}{-y} = \frac{x}{y},\quad y \neq 0$

Hinweis:

Sie können den **Multiplikationspunkt** auch weglassen.

z.B.: $(+x)\cdot(+y) = (+x)(+y) = xy$

Betrag einer Zahl (Deskriptor 1.6)

digi.study/bm-k32t1

ERKLÄR-VIDEO

Unter dem **Betrag einer Zahl** x – mathematische Schreibweise $|x|$ – versteht man den Abstand dieser Zahl von Null. Mittels des Betrages lässt sich auch der Abstand d beliebiger Zahlen x, y auf der Zahlengeraden angeben: $d = |x - y|$

Beispiel 3.2.02:

$|-5| = 5 \qquad |+3| = 3$

Allgemein gilt: $|x| = x \quad \forall\, x \in \mathbb{N}$

$|x| = -1\cdot x \quad \forall\, x \in \mathbb{Z}^{-} \qquad |0| = 0$

Beachten Sie:

Auf dem **Taschenrechner** finden Sie für das Vorzeichen folgendes Zeichen: [(-)] Es unterscheidet sich vom Operationszeichen Minus: [–]

Es ist ratsam, den Betrag einer Zahl im Kopf zu berechnen, da die Berechnung des Betrages mit dem Taschenrechner umständlich ist.

(Eingabe: [MATH]»NUM»1:abs(…)

1 Berechnen Sie im Kopf und beachten Sie dabei vor allem die Vorrangregeln. (B)

a) $3 + 4 \cdot 3$ b) $2 \cdot 1 + 3$ c) $2 \cdot (1 + 3)$

d) $(3 - 1) \cdot 4$ e) $7 + 2 \cdot (2 + 3)$ f) $5 - 2 + 3 \cdot 4$

g) $3 \cdot 2 - 2 \cdot 2$ h) $3^2 - 2 \cdot 2$ i) $3 \cdot 2^3 + 4$

j) $4 + (2 + 1)^2$ k) $27 - (2^2 + 1)^2$ l) $3^2 - (4 - 2)^2$

m) $(2 + 3) \cdot (3 - 2)$ n) $(15 - (3 + 9))^2$ o) $2^3 - (23 - (5 - 1)^2)$

Übung 3.2.01

digi.study/bm-k32a1

1 Berechnen Sie ohne Verwendung eines Taschenrechners. (B)

a) $5 - 3 =$ b) $-3 + 6 =$ c) $15 - 2 =$

d) $2 - 5 =$ e) $4 - (+3) =$ f) $(-8) - (-4) =$

g) $3 + (-5) =$ h) $(-9) - (-3) =$

Übung 3.2.02

digi.study/bm-k32a2

1 Berechnen Sie ohne Verwendung eines Taschenrechners. (B)

a) $-5 + (-5) + 3 =$ b) $-4 - (+4) + 5 =$

c) $2 - (-4) + 7 =$ d) $(-3) - 3 - 3 =$

e) $6 - (+4) + (-2)$ f) $-5 + (-4) - (+4) =$

g) $-3 + (-8) + 5 =$ h) $-9 - (-9) + (-2) =$

Übung 3.2.03

digi.study/bm-k32a3

1 Berechnen Sie die Aufgaben mithilfe des Taschenrechners. (B)

a) $(-1) \cdot (+2) - [|-48| : (+12) - |(+5) \cdot (-4) \cdot (-1)| - (-63) : (-9)] =$

b) $|-3| \cdot 2 - |(-8) \cdot (-9)| - (-12) =$

c) $(+3) \cdot |(-6) \cdot (+7) + (-39) : (-3)| - |-121| =$

d) $[(-13) \cdot (+15) - (-9) \cdot (-6) \cdot (-1)] \cdot (-7) - (+4) \cdot (-8) - (-26) =$

e) $(-1) \cdot (+2) - [(-48) : (+12) - (+5) \cdot (-4) \cdot (-1) - (-63) : (-9)] =$

f) $(+2) \cdot (+7) - \{7 \cdot (-8) - (-12) : (-3) + (-16) : (+8) - (-27) : (+9)\} =$

Übung 3.2.04

digi.study/bm-k32a4

Sie finden anschließend Aussagen über Zahlenmengen und ihre Elemente.

1 Begründen Sie ausführlich, ob diese Aussagen richtig bzw. falsch sind. (D)

a) Es gibt eine kleinste natürliche Zahl, aber keine größte natürliche Zahl.

b) Jeder ganzen Zahl entspricht ein Punkt auf der Zahlengeraden, jeder beliebige Punkt der Zahlengerade repräsentiert eine ganze Zahl.

Übung 3.2.05

digi.study/bm-k32a5

Übung 3.2.06

digi.study/bm-k32a6

Sie müssen folgende Aufgabe ohne Taschenrechner lösen:

$$986 - 58 \cdot 14 - 264 : 21 =$$

Es sind vier unterschiedliche Wege zur Berechnung des Ergebnisses angegeben.

1 Entscheiden Sie für jeden der vier beschriebenen Lösungswege, ob er zum richtigen Ergebnis führt oder nicht. (D)

2 Begründen Sie Ihre Entscheidung. (D)

A: Man berechnet zuerst 58 · 14 und dann 264 : 21. Schließlich addiert man diese beiden Ergebnisse. Diese Summe zieht man von 986 ab.

B: Man zieht von 986 zuerst 58 ab und multipliziert dieses Ergebnis mit 14. Davon zieht man dann 264 ab. Dieses Ergebnis dividiert man durch 21.

C: Man multipliziert zuerst 58 mit 14. Von diesem Ergebnis zieht man den Quotienten von 264 und 21 ab. Dieses Ergebnis zieht man von 986 ab.

D: Man berechnet zuerst 58 · 14 und zieht das Ergebnis dieser Multiplikation von 986 ab. Von diesem Ergebnis zieht man das Ergebnis der Division von 264 und 21 ab.

3.3 Die Menge der rationalen Zahlen (Bruchzahlen)

digi.study/bm-k33
ERKLÄR-VIDEO

Die Menge der ganzen Zahlen ist bezüglich der Division nicht abgeschlossen, z.B. ergibt die Division $5 : 3 = \frac{5}{3}$ keine ganze Zahl.

$\mathbb{Q} = \{ \frac{x}{y} \mid x \in \mathbb{Z} \wedge y \in \mathbb{Z} \setminus \{0\}\}$ **Menge aller rationalen Zahlen**

Die Zahl oberhalb des Bruchstriches heißt **Zähler**, diejenige unterhalb des Bruchstriches **Nenner**. Die rationalen Zahlen sind entweder

eine **abbrechende Dezimalzahl** wie z.B. $\frac{8}{5} = 1{,}6$
oder eine **periodische Dezimalzahl** wie z. B.

$\frac{8}{3} = 2{,}6666666\ldots = 2{,}\dot{6}$

$\frac{11}{90} = 0{,}122222222\ldots = 0{,}1\dot{2}$ 1 nennt man die Vorperiode

$\frac{-7}{11} = -0{,}636363\ldots = -0{,}\overline{63}$ 63 nennt man eine zweistellige Periode

$0{,}99999999\ldots = 0{,}\dot{9} = \frac{9}{9} = 1$

Merke

Beachten Sie:
Auf dem **Taschenrechner** werden periodische Dezimalzahlen am Ende gerundet.

Formel

Rechenregeln für das Rechnen mit Brüchen:

Summe:	$\frac{x}{y} + \frac{m}{r} = \frac{x \cdot r + y \cdot m}{y \cdot r}$	mit $y, r \neq 0$	Spezialfall: $\frac{x}{y} + \frac{m}{y} = \frac{x+m}{y}$
Differenz:	$\frac{x}{y} - \frac{m}{r} = \frac{x \cdot r - y \cdot m}{y \cdot r}$	mit $y, r \neq 0$	Spezialfall: $\frac{x}{y} - \frac{m}{y} = \frac{x-m}{y}$
Produkt:	$\frac{x}{y} \cdot \frac{m}{r} = \frac{x \cdot m}{y \cdot r}$	mit $y, r \neq 0$	
Quotient:	$\frac{x}{y} : \frac{m}{r} = \frac{x}{y} \cdot \frac{r}{m} = \frac{x \cdot r}{y \cdot m}$	mit $y, r, m \neq 0$	

Haben zwei Brüche denselben Nenner, so nennt man sie **gleichnamige Brüche**. Ist das nicht der Fall, so nennt man sie **ungleichnamige Brüche**.
Addiert oder subtrahiert man zwei **ungleichnamige Brüche**, so sollte man das **kleinste gemeinsame Vielfache** als **gemeinsamen Nenner** verwenden.

Merke

Das **kleinste gemeinsame Vielfache** zweier Zahlen x und y ist jene kleinste Zahl, in welcher sowohl x als auch y enthalten ist. Mathematische Schreibweise: **kgV**(x, y)

Will man Brüche auf einen gemeinsamen Nenner bringen, dann muss man die Brüche **erweitern**, d.h. den Zähler und den Nenner mit derselben Zahl multiplizieren.

Formel

Erweitern: $\frac{x}{y} = \frac{x \cdot z}{y \cdot z}$ mit $y, z \neq 0$

Beispiel 3.3.01:

$\frac{5}{12} - \frac{7}{18} =$

gemeinsamer Nenner: kgV(12, 18) = 36, da sowohl 12 | 36 als auch 18 | 36

$\frac{5}{12} - \frac{7}{18} = \frac{5 \cdot 3}{36} - \frac{7 \cdot 2}{36} = \frac{15-14}{36} = \frac{1}{36}$

Merke

Beachten Sie: Mit dem Befehl 8:lcm (Eingabe: MATH»NUM»8:lcm(12,18)) kann mithilfe des Taschenrechners das kgV berechnet werden.

Beim Multiplizieren und Dividieren von Brüchen kann man den Wert des Bruches durch das **Kürzen** oft vereinfachen. Unter dem **Kürzen** eines Bruches versteht man, dass sowohl der Zähler als auch der Nenner durch dieselbe Zahl dividiert wird.

Formel

Kürzen: $\frac{x \cdot z}{y \cdot z} = \frac{x}{y}$ mit $y, z \neq 0$

Beispiel 3.3.02:
$\frac{24}{36} = \frac{2 \cdot 12}{3 \cdot 12} = \frac{2}{3}$ „12“ ist hier der **größte gemeinsame Teiler ggT**

Merke

Beachten Sie: Mit den Befehl 9:gcd (Eingabe: MATH »NUM»9:gcd(24,36)) kann mithilfe des Taschenrechners der ggT berechnet werden.

Anmerkung:
Es ist üblich, Zähler und Nenner ohne Vorzeichen darzustellen. Das **„gesamte Vorzeichen“** des Bruches wird neben dem Bruchstrich geschrieben.

Beispiel 3.3.03:
$\frac{-1}{4} = \frac{1}{-4} = -\frac{1}{4}$
Brüche, deren Betrag größer als 1 ist, können auch als **gemischte Zahl** dargestellt werden.

Beispiel 3.3.04:
$-\frac{13}{3} = -(4 + \frac{1}{3}) = -4\,\frac{1}{3}$

Merke

Beachten Sie, dass man einen gemischten Bruch im **Taschenrechner** als Summe der ganzen Zahl und des Bruches eingeben muss.

Beispiel 3.3.05:
$5\,\frac{1}{7} = 5 + \frac{1}{7}$

Unter dem **Reziprokwert** = **Kehrwert** eines Bruches versteht man jenen Bruch, in welchem Zähler und Nenner vertauscht werden.

Beispiel 3.3.06:
$\frac{5}{9}$ reziproker Bruch: $\frac{9}{5} = 1 + \frac{4}{5} = 1{,}8$

Ein **Dezimalbruch** ist ein Bruch, dessen Nenner eine Zehnerpotenz ist. Diese Brüche kann man besonders leicht in die Dezimalschreibweise umwandeln, da dazu nur das Versetzen des Kommas notwendig ist.

Beispiel 3.3.07:
$-\frac{3}{10} = -0{,}3 \quad \frac{133}{1\,000} = 0{,}133 \quad \frac{7}{100} = 0{,}07$

Der Quotient zweier Brüche kann auch als **Doppelbruch** angeschrieben werden.

Merke

Beachten Sie: Auf dem **Taschenrechner** muss jeder der beiden Brüche mit einer Klammer eingegeben werden.

Beispiel 3.3.08:

$\frac{x}{y} : \frac{r}{s} = \frac{\frac{x}{y}}{\frac{r}{s}} = \frac{x \cdot s}{y \cdot r}$ mit $y, r, s \neq 0$

Es lässt sich leicht nachweisen, dass **zwischen zwei rationalen Zahlen** immer **unendlich viele weitere rationale Zahlen** liegen. Auf der Zahlengeraden liegen deshalb unendlich viele rationale Zahlen, aber nicht jeder Punkt auf der Zahlengeraden entspricht einer rationalen Zahl.

Beispiel 3.3.09:

$0{,}1 < 0{,}2$ $0{,}1 < 0{,}15 < 0{,}2$ $0{,}1 < 0{,}125 < 0{,}15 < 0{,}175 < 0{,}2$ usw.

Merke

Beachten Sie: Mit den Befehl 1:Frac (Eingabe: … MATH 1) wird eine Dezimalzahl in eine Bruchzahl umgewandelt.
Die Umwandlung eines Bruches in eine Dezimalzahl erfolgt durch die Eingabe: … MATH 2

Beispiel 3.3.10:

$0{,}6666666666\ldots = \frac{2}{3}$

Merke

Beachten Sie:

$\frac{5}{100} = 0{,}05 = 5\,\%$ $\frac{p}{100} = p\,\%$

Übung 3.3.01

digi.study/bm-k33a1

1 Führen Sie die Rechnungen ohne Taschenrechner aus. (B)

2 Kontrollieren Sie das Ergebnis mithilfe des Taschenrechners. (B)

a) $\frac{1}{2} + \frac{3}{4} =$ b) $\frac{3}{5} + \frac{1}{4} =$ c) $\frac{2}{3} - \frac{3}{5} =$

d) $\frac{1}{2} - \frac{1}{8} + \frac{1}{4} =$ e) $\frac{1}{5} + \frac{1}{4} =$ f) $\frac{1}{3} - \frac{1}{8} + \frac{1}{4} =$

g) $\frac{3}{8} + \frac{3}{4} - \frac{1}{6} =$

Übung 3.3.02

digi.study/bm-k33a2

1 Führen Sie die Multiplikationen aus und kürzen Sie das Ergebnis, soweit dies möglich ist. (B)

a) $4 \cdot \frac{1}{2} =$ b) $\frac{3 \cdot 3}{9}$ c) $\frac{1}{3} \cdot 9 =$

d) $\frac{1}{2} \cdot \frac{1}{6} =$ e) $\frac{3}{2} \cdot \frac{1}{6} =$ f) $\frac{4}{5} \cdot \frac{2}{6} =$

g) $\frac{1}{5} \cdot \frac{1}{2} \cdot \frac{5}{3} =$ h) $\frac{1}{3} \cdot \frac{3}{4} \cdot \frac{2}{5} \cdot 5 =$

Übung 3.3.03

digi.study/bm-k33a3

1 Vereinfachen Sie so weit wie möglich, indem Sie die Doppelbrüche auflösen. (B)

a) $\frac{\frac{2}{3}}{\frac{3}{4}} =$ b) $\frac{\frac{4}{9}}{2} =$ c) $\frac{\frac{6}{5}}{\frac{1}{2}} =$ d) $\frac{9}{\frac{1}{3}} =$

Übung 3.3.04

digi.study/bm-k33a4

1 Vereinfachen Sie so weit wie möglich. (B)

a) $\frac{1}{3} \cdot \frac{1}{2} + \frac{5}{6} =$ b) $\frac{3}{5} + \frac{3}{4} \cdot \frac{2}{3} =$ c) $\frac{7}{8} - \frac{5}{4} \cdot \frac{2}{4} =$

d) $\left(\frac{3}{4} - \frac{1}{2}\right) \cdot \frac{3}{5} =$ e) $\frac{2}{5} - \left(\frac{4}{3} + \frac{6}{5}\right) =$ f) $\left(\frac{4}{6} - \frac{3}{9}\right) - \left(\frac{3}{4} + \frac{1}{2}\right) \cdot \frac{1}{2} =$

g) $\frac{3}{5} + \frac{1}{3} \cdot \frac{4}{5} - \frac{2}{6} =$ h) $\frac{4}{5} - \frac{2}{5} : \frac{2}{3} =$ i) $\frac{1}{4} : \frac{1}{2} + \frac{1}{6} : \frac{1}{5} =$

Übung 3.3.05

digi.study/bm-k33a5

$\left(1\frac{1}{8} \cdot 4\frac{8}{9} + 2\frac{2}{15} \cdot 2\frac{11}{12}\right) - \left(14\frac{2}{3} : 3\frac{1}{7} + 5\frac{1}{7} : \frac{16}{7}\right) =$

1 Dokumentieren Sie, wie man diese Rechnung in den Taschenrechner eingibt. (C)

2 Berechnen Sie die gegebene Differenz. (B)

Übung 3.3.06

digi.study/bm-k33a6

August behauptet, dass zwischen zwei rationalen Zahlen immer eine weitere rationale Zahl liegt.

1 Geben Sie jeweils eine rationale Zahl zwischen den gegebenen Zahlen an. (A)

a) 6 8 b) −12,01 −12 c) −12,41 −12,409

2 Begründen Sie, dass diese Behauptung für jedes Intervall Gültigkeit hat. (D)

Übung 3.3.07

digi.study/bm-k33a7

Das Ehepaar Berner unternimmt mit den vier Kindern einen Sonntagsausflug. Mit der Eisenbahn fahren sie ins Erlebnisbad nach Golling. Die Zugkarten kosten für Erwachsene € 10,00, für Kinder € 6,50. Für den Eintritt ins Bad zahlen Erwachsene € 7,00, Kinder zahlen die Hälfte. Ein Kind hat zum Geburtstag eine Freikarte fürs Bad erhalten und setzt diese jetzt ein.

A: $4 \cdot (6{,}50 + 3{,}50) + 2 \cdot (10{,}00 + 7{,}00)$

B: $6 \cdot 10{,}00 - 4 \cdot (10{,}00 - 6{,}50) + 3 \cdot (7{,}00 : 2) + 2 \cdot 7{,}00$

C: $6 \cdot 7{,}00 - 7{,}00 + 4 \cdot 6{,}50 + 10{,}00 + 10{,}00$

D: $(4 \cdot (6{,}50 + 3{,}50) + 2 \cdot (10{,}00 + 7{,}00)) - 3{,}50$

E: $3 \cdot (6{,}50 + 3{,}50) + 2 \cdot (10{,}00 + 7{,}00) + 6{,}50$

1 Überprüfen Sie, welche Terme zur Berechnung der Gesamtkosten passen. (D)

2 Begründen Sie Ihre Antwort. (D)

Übung 3.3.08

digi.study/bm-k33a8

Herr Martin hat mit seinen Freunden Lotto gespielt. Er bekam $\frac{3}{8}$ des Gewinnes, das waren € 9.000.

$\frac{3}{10}$ des gewonnenen Geldes gibt er für ein neues Fahrrad aus.

1 Übersetzen Sie den Text in einen mathematischen Term. (A)

2 Berechnen Sie die Höhe des Gewinnes. (B)

3 Berechnen Sie den Preis des Fahrrades. (B)

Übung 3.3.09

digi.study/bm-k33a9

Auf einem Fest bleiben zwei Drittel einer Torte übrig. Fünf Freunde teilen sich diesen Rest der Torte gerecht auf.

1 Erstellen Sie eine Grafik, aus welcher man ablesen kann, welchen Bruchteil der ganzen Torte jeder bekommt. (A) (C)

Übung 3.3.10
digi.study/bm-k33a10

In einer Tageszeitung findet man folgende Schlagzeile:

„3/4 aller Österreicher(innen) haben keine Matura"

1 Begründen Sie, welche der folgenden Aussagen die Bedeutung der Aussage der Schlagzeile sinngemäß richtig wiedergibt, welche nicht. (D)

A: Jede(r) dritte Österreicher(in) hat keine Matura.

B: 25 % aller Österreicher(innen) haben Matura.

C: Das Verhältnis der Österreicher(innen) mit Matura zu jenen ohne Matura ist 3 : 4.

D: Im Durchschnitt hat eine(r) von vier Österreicher(inne)n Matura.

Übung 3.3.11
digi.study/bm-k33a11

Für die Zubereitung eines Backteiges werden ¾ L Wasser benötigt. Die benötigte Wassermenge wird in einen Messbecher gefüllt.

1 Markieren Sie, wie hoch das Wasser im Messbecher steht. (C)

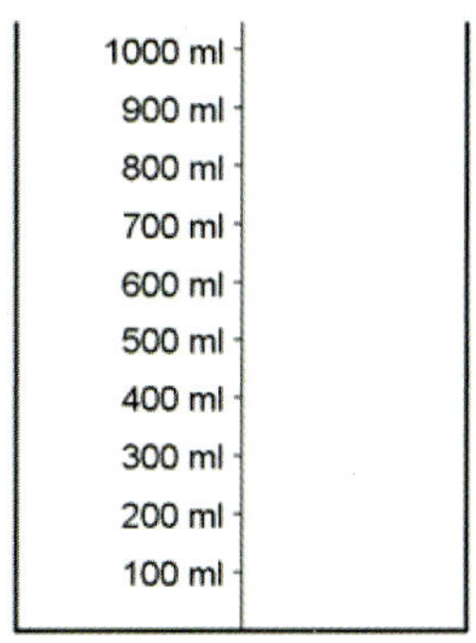

Übung 3.3.12
digi.study/bm-k33a12

In zwei Gefäßen A und B befindet sich jeweils eine Flüssigkeit – siehe Abbildung.

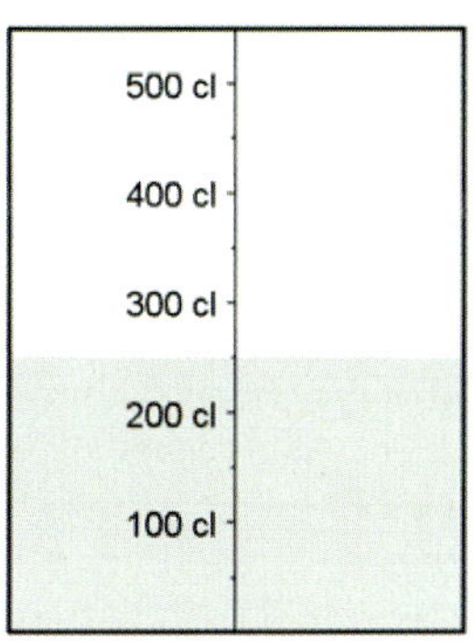

Gefäß A

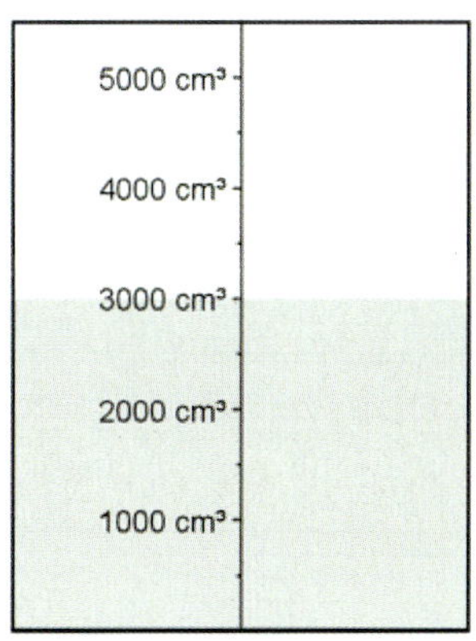

Gefäß B

1 Lesen Sie ab, wie viel Flüssigkeit sich in jedem der beiden Gefäße befindet. (C)

2 Begründen Sie, warum sich in Gefäß B mehr Flüssigkeit befindet als in Gefäß A. (D)

Übung 3.3.13

digi.study/bm-k33a13

Hans bereitet für die Geburtstagsparty Muffins vor und zwar von jeder Sorte gleich viele. Die Mengenangaben für den Teig reichen entweder für 12 Schokolademuffins, für 20 Haselnussmuffins oder für 24 M&M-Muffins. Er will immer nur ein Vielfaches der Mengenangaben verwenden.

1 Berechnen Sie, wie viele Muffins von jeder Sorte er mindestens backen muss. (B)

Eine Konditorin hat zwei Apfelstrudel gebacken. Einer ist 100 cm lang und der zweite ist 120 cm lang.

2 Berechnen Sie, in mindestens wie viele Teile sie die Apfelstrudel für den Verkauf zerschneiden soll, damit möglichst große gleich lange Stücke entstehen. (B)

3.4 Die Menge der reellen Zahlen

Ist ein Punkt auf der Zahlengeraden keiner rationalen Zahl zugeordnet, so nennt man die entsprechende Zahl **irrational = nicht rational**.

$\mathbb{R} = \mathbb{Q} \cup \mathbb{I}$ Menge aller **reellen Zahlen**, die Vereinigung der Menge aller rationalen Zahlen $\mathbb{Q}$ mit der Menge aller irrationalen Zahlen $\mathbb{I}$.

Die reellen Zahlen füllen die Zahlengerade lückenlos aus.

Jede reelle Zahl hat eine (im Allgemeinen nicht periodische) Dezimaldarstellung.

Teilmengen der reellen Zahlen:

$\mathbb{R}^+ = \{x \in \mathbb{R} \mid x > 0\}$ $\mathbb{R}^- = \{x \in \mathbb{R} \mid x < 0\}$

$\mathbb{R}_0^+ = \{x \in \mathbb{R} \mid x \geq 0\}$ $\mathbb{R}_0^- = \{x \in \mathbb{R} \mid x \leq 0\}$

3.4.1 Runden von Zahlen (Deskriptor 1.4)

ERKLÄR-VIDEO
digi.study/bm-k341

Reelle Zahlen sind häufig Dezimalzahlen mit sehr vielen Nachkommastellen. Deshalb erfolgt das Rechnen mit reellen Zahlen normalerweise mit Näherungswerten, welche man durch geeignete Rundung erhält. Bei Verwendung eines Taschenrechners entstehen oft Dezimalzahlen als Endergebnis, die ebenfalls sinnvoll gerundet werden müssen.

Dabei gilt folgende Regel (Kaufmännische Rundung):

Merke

Ist die Ziffer, die rechts neben der letzten anzugebenden Stelle steht, **höchstens 4**, so wird **abgerundet** (die weiteren Stellen werden einfach weggelassen); ist sie **5 oder höher**, so wird **aufgerundet** (es wird 1 zur letzten anzugebenden Stelle addiert).

Beispiel 3.4.1.01:

1 Runden Sie die Zahl 7,060295 auf Einer, Zehntel, Hundertstel, Tausendstel, Zehntausendstel.

Lösung:

7,06295 ≈ 7 (auf Einer gerundet)
7,06295 ≈ 7,1 (auf Zehntel gerundet)
7,06295 ≈ 7,06 (auf Hundertstel gerundet)
7,06295 ≈ 7,063 (auf Tausendstel gerundet)
7,06295 ≈ 7,0630 (auf Zehntausendstel gerundet)

Beim letzten Beispiel ist es wichtig, die Ziffer 0 an der Zehntausendstel-Stelle tatsächlich anzuschreiben, da sie die Genauigkeit der Zahl angibt.

Merke

Beachten Sie: Werden mit Dezimalzahlen weitere Berechnungen durchgeführt und Zwischenergebnisse gerundet, so rechnet man mit den nicht gerundeten Werten weiter, da andernfalls Fehler entstehen und unter Umständen das berechnete Endergebnis deutlich vom tatsächlichen Ergebnis abweicht.
In Naturwissenschaft und Technik ist für die Angabe des Endergebnisses entscheidend, wie genau die Angaben waren. Man gibt meist die **Anzahl der geltenden (signifikanten) Stellen** an.

3.4.2 Zusammenfassung der Zahlenmengen

Merke

Menge der natürlichen Zahlen	$\mathbb{N} = \{0, 1, 2, 3, \ldots\}$
Menge der ganzen Zahlen	$\mathbb{Z} = \{\ldots, -3, -2, -1, 0, 1, 2, 3, \ldots\}$
Menge der rationalen Zahlen (auch: Menge der Bruchzahlen)	$\mathbb{Q} = \left\{\frac{x}{y} \mid x \in \mathbb{Z} \wedge y \in \mathbb{Z} \setminus \{0\}\right\}$
Menge der irrationalen Zahlen	$\mathbb{I}$ = {unendliche, nichtperiodische Dezimalzahlen} = $\{\pi, e, \sqrt{2}, \sqrt{3}, \sqrt{7}, \ldots\}$
Menge der reellen Zahlen	$\mathbb{R} = \mathbb{Q} \cup \mathbb{I}$

Betrachtet man die unendlichen Zahlenmengen, so gilt: $\mathbb{N} \subset \mathbb{Z} \subset \mathbb{Q} \subset \mathbb{R}$

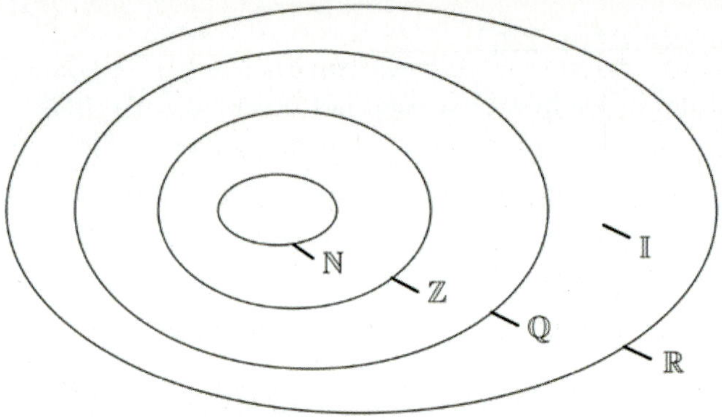

3.4.3 Intervalle in $\mathbb{R}$

digi.study/bm-k343

Ein **Intervall** ist eine Teilmenge der Menge der reellen Zahlen. Man unterscheidet endliche und unendliche Intervalle.

Endliche Intervalle:

Formel

Abgeschlossenes Intervall $[a; b] = \{x \in \mathbb{R} \mid a \leq x \leq b\}$

Im abgeschlossenen Intervall gehören beide Grenzen zum Intervall. In der mathematischen Schreibweise sind beide eckigen Klammern nach innen gerichtet. Auf der Zahlengeraden wird ein abgeschlossenes Intervall durch Punkte an den Stellen der Intervallgrenzen dargestellt.

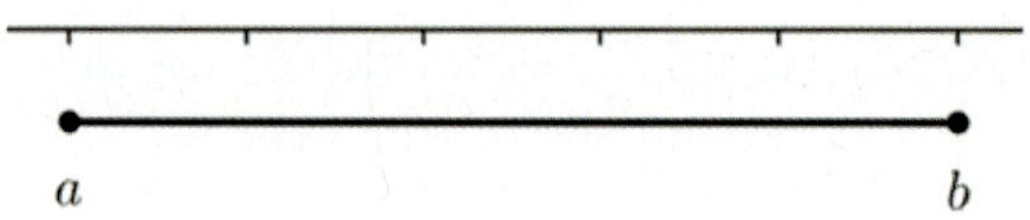

Offenes Intervall $]a;b[= (a;b) = \{x \in \mathbb{R} \mid a < x < b\}$

Formel

Im offenen Intervall gehört keine Grenze zum Intervall. In der mathematischen Schreibweise sind beide eckigen Klammern nach außen gerichtet bzw. werden runde Klammern verwendet. Auf der Zahlengeraden wird ein offenes Intervall durch Kreise an den Stellen der Intervallgrenzen dargestellt.

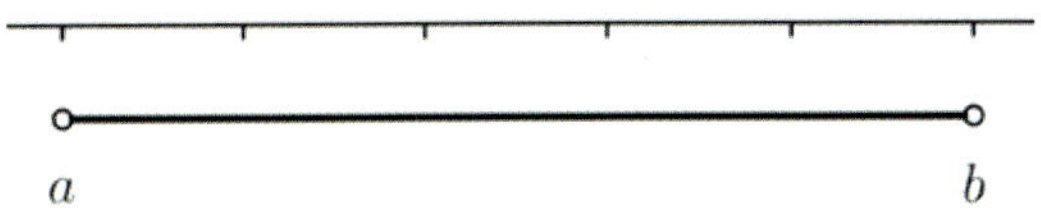

Halboffene Intervalle:
Das halboffene Intervall enthält eine der beiden Grenzen. Analog der obigen Konvention wird die eckige Klammer nach außen gerichtet oder sie wird durch eine runde Klammer ersetzt, wenn diese Grenze nicht dazugehört. An der anderen Grenze ist die eckige Klammer nach innen gerichtet. Auch die Kennzeichnung auf der Zahlengeraden verläuft analog zu den anderen Intervallen: Das offene Ende wird mit einem Kreis gekennzeichnet, das geschlossene mit einem Punkt.
Je nachdem, auf welcher Seite das halboffene Intervall geöffnet ist, unterscheidet man noch:

Links offenes Intervall $]a;b] = (a;b] = \{x \in \mathbb{R} \mid a < x \leq b\}$

Formel

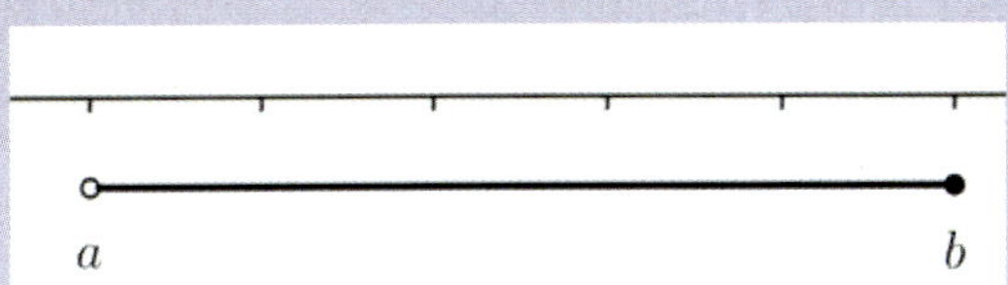

Rechts offenes Intervall $[a;b[= [a;b) = \{x \in \mathbb{R} \mid a \leq x < b\}$

Formel

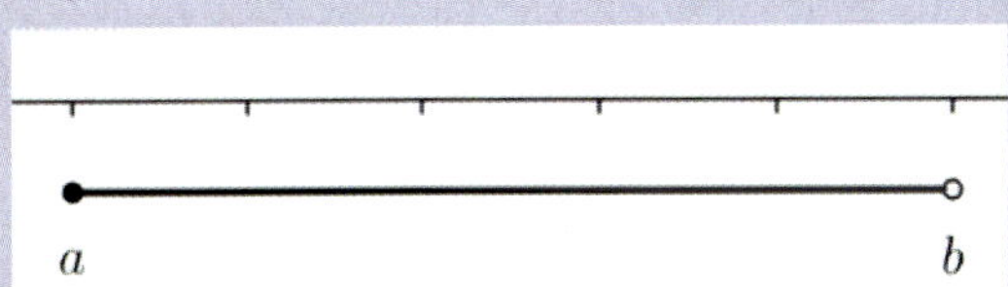

Unendliche Intervalle:

Sind Intervalle auf einer Seite unbegrenzt, so gehen sie dort ins Unendliche.
$[a;\infty[= [a;\infty) = \{x \in \mathbb{R} \mid x \geq a\}$

Formel

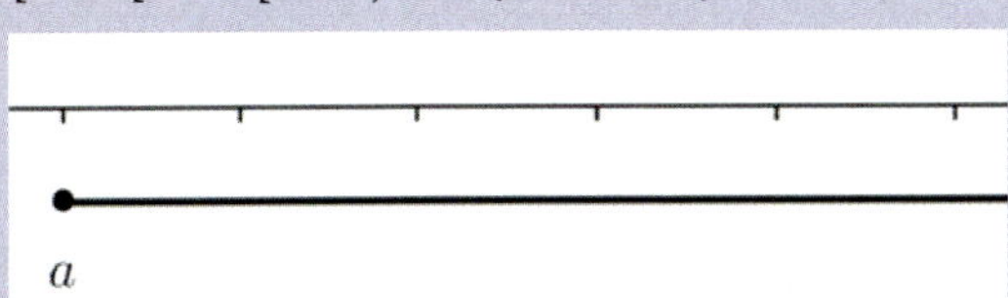

Formel

$]a; \infty[\;=\; (a; \infty) \;=\; \{x \in \mathbb{R} \mid x > a\}$

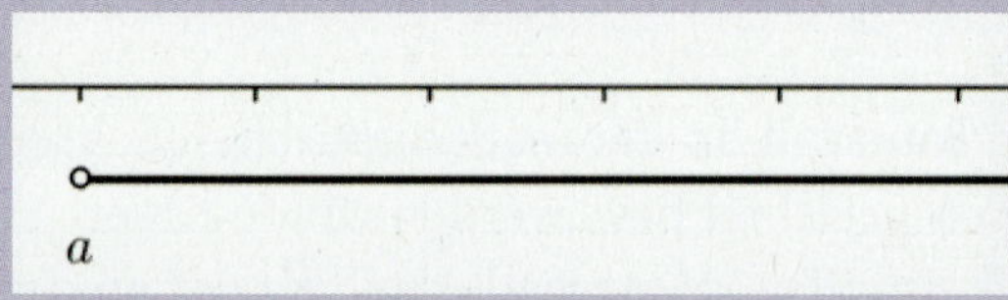

Formel

$]-\infty; b] \;=\; (-\infty; b] \;=\; \{x \in \mathbb{R} \mid x \leq b\}$

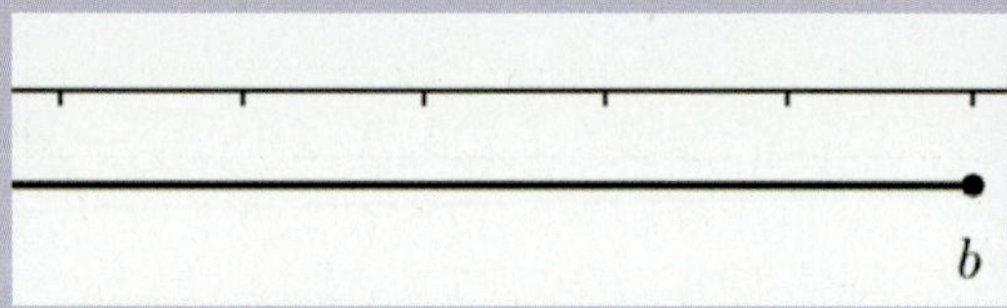

Formel

$]-\infty; b[\;=\; (-\infty; b) \;=\; \{x \in \mathbb{R} \mid x < b\}$

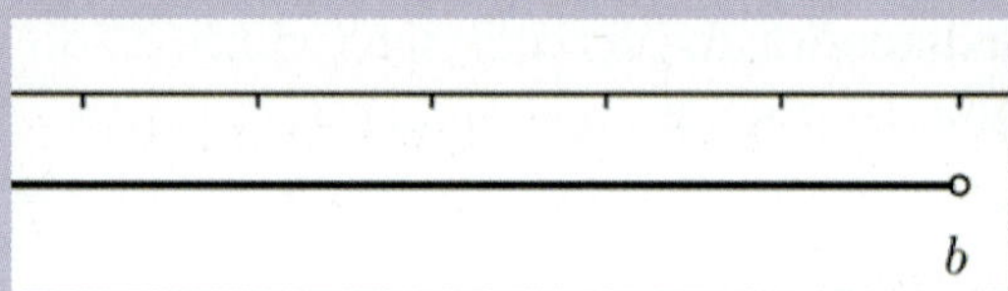

Ein Intervall kann auf beiden Seiten unbegrenzt sein. Dieses Intervall entspricht dann der Menge der reellen Zahlen.

Formel

$]-\infty; +\infty[\;=\; (-\infty; +\infty) \;=\; \mathbb{R}$

Beispiel 3.4.3.01:

1 Übertragen Sie die gegebenen Intervalle jeweils in die Mengenschreibweise. (A)

2 Stellen Sie die Intervalle auf der Zahlengeraden grafisch dar. (B)

a) $[-2; 3] \;=\; \{x \in \mathbb{R} \mid -2 \leq x \leq 3\}$

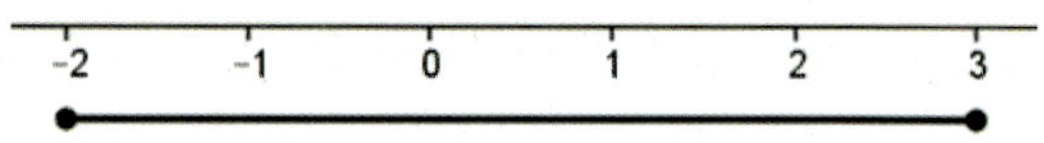

b) $[-2; 3[\;=\; \{x \in \mathbb{R} \mid -2 \leq x < 3\}$

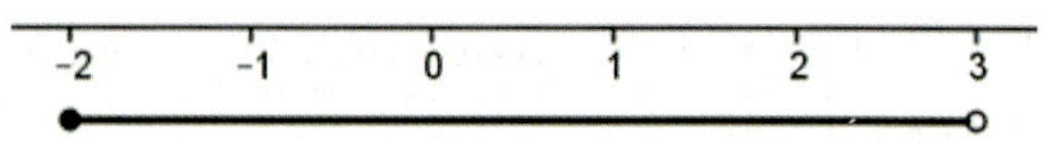

c) $]-2; 3] \;=\; \{x \in \mathbb{R} \mid -2 < x \leq 3\}$

d) $]-2; 3[\;=\; \{x \in \mathbb{R} \mid -2 < x < 3\}$

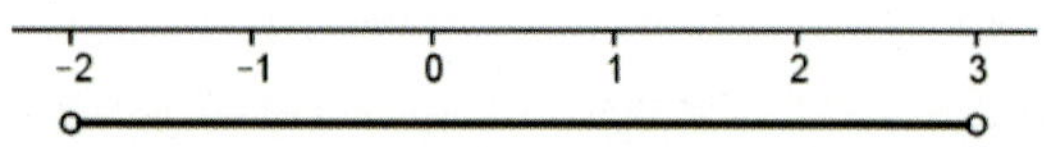

e) $]-\infty; 3] \;=\; \{x \in \mathbb{R} \mid x \leq 3\}$

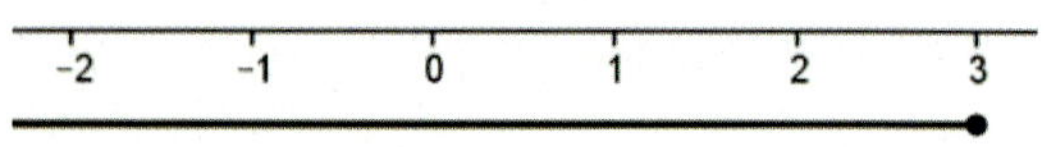

f) $]-2; \infty[\;=\; \{x \in \mathbb{R} \mid x > -2\}$

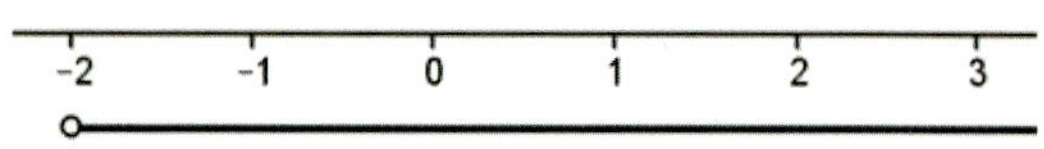

Übung 3.4.01

digi.study/bm-k343a1

1 Markieren Sie, in welchen Zahlenmengen die folgenden Zahlen enthalten sind. (C)

	$\mathbb{N}$	$\mathbb{Z}$	$\mathbb{Q}$	$\mathbb{R}$
$-7 \in$				
$\sqrt{10} \in$				
$-0{,}04 \in$				
$3{,}\dot{3} \in$				
$\sqrt{36} \in$				
$19 \in$				

Übung 3.4.02

digi.study/bm-k343a2

a) Gegeben sind die folgenden irrationalen Zahlen: $\sqrt{5}$, $\sqrt[3]{2}$, $2 \cdot \pi$

1 Berechnen Sie mit dem Taschenrechner die Werte der irrationalen Zahlen. (B)

2 Geben Sie jeweils zwei rationale Zahlen an, zwischen denen sie liegen. (B)

b) In einem Mathematikbuch finden Sie die folgende Aussage: „Das offene Intervall $]3;8[$ enthält alle reellen Zahlen von 4 bis 7.“

1 Erklären Sie, ob diese Aussage stimmt. (D)

c) Sie finden anschließend Aussagen über Zahlenmengen und ihre Elemente.

1 Begründen Sie ausführlich, ob diese Aussagen richtig bzw. falsch sind. (D)

A: Die reellen Zahlen füllen die Zahlengerade vollständig aus.

B: Jede reelle Zahl ist auch eine rationale Zahl, aber nicht jede rationale Zahl ist reell.

Übung 3.4.03

digi.study/bm-k343a3

Britta behauptet: „$\sqrt{2}$ ist keine rationale, sondern eine irrationale Zahl.“

1 Begründen Sie, welche der folgenden Argumente Brittas zutreffend sind, welche nicht. (D)

A: $\sqrt{2}$ ist keine rationale Zahl, weil die Wurzel einer Zahl nie rational ist.

B: $\sqrt{2}$ ist keine rationale Zahl, weil man $\sqrt{2}$ nicht als Bruch zweier natürlicher Zahlen darstellen kann.

C: $\sqrt{2}$ ist keine rationale Zahl, weil man $\sqrt{2}$ nicht auf der Zahlengeraden darstellen kann.

D: $\sqrt{2}$ ist keine rationale Zahl, weil $\sqrt{2}$ in Dezimalschreibweise unendlich, aber nicht periodisch ist.

Übung 3.4.04

digi.study/bm-k343a4

Gegeben sind die Mengen A, B und C.

$A = \{x \mid x \in \mathbb{R} \wedge -6 \leq x \leq 2\}$

$B = \{x \mid x \in \mathbb{R} \wedge -3 < x < 5\}$

$C = \{x \mid x \in \mathbb{R} \wedge 0 \leq x < 6\}$

1 Übertragen Sie die Mengen A, B, C, $A \cap B$, $B \setminus C$, $B \cup (C \setminus A)$ auf die Zahlengerade. (A)

2 Übertragen Sie diese Mengen in die Intervallschreibweise. (A)

Übung 3.4.05

digi.study/bm-k343a5

An der Universität Klagenfurt findet einmal im Jahr ein „Tag der Forschung" für junge Menschen statt. Da Sie teilnehmen möchten, müssen Sie in Klagenfurt mit dem Bus vom Hauptbahnhof zur Universität fahren
Um in Klagenfurt vom Hauptbahnhof zur Universität zu kommen, muss man am Heiligengeistplatz umsteigen. Die Fahrzeiten der Busse sind in untenstehender Tabelle angegeben.
Sie kommen um 8:30 Uhr zur Bushaltestelle am Hauptbahnhof.

Montag–Freitag — **Linie 40 41**

Uhr	5						6								
Linie	40	40	40	40	41	40	40	40	41	40	40	41	40	40	40
Index															
Hauptbahnhof ab	04	14	34	44	52	59	07	14	22	29	37	42	44	52	59
Wirtschaftskammer	05	15	35	45	53	00	08	15	23	30	38	43	45	53	00
Landesregierung	06	16	36	46	54	01	09	16	24	31	39	44	46	54	01
Domplatz	07	17	37	47	55	03	11	18	26	33	41	46	48	56	03
Heiligengeistplatz Stand 12 an	08	18	38	48	56	05	13	20	28	35	43	48	50	58	05
Heiligengeistplatz Stand 12 ab	10	20	40	50	58	07	15	22	30	37	45	50	52	00	07
Heuplatz	11	21	41	51	59	08	16	23	31	38	46	51	53	01	08
Stadtwerke	12	22	42	52	00	09	17	24	32	39	47	52	54	02	09
Landeskrankenhaus	14	24	44	54	02	11	19	26	34	41	49	54	56	04	11

Uhr	7								8–17								18	
Linie	41	40	41	40	41	40	41	40	41	40	41	40	41	40	41	40	41	4
Index																		
Hauptbahnhof ab	07	14	22	29	37	44	52	59	07	14	22	29	37	44	52	59	07	1
Wirtschaftskammer	08	15	23	30	38	45	53	00	08	15	23	30	38	45	53	00	08	1
Landesregierung	09	16	24	31	39	46	54	01	09	16	24	31	39	46	54	01	09	1
Domplatz	11	18	26	33	41	48	56	03	11	18	26	33	41	48	56	03	11	1
Heiligengeistplatz Stand 12 an	13	20	28	35	43	50	58	05	13	20	28	35	43	50	58	05	13	2
Heiligengeistplatz Stand 12 ab	15	22	30	37	45	52	00	07	15	22	30	37	45	52	00	07	15	2
Heuplatz	16	23	31	38	46	53	01	08	16	23	31	38	46	53	01	08	16	2
Stadtwerke	17	24	32	39	47	54	02	09	17	24	32	39	47	54	02	09	17	2
Landeskrankenhaus	19	26	34	41	49	56	04	11	19	26	34	41	49	56	04	11	19	2

Montag–Freitag — **Linie 10 11 12**

Uhr	5	6			7				8					
Linie	10	10	10	10	12	12	10	12	12	10	11	12	10	10
Index					V									
Heiligengeistplatz Stand 2 ab	40	00	25	55	10	20	40	50	00	10	20	30	40	50
Sponheimerstrasse	41	01	26	56	11	21	41	51	01	11		31	41	51
Jergitschsteg	42	02	27	57	12	22	42	52	02	12		32	42	52
Rizzibrücke	43	03	28	58	13	23	43	53	03	13		33	43	53
Steinerne Brücke	44	04	29	59	14	24	44	54	04	14		34	44	54
Heinzelsteg	45	05	30	00			45			15			45	55
Neckheimgasse	46	06	31	01			46			16			46	56
Lerchenfeldstrasse											23			
Rizzistrasse											24			
Anderluhstrasse											25			
Stifterstrasse											26			
St. Martin											27			
Kohldorfer Strasse											28			
Steinerne Brücke														
Luegerstrasse					15	25		55	05			35		
Ginzkeygasse					16	26		56	06			36		
Jugendgästehaus					17	28		58	08			38		
Universität					18	29		59	09			39		
Minimundus	47	07	32	02			48			18	30		48	58
Schiffsanlegestelle	48	08	33	03	21	32	50	02	12	20	32	42	50	00
Strandbad an	49	09	34	04	22	34	52	04	14	22	34	44	52	02

Uhr	9–11						12–13					
Linie	12	10	11	12	10	10	12	10	10	12	10	10
Index												
Heiligengeistplatz Stand 2 ab	00	10	20	30	40	50	00	10	20	30	40	50
Sponheimerstrasse	01	11		31	41	51	01	11	21	31	41	51
Jergitschsteg	02	12		32	42	52	02	12	22	32	42	52
Rizzibrücke	03	13		33	43	53	03	13	23	33	43	53
Steinerne Brücke	04	14		34	44	54	04	14	24	34	44	54
Heinzelsteg		15			45	55		15	25		45	55
Neckheimgasse		16			46	56		16	26		46	56
Lerchenfeldstrasse			23									
Rizzistrasse			24									
Anderluhstrasse			25									
Stifterstrasse			26									
St. Martin			27									
Kohldorfer Strasse			28									
Steinerne Brücke												
Luegerstrasse	05			35			05			35		
Ginzkeygasse	06			36			06			36		
Jugendgästehaus	08			38			08			38		
Universität	09			39			09			39		
Minimundus		18	30		48	58		18	28		48	58
Schiffsanlegestelle	12	20	32	42	50	00	12	20	30	42	50	00
Strandbad an	14	22	34	44	52	02	14	22	32	44	52	02

Uhr	14–15						16–1	
Linie	12	10	11	12	10	10	12	1
Index								
Heiligengeistplatz Stand 2 ab	00	10	20	30	40	50	00	1
Sponheimerstrasse	01	11		31	41	51	01	11
Jergitschsteg	02	12		32	42	52	02	12
Rizzibrücke	03	13		33	43	53	03	1
Steinerne Brücke	04	14		34	44	54	04	14
Heinzelsteg		15			45	55		1
Neckheimgasse		16			46	56		1
Lerchenfeldstrasse			23					
Rizzistrasse			24					
Anderluhstrasse			25					
Stifterstrasse			26					
St. Martin			27					
Kohldorfer Strasse			28					
Steinerne Brücke								
Luegerstrasse	05			35			05	
Ginzkeygasse	06			36			06	
Jugendgästehaus	08			38			08	
Universität	09			39			09	
Minimundus		18	30		48	58		1
Schiffsanlegestelle	12	20	32	42	50	00	12	2
Strandbad an	14	22	34	44	52	02	14	2

1 Lesen Sie ab, wann Sie frühestens an der Haltestelle „Universität" ankommen können. (C)

[1] http://www.uni-klu.ac.at/idm/downloads/Standardkonzept_Version_4-07.pdf (8.5.2013), S. 31

1 Argumentieren Sie, ob die folgenden Aussagen richtig bzw. falsch sind. (D)

a) Das Kommutativgesetz gilt bezüglich der Subtraktion in $\mathbb{R}$.

b) Das Assoziativgesetz gilt bezüglich der Multiplikation in $\mathbb{Q}$.

c) Die Multiplikation mit Null ist nicht definiert.

d) Das Produkt einer negativen reellen Zahl $a < 0$ mit ihrem Kehrwert ist 1.

Übung 3.4.06

digi.study/bm-k343a6

4 Potenzen und Wurzeln (Deskriptor 2.2)

digi.study/bm-k4

4.1 Potenzen mit ganzzahligen Exponenten

ERKLÄR-VIDEO

digi.study/bm-k41

Merke

Das Potenzieren ist eine abgekürzte Schreibweise für eine **Multiplikation mit gleichen Faktoren**. Es ist eine Rechenoperation 3. Stufe und wird daher vor der Punkt- und Strichrechnung ausgeführt.

$$5^3$$

Hochzahl oder Exponent (3)

Grundzahl oder Basis (5)

Beispiel 4.1.01:

$5 \cdot 5 \cdot 5 = 5^3$ $\qquad 10^2 = 10 \cdot 10$

$a^n = a \cdot a \cdot \ldots\ldots \cdot a$ (n-mal)

Der Ausdruck a^n wird als „a hoch n“ bezeichnet, also beispielsweise wird 5^3 als „5 hoch 3“ gesprochen.

Merke

Beachten Sie: Auf dem **Taschenrechner** finden Sie folgende Taste zum Potenzieren: [^] Sie wollen z.B. 4^5 berechnen, so lautet die Eingabe: [4] [^] [5] [ENTER]

Allgemein gültig sind folgende Festlegungen:

Formel

$a^1 = a \qquad a \in R$

$a^0 = 1 \qquad a \in R$

Beachten Sie: auch $0^0 = 1$

Merke

Ist bei Potenzen mit einer negativen Basis die **Hochzahl gerade**, so ist das Ergebnis **positiv**.
Ist die Hochzahl (der Exponent) **ungerade**, so ist das Ergebnis **negativ**.

Beispiel 4.1.02:

$(-2)^3 = (-2) \cdot (-2) \cdot (-2) = -8$

$(-2)^4 = (-2) \cdot (-2) \cdot (-2) \cdot (-2) = 16$

Wenn das Vorzeichen nicht eingeklammert ist, so wird zuerst potenziert und danach das Vorzeichen gewechselt!

Beispiel 4.1.03:

$-2^4 = -(2 \cdot 2 \cdot 2 \cdot 2) = -16$

Für Potenzen mit **negativen ganzzahligen Exponenten** gilt:

Formel

$a^{-n} = \frac{1}{a^n} \qquad a \in R \setminus \{0\} \qquad n \in N$

Beispiel 4.1.04:
$3^{-2} = \frac{1}{3^2} = \frac{1}{9}$

Merke

Potenzen lassen sich in einer **Summe** nur dann zusammenfassen, **wenn sowohl ihre Basen, als auch ihre Exponenten übereinstimmen.**

Beispiel 4.1.05:
a) $5 \cdot a^2 - 3 \cdot a^2 = 2 \cdot a^2$
b) $a^3 + a^3 + a^2 = 2 \cdot a^3 + a^2$

Rechenregeln für Potenzen:

Formel

$a^x \cdot a^y = a^{x+y} \quad x,y \in Z \quad a \in R \setminus \{0\}$

Zwei Potenzen mit **gleicher Basis** werden **multipliziert**, indem man ihre **Exponenten addiert**.

Beispiel 4.1.06:
$a^2 \cdot a^4 = (a \cdot a) \cdot (a \cdot a \cdot a \cdot a) = a^6 = a^{2+4}$

Formel

$\frac{a^x}{a^y} = a^{x-y} \quad x,y \in Z \quad a \in R \setminus \{0\}$

Potenzen mit **gleicher Basis** werden **dividiert**, indem man ihre **Exponenten subtrahiert**.

Beispiel 4.1.07:
$\frac{a^6}{a^3} = \frac{a \cdot a \cdot a \cdot a \cdot a \cdot a}{a \cdot a \cdot a} = a^{6-3} = a^3$

Formel

$(a \cdot b)^x = a^x \cdot b^x \quad x \in Z \quad a,b \in R \setminus \{0\}$

Ein Produkt wird **potenziert**, indem man die **Faktoren einzeln potenziert**.

Beispiel 4.1.08:
$(a \cdot b)^3 = (a \cdot b) \cdot (a \cdot b) \cdot (a \cdot b) = a^3 \cdot b^3$

Formel

$(\frac{a}{b})^x = \frac{a^x}{b^x} \quad x \in Z \quad a,b \in R \setminus \{0\}$

Ein Bruch wird **potenziert**, indem man sowohl **den Zähler als auch den Nenner potenziert**.

Beispiel 4.1.09:
$(\frac{a}{b})^4 = \frac{a}{b} \cdot \frac{a}{b} \cdot \frac{a}{b} \cdot \frac{a}{b} = \frac{a^4}{b^4}$ mit $b \neq 0$

Formel

$(a^x)^y = a^{x \cdot y} \quad x,y \in \mathbb{Z} \quad a \in \mathbb{R} \setminus \{0\}$

Eine Potenz wird **potenziert**, indem man ihre **Exponenten multipliziert**.

Beispiel 4.1.10:

$(a^3)^4 = a^3 \cdot a^3 \cdot a^3 \cdot a^3 = a^{4 \cdot 3} = a^{12}$

Übung 4.1.01

digi.study/bm-k41a1

1 Vereinfachen Sie die folgenden Potenzen. (B)

a) $(a^2)^3 =$ b) $(a \cdot b)^2 =$ c) $(c \cdot b)^3 =$

d) $(x^3 \cdot y)^3 =$ e) $(m^{-1} \cdot k)^{-3} =$ f) $a \cdot (s^2 \cdot a^4)^3 =$

g) $\frac{a^2 \cdot x^{-1}}{a \cdot x^2} =$ h) $\frac{x^{-1} \cdot y^1 \cdot z^4}{x^1 \cdot y^{-3} \cdot z^{-4}} =$ i) $\frac{(7^0 \cdot a \cdot b^{-2})^{-3}}{2^3 \cdot a^{-2} \cdot b^5} =$

Übung 4.1.02

digi.study/bm-k41a2

1 Vereinfachen Sie die folgenden Potenzen. (B)

2 Stellen Sie die Ergebnisse ohne negative Hochzahlen dar. (A)

a) $2 \cdot c^{-3} \cdot d^{-2} =$ b) $b^2 \cdot b^{-3} \cdot b^7 =$ c) $x^{-8} \cdot x^{-3} =$

d) $\frac{x \cdot y^{-2} \cdot z^3}{x^{-3} \cdot y \cdot z^{-1}} =$ e) $25 \cdot x^0 \cdot \frac{y^{-1}}{5 \cdot x^{-1}} \cdot 5^{-1} \cdot y =$ f) $(-3^{-1} \cdot x)^2 =$

g) $(x^2 \cdot y)^{-2} \cdot (x \cdot y^3)^{-3} =$ h) $\frac{(a+b)^3}{(a+b)^{-2}} =$ i) $\frac{(x+y)^{-2} \cdot z^3}{(x+y)^2 \cdot z^{-3}} =$

Übung 4.1.03

digi.study/bm-k41a3

1 Vereinfachen Sie die folgenden Ausdrücke. (B)

a) $\frac{(-a^3 \cdot b)^2}{(a^2 \cdot b^3)^3} : \left(\frac{a \cdot b}{a^3 \cdot b^3}\right)^{-2} =$ b) $\frac{a^2 \cdot b^{-3}}{x^{-1} \cdot y^2} : \left(\frac{x^{-3} \cdot b^2}{a \cdot y^{-2}} \cdot \frac{a^2 \cdot x^{-1}}{b^3 \cdot y^4}\right) =$

Übung 4.1.04

digi.study/bm-k41a4

1 Vereinfachen Sie die folgenden Potenzen. (B)

a) $\left(\frac{2 \cdot a^{-2}}{6 \cdot x^2 \cdot y}\right)^{-3} : \left(-\frac{6 \cdot x \cdot y^{-1}}{a^{-1}}\right)^3 =$ b) $(6 \cdot x^9) : (3 \cdot x^4) =$

c) $\frac{12 \cdot (x+y)^8}{2 \cdot (x+y)^5} =$ d) $\frac{(a^{n+2})^2}{a^{n+3}} =$

e) $\frac{(a^{n+1} \cdot a^{n+4})^2}{a^{3 \cdot n+1}} =$ f) $(-1)^{-n} =$ mit $2 \mid n$ und $n \in \mathbb{N}$

g) $(-k^{-3} m^4)^2 : ((-k)^{-1} m^2)^{-1} =$ h) $(-1)^{-k} =$ mit $k = 2 \cdot n + 1$ und $n \in \mathbb{N}$

i) $a^{-2} : a^{-4} =$ j) $a^b \cdot a^{-b} =$

Übung 4.1.05

digi.study/bm-k41a5

1 Überprüfen Sie die folgenden Rechnungen auf Richtigkeit. Falsche Rechnungen sollen richtig ausgeführt werden. (D) (B)

a) $1\frac{1}{2} \cdot 1\frac{1}{2} = 1\frac{1}{4}$ b) $a^{-1} + b^{-1} = \frac{1}{a \cdot b}$ c) $\frac{2}{-2} = 0$

d) $1 + 2 \cdot 3 = 7$ e) $2 \cdot 2^2 = 16$

Übung 4.1.06

digi.study/bm-k41a6

Gegeben ist der Term $T_1(a, b, c) = (a^4 \cdot b^{-5} \cdot c)^{-3}$

1 Begründen Sie, welche der folgenden Terme zu T_1 äquivalent sind. (D)

$T_2(a, b, c) = a \cdot b^{-8} \cdot c^{-2}$ $T_3(a, b, c) = \frac{b^{15}}{a^{12} \cdot c^3}$

$T_4(a, b, c) = \left(\frac{b^8 \cdot c^2}{a}\right)^{-1}$ $T_5(a, b, c) = \left(\frac{a^4 \cdot c}{b^5}\right)^{-3}$

Übung 4.1.07

digi.study/bm-k41a7

1 Vereinfachen Sie diese Ausdrücke. (B)

2 Stellen Sie die Ergebnisse ohne negative Hochzahlen dar. (B)

a) $(x^2 \cdot y^{-3})^{-3} =$ b) $\left(\frac{x \cdot y^{-3}}{z^{-2}}\right) : \left(-\frac{2^{-1} \cdot x^2}{y^{-3}}\right)^4 =$

c) $\left(\frac{2 \cdot a^{-2} \cdot b}{6 \cdot x^2 \cdot y}\right)^{-3} : \left(-\frac{6 \cdot x \cdot y^{-1}}{a^{-1} \cdot b^{-2}}\right)^3 =$ d) $\left(\frac{a^{-2} \cdot b^3}{c^4}\right)^{-2} : \left(\frac{c^3}{(a \cdot b)^2}\right)^4 =$

e) $a^{-1} + b^{-1} =$ f) $\frac{r + s}{r^{-1} + s^{-1}} =$

Übung 4.1.08

digi.study/bm-k41a8

1 Ordnen Sie den Termen in der linken Spalte die äquivalenten Terme der rechten Spalte zu. (A)

A	$\left(\frac{4 \cdot x^{-2} \cdot y^3}{8 \cdot x^4 \cdot y^{-4}}\right)^{-2}$	1	$8 \cdot x^{21} \cdot y^{15}$
B	$\left(\frac{2 \cdot x^3 \cdot y^2}{x^{-4} \cdot y^{-3}}\right)^3$	2	$\frac{x^6}{y^{11}}$
C	$\left(\frac{x^2 \cdot y^{-3}}{x^{-1} \cdot y^0}\right)^{-2}$	3	$\frac{4 \cdot x^{12}}{y^{14}}$
D	$\left(\frac{x^4 \cdot y^{-6}}{x^{-2} \cdot y^5}\right)^{-1}$	4	$\frac{y^6}{x^5}$

4.2 Potenzen mit rationalen Exponenten (Wurzeln)

ERKLÄR-VIDEO
digi.study/bm-k42

Kennt man den Flächeninhalt eines Quadrates und möchte man die Länge der Seite wissen, so muss man aus der Flächenformel ($A = a^2$) a ausrechnen. Dies geschieht mit der Quadratwurzel.
Es gilt: $a = \sqrt{A} = A^{\frac{1}{2}}$ mit $A \geq 0$

Formel

Allgemein gilt: $\sqrt[n]{a} = a^{\frac{1}{n}}$ mit $a \geq 0$
Man sagt dazu: „die n-te Wurzel aus a"
a heißt **Radikand** und n ist der **Wurzelexponent**.

Merke

Beachten Sie: Auf dem Taschenrechner haben Sie einen Befehl für die Quadratwurzel „($\sqrt{\ }$)" (Eingabe: [2nd] [x²]) und mit der Taste [MATH] gelangen Sie zu dem Befehl „$\sqrt[x]{\ }$". Sie können aber eine n-te Wurzel auch als Potenz mit dem rationalen Exponenten, welcher in Klammer gesetzt werden muss, eingeben:
So kann $\sqrt[3]{5}$ (Hinweis: $\sqrt[3]{5} = 5^{\frac{1}{3}}$) mit folgender Eingabe berechnet werden:
[5] [^] [(] [1] [÷] [3] [)] [ENTER]

Formel

Folgende Regeln gelten für das Rechnen mit Wurzeln ($m, n \in \mathbb{N}$):

$\sqrt[n]{a} \cdot \sqrt[n]{b} = \sqrt[n]{a \cdot b}$	mit $a, b \geq 0$
$\frac{\sqrt[n]{a}}{\sqrt[n]{b}} = \sqrt[n]{\frac{a}{b}}$	mit $a \geq 0, b > 0$
$(\sqrt[n]{a})^n = a$	mit $a \geq 0$
$\sqrt[n]{a} = \sqrt[n \cdot m]{a^m}$	mit $a \geq 0$
$\sqrt[n]{\sqrt[m]{a}} = \sqrt[n \cdot m]{a}$	mit $a \geq 0$

Diese Formeln sind Spezialfälle der folgenden Rechenregeln für Potenzen:

$a^{-r} = \frac{1}{a^r}$	$r \in \mathbb{Q}$	$a \in \mathbb{R}^+$
$a^r \cdot a^s = a^{r+s}$	$r, s \in \mathbb{Q}$	$a \in \mathbb{R}^+$
$\frac{a^r}{a^s} = a^{r-s}$	$r, s \in \mathbb{Q}$	$a \in \mathbb{R}^+$
$(a \cdot b)^r = a^r \cdot b^r$	$r \in \mathbb{Q}$	$a, b \in \mathbb{R}^+$
$(\frac{a}{b})^r = \frac{a^r}{b^r}$	$r \in \mathbb{Q}$	$a, b \in \mathbb{R}^+$
$(a^r)^s = a^{r \cdot s}$	$r, s \in \mathbb{Q}$	$a \in \mathbb{R}^+$

Beispiel 4.2.01:

a) $\sqrt[4]{20} \cdot \sqrt[4]{15} \cdot \sqrt[4]{100} = \sqrt[4]{4 \cdot 5 \cdot 3 \cdot 5 \cdot 5^2 \cdot 2^2} = \sqrt[4]{2^4 \cdot 5^4 \cdot 3} = \sqrt[4]{(2 \cdot 5)^4 \cdot 3} = 10 \cdot \sqrt[4]{3}$

b) $\sqrt[3]{6} : \sqrt[3]{1296} = \sqrt[3]{\frac{6}{1296}} = \sqrt[3]{\frac{1}{216}} = \frac{1}{\sqrt[3]{6^3}} = \frac{1}{6}$

c) $\left(\sqrt[3]{3}\right)^3 = (3^{\frac{1}{3}})^3 = 3^{\frac{1}{3}} \cdot 3^{\frac{1}{3}} \cdot 3^{\frac{1}{3}} = 3^{\frac{1}{3}+\frac{1}{3}+\frac{1}{3}} = 3^1 = 3$

d) $3^{\frac{2}{3}} = 3^{\frac{1}{3}} \cdot 3^{\frac{1}{3}} = \sqrt[3]{3} \cdot \sqrt[3]{3} = \left(\sqrt[3]{3}\right)^2 = \sqrt[3]{3^2}$

e) $\sqrt[4]{\sqrt[5]{1024}} = \sqrt[20]{2^{10}} = 2^{\frac{10}{20}} = 2^{\frac{1}{2}} = \sqrt{2}$

f) $\frac{1}{\sqrt[3]{x^2}} = x^{-\frac{2}{3}}$

Partielles (teilweises) Wurzelziehen:
Es ist mitunter möglich, den Radikanden in Faktoren zu zerlegen und deshalb die Wurzel zu vereinfachen:

$\sqrt{8} = \sqrt{4 \cdot 2} = \sqrt{4} \cdot \sqrt{2} = 2 \cdot \sqrt{2}$

Vorteil: Der verbleibende Ausdruck unter der Wurzel wird oft einfacher, die Zahlen werden kleiner.

Übung 4.2.01

digi.study/bm-k42a1

1 Vereinfachen Sie die Ausdrücke für $a, b \geq 0,\ x, y > 0$. (B)

2 Übertragen Sie die Ergebnisse in die Potenzschreibweise. (B) (A)

a) $\sqrt[3]{a^2 \cdot b} \cdot \sqrt{a \cdot b^2} =$ b) $\frac{\sqrt{x \cdot y^2}}{\sqrt[3]{x^2 \cdot y}} =$ c) $\frac{\sqrt[4]{x^5 \cdot y}}{\sqrt{x \cdot y^6}} =$

d) $\sqrt{3} \cdot \sqrt[3]{4} =$ e) $\left(\sqrt[3]{4} + 2 \cdot \sqrt[3]{2} - \sqrt[3]{12}\right) \cdot \sqrt[3]{2} =$

f) $(\sqrt{7} - 2 \cdot \sqrt{14}) \cdot 3 \cdot \sqrt{7} =$ g) $(3 \cdot \sqrt{125} - \sqrt{20}) : \sqrt{5} =$

h) $\sqrt{45 \cdot a \cdot b} \cdot \sqrt{5 \cdot a^3 \cdot b^3} =$ i) $\sqrt{16 \cdot a^4} =$

Übung 4.2.02

digi.study/bm-k42a2

1 Berechnen Sie den Wert der Wurzel ohne Taschenrechner. (B)

$\sqrt[5]{\sqrt{\sqrt[3]{\sqrt{1\,024}}}}$

Übung 4.2.03

digi.study/bm-k42a3

1 Vereinfachen Sie so weit wie möglich $(r, b \geq 0,\ x > 0)$. (B)

a) $\sqrt[12]{r^{15}} \cdot \sqrt[12]{r^9} =$ b) $\left(\frac{\sqrt[4]{5}}{3^2}\right)^4 =$

c) $\sqrt{5 \cdot \sqrt{5 \cdot \sqrt{5}}} =$ d) $\left(\sqrt[4]{b} \cdot \sqrt[3]{b^2}\right)^6 =$

e) $\sqrt[3]{x\sqrt{x}} : \sqrt{x\sqrt[3]{x}} =$

Übung 4.2.04

digi.study/bm-k42a4

Darstellung in Potenzschreibweise	Darstellung in Wurzelschreibweise
	$\sqrt{5}$
$3^{\frac{2}{3}}$	
	$\sqrt[4]{x^3}$
$y^{-\frac{5}{7}}$	

1 Vervollständigen Sie die Tabelle, indem Sie jeden der Ausdrücke in den beiden verschiedenen Schreibweisen angeben. (A)

Übung 4.2.05

digi.study/bm-k42a5

1 Überprüfen Sie die Rechnungen für alle $x,\ y,\ z \in \mathbb{R}^+$ auf Richtigkeit. (D)

2 Begründen Sie, warum das der Fall ist. (D)

a) $\sqrt{x^4 \cdot y^2 + x^2} = x \cdot \sqrt{x^2 \cdot y^2 + 1}$

b) $\sqrt{x^4 \cdot y^2 + z^2} = x^2 \cdot y + z$

c) $\sqrt{(x + y)^2} = x + y$

d) $\sqrt{\frac{x^2 \cdot y^6}{4} - x^2} = \frac{x \cdot y^3}{2} - x$

e) $\sqrt{a^2 + b^2} = a + b$

Übung 4.2.06

digi.study/bm-k42a6

In einer Formelsammlung finden Sie die folgende Formel zur Lösung einer normierten quadratischen Gleichung: $x^2 + p \cdot x + q = 0$

a) $x = \frac{1}{2} \cdot \left(-p + \sqrt{p^2 - 4 \cdot q}\right)$

In einer anderen Formelsammlung steht für die Lösung dieser quadratischen Gleichung der folgende Ausdruck:

b) $x = -\frac{p}{2} + \sqrt{\frac{p^2}{4} - q}$

1 Dokumentieren Sie, wie man aus der Formel in a) die Formel in b) erhalten kann. (D) (B)

Übung 4.2.07

digi.study/bm-k42a7

Sie stoßen in den Kursunterlagen auf folgenden Ausdruck: $a^{3{,}45}$

Kreuzen Sie die richtige äquivalente Schreibweise an. (D)

$\sqrt[45]{a^3}$	
$\sqrt[100]{a^{345}}$	
$\frac{3}{\sqrt[45]{a}}$	
$\frac{1}{\sqrt[100]{a^{45}}}$	
$\sqrt[3]{a^{345}}$	

ERKLÄR-VIDEO
digi.study/bm-k43

4.3 Zehnerpotenzen und Gleitkommadarstellung (Deskriptoren 1.2, 1.3)

Zehnerpotenzen sind für das Anschreiben großer und kleiner Zahlen sehr hilfreich.

Wichtige Vorsilben für Zehnerpotenzen:

T	Tera	10^{12}	1 000 000 000 000	Billion
G	Giga	10^{9}	1 000 000 000	Milliarde
M	Mega	10^{6}	1 000 000	Million
k	Kilo	10^{3}	1 000	Tausend
h	Hekto	10^{2}	100	Hundert
da	Deka	10^{1}	10	Zehn
	–	10^{0}	1	Eins
d	Dezi	10^{-1}	0,1	Zehntel
c	Zenti	10^{-2}	0,01	Hundertstel
m	Milli	10^{-3}	0,001	Tausendstel
μ	Mikro	10^{-6}	0,000 001	Millionstel
n	Nano	10^{-9}	0,000 000 001	Milliardstel

In den Naturwissenschaften und in der Technik benötigt man physikalische Größen, etwa Länge, Zeit, Masse, elektrische Spannung oder Dichte. Um vergleichbare Zahlenwerte zu erhalten, wird heute jeder physikalischen Größe eine Maßeinheit zugeordnet.

So wird die Zeit in der Maßeinheit Sekunden (Abkürzung s) gemessen. Dabei gilt:

Merke

Physikalische Größe = Zahlenwert mal Einheit

Für physikalische Größen können beliebige Zeichen gewählt werden.

Beispiel 4.3.01:

$t = 4{,}3\ \text{s}$

Merke

Beachten Sie: Das „Dazuschreiben" der Maßeinheit Sekunde stellt eine Multiplikation dar.

Beispiel 4.3.02:

Hertz (Hz), die SI-Einheit für die Frequenz, z.B.:

a) das Kilohertz kHz : Tausend Schwingungen pro Sekunde
b) das Megahertz MHz: 1 Million Schwingungen pro Sekunde
c) das Gigahertz GHz: 1 Milliarde Schwingungen pro Sekunde
d) das Terahertz THz: 1 Billion Schwingungen pro Sekunde

Beispiel 4.3.03:

Watt (W), die SI-Einheit für die Leistung, z.B.:

a) durchschnittlicher Wärmefluss pro m^2 aus dem Erdinneren zur Erdoberfläche:
$63\text{ mW} = 63 \cdot 10^{-3}\text{ W} = 6{,}3 \cdot 10^{-2}\text{ W}$

b) Leistungsaufnahme einer typischen Waschmaschine:
$2\text{ kW} = 2 \cdot 10^{3}\text{ W}$

c) Antriebsleistung des Luftschiffs Hindenburg:
$3\text{ MW} = 3 \cdot 10^{6}\text{ W}$

d) Leistung eines typischen Kernkraftwerkes:
$1\text{ GW} = 1 \cdot 10^{9}\text{ W}$

e) maximale Leistung eines Blitzes:
$14\text{ TW} = 14 \cdot 10^{12}\text{ W} = 1{,}4 \cdot 10^{13}\text{ W}$

f) ungefähre Strahlenleistung der Sonne:
386 Quadrillionen Watt = $3{,}86 \cdot 10^{26}$ W

Merke

Zum Anschreiben sehr großer bzw. sehr kleiner Zahlen verwendet man häufig die **normierte Gleitkommadarstellung** oder **Fließkommadarstellung** in folgender Form:

$\pm a \cdot 10^{k}$ mit $1 \leq a < 10$ und $k \in \mathbb{Z}$

Beispiel 4.3.04:

a) $35\,468\,000 = 3{,}5468 \cdot 10^{7}$

b) $0{,}000\,000\,123 = 1{,}23 \cdot 10^{-7}$

Merke

Beachten Sie:

Am Taschenrechner können Zahlen auch in der Gleitkommadarstellung angezeigt werden. Dazu wählen Sie im Menü [MODE] die Einstellung Sci, indem Sie mit den Cursortasten den Cursor an der gewünschten Stelle positionieren und [ENTER] klicken. Mit dem Befehl QUIT (Eingabe: [2nd] [MODE]) verlassen Sie das Menü. Statt „·10“ wird jedoch nur E angezeigt:

z.B.: 35 468 000 in der Gleitkommadarstellung anzeigen lassen:

1. Im Menü [MODE] Einstellung Sci vornehmen
2. 35 468 000 eintippen und [ENTER] klicken

Anzeige: 3.5468E7

Beim Eintippen einer Zahl als Gleitkommadarstellung können Sie statt „·10^“ den Befehl EE (Eingabe: [2nd] [,]) verwenden.

Z.B. Eingabe: [3] [.] [5] [4] [6] [8] [2nd] [,] [7] Anzeige: 3.5468E7

Übung 4.3.01

digi.study/bm-k43a1

1 Übertragen Sie die folgenden Zahlen in Zahlen ohne Zehnerpotenz. (A)

a) $3{,}57 \cdot 10^{4} =$
b) $1{,}977 \cdot 10^{8} =$
c) $4{,}006 \cdot 10^{5} =$
d) $6{,}989 \cdot 10^{-2} =$
e) $2{,}3001 \cdot 10^{-5} =$
f) $8{,}43 \cdot 10^{-9} =$
g) $7{,}2 \cdot 10^{12} =$
h) $5{,}3146 \cdot 10^{7} =$
i) $9{,}01 \cdot 10^{3} =$
j) $4{,}062 \cdot 10^{-6} =$
k) $9{,}305 \cdot 10^{-7} =$
l) $6 \cdot 10^{-4} =$

Übung 4.3.02

digi.study/bm-k43a2

1 Geben Sie die folgenden Zahlen in der normierten Gleitkommadarstellung an. (A)

a) 600 000 =
b) 7 850 000 =
c) 3,789 =
d) 4 564 =
e) 0,076 =
f) 0,000 000 002 9 =
g) 0,653 1 =
h) 0,000 000 56 =
i) 19 053 =
j) 59 000 000 000 =
k) 87 654 321 =
l) 567,43 =
m) 0,008 55 =
n) 0,000 000 71 =
o) 0,000 000 102 =
p) 0,093 423 =

Übung 4.3.03

digi.study/bm-k43a3

1 Schreiben Sie die folgenden Zahlen in normierter Gleitkommadarstellung an. (A)

a) Lichtgeschwindigkeit: 300 000 km/s
b) Entfernung Erde – Sonne: 150 Millionen km
c) Alter des Weltalls: 13,7 Milliarden Jahre
d) Volumen der Erde: 1 083 000 000 000 000 000 000 m^3
e) Masse eines Elektrons: 0,000 000 000 000 000 000 000 000 000 000 911 kg

Übung 4.3.04

digi.study/bm-k43a4

Gegeben sind die folgenden Zahlen: $x = 4 \cdot 10^{8}$ und $y = 5 \cdot 10^{-3}$

1 Berechnen Sie das Produkt und den Quotienten der beiden Zahlen. (B)

2 Übertragen Sie die Ergebnisse in die normierte Gleitkommadarstellung. (A)

Übung 4.3.05

digi.study/bm-k43a5

Die mittlere Entfernung des Mondes von der Erde beträgt 60,31 Äquatorradien der Erde oder 384 400 km. Sie schwankt zwischen 363 300 km und 405 500 km.

1 Schreiben Sie die angeführten Entfernungen in Metern (m) an. (A)

2 Geben Sie die Ergebnisse in der normierten Gleitkommadarstellung an. (A)

Übung 4.3.06

digi.study/bm-k43a6

1 Stellen Sie die Masse folgender Körper in der normierten Gleitkommadarstellung mit der Einheit kg dar. (A)

a) menschliche Eizelle: 10 Mikrogramm
b) Ameise: 5 Milligramm
c) Tyrannosaurus Rex: 5 Tonnen

Übung 4.3.07
digi.study/bm-k43a7

Die Entfernung von der Sonne bis zum äußersten Rand des Sonnensystems beträgt ca. $8 \cdot 10^9$ km. Die Entfernung von der Sonne bis zum nächsten Sternensystem Alpha Centauri beträgt ca. $4 \cdot 10^{12}$ km. Eine Raumsonde hat auf direktem Weg Richtung Alpha Centauri für das Erreichen der äußersten Zone des Sonnensystems ca. 25 Jahre gebraucht.

1 Berechnen Sie, wie lange sie noch fliegen müsste, um Alpha Centauri zu erreichen.(B)

Übung 4.3.08
digi.study/bm-k43a8

Eine Schnecke bewegt sich mit einer durchschnittlichen Geschwindigkeit von 0,007 2 km/h.

1 Geben Sie die durchschnittliche Geschwindigkeit in m/s an. (A)

2 Berechnen Sie, wie lange eine Schnecke theoretisch bräuchte, um eine Strecke von 720 km zu überwinden.(B)

Übung 4.3.09
digi.study/bm-k43a9

Ein Abfangjäger des Typs „Eurofighter" kostet ca. 110 Millionen Euro. Angenommen, man bezahlt diesen Preis in bar.

1 Dokumentieren Sie, wie man die Höhe des Geldstapels aus 500-Euro-Scheinen berechnen kann, wenn ein Schein eine Stärke von 0,1 mm hat. (C)

Übung 4.3.10
digi.study/bm-k43a10

Ein Digitalfoto im JPEG–Format benötigt durchschnittlich einen Speicherplatz von 2 MB.

1 Berechnen Sie, wie viele solcher Fotos ungefähr auf den angegebenen Datenspeicher passen: (B)

Speicherkarte mit 8 GB

CD ROM mit 650 MB

DVD mit 4,7 GB

externe Festplatte mit 1 TB

Übung 4.3.11
digi.study/bm-k43a11

Es gibt Laser, die Energie in extrem kurzen Pulsen abstrahlen. Die Pulsdauer beträgt $4 \cdot 10^{-9}$ Sekunden (s). In dieser Zeit werden $1{,}2 \cdot 10^4$ Wattsekunden (Ws) Energie abgestrahlt.

1 Berechnen Sie die Leistung in Watt, die dabei abgestrahlt wird. (B)
<u>Hinweis:</u> Energie = Leistung mal Zeit

2 Berechnen Sie, wie viele Waschmaschinen mit je 1 100 Watt (W) die gleiche Leistung wie ein derartiger Laser liefern. (B)

Übung 4.3.12
digi.study/bm-k43a12

In einer Regentonne haben 500 Liter (L) Regenwasser Platz. Ein Regentropfen hat durchschnittlich eine Masse von 0,05 Gramm (g). <u>Hinweis:</u> 1 kg $\approx$ 1 L

1 Dokumentieren Sie, wie man berechnen kann, wie viele Regentropfen in der Regentonne sind. (C)

2 Berechnen Sie diesen Wert und geben Sie ihn in der Gleitkommadarstellung an. (B) (A)

Übung 4.3.13

digi.study/bm-k43a13

Ein Reiskorn hat eine Masse von ca. 25 mg. Der Erfinder des Schachspiels erhielt angeblich als Lohn für seine Erfindung 2^{64} Reiskörner. Ein Sattelzug kann 25 t Reis transportieren.

1 Berechnen Sie, wie viele solcher Sattelzüge zum Abtransport des Reises notwendig wären. (B)

2 Übertragen Sie das Ergebnis in die Gleitkommadarstellung. (A)

Übung 4.3.14

digi.study/bm-k43a14

In Wikipedia findet man die folgende Erklärung für Nanometer:
1 Nanometer = 1 nm = 10^{-9} m
Ein Nanometer ist ungefähr 70 000 Mal dünner als ein menschliches Haar.

1 Geben Sie an, wie viele Nanometer ein Millimeter (mm) hat. (A)

2 Dokumentieren Sie, wie man den Durchmesser eines menschlichen Haares in Millimeter berechnen kann. (C)

Übung 4.3.15

digi.study/bm-k43a15

Ein großer russischer See stellte bis 1996 (Ernennung zum Weltnaturerbe) mit 19 % der gesamten Süßwasservorräte der Erde unser größtes Süßwasserreservoir dar. Durch Kraftwerke und die Entnahme von Wasser aus manchen Zuflüssen verringerte sich seither der Inhalt des Sees um ca. 24 %, der nunmehrige Inhalt V beträgt ca. 17 664 km³.

1 Berechnen Sie die gesamten Süßwasservorräte V_g der Erde im Jahr 1996. (B)

2 Übertragen Sie das Ergebnis in km³ in die Gleitkommadarstellung der Form $\pm a \cdot 10^k$ mit $1 \leq a < 10$ und $k \in \mathbb{Z}$. (A)

Die Fläche des Sees betrug zu dieser Zeit ca. das 44–fache der Fläche des Bodensees.

3 Stellen Sie eine Formel auf, mit der man die damalige Fläche F_{See} im Jahr 1996 mithilfe der Fläche $F_{Bodensee}$ berechnen kann. (A)

Sie lesen in einer Zeitung die folgende Aussage: „Mit dem Süßwasser eines großen Sees $V = 18\,400$ km³ können 7 Milliarden Menschen 50 Jahre lang mit Wasser versorgt werden. Man geht davon aus, dass jeder Mensch täglich 145 Liter (L) Wasser benötigt.

4 Beurteilen Sie den Wahrheitsgehalt dieser Aussage unter Zuhilfenahme einer Rechnung. (D)

Modelliert man die Erde als Kugel mit dem Radius R, so hat sie folgendes Volumen:
$V_E = \frac{4 \cdot R^3 \cdot \pi}{3}$
Verteilt man das gesamte Wasservolumen V des Sees gleichmäßig über diese Kugel, so vergrößert sich der Radius der Kugel um h.

5 Stellen Sie eine Formel zur Berechnung von h in Abhängigkeit von R, V und V_E auf. (A)

5 Terme und Variable (Deskriptor 2.1)

digi.study/bm-k5

Merke

Ein **Term** ist ein sinnvoller mathematischer Ausdruck, welcher entweder Zahlen oder **Variable** (= Platzhalter) oder beides enthält.

Beispiel 5.01:

$T_1 = 4 \cdot \pi \cdot (5 \cdot \sqrt{13})$ $T_2(x) = 4 \cdot x^2 - 1$

Der konstante Faktor 4 im Term 2 wird als **Koeffizient** (= Vorzahl) bezeichnet.

Ein Term heißt **Bruchterm**, wenn im Nenner eine Variable vorkommt. Bei einem Bruchterm muss eine **Definitionsmenge D** angegeben werden. In der Definitionsmenge werden alle jene Zahlen aus der **Grundmenge G** angegeben, die an Stelle der im Term vorkommenden Variablen eingesetzt werden können.

Beispiel 5.02:

$T_3(m) = \frac{5}{m+2}$ $G_3 = \mathbb{Z}$ $D_3 = \mathbb{Z} \setminus \{-2\}$

Merke

Beachten Sie: Die Division durch Null ist nicht möglich. Deshalb muss im Term 3 die Zahl -2 ausgeschlossen werden.

Terme werden, ausgehend von der Anzahl ihrer Glieder, in verschiedene Gruppen eingeteilt:

Monome: eingliedrige Terme, also Terme, die keinen Rechenoperator 1. Stufe (+ oder −) enthalten.	$7 \cdot a$ $4 \cdot x^2 \cdot y$ $\frac{2 \cdot x}{5}$	Oberbegriff: **Polynome**
Binome: zweigliedrige Terme, also Terme die genau einen Rechenoperator 1. Stufe (+ oder −) enthalten.	$3 \cdot x + 4 \cdot y$ $2 \cdot a - b$ $\frac{5 \cdot x^2 \cdot y}{3} - 9$	
Trinome: dreigliedrige Terme, also Terme die genau zwei Rechenoperatoren 1. Stufe (+ oder −) enthalten.	$x + y - z$ $9 \cdot a^2 - 2 \cdot b + 1$	
Einfache Bruchterme: im Zähler steht ein Polynom, im Nenner steht ein Monom.	$\frac{x^2 - y^2}{xy}$ $\frac{a}{b^3}$	

5.1 Addition und Subtraktion von Termen

Wie schon beim Rechnen mit Potenzen und Wurzeln können bei der Addition oder Subtraktion nur gleichartige Terme zusammengefasst werden. Vor allem die Klammer- und Vorzeichenregeln müssen beachtet werden.

digi.study/bm-k51b1

ERKLÄR-VIDEO

Beispiel 5.1.01:

1 Vereinfachen Sie folgende Polynome: (B)

a) $4 \cdot a + 2 \cdot a = 6 \cdot a$

b) $2 \cdot c - 3 \cdot b$ Dieser Term lässt sich **NICHT** vereinfachen.

c) $5 \cdot e + 2 \cdot f - e + 3 \cdot f + 2 \cdot e = 6 \cdot e + 5 \cdot f$ **Beachten Sie:** $1 \cdot e = e$

d) $5 \cdot a + 3 \cdot b + (7 \cdot a - 3 \cdot b) - (10 \cdot a + 2 \cdot b) =$

$= 5 \cdot a + 3 \cdot b + 7 \cdot a - 3 \cdot b - 10 \cdot a - 2 \cdot b = 2 \cdot a - 2 \cdot b$

Übung 5.1.01

digi.study/bm-k51a1

1 Vereinfachen Sie die folgenden Polynome: (B)

a) $12 \cdot s + 4 \cdot r - 6 \cdot s + 5 \cdot r =$

b) $3{,}4 \cdot g - 7{,}2 \cdot h - 11{,}2 \cdot h + 5{,}6 \cdot g =$

c) $24 \cdot k - (42 \cdot l + 37 \cdot k) + (35 \cdot l - 14 \cdot k) =$

d) $24{,}5 \cdot t - (3{,}8 \cdot t - 8{,}1 \cdot s) - (6{,}2 \cdot s + 0{,}8 \cdot r) =$

e) $m - [3 \cdot v - (4 \cdot m - 8 \cdot v) + 11 \cdot m] =$

f) $\frac{x}{3} + \frac{x}{5} - \frac{2 \cdot x}{15} =$

g) $d - \frac{d}{6} + \frac{3 \cdot d}{15} =$

h) $s - \frac{s-7}{5} =$

i) $\frac{4 \cdot a - b}{2} + \frac{a + 3 \cdot b}{7} =$

j) $7 \cdot b + 4 \cdot w - \frac{w - 3 \cdot b}{3} =$

k) $6x + \{4x - [-14y - (2x + 4y)] - 7y\} - \{7y + [9x - (11y + 4x)]\} =$

Übung 5.1.02

digi.study/bm-k51a2

Sie essen mit drei Freunden in einem Restaurant. Die Rechnung in Höhe von € 107 teilen Sie untereinander auf.

Sie bezahlen *a* Euro, die drei Freunde teilen den Rest gleichmäßig untereinander auf.

1 Stellen Sie eine Formel auf, mit welcher man den Betrag ausrechnen kann, den jeder der Freunde zu zahlen hat. (A)

Übung 5.1.03

digi.study/bm-k51a3

1 Vereinfachen Sie die folgenden Polynome. (B)

2 Machen Sie eine Probe, indem Sie für $x = -5$ und für $y = 7$ einsetzen. (B)

a) $\frac{x}{2} - \left[\frac{y^2}{4} - \left(\frac{5 \cdot x}{8} + \frac{y^2}{20}\right)\right] - \frac{3 \cdot x}{7} =$

b) $-\left[\frac{y}{6} - \left(\frac{x^2}{3} - y\right) + x^2\right] - \frac{x^2}{9} =$

Übung 5.1.04

digi.study/bm-k51a4

Gegeben sind die Polynome T_1 und T_2.

$T_1(x) = \frac{x^2}{3} - x + \frac{5 \cdot x^2}{6} - \frac{x}{6}$ $\quad T_2(x) = \frac{x^2}{2} - \left(\frac{x}{4} - \frac{x^2}{4}\right) + \frac{7 \cdot x}{8}$

1 Berechnen Sie: $T_1 + T_2$; $T_1 - T_2$ (B)

5.2 Multiplikation von Termen

5.2.1 Multiplikation von Monomen

Beispiel 5.2.1.01:

Gegeben sind folgende Monome: $T_1(x) = -3 \cdot x$; $T_2(y) = 5{,}6 \cdot y^2$; $T_3(z) = \frac{1}{3} \cdot (-z)^3$

1 Berechnen Sie das Produkt der drei Monome. (B)

Lösung:

$T(x,y,z) = T_1(x) \cdot T_2(y) \cdot T_3(z) = -3 \cdot x \cdot 5{,}6 \cdot y^2 \cdot \frac{1}{3} \cdot (-1) \cdot z^3 = 5{,}6 \cdot x \cdot y^2 \cdot z^3$

1 Führen Sie die folgenden Multiplikationen aus. (B)

2 Vereinfachen Sie die Ergebnisse so weit wie möglich. (B)

a) $(-4 \cdot x)^3 \cdot 2 \cdot x^5 =$

b) $\frac{3}{5} \cdot x \cdot y^2 \cdot (-\frac{x}{2})^3 =$

c) $(-\frac{7}{8} \cdot x \cdot y)^2 \cdot 16 \cdot x \cdot y^2 =$

d) $(-2 \cdot x)^2 \cdot 5 \cdot y^2 + \frac{3}{4} \cdot x^2 \cdot y^2 =$

e) $5 \cdot r^2 \cdot s \cdot (-s)^2 - (-3 \cdot s^3) \cdot \frac{4}{9} \cdot r^2 =$

Übung 5.2.1.01

digi.study/bm-k521a1

Die Breite b eines Rechtecks ist um 4 Längeneinheiten kürzer als die Länge l.

1 Stellen Sie eine Formel für den Flächeninhalt A des Rechtecks in Abhängigkeit von der Länge l auf. (A)

Übung 5.2.1.02

digi.study/bm-k521a2

5.2.2 Multiplikation von Binomen und Polynomen

Bekannt ist bereits das distributive Gesetz. Dieses gilt auch für Terme und kann erweitert werden.

Es gilt:

$$(a + b) \cdot (c + d) = a \cdot c + a \cdot d + b \cdot c + b \cdot d$$

Formel

Man spricht hier vom „Ausmultiplizieren" in dem Sinn, dass jeder Summand mit jedem multipliziert wird.

ERKLÄR-VIDEO

digi.study/bm-k522f1

Beispiel 5.2.2.01:

a) $5 \cdot (2 \cdot a + b) = 5 \cdot 2 \cdot a + 5 \cdot b = 10 \cdot a + 5 \cdot b$

b) $(-5 \cdot x^3 \cdot y) \cdot (2 \cdot x \cdot y - 1) = -5 \cdot x^3 \cdot y \cdot 2 \cdot x \cdot y - 5 \cdot x^3 \cdot y \cdot (-1) =$
$= -10 \cdot x^4 \cdot y^2 + 5 \cdot x^3 \cdot y$

c) $(3 \cdot x + 1) \cdot (2 \cdot x - 4) = 3 \cdot x \cdot 2 \cdot x + 3 \cdot x \cdot (-4) + 1 \cdot 2 \cdot x + 1 \cdot (-4) =$
$= 6 \cdot x^2 - 12 \cdot x + 2 \cdot x - 4 = 6 \cdot x^2 - 10 \cdot x - 4$

d) $(2 \cdot a + 3 \cdot b - 1) \cdot (2 \cdot a - 3 \cdot b + 2) =$
$2a \cdot 2a + 2a(-3b) + 2a \cdot 2 + 3b \cdot 2a + 3b(-3b) + 3b \cdot 2 - 1 \cdot 2a - 1(-3b) - 1 \cdot 2 =$
$= 4a^2 - 6ab + 4a + 6ab - 9b^2 + 6b - 2a + 3b - 2 =$
$= 4a^2 + 2a - 9b^2 + 9b - 2$

Spezialfall: Binomische Formeln

Für Fälle, bei denen ganze Klammern quadriert werden, gibt es spezielle Regeln. Man nennt diese Regeln, weil die Ausdrücke in den Klammern Binome sind, **binomische Formeln**.

Formel

$$(a+b)^2 = a^2 + 2 \cdot a \cdot b + b^2$$

digi.study/bm-k522f2

ERKLÄR-VIDEO

Wendet man die Regeln für das Multiplizieren von Binomen an, so kann man die Gültigkeit der Formel leicht nachvollziehen:

$(a+b)^2 = (a+b) \cdot (a+b) = a \cdot a + a \cdot b + b \cdot a + b \cdot b = a^2 + 2 \cdot a \cdot b + b^2$

Analog dazu erhält man die folgenden Formeln:

Formel

$$(a-b)^2 = a^2 - 2 \cdot a \cdot b + b^2$$
$$(a+b) \cdot (a-b) = a^2 - b^2$$

Merke

Beachten Sie: $a^2 + b^2$ lässt sich mit Koeffizienten in $\mathbb{R}$ nicht zerlegen.

Beispiel 5.2.2.02:

a) $(4 \cdot c + 3 \cdot b)^2 = (4 \cdot c)^2 + 2 \cdot 4 \cdot c \cdot 3 \cdot b + (3 \cdot b)^2 = 16 \cdot c^2 + 24 \cdot b \cdot c + 9 \cdot b^2$

b) $(2 \cdot d - 3 \cdot e)^2 = (2 \cdot d)^2 - 2 \cdot 2 \cdot d \cdot 3 \cdot e + (3 \cdot e)^2 = 4 \cdot d^2 - 12 \cdot d \cdot e + 9 \cdot e^2$

c) $(2 \cdot m - 5 \cdot n) \cdot (2 \cdot m + 5 \cdot n) = (2 \cdot m)^2 - (5 \cdot n)^2 = 4 \cdot m^2 - 25 \cdot n^2$

Für binomische Klammerausdrücke, die mit höheren Exponenten als 2 potenziert werden, gibt es Regeln. Anhand des Ausdrucks $(a+b)^3$ wird ein allgemeines System zum Berechnen von binomischen Klammerausdrücken entwickelt.

Formel

$$(a+b)^3 = \mathbf{1} \cdot a^3 + \mathbf{3} \cdot a^2 \cdot b^1 + \mathbf{3} \cdot a^1 \cdot b^2 + \mathbf{1} \cdot b^3$$

Die fett geschriebenen Koeffizienten heißen **Binomialkoeffizienten**. Mathematische Schreibweise: $\binom{n}{k}$ – „n über k". Im obigen Beispiel ist $n = 3$ und k durchläuft die natürlichen Zahlen von 0 bis 3.

Die Binomialkoeffizienten lassen sich mithilfe des **Pascal´schen Dreiecks** ermitteln. Das Pascal´sche Dreieck wird durch die folgenden beiden Eigenschaften charakterisiert:
Die erste und die letzte Zahl einer jeden Zeile ist 1.
Jede andere Zahl erhält man als Summe der beiden darüber liegenden Zahlen.
Hier ist das Pascal´sche Dreieck mit den zugehörigen Binomen aufgeschlüsselt.
Die Zahlen einer Reihe sind die Binomialkoeffizienten der Lösung der nebenstehenden binomischen Klammerausdrücke.

1	$(a \pm b)^0$
1 1	$(a \pm b)^1$
1 2 1	$(a \pm b)^2$
1 3 3 1	$(a \pm b)^3$
1 4 6 4 1	$(a \pm b)^4$
1 5 10 10 5 1	$(a \pm b)^5$

Die Exponenten von a nehmen dabei in den Ergebnissen stets um 1 ab, die Exponenten von b nehmen stets um 1 zu. Damit ergeben sich folgende Formeln:

$(a \pm b)^4 = a^4 \pm 4 \cdot a^3 \cdot b + 6 \cdot a^2 \cdot b^2 \pm 4 \cdot a \cdot b^3 + b^4$

Merke

Beachten Sie: Am Taschenrechner wird der Binomialkoeffizient mit dem Befehl nCr ermittelt: Befehlsbaum: …»[MATH] »PRB»3:nCr»…
Eingabe: … [MATH] [▸] [▸] [▸] [3] …

Beispiel 5.2.2.03:

$\binom{10}{5}$ = [1] [0] [MATH] [▸] [▸] [▸] [3] [5] = 252

$(a + b)^{10} = \ldots + 252 \cdot a^5 \cdot b^{10-5} + \ldots$

Übung 5.2.2.01

digi.study/bm-k522a1

1 Multiplizieren Sie die folgenden Polynome aus. (B)

2 Vereinfachen Sie das Ergebnis. (B)

a) $(4 \cdot x - 3 \cdot y) \cdot (5 \cdot x + 2 \cdot y - 7 \cdot z) =$

b) $(4 \cdot s - 8 \cdot t) \cdot (2 \cdot s^2 + 3 \cdot t) =$

c) $(-3 \cdot f + 1{,}5 \cdot e - 3{,}1 \cdot g) \cdot (7{,}2 \cdot f + 9{,}3 \cdot e^3) =$

Übung 5.2.2.02

digi.study/bm-k522a2

Vereinfachen Sie soweit wie möglich. (B)

a) $(2 \cdot x - 5 \cdot y)^2 =$

b) $(4 \cdot x^2 + 5 \cdot y)^2 =$

c) $(\frac{1}{2} \cdot b - \frac{3}{4} \cdot c)^3 =$

d) $(1{,}2 \cdot a^3 - 0{,}8 \cdot b^2)^2 =$

e) $(2 \cdot r - 3 \cdot s) \cdot (2 \cdot r + 3 \cdot s) =$

f) $(-4 \cdot r^2 - 5 \cdot s)^2 =$

g) $(9 \cdot d - 3 \cdot f) \cdot (9 \cdot d + 3 \cdot f) =$

Übung 5.2.2.03

digi.study/bm-k522a3

Bei einem Popkonzert werden insgesamt x Karten für Stehplätze zum Preis von jeweils a Euro sowie y Karten für Sitzplätze zum Preis von jeweils b Euro verkauft.

1 Erstellen Sie eine geeignete Definitionsmenge für die vorkommenden Variablen. (A)

2 Stellen Sie eine Formel für die Gesamteinnahmen G auf, die aus dem Verkauf der Steh- und der Sitzplatzkarten erzielt werden. (A)

Übung 5.2.2.04

digi.study/bm-k522a4

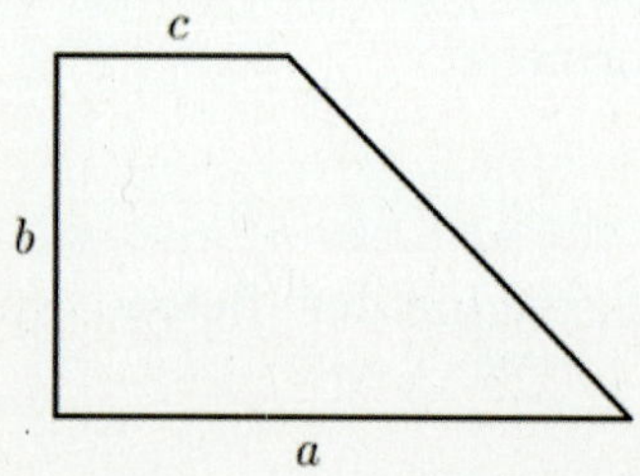

Julia: $A_J = \frac{(a + c) \cdot b}{2}$
Tom: $A_T = a \cdot b - \frac{(a - c) \cdot b}{2}$
Mark: $A_M = b \cdot c + \frac{(a - c) \cdot b}{2}$

1 Überprüfen Sie durch eine Rechnung, ob alle drei Formeln für den Flächeninhalt des Trapezes übereinstimmen. (B) (D)

Übung 5.2.2.05

digi.study/bm-k522a5

Herr Auer vermietet am Bodensee Boote. Er bietet k kleine Boote mit je a Sitzplätzen und g größere Boote mit je b Sitzplätzen an. Der Preis für ein kleines Boot beträgt x Euro, jener für ein größeres Boot y Euro. E bedeutet Ergebnis.

1 Beschreiben Sie die Gleichungen im Sachzusammenhang. (A)

a) $E = a \cdot k$
b) $E = x \cdot 4$
c) $E = \frac{y}{b}$ mit b $\neq 0$
d) $4 \cdot k = g$
e) $a = \frac{b}{2}$
f) $E = 2 \cdot y : (2 \cdot b)$ mit $b \neq 0$

Übung 5.2.2.06

digi.study/bm-k522a6

Im Regal eines Supermarktes stehen a Packungen Küchenrollen zu je x Stück und b Packungen Toilettenpapier zu je y Stück. Der Preis für eine Packung Küchenrolle beträgt c Euro, eine Packung Toilettenpapier kostet d Euro. E steht für Ergebnis in Euro.

1 Interpretieren Sie die Bedeutung der nachfolgenden Ausdrücke in diesem Sachzusammenhang. (C)

a) $E = d \cdot 5$
b) $a = b + 4$
c) $E = \frac{c}{x}$
d) $c = 2 \cdot d$

Übung 5.2.2.07

digi.study/bm-k522a7

An der Haltestelle Mühlburger Tor der Linie S1 der Verkehrsbetriebe Karlsruhe sitzen 33 Personen im Zug. Am Europaplatz steigen 12 Personen aus und 21 Personen ein. Am Marktplatz verlassen 19 Personen die Bahn und 9 Personen steigen ein. Am Ettlinger Tor steigen nochmals 6 Personen ein und 10 aus.

1 Erstellen Sie einen passenden Term, mit welchem man die Anzahl der Personen in der Straßenbahn berechnen kann. (A)

2 Berechnen Sie, wie viele Personen nach dem Ettlinger Tor im Zug sitzen. (B)

5.3 Division von Termen

5.3.1 Division von Monomen

Es muss beachtet werden, dass der Nenner nicht Null sein darf. Daher ist es notwendig, stets die Definitionsmenge zu bestimmen oder zumindest jene Zahlen auszuschließen, für welche der Nenner den Wert Null annehmen würde.

Beispiel 5.3.1.01:

a) $25 \cdot h^2 : (\frac{1}{3} \cdot h \cdot j) = \frac{25 \cdot 3 \cdot h}{j} = \frac{75 \cdot h}{j}$ mit $h, j \neq 0$

b) $(12 \cdot a \cdot b^2) : (-20 \cdot a^3 \cdot b) = -\frac{12 \cdot b}{20 \cdot a^2} = -\frac{3 \cdot b}{5 \cdot a^2}$ mit $a, b \neq 0$

1 Erstellen Sie für jeden der folgenden Terme die Definitionsmenge. (A)

2 Führen Sie die Division aus. (B)

a) $(2 \cdot a^2) : (2 \cdot a) =$ b) $\frac{3 \cdot r^2 \cdot t}{9 \cdot r \cdot t} =$ c) $\frac{4 \cdot c \cdot s^2}{2 \cdot c \cdot s} =$

Übung 5.3.1.01

digi.study/bm-k531a1

Gegeben sind die folgenden Terme über der Grundmenge $\mathbb{R}$:

$T_1(x) = x - \frac{1}{x}$ $T_2(x) = \frac{1-x^2}{x}$ $T_3(x) = (x^2 - 1) : x$

$T_4(x) = (x - 1) \cdot (x + 1) \cdot \frac{1}{x}$ $T_5(x) = -\frac{1-x^2}{x}$

1 Erstellen Sie für jeden diese Terme die Definitionsmenge. (A)

2 Überprüfen Sie, welche der Terme äquivalent sind und schreiben Sie das Ergebnis an. (B) (D)

Übung 5.3.1.02

digi.study/bm-k531a2

5.3.2 Division eines Polynoms durch ein Monom

Beispiel 5.3.2.01:

$(24 \cdot a \cdot d - 48 \cdot b \cdot d + 96 \cdot c \cdot d) : (48 \cdot a \cdot d)$

$= \frac{24 \cdot a \cdot d}{48 \cdot a \cdot d} - \frac{48 \cdot b \cdot d}{48 \cdot a \cdot d} + \frac{96 \cdot c \cdot d}{48 \cdot a \cdot d} = \frac{1}{2} - \frac{b}{a} + \frac{2 \cdot c}{a} = \frac{1}{2} + \frac{-b + 2 \cdot c}{a}$ mit $a, d \neq 0$

1 Machen Sie die folgenden Brüche gleichnamig. (B)

2 Erstellen Sie die Definitionsmenge. (A)

3 Führen Sie die Additionen bzw. Subtraktionen aus. (B)

4 Vereinfachen Sie das Ergebnis so weit wie möglich. (B)

a) $\frac{13 \cdot x^2 - 12 \cdot y^2}{4 \cdot x \cdot y \cdot z} + \frac{9 \cdot x^2 - 8 \cdot y^2}{2 \cdot x \cdot y \cdot z} =$

b) $\frac{x^2 + 3 \cdot y \cdot z}{x \cdot z} - \frac{2 \cdot y^2 - 5 \cdot x^2}{x \cdot y} - \frac{x \cdot y + 4 \cdot x \cdot z}{y \cdot z} =$

c) $\frac{9 \cdot x^3 - 5 \cdot x^2 + 2 \cdot x + 8}{108 \cdot x^4} - \frac{5 \cdot x - 3 \cdot x^2 - 4}{8 \cdot x^3} - \frac{261 \cdot x^3 - 19 \cdot x^2 + 112 \cdot x - 16}{216 \cdot x^4} =$

Übung 5.3.2.01

digi.study/bm-k532a1

[2] In Anlehnung an Beispiel B2/1 aus „Projekt Bildungsstandards aus Mathematik für die Sekundarstufe II“, S 40

5.4 Herausheben, Faktorisieren

Terme können durch Anwendung der bekannten Rechenregeln umgeformt werden. Besonders wichtig dabei ist das distributive Gesetz:

$a \cdot (b + c) = a \cdot b + a \cdot c$

Geht man von der linken Seite aus, um das Ergebnis der rechten Seite zu erhalten, so spricht man vom **Ausmultiplizieren**. Geht man von der rechten Seite aus und will das Ergebnis der linken Seite erhalten, dann spricht man vom **Herausheben** oder **Faktorisieren**, d.h. es wird ein Produkt erzeugt.

Beispiel 5.4.01:

a) $5 \cdot a + 5 \cdot b = 5 \cdot (a + b)$

b) $5 \cdot x + 10 \cdot y = 5 \cdot (x + 2 \cdot y)$

c) $7 \cdot x^2 + 49 \cdot x = 7 \cdot x \cdot (x + 7)$

d) $8 \cdot a^6 \cdot b^2 - 16 \cdot a^5 \cdot b^3 = 8 \cdot a^5 \cdot b^2 \cdot (a - 2 \cdot b)$

e) $r^3 - 2 \cdot r^2 \cdot s + r \cdot s^2 = r \cdot (r^2 - 2 \cdot r \cdot s + s^2) = r \cdot (r - s)^2$

Mithilfe des Faktorisierens kann man von Termen das kleinste gemeinsame Vielfache bzw. den größten gemeinsamen Teiler berechnen.

Beispiel 5.4.02:

$T_1(x,y) = x^3 - 4 \cdot x \cdot y^2$; $T_2(x,y) = x^2 - 2 \cdot x \cdot y$; $T_3(x,y) = x^2 + 2 \cdot x \cdot y$

Zum Bestimmen des kgV und des ggT eignet sich die „Sternchentabelle" sehr gut.

$T_1(x,y) = x \cdot (x^2 - 4 \cdot y^2) =$	$x \cdot$	$(x - 2 \cdot y) \cdot$	$(x + 2 \cdot y)$
$T_2(x,y) = x \cdot (x - 2 \cdot y) =$	$x \cdot$	$(x - 2 \cdot y) \cdot$	*
$T_3(x,y) = x \cdot (x + 2 \cdot y) =$	$x \cdot$	*	$\cdot (x + 2 \cdot y)$
$\text{kgV}(T_1, T_2, T_3) =$	$x \cdot$	$(x - 2 \cdot y) \cdot$	$(x + 2 \cdot y)$
$\text{ggT}(T_1, T_2, T_3) =$	x		

ERKLÄR-VIDEO

digi.study/bm-k54h1

Merke

Beachten Sie: In einem ersten Schritt hebt man die gemeinsamen Faktoren heraus und in einem weiteren Schritt zerlegt man eventuell vorhandene binomische Formeln.

Übung 5.4.01

digi.study/bm-k54a1

1 Faktorisieren Sie die folgenden Terme. (B)

a) $21 \cdot x + 35 \cdot y =$

b) $16 \cdot a^2 \cdot b + 48 \cdot a \cdot b^2 =$

c) $15 \cdot r \cdot s - 20 \cdot r =$

d) $(a - b) \cdot m + (a - b) \cdot n =$

e) $s \cdot (x + y) - x - y =$

f) $a \cdot b + a \cdot c + b + c =$

g) $9 - 6 \cdot a + a^2 =$

h) $20 \cdot x^2 - 60 \cdot x \cdot y + 45 \cdot y^2 =$

i) $64 \cdot x^2 - 112 \cdot x \cdot y^2 + 49 \cdot y^4 =$

j) $28 \cdot r^2 \cdot s + 20 \cdot r \cdot s^2 + 175 \cdot s^3 =$

k) $64 - 25 \cdot m^2 =$

l) $12 \cdot m^3 \cdot n - 108 \cdot m \cdot n^3 =$

Übung 5.4.02

digi.study/bm-k54a2

1 Zerlegen Sie die folgenden Terme in Faktoren. (B)

2 Berechnen Sie das kleinste gemeinsame Vielfache und den größten gemeinsamen Teiler der Terme. (B)

a) $T_1(x) = x^2 - 1$ $\quad T_2(x) = x^2 - 2 \cdot x + 1$ $\quad T_3(x) = x^2 + 2 \cdot x + 1$

b) $T_1(x) = x$ $\quad T_2(x,y) = x^3 - 2 \cdot x \cdot y^2 + x \cdot y^2$ $\quad T_3(x,y) = x - y$

c) $T_1(a) = 4 \cdot a - a^2$ $\quad T_2(a) = 2 \cdot a^2 + a^3$ $\quad T_3(a) = a^2$

d) $T_1(a,b) = a^2 + 2 \cdot a \cdot b + b^2$ $\quad T_2(a,b) = a^2 - b^2$ $\quad T_3(a,b) = a + b$

6 Lineare Gleichungen

digi.study/bm-k6

Bei einer Gleichung werden zwei Terme durch das Gleichheitszeichen verbunden:
$T_1 = T_2$

Die **Grundmenge *G*** einer Gleichung ist jene vorgegebene Zahlenmenge, deren Elemente für die Belegung der Variable in Frage kommen.

Die **Definitionsmenge *D*** einer Gleichung ist jene Teilmenge der Grundmenge *G*, die jene Elemente enthält, für die beide Terme definiert sind.

Die **Lösungsmenge *L*** einer Gleichung ist jene Teilmenge der Definitionsmenge, die jene Elemente enthält, welche die Gleichung in eine wahre Aussage überführen.
Es gilt: $L \subseteq D \subseteq G$

Beispiel 6.1:

a) $r + 2 = 0$ $\quad G_1 = \mathbb{N},\ G_2 = \mathbb{Z} \quad D_1 = \mathbb{N},\ D_2 = \mathbb{Z}$

Setzt man für $r = 1$ ein, so entsteht eine falsche Aussage, weil $1 + 2 \neq 0$.

Setzt man für $r = -2$ ein, so entsteht eine wahre Aussage, weil $-2 + 2 = 0$.

Daher gilt: $\quad 1 \notin L_1 \quad\quad 1 \notin L_2$

$-2 \notin D_1 \Rightarrow -2 \notin L_1 \quad\quad -2 \in D_2 \Rightarrow -2 \in L_2$

b) $\frac{x}{x-1} = 4$ $\quad G_1 = \mathbb{Z},\ G_2 = \mathbb{R} \quad D_1 = \mathbb{Z} \setminus \{1\},\ D_2 = \mathbb{R} \setminus \{1\}$

$\Leftrightarrow \quad x = 4 \cdot (x-1) \quad \Leftrightarrow \quad x = 4x - 4 \quad \Leftrightarrow \quad 3x = 4 \quad \Leftrightarrow \quad x = \frac{4}{3}$

Daher gilt: $\quad L_1 = \{\,\} \quad\quad L_2 = \{\frac{4}{3}\}$

Äquivalenzumformungen sind Umformungen einer Gleichung, bei welchen sich die Lösungsmenge sicher nicht ändert.
Um Gleichungen lösen zu können, darf man die folgenden Äquivalenzumformungen durchführen:

Merke

Auf beiden Seiten der Gleichung wird dieselbe Zahl **addiert**.
Von beiden Seiten der Gleichung wird dieselbe Zahl **subtrahiert**.
Beide Seiten der Gleichung werden mit derselben Zahl **ungleich Null multipliziert**.
Beide Seiten der Gleichung werden durch dieselbe Zahl **ungleich Null dividiert**.
Auf beiden Seiten der Gleichung wird derselbe **Term addiert** bzw. **subtrahiert**.
Auf beiden Seiten der Gleichung wird mit demselben **Term ungleich Null multipliziert**.
Auf beiden Seiten der Gleichung wird durch denselben **Term ungleich Null dividiert**.

Beispiel 6.02:

Gesucht sind die Lösungsmengen der folgenden Gleichungen, wenn $G = \mathbb{Q}$.

a) $2 \cdot x - 3 = \frac{4}{5} \mid +3 \quad 2 \cdot x = \frac{19}{5} \mid :2 \quad x = \frac{19}{10} \quad L = \{\frac{19}{10}\}$

b) $2 \cdot (x+5) = 8 \cdot x \quad 2 \cdot x + 10 = 8 \cdot x \mid -2 \cdot x \quad 10 = 6 \cdot x \mid :6$

$\frac{5}{3} = x \quad L = \{\frac{5}{3}\}$

c) $2 \cdot (x-3) - 1 = 2 \cdot x - 7 \quad 2 \cdot x - 6 - 1 = 2 \cdot x - 7$

$2 \cdot x - 7 = 2 \cdot x - 7 \quad L = G$

d) $2 \cdot (x-3) + 1 = 2 \cdot x \quad 2 \cdot x - 5 = 2 \cdot x \quad L = \{\,\}$

digi.study/bm-k61

6.1 Lineare Gleichungen in einer Variablen (Deskriptor 2.4)

Merke

Lineare Gleichungen können durch Vereinfachen auf die Form $a \cdot x + b = 0$ gebracht werden.

Beispiel 6.1.01:

1 Lösen Sie die folgende Gleichung über $G = \mathbb{R}$. (B)

2 Kontrollieren Sie das Ergebnis durch eine Probe. (B) (D)

$$(2 \cdot x + 5)^2 + (3 \cdot x - 4)^2 = (13 \cdot x - 2) \cdot (x - 1) + 2 \cdot (11 + 14 \cdot x)$$
$$4 \cdot x^2 + 20 \cdot x + 25 + 9 \cdot x^2 - 24 \cdot x + 16 = 13 \cdot x^2 - 13 \cdot x - 2 \cdot x + 2 + 22 + 28 \cdot x$$
$$13 \cdot x^2 - 4 \cdot x + 41 = 13 \cdot x^2 + 13 \cdot x + 24 \mid - 13 \cdot x^2$$
$$-4 \cdot x + 41 = 13 \cdot x + 24 \mid - 13 \cdot x - 41$$
$$-17 \cdot x = -17 \mid : (-17)$$
$$x = 1 \rightarrow L = \{1\}$$

Probe: Man setzt die erhaltene Lösung im ersten Schritt in die linke Seite der Gleichung ein und berechnet den Wert W_1. Anschließend setzt man die erhaltene Lösung in die rechte Seite der Gleichung ein und berechnet den Wert W_2. Zum Abschluss überprüft man, ob die beiden Werte übereinstimmen.
Einsetzen in die linke Seite: $(2 \cdot 1 + 5)^2 + (3 \cdot 1 - 4)^2 = 7^2 + (-1)^2 = 49 + 1 = 50$
Einsetzen in die rechte Seite: $(13 \cdot 1 - 2) \cdot (1 - 1) + 2 \cdot (11 + 14 \cdot 1) = 11 \cdot 0 + 2 \cdot 25 = 50$
Die beiden Ergebnisse stimmen überein, womit die Richtigkeit der Lösung $x = 1$ überprüft wurde.

Übung 6.1.01

digi.study/bm-k61a1

1 Lösen Sie die folgenden Gleichungen über $G = \mathbb{R}$. (B)

a) $5 \cdot x + 6 = 18$

b) $7 \cdot x - (4 - 2 \cdot x) = 10 - (9 \cdot x - 3) + 22$

c) $2 \cdot (3 \cdot x + 4) = 3 \cdot (x + 2) + 2 \cdot (1{,}5 \cdot x + 1)$

d) $(4 \cdot x - 5)^2 - (4 \cdot x + 5)^2 = 16 \cdot x^2 - 25 - x \cdot (16 \cdot x + 5)$

e) $\frac{2 \cdot x + 1}{3} + 5 = 3 + \frac{12 \cdot x + 15}{9}$

f) $\frac{3}{4} \cdot (64 - 16 \cdot x) - (5 \cdot x + 2) = \frac{18 \cdot x - 22}{2} - 7 \cdot x$

g) $(4 \cdot x - 3)^2 + 9 \cdot x^2 = 2 \cdot x - (2 - 5 \cdot x) \cdot (2 + 5 \cdot x)$

Übung 6.1.02

digi.study/bm-k61a2

1 Markieren Sie alle Zahlenmengen, in denen die folgenden Gleichungen jeweils lösbar sind. (D)

2 Lösen Sie die Gleichungen auf. (B)

	Lösungen	$\mathbb{N}$	$\mathbb{Z}$	$\mathbb{Q}$	$\mathbb{R}$
$u + 18 = 3$					
$3 \cdot c = 5$					
$b^2 + 3 = 0$					
$\frac{x}{3} - 5 = 1$					
$4 \cdot x = 4 \cdot (x - 1)$					

Merke

Beachten Sie: Gleichungen können auch mit dem Taschenrechner mit dem Programm 0:Solver gelöst werden. Allerdings muss in einem ersten Schritt die Gleichung durch Äquivalenzumformungen so umgeformt werden, dass auf einer Seite der Gleichung die Zahl Null steht. Durch Drücken der Taste MATH öffnet sich ein Fenster mit vielen Menüs. Das Programm 0:Solver wird gestartet, indem Sie die Ziffer 0 drücken bzw. indem Sie den Cursor mit den Tasten ▼, ▲ in die gewünschte Zeile bewegen und ENTER klicken. Es öffnet sich das Solver-Menü. Es besteht aus einem Eingabefenster (Anzeige: **eqn: 0=…**) und einem Berechnungsfenster. Sie wechseln mit den Tasten ▼, ▲ ins jeweilige Fenster. Im Eingabefenster tippen Sie den Term der Gleichung ein. Für die Variable können Sie die Taste X,T,Θ oder ALPHA und den jeweiligen Buchstaben verwenden. Mit der Taste ▼ gelangen Sie ins Berechnungsfenster. Der Cursor wird auf die gesuchte Variable gestellt und ein **Startwert** für die näherungsweise Berechnung der Variablen eingegeben. Es kann ein beliebiger Wert sein. Mit dem Befehl SOLVE (Eingabe: ALPHA ENTER) wird die Gleichung gelöst. Mit dem Befehl QUIT (Eingabe: 2nd MODE) verlassen Sie das Solver-Menü.
Befehlsbaum: MATH »0:Solver»…»SOLVE»QUIT

Merke

Sehr oft werden Gleichungen verbal formuliert, man spricht dann von einer **Textgleichung**. Dabei kommen die Aufgabenstellungen aus den verschiedensten Bereichen des Alltags.

ERKLÄR-VIDEO
digi.study/bm-k61b2

Beispiel 6.1.02:
52 Burschen und Mädchen tanzen in einer Disco. Auf einen Burschen kommen zwei Mädchen.

1 Übersetzen Sie den Text in eine passende Gleichung, mit welcher man die Anzahl der Mädchen berechnen kann. (A)

2 Berechnen Sie die Lösung der Gleichung. (B)

Lösung:
Anzahl der Burschen: x — Anzahl der Mädchen: $2 \cdot x$
Gleichung: $x + 2 \cdot x = 52$ — Sinnvolle Grundmenge: $G = \mathbb{N}$
Lösung der Gleichung: $\frac{52}{3}$ — $L = \{\}$
Diese Gleichung ist unlösbar.

Beispiel 6.1.03:

Die Seiten zweier Quadrate unterscheiden sich um 2 cm. Ein Rechteck soll die gleichgroße Fläche aufweisen wie die beiden Quadrate zusammen. Die Breite des Rechtecks ist um 1 cm länger als die Seite des größeren Quadrats und dessen Länge um 1 cm kürzer als die doppelte Seite des kleineren Quadrats.

1 Übersetzen Sie den Text in eine Gleichung, mit deren Hilfe man die Längen der Quadratseiten berechnen kann. (A)

2 Berechnen Sie die Seitenlängen und den Unterschied der Flächeninhalte beider Quadrate. (B)

Lösung

1 Seitenlänge des 1. Quadrats: x cm
Seitenlänge des 2. Quadrats: $x + 2$ cm
Breite des Rechtecks: $x + 2 + 1 = x + 3$ cm
Länge des Rechtecks: $2 \cdot x - 1$ cm

$A_{2\ \text{Quadrate}} = A_{\text{Rechteck}}$

$x^2 + (x + 2)^2 = (x + 3) \cdot (2 \cdot x - 1)$

2 Diese Gleichung wird auf die Form $a \cdot x + b = 0$ gebracht und mit dem Taschenrechner gelöst. → $x = 7$ cm
Seitenlänge 1. Quadrat: 7 cm; $A = 49$ cm²
Seitenlänge 2. Quadrat: 9 cm; $A = 81$ cm²
Unterschied: $(81 - 49)$ cm² $= 32$ cm²

Beispiel 6.1.04:

Drei Freunde wetten, wer eine Strecke von 100 km schneller mit dem Rad zurücklegt. Jeder von ihnen überlegt sich seine eigene Strategie.

Herbert: Er fährt die gesamte Strecke mit einer durchschnittlichen Geschwindigkeit von 20 km/h.

Arno: Er fährt mit einer Durchschnittsgeschwindigkeit von 25 km/h, macht aber nach jeder Stunde 15 Minuten Pause.

Gisbert: Er fährt die ersten 20 km mit einer durchschnittlichen Geschwindigkeit von 15 km/h; die nächsten 30 km mit 25 km/h und den Rest mit 30 km/h.

1 Begründen Sie, warum Gisbert der Sieger ist. (A) (B) (D)

Lösung:

Herbert benötigt für die gesamte Strecke $\frac{100}{20} = 5$ Stunden.
Arno benötigt ohne Pausen für die gesamte Strecke $\frac{100}{25} = 4$ Stunden, macht aber 45 Minuten Pause. Daher ist er 4 h 45 min unterwegs.
Gisbert: Die Zeit für den ersten Streckenabschnitt: $\frac{20}{15} = \frac{4}{3}$ h = 1 h 20 min; die Zeit für den 2. Streckenabschnitt: $\frac{30}{25} = \frac{6}{5}$ h = 1 h 12 min; die Zeit für den letzten Abschnitt: $\frac{50}{30} = \frac{5}{3}$ h = 1 h 40 min.
Gisbert benötigt für die gesamte Strecke 4 h 12 min und ist somit der Schnellste.

Ein Vater ist drei Mal so alt wie seine Tochter. Er sagt zu ihr: „In 16 Jahren sind wir beide zusammen 100 Jahre alt."

1 Übertragen Sie den Text in eine passende Gleichung, mit welcher sich das Alter der beiden berechnen lässt. (A)

2 Berechnen Sie das Alter von Vater und Tochter. (B)

Übung 6.1.03

digi.study/bm-k61a3

Ein Sohn ist um 22 Jahre jünger als sein Vater. In 4 Jahren ist der Vater drei Mal so alt wie der Sohn.

1 Stellen Sie eine Gleichung auf, mit deren Hilfe das Alter der beiden berechnet werden kann. (A)

2 Berechnen Sie das Alter von Vater und Sohn. (B)

3 Berechnen Sie, vor wie vielen Jahren der Vater 12-mal so alt war wie der Sohn. (B)

Übung 6.1.04

digi.study/bm-k61a4

In einem Saal befinden sich 90 Personen. Es sind um 4 Männer mehr als Frauen und um 10 Kinder mehr als Erwachsene.

1 Übersetzen Sie den Text in eine passende Gleichung, mit welcher man die Zahl der Frauen, Männer und Kinder berechnen kann. (A)

2 Berechnen Sie, wie viele Frauen, Männer und Kinder sich im Saal befinden. (B)

Übung 6.1.05

digi.study/bm-k61a5

Bei einer Kanuveranstaltung nehmen Einer, Zweier und Vierer teil. Auf dem Wasser befinden sich 135 Boote, in welchen insgesamt 167 Wassersportler sitzen. Es sind nur zwei Vierer auf dem Wasser.

1 Übertragen Sie den Text in eine passende Gleichung, aus welcher sich die Anzahl der Einer, Zweier und Vierer berechnen lässt. (A)

2 Berechnen Sie, wie viele Einer, Zweier und Vierer auf dem Wasser sind. (B)

Übung 6.1.06

digi.study/bm-k61a6

Matthias kauft Hefte gleichen Typs ein. Hätte er 20 Cent mehr, könnte er 6 Stück erwerben. Deshalb kauft er nur 5 Stück, es bleiben ihm noch 0,60 Euro.

1 Stellen Sie eine Gleichung auf, mithilfe derer man berechnen kann, wie viel Geld Matthias zur Verfügung hatte. (A)

2 Berechnen Sie, wie viel Geld Matthias bei sich hatte und wie viel ein Heft kostet. (B)

Übung 6.1.07

digi.study/bm-k61a7

Übung 6.1.08

digi.study/bm-k61a8

In einem Saal stehen Bänke mit je 3 und Bänke mit je 5 Sitzen. Insgesamt werden im Saal 204 Sitze angeboten. Die Anzahl der Bänke mit 5 Sitzen ist um 4 größer als die Anzahl der Bänke mit 3 Sitzen.

1 Stellen Sie jene Gleichung auf, mit welcher sich die Anzahl der Bänke zu je 5 Sitzen berechnen lässt. (A)

2 Berechnen Sie, wie viele Bänke jeder Art aufgestellt sind. (B)

Übung 6.1.09

digi.study/bm-k61a9

Eine Spielgemeinschaft gewinnt beim Lotto. Herbert erhält die Hälfte, Justine ein Viertel und Karl ein Sechstel des Gewinnes. Der restliche Betrag in der Höhe von € 8.000 wird einem wohltätigen Verein zur Verfügung gestellt.

1 Stellen Sie jene Gleichung auf, mit welcher man die Höhe des Gewinnes berechnen kann. (A)

2 Berechnen Sie die Höhe des Gewinnes. (B)

3 Berechnen Sie, welchen Betrag die einzelnen Personen erhalten. (B)

Übung 6.1.10

digi.study/bm-k61a10

Der Unterschied der Umfänge zweier Quadrate beträgt 3,2 dm, der Unterschied ihrer Flächeninhalte beträgt 720 cm^2.

1 Übertragen Sie den Text in eine passende Gleichung, mit welcher sich die Seitenlänge eines Quadrats berechnen lässt. (A)

2 Berechnen Sie die Seitenlänge beider Quadrate. (B)

Übung 6.1.11

digi.study/bm-k61a11

Ein Kunde möchte in einer Apotheke 70%igen Alkohol kaufen, d.h. in x Liter (L) sind $0{,}70 \cdot x$ Liter (L) reiner Alkohol enthalten. Es steht 80%iger und 65%iger Alkohol zur Verfügung. Die Apothekerin nimmt 20 L vom 65%igen Alkohol und mischt ihn mit dem 80%igen.

1 Erstellen Sie jene Gleichung, mit welcher man berechnen kann, wie viele Liter (L) die Apothekerin vom 80%igen Alkohol nehmen muss, um den 70%igen zu erhalten. (A)

2 Berechnen Sie, wie viel Liter 80%igen Alkohol sie nimmt. (B)

Übung 6.1.12

digi.study/bm-k61a12

Ein Chemiker mischt 12 Liter (L) 40 %ige Schwefelsäure mit 3 Liter (L) Wasser.

1 Übersetzen Sie den Text in eine passende Gleichung, mit welcher man den Prozentgehalt der Mischung berechnen kann. (A)

2 Berechnen Sie den Prozentgehalt der Mischung. (B)

Übung 6.1.13

digi.study/bm-k61a13

Die Einwohnerzahlen zweier Städte M und N werden verglichen. Man weiß, dass die Stadt M 4 000 Einwohner mehr hat als die Stadt N. Hätte die Stadt M um 10 % weniger Einwohner und N um 25 % weniger Einwohner, so gäbe es in beiden Städten zusammen 16 800 Einwohner.

1 Übertragen Sie den Text in eine Gleichung, mit welcher sich die Einwohnerzahlen der beiden Städte berechnen lassen. (A)

2 Berechnen Sie die Einwohnerzahlen der beiden Städte. (B)

Übung 6.1.14

digi.study/bm-k61a14

a) Der Bruttopreis B einer Ware enthält 20 % Mehrwertsteuer.

1 Stellen Sie eine Formel auf, mit der man den Nettopreis N (= Preis ohne Mehrwertsteuer) berechnen kann. (A)

b) Für bestimmte Waren muss man in Österreich nur 14 % Mehrwertsteuer bezahlen. Der Bruttopreis B enthält nun 14 % Mehrwertsteuer.

1 Begründen Sie, dass dem x-fachen Nettopreis N der x-fache Bruttopreis B entspricht. (D)

c) Der Bruttopreis B enthält 10 % Mehrwertsteuer.

1 Weisen Sie nach, dass eine Erhöhung des Nettopreises N um y Euro nicht auch die Erhöhung des Bruttopreises B um y Euro zur Folge hat. (D)

Übung 6.1.15

digi.study/bm-k61a15

Der Eintrittspreis in die Therme beträgt für Erwachsene r Euro, Kinder zahlen nur den halben Preis. Besucht man die Therme nach 16:00 Uhr, so gibt es auf den jeweiligen Eintrittspreis eine Ermäßigung in der Höhe von 45 %.
e_1 Erwachsene und k_1 Kinder haben vor 16:00 Uhr den Eintritt bezahlt. e_2 Erwachsene und k_2 Kinder haben dies erst nach 16:00 Uhr getan.

1 Stellen Sie eine Gleichung auf, mithilfe derer die Gesamteinnahmen E aus dem Verkauf der Eintrittskarten eines Tages berechnet werden können. (A)

Übung 6.1.16

digi.study/bm-k61a16

Für ein Konzert werden x Karten für Sitzplätze zu je m Euro und y Karten für Stehplätze zu n Euro verkauft.

1 Stellen Sie eine Formel für die Gesamteinnahmen aus den verkauften Eintrittskarten auf. (A)

Übung 6.1.17

digi.study/bm-k61a17

Ein Kunde erhält beim Einkauf 20 % Rabatt und erspart sich dadurch € 50,00. Er ist der Meinung, dass er € 1.250,00 ein ganzes Jahr auf ein Sparbuch legen muss, um einen derartigen Betrag an Zinsen (ohne Berücksichtigung der KESt) zu erhalten.

1 Erstellen Sie eine Gleichung, mithilfe derer der Jahreszinssatz i berechnet werden kann. (A)

2 Berechnen Sie den Jahreszinssatz. (B)

Übung 6.1.18

digi.study/bm-k61a18

Die Ladefläche eines Kleinlastwagens ist 4,2 m lang und 2,2 m breit. Es dürfen höchstens 1,3 Tonnen (t) geladen werden.

Laut einem Auftrag sollen damit 330 Holzbretter transportiert werden, welche 40 dm lang, 10 cm breit und 2 cm dick sind. Holz hat eine Dichte von $\rho = 0{,}5\ \text{kg/dm}^3$.

Beachten Sie: Die Dichte ρ eines Objektes gibt die Masse von einer Volumseinheit an. So hat Holz mit einem Volumen von $1\ \text{dm}^3$ eine Masse von 0,5 kg.

1 Überprüfen Sie, ob die Holzbretter auf die Ladefläche geladen werden können. (D)

Der Fahrer möchte keinesfalls eine Strafe wegen Überladung bezahlen.

2 Berechnen Sie, ob er bei Ausführung des Auftrages mit einer Strafe rechnen muss. (B)

6.2 Bearbeiten von Formeln (Deskriptoren 2.5, 2.6)

Mathematische Formeln werden in den verschiedensten wissenschaftlichen Bereichen wie z.B. in der Geometrie, in der Physik, in der Wirtschaft, in der Geografie usw. verwendet. Dabei wird es mitunter notwendig, die Formeln umzuformen und nach einer bestimmten Variablen aufzulösen. Man spricht in diesem Fall davon, eine Variable **explizit** (= herausgestellt) darzustellen.

ERKLÄR-VIDEO
digi.study/bm-k62b1

Beispiel 6.2.01:

a) Legt man ein Kapital K_0 in der Höhe von € 1.000,00 auf ein Sparbuch bei einem jährlichen Zinssatz von $i = 1\,\%$ und möchte die Zinsen (in Euro) für 250 Tage (d) ausrechnen, so verwendet man die folgende Zinsformel:

Formel

$$Z = \frac{K_0 \cdot i \cdot d}{100 \cdot 360}$$

$$Z = \frac{1\,000 \cdot 1 \cdot 250}{36\,000} = 6{,}94$$

Ohne Berücksichtigung der Kapitalertragssteuer (KESt), welche in Österreich (derzeit) ein Viertel der Zinsen ausmacht und von der Bank an das Finanzministerium abgeliefert wird, erhält man € 6,94 Zinsen.

b) Will man aber wissen, wie lange das Kapital auf dem Sparbuch liegen bleiben muss, um € 8,00 an Zinsen zu erhalten, dann muss die Zinsenformel nach d umgeformt werden. Für das Umformen einer Formel gelten dieselben Äquivalenzumformungen wie für Gleichungen.

$$Z = \frac{K_0 \cdot i \cdot d}{100 \cdot 360} \quad |\cdot 100 \cdot 360 \quad \Rightarrow Z \cdot 100 \cdot 360 = K_0 \cdot i \cdot d \quad |: (K_0 \cdot i)$$

$$\Rightarrow \frac{Z \cdot 100 \cdot 360}{(K_0 \cdot i)} = d$$

$$d = \frac{8 \cdot 100 \cdot 360}{1\,000 \cdot 1} = 288$$

In diesem Fall muss man das Kapital 288 Tage lang auf dem Sparbuch liegen lassen.

Die Zinsenformel kann man auch bezüglich des Zinssatzes i explizit darstellen:

$$Z = \frac{K_0 \cdot i \cdot d}{100 \cdot 360} \quad \Big| \cdot \frac{100 \cdot 360}{K_0 \cdot d} \quad \Rightarrow i = \frac{Z \cdot 100 \cdot 360}{K_0 \cdot d}$$

Merke

Beachten Sie: Alle diese Aufgaben können mit dem Taschenrechner mit dem Programm 0:Solver gelöst werden. Zuerst wird die Zinseszinsformel umgeformt auf $\frac{K_0 \cdot i \cdot d}{100 \cdot 360} - Z = 0$. (Siehe auch S. 81 und Anhang) Mit [MATH] [0] wird das Programm 0:Solver gestartet. Im Eingabefenster wird der Term der Zinseszinsformel eingegeben. Für das Anfangskapital K_0 wird die Variable K (Eingabe: [ALPHA] [( ]), für den Zinssatz i wird die Variable I (Eingabe: [ALPHA] [x^2]), für die Tage d wird die Variable D (Eingabe: [ALPHA] [x^{-1}]) und schließlich für die Zinsen Z die Variable Z (Eingabe: [ALPHA] [2]) eingegeben. Im Berechnungsfenster geben Sie für die Variablen Werte ein. Im Beispiel a) also für K den Wert 1 000, für I den Wert 1, für D den Wert 250. Anschließend stellt man den Cursor auf die unbekannte Variable Z, gibt einen Startwert ein und wählt den Befehl **SOLVE** (Eingabe: [ALPHA] [ENTER]) um die Lösung zu ermitteln.

Übung 6.2.01

digi.study/bm-k62a1

Johannes Kepler formulierte das Gesetz, welches einen Zusammenhang zwischen den Umlaufzeiten und den großen Bahnachsen von 2 Planeten herstellt:

$$\frac{T_1^2}{T_2^2} = \frac{a_1^3}{a_2^3}$$

a … große Bahnachsen in km, T … Umlaufzeiten in Jahren

	a in km	T in Jahren
Uranus	x	84
Erde	$1{,}496 \cdot 10^8$	1

1 Berechnen Sie die große Bahnachse des Uranus in km. (B)

Übung 6.2.02

digi.study/bm-k62a2

Gegeben ist eine Formel zur Berechnung des Flächeninhaltes eines Trapezes:

$A = \frac{(a + c) \cdot h}{2}$

1 Stellen Sie die Variable a explizit dar. (A)

a = ________________________

Übung 6.2.03

digi.study/bm-k62a3

Gegeben ist die folgende Formel: $b = \frac{a \cdot c}{d - c}$

1 Dokumentieren Sie, wie man die Variable c explizit darstellen kann. (C)

Übung 6.2.04

digi.study/bm-k62a4

Ein Prüfungskandidat erhält in einer Rechnung die folgende Gleichung: $s - \frac{r}{x} = c$

1 Stellen Sie eine sinnvolle Definitionsmenge auf. (A)

2 Lösen Sie diese Gleichung nach x auf. (B)

Übung 6.2.05

digi.study/bm-k62a5

Für die Umrechnung von Celsiusgraden (°C) in Fahrenheitgrade (°F) kann man folgende Formel verwenden: $F = \frac{9}{5} \cdot C + 32$

1 Formen Sie diese Formel so um, dass man daraus C direkt berechnen kann. (A)

Übung 6.2.06

digi.study/bm-k62a6

In der Zeit des Räumungsverkaufs bietet ein Geschäft alle seine Waren zu einem reduzierten Preis an. Auf den Preisschildern ist jeweils der ursprüngliche, nicht reduzierte Preis P_1 und der reduzierte Preis P_2 angegeben. Es muss gelten:

$P_2 = P_1 - r \cdot P_1$

$r = \frac{p}{100}$, p … Prozentsatz der Preisreduktion

1 Formen Sie die Formel nach r um, so dass man daraus bei bekanntem P_1 und bekanntem P_2 direkt den Faktor r der Preisreduktion ermitteln kann. (A)

Übung 6.2.07

digi.study/bm-k62a7

Ein Liter Holundersaft soll abgefüllt werden. Als mögliche Verpackungsformen stehen die folgenden geometrischen Körper zur Verfügung:

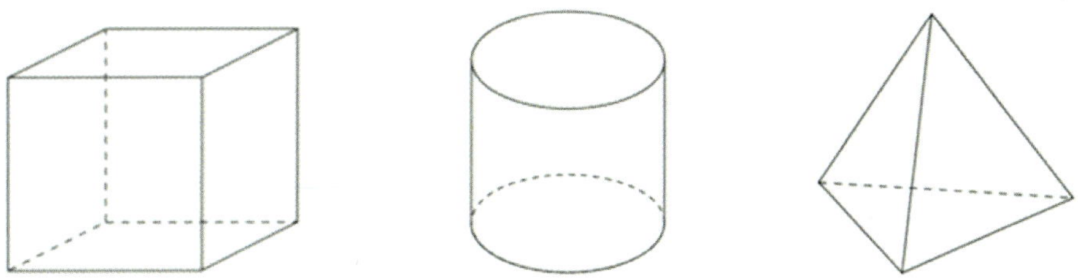

Würfel | Zylinder | Regelmäßiger Tetraeder

1 Berechnen Sie die Kantenlängen von Würfel und Tetraeder sowie Radius und Höhe des Zylinders ($d = h$) bei einem Liter Fassungsvermögen. (A) (B)
(Volumen des Tetraeders mit der Kantenlänge a: $V_T = \frac{\sqrt{2} \cdot a^3}{12}$)

2 Stellen Sie die Formeln zur Berechnung der Oberflächen der Körper auf. (A)

3 Ordnen Sie die Körper nach der Größe der Oberfläche. (A) (B)

Übung 6.2.08

digi.study/bm-k62a8

Die Frequenz einer (Radio-)Welle kann man mit folgender Formel berechnen:

$f = \frac{c}{\lambda}$

f … Frequenz in Hertz (Schwingungen pro Sekunde)

c … Fortpflanzungsgeschwindigkeit der Welle in m/s

λ … Wellenlänge in m

Die Angabe „Ö3 auf 99,9 UKW“ bedeutet, dass der Radiosender Ö3 mit einer Frequenz von 99,9 MHz sendet, das sind 99,9 Millionen Hertz. Radiowellen haben eine Fortpflanzungsgeschwindigkeit von ca. 300 000 km/s.

1 Berechnen Sie die Wellenlänge dieser Radiowelle. (B)

Übung 6.2.09

digi.study/bm-k62a9

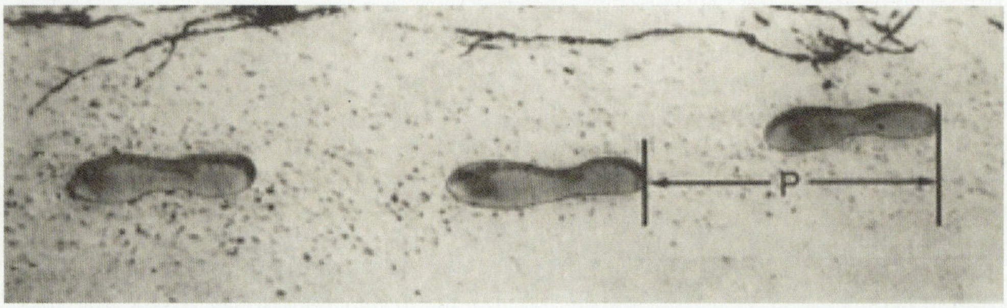

Das Bild zeigt die Fußabdrücke eines gehenden Mannes. Die Schrittlänge P entspricht dem Abstand zwischen den hintersten Punkten zweier aufeinander folgender Fußabdrücke.

Für Männer drückt die Formel $\frac{n}{P} = 140$ die ungefähre Beziehung zwischen n und P aus.

n … Anzahl der Schritte pro Minute

P … Schrittlänge in Metern

1 Berechnen Sie die Schrittlänge eines Mannes, der 65 Schritte pro Minute macht. (B)

Ein junger Mann hat eine Schrittlänge von 0,85 Meter.

2 Dokumentieren Sie, wie man die Gehgeschwindigkeit in Kilometer pro Stunde berechnen kann. (C)

Quelle:https://www.bifie.at/system/files/dl/PISA_Aufgabensammlung_Mathematik.pdf, M124 Gehen

Übung 6.2.10

digi.study/bm-k62a10

Eine Wippe ist im Gleichgewicht, wenn das Produkt aus Gewichtskraft F und Hebelarm a auf beiden Seiten gleich ist. Es gilt also: $F_1 \cdot a_1 = F_2 \cdot a_2$

Max (48 kg) und Moritz (50 kg) schaukeln auf einer Wippe. Max sitzt 1,25 m vom Drehpunkt entfernt.

$F = 9{,}81 \cdot m$ mit m … Masse

1 Berechnen Sie, wie weit entfernt Moritz vom Drehpunkt sitzen muss, damit die Wippe im Gleichgewicht steht. (B)

digi.study/bm-k63

6.3 Prozent- und Promillerechnung (Deskriptor 1.5)

Merke

Das Wort Prozent kommt aus dem Lateinischen und heißt übersetzt „von Hundert".
$p\ \% = \frac{p}{100}$

Formel

$p\ \%$ von $G = A = \frac{p}{100} \cdot G$
Man nennt **G** den **Grundwert** (die Gesamtmenge der betreffenden Größe ≡ 100 %), ***p*** ist der **Prozentsatz**, der den in Frage kommenden **Prozentanteil *A*** in Prozent des Grundwertes beschreibt.

Beispiel 6.3.01:

Ca. 34 % der 840 Teilnehmer/innen kommen aus den Umlandgemeinden.

1 Übersetzen Sie den Text in einen Term. (A)

Lösung:
$\frac{34}{100} \cdot 840 = 0{,}34 \cdot 840 = 285{,}6$
Antwort: Ca. 286 Teilnehmer/innen kommen aus den Umlandgemeinden.

Beispiel 6.3.02:

Nach der Entlassung von 3 % der Beschäftigten haben nun noch 236 Personen Arbeit.

1 Stellen Sie eine Gleichung auf, mithilfe derer sich die Anzahl der vorher Beschäftigten berechnen lässt. (A)

Lösung:
Da vom Grundwert (100 %) 3 % abgezogen werden, bleiben noch 97 %.
$\frac{97}{100} \cdot x = 236 \quad 0{,}97 \cdot x = 236 \quad x \ldots$ Anzahl der vorher Beschäftigten

Beispiel 6.3.03:

Ein Karteninstitut verkauft Eintrittskarten für ein Zirkusfest. Da aber eine Gruppe nicht auftreten kann, verringert das Institut den Eintrittspreis um 20 %. Für die erkrankte Gruppe konnte allerdings relativ schnell Ersatz gefunden werden, weshalb der Eintrittspreis wieder um 20 % hinaufgesetzt wurde.

1 Stellen Sie eine passende Gleichung für den Schlusspreis der Eintrittskarte auf. (A)

2 Berechnen Sie, um wie viel Prozent sich der Preis für eine Eintrittskarte verändert hat. (B)

Lösung:
Ursprünglicher Preis einer Eintrittskarte: x Euro. Die Reduzierung um 20 % hat zur Folge, dass die Eintrittskarte nur mehr 80 % des ursprünglichen Preises, also $0{,}80 \cdot x$ Euro kostet. Wird der Preis wieder um 20 % hinaufgesetzt, so beträgt er 120 % vom vorigen Preis, also $1{,}20 \cdot 0{,}80 \cdot x = 0{,}96 \cdot x$ Euro. Schließlich waren die Karten um 4 % verbilligt.

Beispiel 6.3.04:

Eine Schneiderei kauft 1 m Trachtenstoff um s Euro ein (= Selbstkostenpreis); der Verkaufspreis netto wird mit V Euro angesetzt.

1 Stellen Sie eine Formel für den Gewinn G in Prozent des Selbstkostenpreises auf. (A)

2 Stellen Sie eine Formel für den Bruttoverkaufspreis B bei 20 % Mehrwertsteuer (MWSt) auf. (A)

Lösung:

$G = \frac{V-s}{s} \cdot 100\ \%$ $\qquad B = 1{,}2 \cdot V$

Formel

Das Wort **Promille** (aus dem Lateinischen) heißt übersetzt „von Tausend".

Übung 6.3.01

digi.study/bm-k63a1

Beim Lagerabverkauf gibt es auf alle Hosen 20 % Nachlass, bei Pullovern 30 % und bei T-Shirts 25 %.

Sie kaufen ein:

eine weiße Hose (Preisetikett: € 49,90), zwei T-Shirts (Preisetikett jeweils € 15,90) und einen Pullover (Preisetikett: € 44,90)

1 Schreiben Sie für die Berechnung des gesamten Geldbetrages die Rechnung an. (A)

2 Berechnen Sie den Geldbetrag. (B)

3 Berechnen Sie, wie viel Prozent Sie sich insgesamt erspart haben. (B)

Übung 63.02

digi.study/bm-k63a2

Der Brutto-Warenwert ist der Wert einer Ware inklusive Mehrwertsteuer (MWSt), aber ohne Zu- und Abschläge, beim Netto-Warenwert ist keine MWSt enthalten.

a) Der Brutto-Warenwert beträgt inklusive 14 % MWSt a Euro (€).

1 Stellen Sie eine Formel für den Netto-Warenwert auf. (A)

b) Ein Geschäftsmann behauptet, dass ein a-facher Nettopreis einer Ware dem a-fachen Bruttopreis B entspricht. Der Bruttopreis B enthält 20 % MWSt.

1 Argumentieren Sie, ob diese Behauptung richtig ist. (D)

c) Als guter Kunde erhalten Sie auf das gekaufte Produkt mit dem angeschriebenen Preis b in Euro 5 % Skonto (= Preisnachlass).

1 Dokumentieren Sie, wie man den tatsächlich zu bezahlenden Preis P angeben kann. (C)

d) Nach Abzug von 11 % Kundenrabatt, einem Aufschlag von 17 % und einem Abzug von 3 % Skonto bezahlt eine chinesische Firma für einen aufgestellten Sessellift € 1.360.000.

1 Berechnen Sie den Brutto-Warenwert B. (B)

2 Übertragen Sie B in die Gleitkommadarstellung. (A)

Übung 6.3.03

digi.study/bm-k63a3

Eine gebrauchte Maschine wird um € 69.000 verkauft, das sind um 40 % weniger als der Preis für eine fabrikneue Maschine.

1 Dokumentieren Sie, wie man den Preis P einer fabrikneuen Maschine berechnen kann. (C)

2 Berechnen Sie den Preis P. (B)

Übung 6.3.04

digi.study/bm-k63a4

Ein grafikfähiger Taschenrechner wird um € 349 inkl. 20 % Umsatzsteuer (USt) angeboten.

1 Berechnen Sie den Nettopreis und die Umsatzsteuer in Euro. (B)

Übung 6.3.05

digi.study/bm-k63a5

In einer Apotheke steht nur 84%iger Alkohol zur Verfügung. Für eine Kundin wird allerdings 60%iger Alkohol benötigt. Der Apotheker mischt 150 Liter 84%igen Alkohol mit destilliertem Wasser, um 60%igen Alkohol zu erhalten.

1 Stellen Sie eine Gleichung auf, mithilfe derer sich die zugefügte Wassermenge in Liter berechnen lässt. (A)

2 Berechnen Sie, wie viele Liter Wasser zugefügt werden müssen. (B)

Übung 6.3.06

digi.study/bm-k63a6

In der Zeitschrift „Konsument" liest man, dass Waschmaschinen seit Jahresbeginn um 12 % teurer sind.

1 Stellen Sie eine Formel auf, welche den neuen Preis P_2 durch den alten Preis P_1 ausdrückt. (A)

Übung 6.3.07

digi.study/bm-k63a7

Ein Gewinn in der Höhe von € 11.234 soll auf drei Personen aufgeteilt werden. Anna bekommt um 30 % mehr als Peter und Max bekommt 70 % des Anteils von Anna.

1 Stellen Sie eine Gleichung auf, mit welcher man die Höhe der einzelnen Gewinne berechnen kann. (A)

2 Berechnen Sie, welchen Betrag Anna bekommt. (B)

Übung 6.3.08

digi.study/bm-k63a8

Es ist bekannt, dass ungefähr ein Fünftel des Regenwassers, das auf die Blätter von Bäumen fällt, sofort verdunstet. Der Rest des Wassers gelangt auf die Erde bzw. in den Boden. Nur 32 % dieses Regenwassers kann von den Wurzeln eines Waldbodens gespeichert werden. Das restliche Wasser sickert ins Grundwasser. Bei einem Regenguss fielen 6 450 Liter (L) Wasser auf die Bäume.

1 Berechnen Sie, wie viele Liter Regenwasser im Grundwasser landen. (B)

Übung 6.3.09

digi.study/bm-k63a9

Folgende Tabelle stellt einen Ausschnitt aus den Arbeitslosenzahlen dar, die regelmäßig von der Statistik Austria veröffentlicht werden (Quelle: Statistik Austria). Die Arbeitslosenquote gibt an, wie viel Prozent der Beschäftigten arbeitslos sind.

	4. Quartal 2015	1. Quartal 2016	2. Quartal 2016	3. Quartal 2016	4. Quartal 2016
Arbeitslose (nationale Definition) in 1 000	252,6	275,4	273,4	279,2	252,1
Männer	140,4	158,8	158,3	155,3	141,5
Frauen	112,2	116,6	115,1	123,9	110,6
Arbeitslosenquote (nationale Definition) in %	5,7	6,3	6,1	6,1	5,6
Männer	6,0	6,8	6,6	6,4	6,0
Frauen	5,4	5,6	5,5	5,8	5,3

In einer Tageszeitung lesen Sie folgenden Kommentar: „Die Arbeitslosenquote ist im 4. Quartal 2016 um 0,1 Prozent niedriger als im Vergleichszeitraum des Vorjahres."

1 Erklären Sie, warum es im 4. Quartal 2016 mehr Arbeitslose gab als im Vergleichszeitraum des Vorjahres. (D)

2 Berechnen Sie, um wie viel Prozent sich die Zahl der Arbeitslosen im 4. Quartal 2016 im Vergleich zum 4. Quartal des Vorjahres verändert hat. (B)

3 Dokumentieren Sie, wie man die Zahl der beschäftigten Frauen im 4. Quartal des Jahres 2016 berechnen kann. (C)

Übung 6.3.10

digi.study/bm-k63a10

In der folgenden Tabelle wird die Anzahl der weltweit verkauften PCs dargestellt.

	3. Quartal 2016	Steigerung in %	3. Quartal 2017	Prozent
Lenovo		−1,5	14 356 000	
HP		4,4	14 592 000	
Acer		−6,2	4 323 000	
Dell		−0,4	10 154 000	
andere Hersteller		−9,84	23 580 000	
Gesamt			67 005 000	100

1 Berechnen Sie die Verkaufszahlen des 3. Quartals 2016. (B)

2 Berechnen Sie, wie viel Prozent die Anzahl der verkauften PCs in Bezug auf die Gesamtzahl an verkauften Geräten im 3. Quartal 2017 ausmacht. (B)

Übung 6.3.11

digi.study/bm-k63a11

Folgende Tabelle stellt einen Ausschnitt aus der Staatsschuldenstatistik Österreichs dar, die ein Mal pro Vierteljahr von der Statistik Austria veröffentlicht wird. (Quelle: Statistik Austria)

	2012	2013	2014	2015	2016
Staatsschulden in Mrd. Euro	260,215	262,404	279,036	290,567	295,245
Staatsschulden in % des BIP	81,7	81,0	83,3	84,3	82,6
Öffentliches Defizit in % des BIP	−2,2	−2,0	−2,7	−1,0	−1,6

1 Berechnen Sie für die Jahre 2014 und 2016 das Bruttoinlandsprodukt (BIP) in Mrd. Euro. (B)

2 Berechnen Sie das öffentliche Defizit der Jahre 2012 und 2015 in Mrd. Euro. (B)

Übung 6.3.12

digi.study/bm-k63a12

Eine Klinik betreut 67 % männliche Patienten. Medizinische Untersuchungen ergaben, dass 10,4 % der Männer und 6,1 % der Frauen an Diabetes II leiden.

1 Stellen Sie eine Formel für die Anzahl A der Diabetiker auf, wenn an der Klinik x Personen betreut werden. (A)

2 Berechnen Sie die Anzahl A der Diabetiker dieser Klinik, wenn 420 Personen betreut werden. (B)

6.4 Verhältnisse, Proportionen

Zwei Terme können dadurch verglichen werden, dass man entweder ihre **Differenz** $T_1 - T_2$, das ist der **Unterschied** der beiden Terme oder ihren **Quotienten** $\frac{T_1}{T_2}$, das ist das Verhältnis der beiden, bildet. Das **Verhältnis** gibt also an, das Wievielfache der eine Term in Bezug auf den anderen ist.

Beispiel 6.4.01:

In der Stadt A leben 120 000 Menschen, in der Stadt B leben 70 000.

Die Differenz gibt an, dass in der Stadt A um 50 000 Menschen mehr leben als in der Stadt B.

Bildet man den Quotienten, also das Verhältnis A : B = 120 000 : 70 000 = $\frac{12}{7}$ = 1,71, so kann man feststellen, dass in der Stadt A 1,71-mal so viele Menschen wie in der Stadt B leben.

6.4.1 Direkte Proportionalität

ERKLÄR-VIDEO
digi.study/bm-k641

Beispiel 6.4.1.01:

1 kg Äpfel kostet 2 €.

2 kg Äpfel kosten $2 \cdot 2$ € = 4 €.

n kg Äpfel kosten $n \cdot 2$ €.

Es gilt:

Ist die Masse der Äpfel doppelt so groß, so steigt auch der Preis auf den doppelten Wert. Das Verhältnis von Preis zu Masse ergibt immer denselben Wert.

Merke

Beachten Sie: Zwei Größen x und y sind **direkt proportional** zueinander, wenn gilt: Verdoppelt, halbiert etc. sich der Wert x, so verdoppelt, halbiert etc. sich der Wert y. Der Quotient $\frac{y}{x}$ hat stets denselben Wert.
Mathematisch lässt sich die direkte Proportionalität folgendermaßen anschreiben:

Formel

$$y = k \cdot x \qquad \text{mit } k \in \mathbb{R}$$

Beispiel 6.4.1.02:

In der Physik kennt man den Zusammenhang $F = m \cdot a$ (2. NEWTON–Axiom; Kraft = Masse mal Beschleunigung). Die Kraft F ist sowohl proportional zur Masse m als auch proportional zur Beschleunigung a. Steigt die Masse eines Körpers auf den doppelten Wert, so benötigt man die doppelte Kraft, um dieselbe Beschleunigung zu erhalten.

Abgekürzt schreibt man für „F ist proportional zu m" auch „$F \sim m$". Diese Schreibweise gibt an, dass der Quotient von Kraft und Masse immer denselben Wert hat, also $\frac{F_1}{m_1} = \frac{F_2}{m_2} = \ldots$

Beispiel 6.4.1.03:

Für die Autofahrt von Golling nach Wien (350 km) wurden 30,8 Liter (L) Benzin verbraucht.

1 Begründen Sie, warum hier unter der Annahme, dass die Geschwindigkeit konstant ist, ein direkt proportionaler Zusammenhang besteht. (D)

2 Berechnen Sie, wie groß der durchschnittliche Benzinverbrauch auf 100 km ist.

Lösung:

1 Begründung: Fährt man doppelt so weit, so verbraucht man doppelt so viel Benzin. (Das gilt analog für jeden Faktor.) Somit liegt ein direkt proportionaler Zusammenhang vor.

$350 : 100 = 30{,}8 : x$

2 $x = \frac{100 \cdot 30{,}8}{350} = 8{,}8$

Auf 100 km werden 8,8 Liter Benzin verbraucht.

Übung 6.4.1.01

digi.study/bm-k641a1

Ein Meter Stoff kostet a Euro. Hannah kauft 4 m, 5 m, x m.

1 Argumentieren Sie, ob hier ein direkt proportionaler Zusammenhang existiert. (D)

2 Berechnen Sie die Kosten für 4 m, 5 m, x m. (B)

Übung 6.4.1.02

digi.study/bm-k641a2

In der Versuchsanstalt für biologische Produkte wurden bei Versuchen folgenden Messreihen gefunden:

A	*x*	*y*	*B*	*x*	*y*
	0	2,0		0	0
	1	2,5		2	2,5
	2	3,0		4	5
C	*x*	*y*	*D*	*x*	*y*
	0	0		0	0
	2	3,0		2	1,5
	4	5,5		4	3

1 Überprüfen Sie, welche der vier Messreihen einen direkt proportionalen Zusammenhang darstellen. (D)

2 Stellen Sie für jene Messreihen mit einem direkt proportionalen Zusammenhang eine Gleichung auf, die den Zusammenhang zwischen x und y angibt. (A)

Übung 6.4.1.03

digi.study/bm-k641a3

Mei-Ling aus Singapur wollte für 3 Monate als Austauschstudentin nach Südafrika gehen. Sie musste einige Singapur Dollar (SGD) in Südafrikanische Rand (ZAR) wechseln.

Mei-Ling fand folgenden Wechselkurs zwischen Singapur Dollar und Südafrikanischen Rand heraus:

1 SGD = 4,2 ZAR

1 Stellen Sie eine Formel auf für den Betrag B in ZAR, wenn Mei–Ling x SGD wechselt. (A)

Während dieser 3 Monate hat sich der Wechselkurs von 4,2 auf 4,0 ZAR pro SGD geändert.

2 Erklären Sie, ob diese Änderung des Wechselkurses für Mei-Ling von Vorteil war. (D)

Übung 6.4.1.04

digi.study/bm-k641a4

Ein zylindrischer Behälter wird mit Wasser gefüllt. Zum Zeitpunkt $t = 0$ ist der Behälter leer. Pro Minute fließen 0,5 Liter (L) Wasser zu.

1 Geben Sie mithilfe einer Wertetabelle an, wie viele Liter nach 1, 2, 3, 4, t Minuten im Behälter sind. (A)

2 Dokumentieren Sie, wie sich das Volumen ändert, wenn die Zeit auf das Doppelte wächst. (C)

6.4.2 Indirekte Proportionalität

ERKLÄR-VIDEO
digi.study/bm-k642

Beispiel 6.4.2.01:

Ein Auto fährt von Wien nach Krems, eine ca. 80 km lange Strecke. Kann eine durchschnittliche Geschwindigkeit von 80 km/h eingehalten werden, so benötigt man für diese Fahrt 1 h. Beträgt wegen vieler Baustellen die Durchschnittsgeschwindigkeit aber nur 40 km/h, so benötigt man für diese Strecke 2 h.

Es gilt:

Verdoppelt sich die Geschwindigkeit, so halbiert sich die Fahrzeit. Halbiert sich die Geschwindigkeit, so verdoppelt sich die Fahrzeit.

Multipliziert man die beiden Größen Durchschnittsgeschwindigkeit und Fahrzeit, so ergibt sich immer derselbe Wert.

Die Durchschnittsgeschwindigkeit und die Fahrzeiten sind also **indirekt proportional**.

Merke

Beachten Sie: Zwei Größen x und y sind indirekt proportional zueinander, wenn gilt:
Wächst x auf das Doppelte, so sinkt y auf die Hälfte.
Das Produkt der beiden Größen $x \cdot y$ hat immer denselben Wert.

Formel

Mathematisch lässt sich die indirekte Proportionalität folgendermaßen anschreiben:
$y = \frac{k}{x}$ mit $k \in \mathbb{R}$

Beispiel 6.4.2.02:

Das OHMsche Gesetz stellt einen Zusammenhang zwischen Stromstärke I (gemessen in Ampere), Spannung U (gemessen in Volt) und dem elektrischen Widerstand R (gemessen in Ohm) her: $I = \frac{U}{R}$

Die Stromstärke wird umso größer, je kleiner der elektrische Widerstand ist. Sie ist also indirekt proportional zum Widerstand. Man schreibt in diesem Fall: $I \sim \frac{R}{I}$

Anschaulich ist dieser Zusammenhang klar, wenn man bedenkt, dass der Stromfluss durch den elektrischen Widerstand behindert wird.

Beispiel 6.4.2.03:

4 Maurer verputzen eine Hausfassade und benötigen dafür 5 Tage. Da aber für die nächsten Tage schlechtes Wetter angesagt ist, setzt der Bauleiter insgesamt 10 Arbeiter ein. Man nimmt an, dass jeder Maurer in gleicher Zeit gleich viel Arbeit verrichtet.

1 Begründen Sie, warum es sich bei dieser Aufgabenstellung um einen indirekt proportionalen Zusammenhang handelt. (D)

2 Berechnen Sie, wie lange die 10 Arbeiter für das Verputzen der Hausfassade benötigen. (B)

Lösung:

1 Stehen für die Erledigung der Arbeit doppelt so viele Maurer zur Verfügung, benötigt man die halbe Zeit, deshalb ist es eine indirekt proportionale Zuordnung.

2 $4 : 10 = x : 5 \Leftrightarrow \frac{4}{10} = \frac{x}{5} \Leftrightarrow 4 \cdot 5 = x \cdot 10 \Leftrightarrow x = 2$
10 Arbeiter benötigen für diese Arbeit 2 Tage.

Übung 6.4.2.01

digi.study/bm-k642a1

Zwei Pumpen brauchen zum Leeren eines Schwimmbeckens 24 Stunden. Da das Schwimmbecken jedoch schneller entleert werden soll, wird eine weitere Pumpe eingesetzt.

1 Begründen Sie, dass es sich um eine indirekt proportionale Zuordnung handelt. (D)

2 Berechnen Sie, wie lange die Entleerung des Schwimmbeckens mit den drei Pumpen dauert. (B)

Übung 6.4.2.02

digi.study/bm-k642a2

Da es auf der Strecke von Salzburg nach Linz (150 km) viele Baustellen gibt, kann ein Regionalzug nur mit einer durchschnittlichen Geschwindigkeit von 75 km/h fahren. Nach dem Wegfall einer Baustelle kann die durchschnittliche Geschwindigkeit um 5 km/h erhöht werden.

1 Überprüfen Sie, welche Art der Zuordnung hier vorliegt.(D)

2 Berechnen Sie jene Zeit, die der Zug nach der Erhöhung der Geschwindigkeit für die Strecke Salzburg – Linz benötigt. (B)

Übung 6.4.2.03

digi.study/bm-k642a3

Für eine Autobusreise sind 50 Teilnehmer/innen angemeldet. Die Kosten pro Person sind mit € 18,00 angegeben. Tatsächlich aber konnten nur 45 Personen an der Reise teilnehmen.

1 Argumentieren Sie, welcher Art diese Zuordnung ist. (D)

2 Berechnen Sie jenen Betrag, den eine Person tatsächlich bezahlen musste. (B)

Übung 6.4.2.04

digi.study/bm-k642a4

1 Überprüfen Sie bei den folgenden Zuordnungen, ob es sich um ein direkt proportionales bzw. indirekt proportionales Verhältnis handelt bzw. keine Zuordnungsform von beiden vorliegt. (D)

2 Begründen Sie Ihre Entscheidung. (D)

a) Der Fahrzeit wird die Fahrstrecke zugeordnet.

b) Der Fahrgeschwindigkeit wird die Fahrdauer bei gleicher Strecke zugeordnet.

c) Der Fahrstrecke wird der Benzinverbrauch zugeordnet.

d) Der Fahrgeschwindigkeit wird der Benzinverbrauch zugeordnet.

e) Der Schrittlänge wird die Anzahl der Schritte bei gleicher Wanderstrecke zugeordnet.

f) Der Anzahl der Wanderer wird die Länge der Wanderstrecke zugeordnet.

g) Der Dauer einer Wanderung wird die Länge des zurückgelegten Weges bei gleich bleibender Geschwindigkeit zugeordnet.

7 Relationen, Funktionen

digi.study/bm-k7

Merke

Relationen sind Beziehungen (**Zuordnungen**) zwischen den Elementen einer **Ausgangsmenge** A und einer **Bildmenge** B.

digi.study/bm-k7d1

Beispiel 7.01:

Den Vornamen der Teilnehmer/innen des Kurses werden die Familiennamen zugeordnet. Die Ausgangsmenge A besteht aus allen vorkommenden Vornamen, die Bildmenge B aus allen vorkommenden Familiennamen.

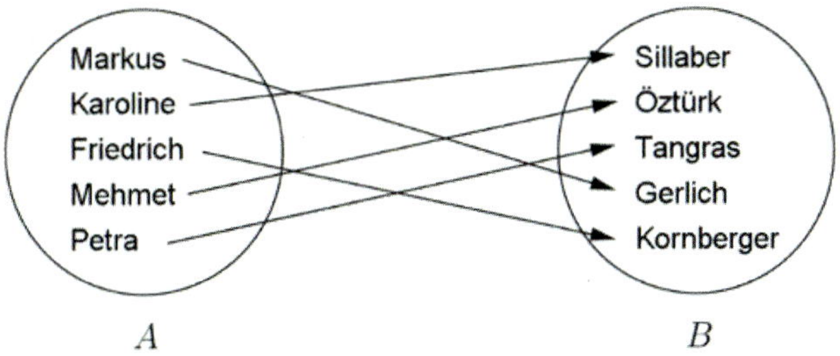

A = {Markus, Karoline, Friedrich, Mehmet, Petra}

B = {Sillaber, Öztürk, Tangras, Gerlich, Kornberger}

Beispiel 7.02:

Die Zuordnungsvorschrift bleibt gleich: Den Vornamen der Teilnehmer/innen werden ihre Familiennamen zugeordnet.

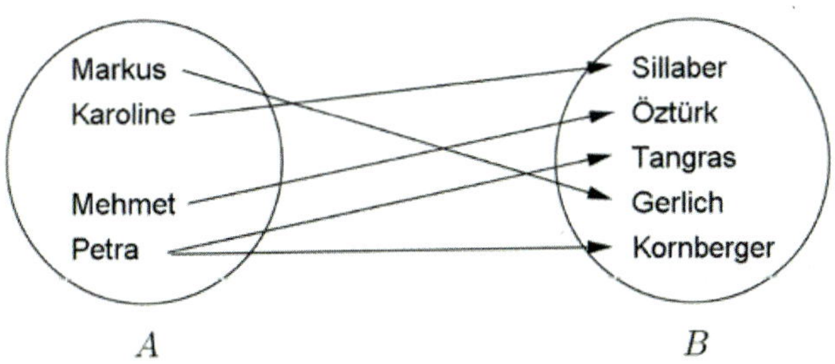

A = {Markus, Karoline, Mehmet, Petra}

B = {Sillaber, Öztürk, Tangras, Gerlich, Kornberger}

Bei dieser Zuordnung gibt es aber in A ein Element (Petra), dem zwei verschiedene Elemente aus B (Tangras, Kornberger) zugeordnet sind.

Alle jene Elemente aus der Ausgangsmenge A, denen mindestens ein Element aus der Bildmenge B zugeordnet ist, fasst man zur **Definitionsmenge** der Relation bzw. der Funktion zusammen. Alle jene Elemente der Bildmenge B, welche „von einem Pfeil getroffen werden" fasst man zur **Wertemenge** oder zum Wertebereich der Relation bzw. der Funktion zusammen.

Merke

Beachten Sie: Die Definitionsmenge einer Relation bzw. einer Funktion ist stets eine Teilmenge von A. Die Wertemenge einer Relation bzw. Funktion ist stets eine Teilmenge von B.
Eine Relation R bzw. eine Funktion f ist somit eine Teilmenge der Produktmenge $A \times B$.

In der Situation vom Beispiel 7.02 gilt:
$R = \{(\text{Markus, Gerlich}), (\text{Karoline, Sillaber}), (\text{Mehmet, Öztürk}), (\text{Petra, Tangras}), (\text{Petra, Kornberger})\}$

digi.study/bm-k71

ERKLÄR-VIDEO

7.1 Darstellungsformen der Relationen

Ab jetzt betrachten wir nur Relationen mit $\boldsymbol{A}, \boldsymbol{B} \subseteq \mathbb{R}$:

Beispiel 7.1.01:

Jeder Zahl x aus der Menge $A = \{3, 4, 7, 13, 18\}$ wird die um 1 größere Zahl aus der Menge $B = \{4, 5, 8, 14, 19, 34, 256\}$ zugeordnet. Diese Zuordnung bezeichnen wir mit G.

a) **Mengendiagramm:**

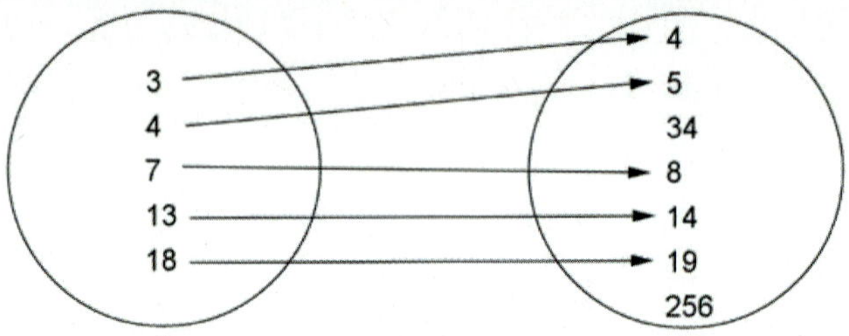

b) **Menge von geordneten Paaren:** $G = \{(3,4), (4,5), (7,8), (13,14), (18,19)\}$

c) **Zuordnungsvorschrift:**

$G: A = \{3, 4, 7, 13, 18\} \rightarrow B = \{4, 5, 8, 14, 19, 34, 256\} \,||\, x \mapsto x + 1$

d) **Wertetabelle:**

x	3	4	7	13	18
y	4	5	8	14	19

e) **Graph = bildliche Darstellung:**

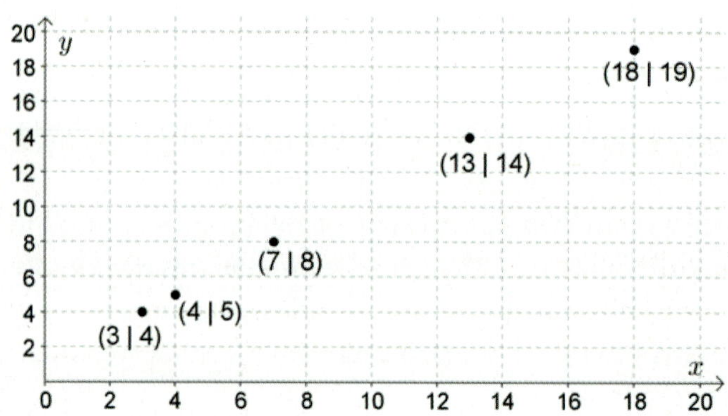

Zu jeder Relation kann man auch eine Umkehrrelation R^{-1} bilden. Dies geschieht so, dass man in der Menge der geordneten Paare aus R die Koordinaten vertauscht.

Beispiel 7.1.02:

R: D = {−5, −4, −1, 2} → W = {3, 4, 5, 6}

$R = \{(-5,3), (-4,5), (-1,4), (2,6)\}$ $R^{-1} = \{(3,-5), (5,-4), (4,-1), (6,2)\}$

Wertetabellen:

R:

x	−5	−4	−1	2
y	3	5	4	6

R^{-1}:

x	3	5	4	6
y	−5	−4	−1	2

In der grafischen Darstellung liegen die Graphen von R und R^{-1} **spiegelbildlich** (= symmetrisch) zur Winkelhalbierenden im 1. Quadranten, der **1. Mediane**. Auf der 1. Mediane liegen nur Zahlenpaare, bei denen die erste und die zweite Koordinate denselben Wert haben.

1. Mediane = $\{(x,x) \in \mathbb{R} \times \mathbb{R}\}$. Damit gehören alle jene Wertepaare einer Relation R, die auf der 1. Mediane liegen, auch der Umkehrrelation R^{-1} an.

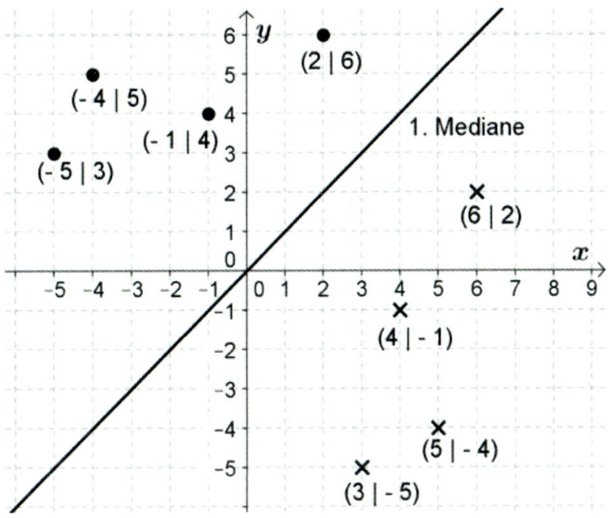

7.2 Funktionen (Deskriptor 3.1)

In der Mathematik spielen die eindeutigen Relationen, das sind die Funktionen, eine bedeutende Rolle.

ERKLÄR-VIDEO
digi.study/bm-k72

Merke

Eine **Funktion** ist eine **eindeutige Relation**, das bedeutet:
Jedem Element der Ausgangsmenge (= Definitionsmenge) wird genau ein Element der Bildmenge zugeordnet. (Umgekehrt muss das nicht gelten, d.h. ein Element der Bildmenge kann keinem, einem oder mehreren Elementen der Definitionsmenge zugeordnet sein.) Häufig werden Funktionen mit Kleinbuchstaben bezeichnet, es kommen aber auch andere Bezeichnungen vor.

Beispiel 7.2.01:

Gegeben ist eine Relation R: $\{-2, -1, 0, 1, 2, 3, 4\} \to \mathbb{R} \| x \longmapsto \frac{1}{2}x^2$

Die Zuordnungsvorschrift kann auch durch eine Funktionsgleichung angegeben werden: $y = \frac{1}{2} \cdot x^2$

1 Geben Sie mithilfe einer Wertetabelle die Wertepaare der Relation an. (A)

2 Begründen Sie, dass es sich hierbei um eine Funktion handelt. (D)

3 Stellen Sie die Relation R im kartesischen (= rechtwinkeligen) Koordinatensystem dar. (A)

4 Erstellen Sie die Definitionsmenge und die Wertemenge der Relation R. (A)

5 Ermitteln Sie die Umkehrrelation R^{-1}. (B)

6 Begründen Sie, ob es sich dabei auch um eine Funktion handelt. (D)

7 Zeichnen Sie den Graphen der Umkehrrelation R^{-1} in dasselbe Koordinatensystem ein. (B)

Merke

Beachten Sie: Die **Wertetabelle** kann auch mit dem Taschenrechner gebildet werden:
Zum Erstellen der Wertetabelle kann man **„elementar"** vorgehen und der Reihe nach die x-Stellen aus der Definitionsmenge in die Zuordnungsvorschrift einsetzen, damit man die zugeordneten y-Werte erhält.
Ein erleichternder Weg ist aber durch die Benützung des **Taschenrechners** möglich. Auf Ihrem Taschenrechner finden Sie die Taste [Y =] – hiermit wird der Y–Editor aufgerufen. Hier gibt man die Relationsvorschrift ein. Der Buchstabe für die Variable ΔTbl wird mit der Taste [X,T,Θ] eingegeben.

Das Programm TABLE zum Anzeigen der Wertetabelle wird durch die Tastenkombination [2nd] [GRAPH] aufgerufen. Durch das Scrollen mit den Tasten [▼], [▲] können Sie sich weitere Punkte anzeigen lassen. Zur besseren Einstellung der Wertetabelle gibt es zudem das Programm TBLSET (Eingabe: [2nd] [WINDOW]). Hier können ein Startwert Tblstart und die Schrittweite ΔTbl für die x-Stellen eingegeben werden. Die Schrittweite ist der Abstand zweier benachbarter x-Stellen.

Lösung:

1 Wertetabelle:

x	−2	−1	0	1	2	3	4
y	2	$\frac{1}{2}$	0	$\frac{1}{2}$	2	4,5	8

2 Aus der Wertetabelle wird ersichtlich, dass jeder x-Stelle aus der Definitionsmenge genau ein y-Wert zugeordnet ist. Deshalb handelt es sich bei der Relation R um eine Funktion.

3 Graph:

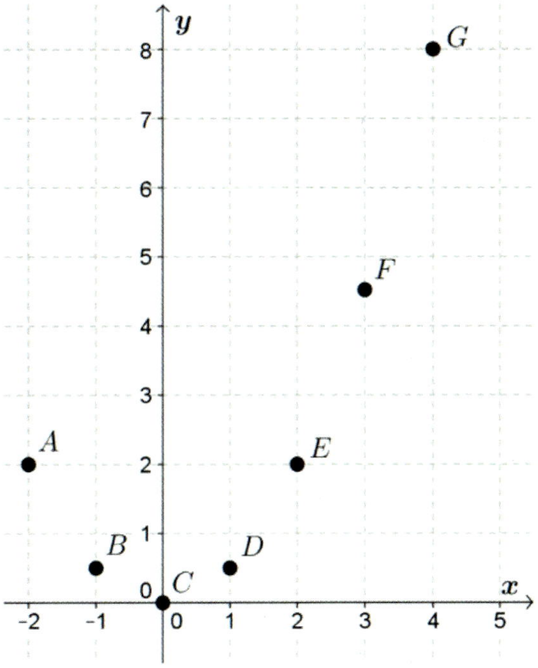

4 $D = \{-2, -1, 0, 1, 2, 3, 4\}$, $W = \{2, \frac{1}{2}, 0, \frac{9}{2}, 8\}$

5 $R^{-1} = \{(2,-2), (\frac{1}{2},-1), (0,0), (\frac{1}{2},1), (2,2), (\frac{9}{2},3), (8,4)\}$

6 R^{-1} erfüllt die Bedingungen einer Funktion NICHT, weil der x-Stelle 2 zwei verschiedene y-Werte zugeordnet sind.

7 Graph der Umkehrrelation:

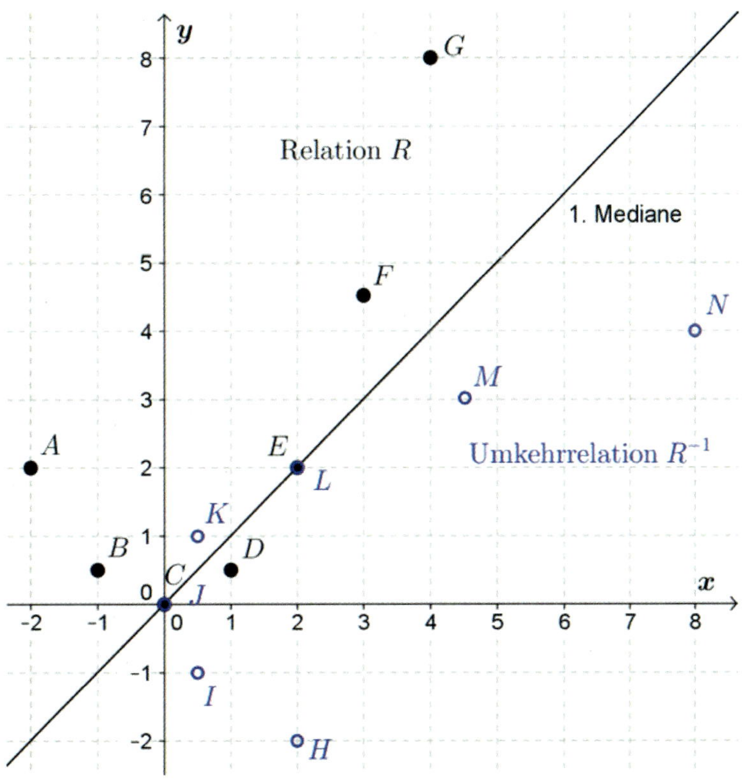

Aus der Grafik kann man auch gut ablesen, wann eine Relation eine Funktion ist.

Merke

Beachten Sie: Auf einer zur y-Achse parallelen Geraden darf nur ein Punkt der Relation liegen.

Beispiel 7.2.02:

Gegeben ist eine Funktion f: $\mathbb{R} \longrightarrow \mathbb{R} \,||\, f(x) = \frac{1}{2} \cdot x^2$ im Intervall $[-4; 4]$; $f(x) = y$

$f(x)$ heißt: **„Wert der Funktion f an der Stelle x"**

z.B.: $f(2)$ heißt: Wert der Funktion an der Stelle 2. Man berechnet auf diese Art den zugeordneten y-Wert $f(2)$.

x ist das Argument. x ist auch die unabhängige und $y = f(x)$ ist die abhängige Variable.

Der Unterschied zur Aufgabenstellung in 7.2.01 liegt darin, dass die Definitionsmenge auf die Menge der reellen Zahlen erweitert wurde. Es lässt sich für die Erstellung eines Graphen im Intervall $[-4; 4]$ keine vollständige Wertetabelle erstellen. Man kann selbstständig x–Stellen aus dem angegebenen Intervall auswählen und dafür eine Wertetabelle erstellen, z.B.

x	–4	–2	0	2	4
y	8	2	0	2	8

Merke

Beachten Sie: Wertetabelle mit dem Taschenrechner berechnen (siehe S. 104 und Anhang)

Y= … Y-Editor aufrufen und Funktionsterm eingeben

TBLSET … Tabelleneinstellungen: Tblstart … Startwert für x, ΔTbl … Schrittweite für x

TABLE … Wertetabelle anzeigen lassen.

Der Graph dieser Funktion sieht folgendermaßen aus:

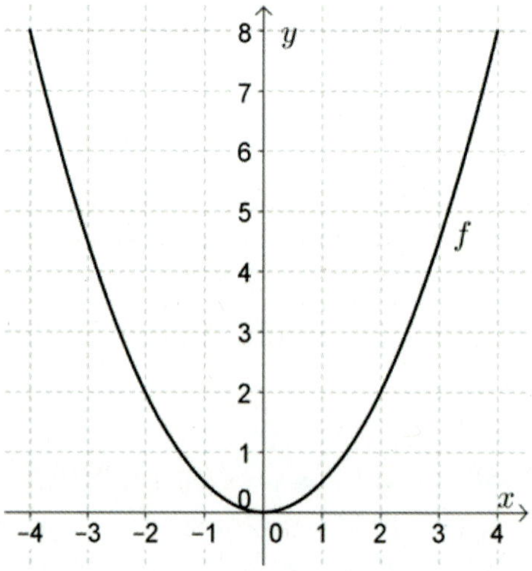

1 Lesen Sie aus dem Graphen $f(-3)$ und $f(1)$ ab. (C)

2 Lesen Sie jene x–Stellen ab, für welche gilt: $f(x) = 3$. (C)

3 Berechnen Sie jene x–Stellen, für welche gilt: $f(x) = 5$. (B)

4 Erstellen Sie die Wertemenge von f. (A)

5 Geben Sie die Umkehrrelation f^{-1} an. (A)

6 Zeichnen Sie den Graphen von f^{-1}. (B)

7 Erklären Sie, wie man aus diesem Graphen sehen kann, dass es sich bei f^{-1} um keine eindeutige Relation handelt. (D)

Lösung:

1 $f(-3) = 4{,}5$; $f(1) = 0{,}5$

2 $x_1 = -2{,}5$; $x_2 = 2{,}5$

3 $f(x) = \frac{1}{2} \cdot x^2$; $5 = \frac{1}{2} \cdot x^2$; $10 = x^2$; $x_{1,2} = \pm\sqrt{10} \approx \pm 3{,}16$

4 $W_f = \mathbb{R}_0^+$

5 Das Wesen der Umkehrrelation besteht darin, dass x- und y-Werte vertauscht werden. Somit lautet die Gleichung für f^{-1} folgendermaßen: $x = \frac{1}{2} \cdot y^2 \,|\, \cdot 2$; $2 \cdot x = y^2 \,|\, \sqrt{}$

$y_{1,2} = \pm\sqrt{2 \cdot x}$

f^{-1}: $\mathbb{R}_0^+ \longmapsto \mathbb{R} \,||\, y = \pm\sqrt{2 \cdot x}$

Merke

Beachten Sie: Bei der Umkehrrelation wird die Wertemenge von f zur Definitionsmenge und umgekehrt.

digi.study/bm-k72h3

6 Graph:

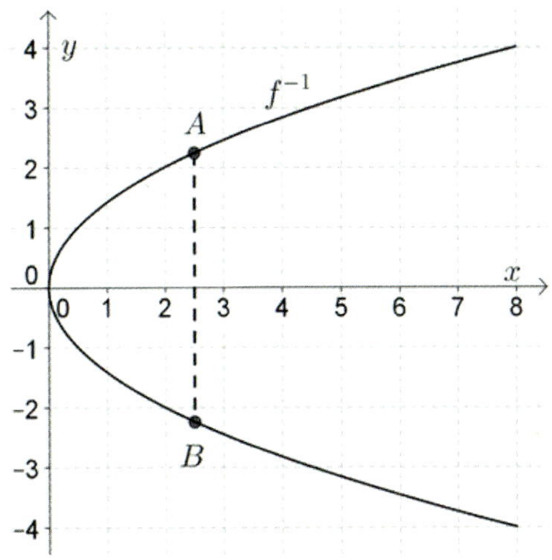

7 So liegen auf der Parallelen zur y-Achse z.B. im Abstand 2,5 zwei Punkte der Umkehrrelation, daher handelt es sich NICHT um eine Funktion.

digi.study/bm-k72h4

Merke

Unter einer **Nullstelle** einer Funktion versteht man die x-Koordinate jenes Punktes der Funktion, in welchem der Graph die x-Achse schneidet. Analog existiert auch ein **Schnittpunkt** des Graphen mit der y-Achse.

Beispiel 7.2.03:

Gegeben ist eine Funktion g durch die Funktionsgleichung: $y = 3 \cdot x + 2$ mit der Definitionsmenge $\mathbb{R}$.

1 Erstellen Sie eine geeignete Wertetabelle für g. (A)

2 Zeichnen Sie den Graphen von g im Intervall $[-2; 1{,}5]$. (B)

3 Lesen Sie aus dem Graphen die Koordinaten der Schnittpunkte des Graphen mit den beiden Achsen ab. (C)

4 Kontrollieren Sie das Ableseergebnis durch eine Rechnung. (B)

Lösung:

1 Tabelle:

x	-2	0	$1{,}5$
y	-4	2	$6{,}5$

2 und **3**

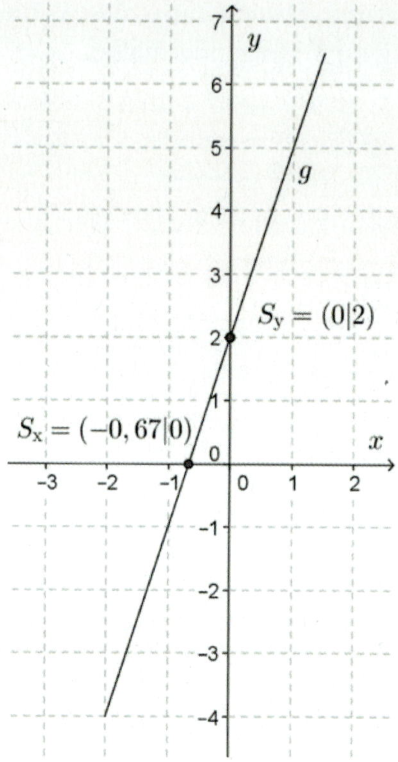

4 Kontrolle durch eine Rechnung:

Schnittpunkt mit der x-Achse: $g(x) = y = 0$: $0 = 3 \cdot x + 2$ $x = -\frac{2}{3}$; $S_x = (-\frac{2}{3}|0)$

Schnittpunkt mit der y-Achse: $x = 0$: $y = 2$; $S_y = (0|2)$

Merke

Beachten Sie: Diese Punkte und alle anderen Punkte auf dem Graphen einer Funktion lassen sich auch mit dem Taschenrechner bestimmen.

Folgende Vorgangsweise ist angebracht:

Mit [Y=] wird der Y–Editor aufgerufen. Nun können Sie den Funktionsterm eingeben.

Durch Drücken der Taste [GRAPH] zeichnet der TR den Graphen der Funktion.

Mit dem Befehl CALC (Eingabe: [2nd] [TRACE]) öffnet sich ein Untermenü von Befehlen die mithilfe des eingegebenen Funktionsterms und des Graphen ausgeführt werden können. So auch:

1:value … Funktionswert berechnen.

Das Programm wird gestartet, indem Sie die Ziffer [1] drücken bzw. indem Sie den Cursor mit den Tasten [▼], [▲] in die gewünschte Zeile bewegen und [ENTER] klicken. Es öffnet sich das Graph–Fenster. Sie tippen den gewünschten Wert für die x-Koordinate ein und klicken anschließend [ENTER]. Nun werden x- und y-Koordinate angezeigt und der Cursor befindet sich auf der Position des Punktes.

Merke

2:zero … Schnittpunkt mit der x-Achse berechnen.
Das Programm wird gestartet, indem Sie die Ziffer [2] drücken bzw. indem Sie den Cursor mit den Tasten [▼], [▲] in die gewünschte Zeile bewegen und [ENTER] klicken. Es öffnet sich das Graph–Fenster. Sie positionieren den Cursor auf dem Graphen mit den Tasten [◄], [►] links vom Schnittpunkt mit der x-Achse und drücken [ENTER]. Anschließend positionieren Sie den Cursor auf dem Graphen mit den Tasten [◄], [►] rechts vom Schnittpunkt mit der x-Achse und drücken wieder [ENTER]. Nun ist der Bereich fixiert, wo das Programm den Schnittpunkt sucht. Schließlich taucht die Frage **„Guess?“** auf, man bestätigt mit [ENTER] und erhält beide Koordinaten des Schnittpunktes mit der x-Achse.

Formel

Gilt für alle x aus der Definitionsmenge D einer Funktion, dass für größer werdende x-Stellen auch die y-Werte größer werden, so spricht man von einer **streng monoton steigenden Funktion**.
Mathematische Schreibweise: $\forall x \in D \mid x_1 < x_2 \Rightarrow f(x_1) < f(x_2)$
Eine **monoton steigende Funktion** lässt auch das Gleichheitszeichen zu:
$\forall x \in D \mid x_1 < x_2 \Rightarrow f(x_1) \leq f(x_2)$
Gilt jedoch für alle x aus der Definitionsmenge D einer Funktion, dass für größer werdende x-Stellen die y-Werte kleiner werden, so spricht man von einer **streng monoton fallenden Funktion**.
Mathematische Schreibweise: $\forall x \in D \mid x_1 < x_2 \Rightarrow f(x_1) > f(x_2)$
Eine **monoton fallende Funktion** lässt auch das Gleichheitszeichen zu:
$\forall x \in D \mid x_1 < x_2 \Rightarrow f(x_1) \geq f(x_2)$

Beispiel 7.2.04:

Eine Funktion f mit der Definitionsmenge $\mathbb{R}$ sei durch die folgende Zuordnungsvorschrift gegeben: Jeder reellen Zahl wird das Drittel des Quadrates dieser Zahl zugeordnet.

1 Schreiben Sie die Funktionsgleichung von f an. (A)

2 Zeichnen Sie den Graphen der Funktion f. (B)

3 Lesen Sie aus dem Graphen jenen Bereich ab, in welchem f streng monoton steigt bzw. streng monoton fällt. (C)

Lösung:

1 $y = \frac{1}{3} \cdot x^2$

2 Graph:

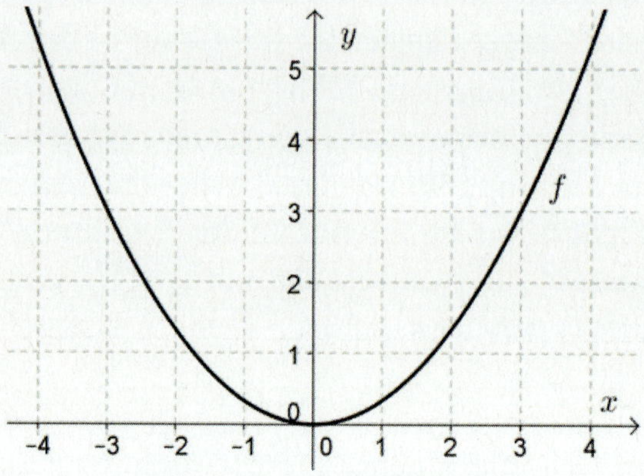

3 Für alle $x < 0$ gilt: Wenn die x-Stellen größer werden, werden die y-Werte kleiner. Daher ist in diesem Bereich der Graph der Funktion f streng monoton fallend.

Für alle $x > 0$ gilt: Wenn die x-Stellen größer werden, werden auch die y-Werte größer. Daher ist in diesem Bereich der Graph der Funktion f streng monoton steigend.

Übung 7.2.01

digi.study/bm-k72a1

Gegeben ist eine Relation R mit der Definitionsmenge $D = \{-3, 2, 8, 91\}$ und der Wertemenge $W = \{-100, 4, 21, 78, 203\}$. Die Zuordnungsvorschrift kann durch die folgende Ungleichung angegeben werden: $y < x + 4$

1 Schreiben Sie die Wertepaare der Relation R an. (A)

2 Erklären Sie, warum durch R keine Funktion beschrieben wird. (D)

3 Schreiben Sie für die Umkehrrelation R^{-1} die Definitions- und Wertemenge an, wie auch die Zuordnungsvorschrift. (A)

4 Überprüfen Sie, ob die Umkehrrelation eine Funktion ist. (D)

Übung 7.2.02

digi.study/bm-k72a2

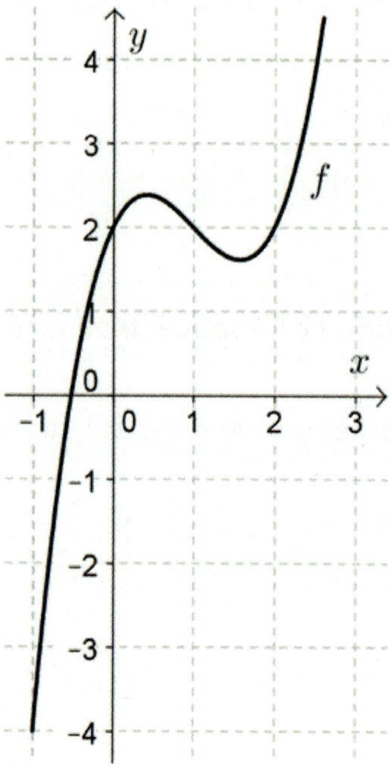

1 Lesen Sie aus dem Graphen f ab:

$f(-1) = ?$ $\quad f(x) = 2,\ x = ?$

$f(2) = ?$ $\quad f(x) = 4,\ x = ?$

$D = ?$ $\quad W = ?$ (C)

2 Geben Sie jene Bereiche an, in welchen der Graph von f monoton steigt.

Jemand behauptet, dass der größte Funktionswert 4,5 beträgt.

3 Überprüfen Sie die Richtigkeit der Behauptung. (D)

4 Kennzeichnen Sie im Graphen die Schnittpunkte mit den Achsen. Geben Sie deren Koordinaten an. (C)

Übung 7.2.03

digi.study/bm-k72a3

Nachstehend finden Sie verschiedene Graphen.

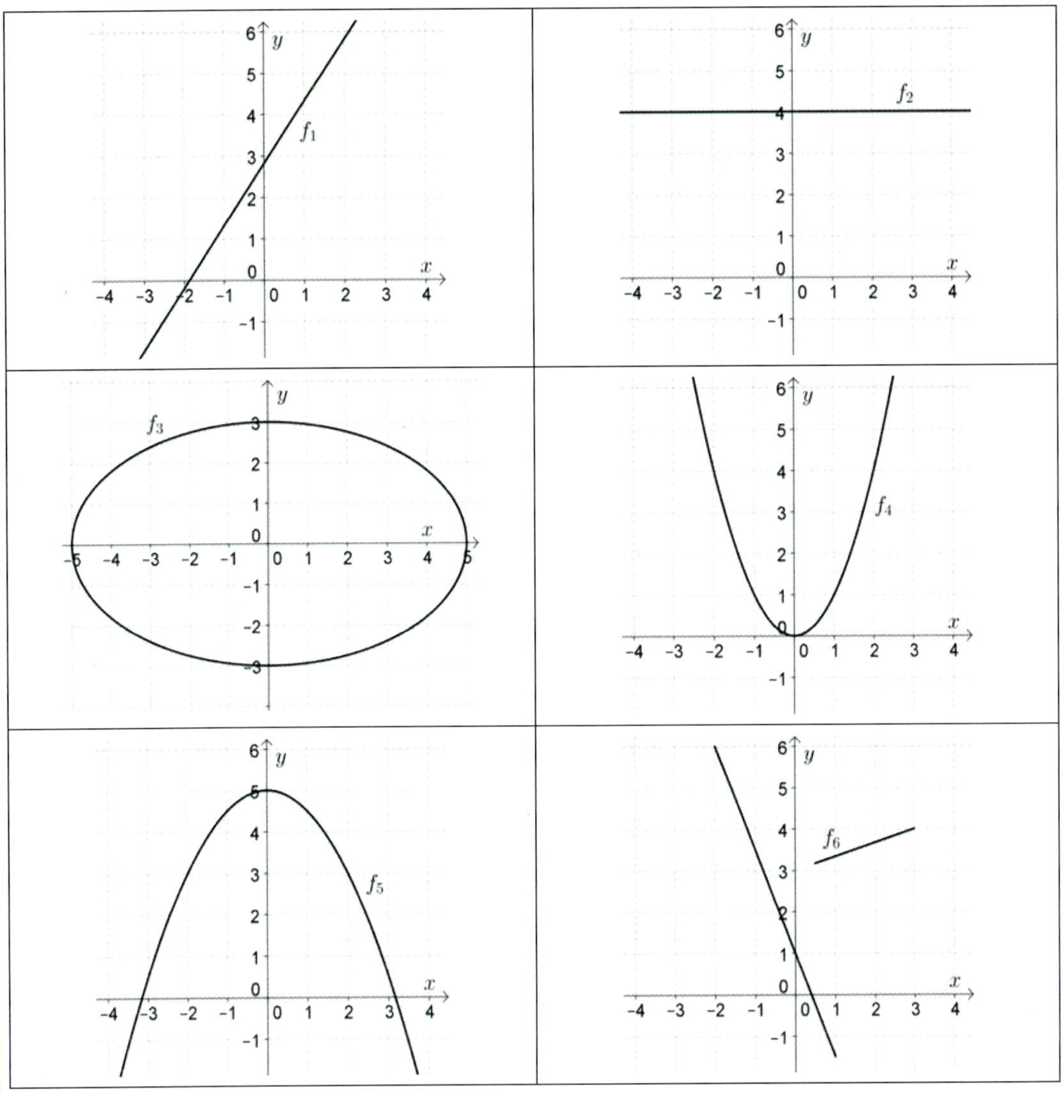

1 Überprüfen Sie für jeden Graphen, ob er eine Funktion beschreibt. (D)

2 Begründen Sie Ihre Überprüfung. (D)

3 Lesen Sie für jeden Graphen ab: Definitionsmenge D, Wertemenge W, monoton steigende bzw. monoton fallende Bereiche. (C)

4 Lesen Sie für jeden Graphen die Koordinaten der Schnittpunkte mit den Achsen ab. (C)

Übung 7.2.04

digi.study/bm-k72a4

1 Zeichnen Sie in einem einzigen Koordinatensystem die Graphen folgender Relationen. (B)

2 Erklären Sie, welche Graphen eine Funktion beschreiben bzw. warum das nicht der Fall ist. (D)

g_1: $y = 1$ $\quad g_2$: $x = 3$ $\quad g_3$: $x = -3{,}5$ $\quad g_4$: $y = -2{,}5$

Übung 7.2.05

digi.study/bm-k72a5

Die folgende Tabelle gibt die Anzahl der in einem Reservat lebenden Elefanten an, wobei t die Zeit in Jahren und $A(t)$ die Anzahl der Elefanten nach t Jahren angibt.

t	0	10	20	30	40	50	60	70	80
$A(t)$	200	308	441	584	714	816	887	933	961
ΔA absolut									
$\Delta A / A$ (in %)									

$\Delta A = A(t_2) - A(t_1)$ … absolute Änderung, Unterschied

$\frac{\Delta A}{A}$ … relative Änderung

$\frac{\Delta A}{A} \cdot 100\,\%$ … relative Änderung in Prozent

1 Übertragen Sie die Tabelle in eine Grafik. Beachten Sie die richtige Beschriftung und Skalierung der Achsen. (A)

2 Berechnen Sie in der 3. Zeile der Tabelle die Differenz der Anzahl der Elefanten in jeweils 10 aufeinander folgenden Jahren. (B)

3 Berechnen Sie in der 4. Zeile der Tabelle den prozentuellen Anstieg der Anzahl der Elefanten nach jeweils 10 Jahren. (B)

4 Lesen Sie aus dem Graphen ab, wann sich die Zunahme der Anzahl der Elefanten verlangsamt. Schreiben Sie den Schätzwert für die Anzahl der Elefanten an und markieren Sie diesen Zeitpunkt im Graphen. (C)

Übung 7.2.06

digi.study/bm-k72a6

Bei einem idealen Gas ist das Volumen V vom Druck p abhängig. Bleibt die Temperatur konstant, so besteht zwischen den beiden Größen ein indirekt proportionaler Zusammenhang.

Man weiß, dass 100 cm^3 eines idealen Gases bei konstanter Temperatur unter einem Druck von 2 bar stehen.

1 Erstellen Sie die Funktionsgleichung für das Volumen V in Abhängigkeit von p. (A)

2 Zeichnen Sie den Graphen von V. (B)

3 Interpretieren Sie die Bedeutung des Ausdrucks $V(1{,}5)$ im Sachzusammenhang. (C)

4 Berechnen Sie $V(1{,}5)$. (B)

5 Interpretieren Sie die Bedeutung der Gleichung $V(p) = 50$ im Sachzusammenhang. (C)

6 Berechnen Sie das Argument p aus obenstehender Gleichung. (B)

Übung 7.2.07

digi.study/bm-k72a7

Der folgende Graph stellt dar, wie die Geschwindigkeit eines Rennwagens während seiner zweiten Runde auf einer drei Kilometer langen flachen Rennstrecke variiert.

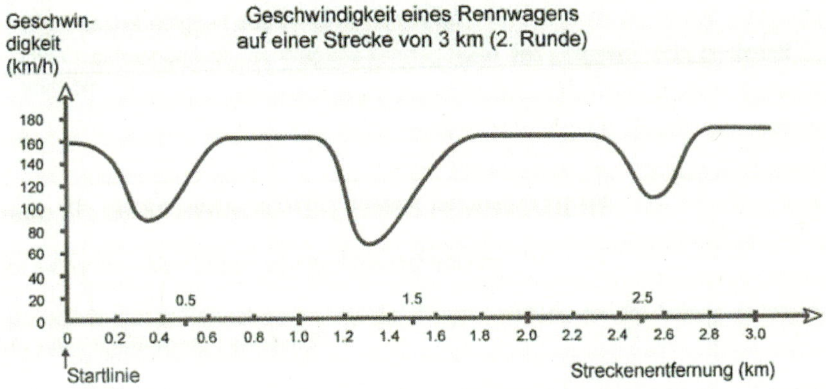

1 Schätzen Sie ab, wie groß die Entfernung von der Startlinie bis zum Ende des längsten Abschnitts der Rennstrecke ist. (B)

2 Lesen Sie ab, wo während der zweiten Runde die geringste Geschwindigkeit aufgezeichnet wurde. (C)

Jemand trifft folgende Aussagen über die Geschwindigkeit des Wagens zwischen den Markierungen von 2,6 km und 2,8 km:

A: „Die Geschwindigkeit des Wagens bleibt konstant.“

B: „Die Geschwindigkeit des Wagens nimmt zu.“

C: „Die Geschwindigkeit des Wagens nimmt ab.“

D: „Die Geschwindigkeit des Wagens kann anhand des Graphen nicht bestimmt werden.“

3 Erklären Sie, welche der Aussagen zutreffend ist und begründen Sie Ihre Auswahl. (D)

Die folgende Abbildung zeigt fünf Rennstrecken.

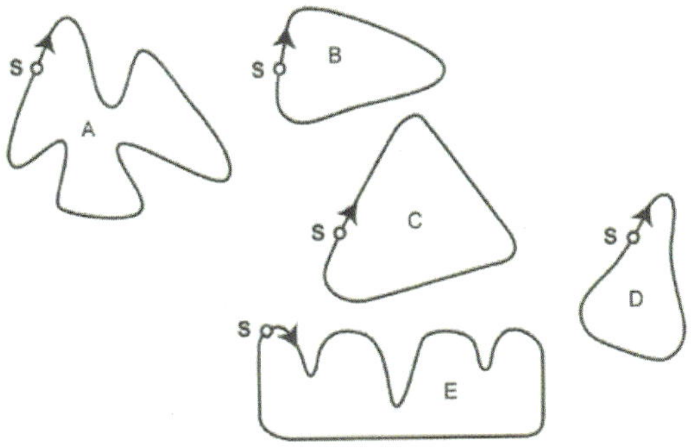

4 Entscheiden Sie, welche dieser Rennstrecken zum obigen Graphen passt. (D)

5 Begründen Sie Ihre Antwort. (D)

Quelle:https://www.bifie.at/system/files/dl/PISA_Aufgabensammlung_Mathematik.pdf, M159 Geschwindigkeit eines Rennwagens

Übung 7.2.08

digi.study/bm-k72a8

Es gibt verschiedene Temperaturskalen, z.B. die Celsius- und die Fahrenheit-Skala. Ein Kursteilnehmer gibt folgende Beschreibung einer Vorschrift für die Umrechnung der Temperatur in °C (Celsius) in eine Temperaturangabe in °F (Fahrenheit):
„Man erhöht die Temperaturangabe um 40, multipliziert das erhaltene Ergebnis mit 1,8 und vermindert das Ergebnis um 40.“

1 Stellen Sie eine Formel auf, die dieser beschriebenen Umrechnung „Temperatur in °C → Temperatur in °F“ entspricht. (A)

Der folgende Funktionsgraph zeigt den Zusammenhang zwischen der Temperatur in °F und der Temperatur in °C.

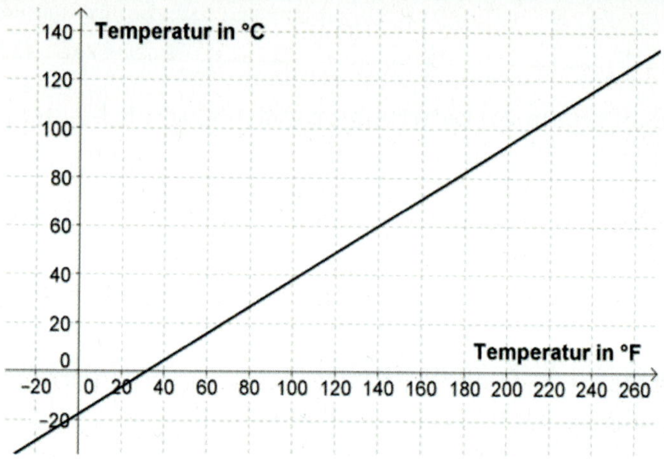

Eine Formel für diese Temperaturumrechnung lautet: $C = \frac{1}{1{,}8} \cdot (F - 32)$

C … Temperatur in °C

F … Temperatur in °F

2 Begründen Sie, warum die obige Abbildung eine grafische Darstellung der angegebenen Formel ist. (D)

Nun wird folgende Formel verwendet: $F = \frac{9 \cdot C + 160}{5}$

C … Temperatur in °C

F … Temperatur in °F

3 Berechnen Sie denjenigen Zahlenwert, für den die Temperaturangabe in °C (C) und die Temperaturangabe in °F (F) den gleichen Wert haben. (B)

Übung 7.2.09

digi.study/bm-k72a9

Jemand erhält zu Beginn seiner 1-jährigen Ausbildung eine Unterstützung in der Höhe von € 445. Dieser Betrag wird pro Monat um € 25 erhöht.

1 Stellen Sie den Zusammenhang zwischen der Höhe der monatlichen Unterstützung und der Anzahl der Ausbildungsmonate in einem Diagramm dar. (A)

2 Lesen Sie aus dem Diagramm ab, wie hoch der Zuschuss im letzten Ausbildungsmonat ist. (C)

Übung 7.2.10
digi.study/bm-k72a10

Der folgende Graph gibt den Zusammenhang zwischen dem Kraftstoffverbrauch *KV* pro 100 km und der Geschwindigkeit *v* in km/h für eine bestimmte Automarke an.

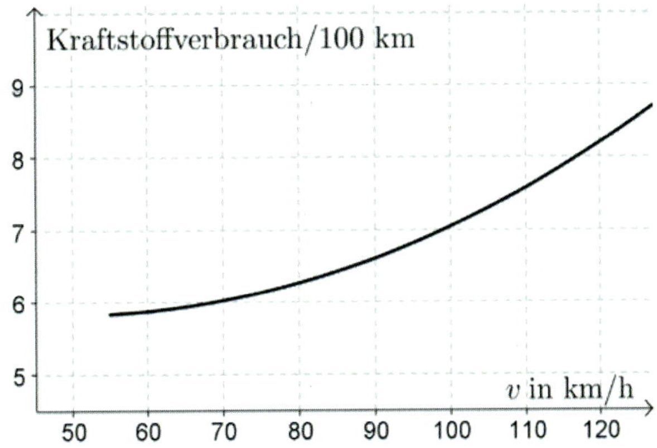

1 Lesen Sie ab, bei welcher Geschwindigkeit der Kraftstoffverbrauch 6 L/100 km beträgt. (C)

2 Lesen Sie ab, mit welchem Kraftstoffverbrauch bei einer Geschwindigkeit von 100 km/h gerechnet werden muss. (C)

3 Argumentieren Sie, ob durch diesen Zusammenhang eine Funktion beschrieben wird. (D)

4 Interpretieren Sie die Bedeutung der folgenden Ausdrücke/der Gleichung im Sachzusammenhang. (C)

$KV(60)$ $\qquad$ $KV(100) - KV(90)$

$KV(75) < KV(100)$ $\qquad$ $KV(v) = 8$

Übung 7.2.11
digi.study/bm-k72a11

Normalerweise wird im Krankenhaus zu bestimmten Zeiten die Körpertemperatur der Patienten gemessen. Auf einer Station geschieht dies um 6:00 Uhr, um 11:00 Uhr und um 16:00 Uhr. Patient A hatte an den letzten beiden Tagen folgende Werte:

38,5 °C, 39,2 °C, 38,9 °C, 37,5 °C, 38 °C, 36,5 °C

Weil nur diese wenigen Werte vorliegen, werden die einzelnen Werte linear verbunden.

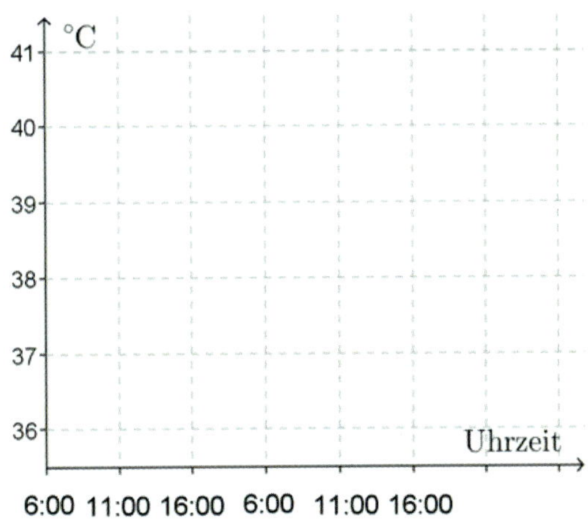

1 Übertragen Sie die Temperaturwerte in die Grafik. (A)

Patient A meint, dass seine Körpertemperatur am letzten Tag um 14:00 Uhr 37 °C betrug.

2 Argumentieren Sie, ob diese Aussage stimmt. (D)

Übung 7.2.12

digi.study/bm-k72a12

In ein quaderförmiges Gefäß wird gleichmäßig Wasser gefüllt. h ist jene Funktion, welche der Zeit t die Füllhöhe $h(t)$ im Gefäß zuordnet.

1 Kreuzen Sie an, welcher der folgenden Graphen in Frage kommt. (D)

A

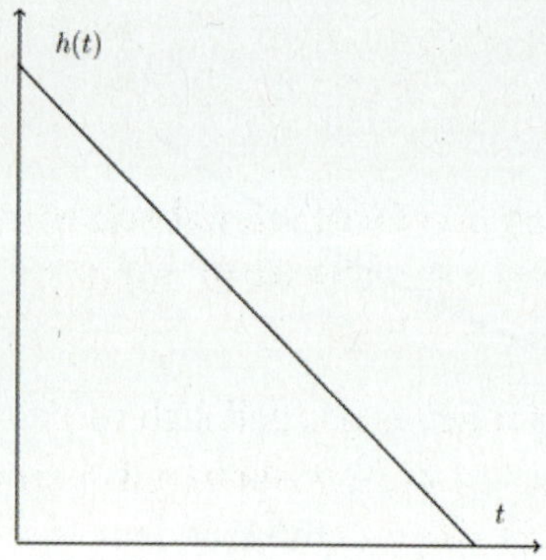

B

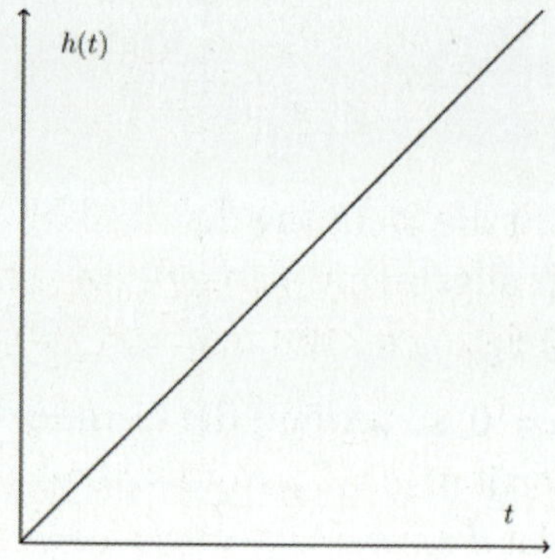

C

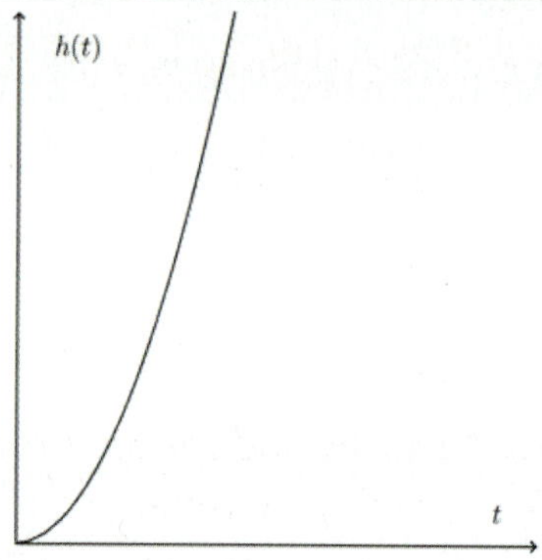

D

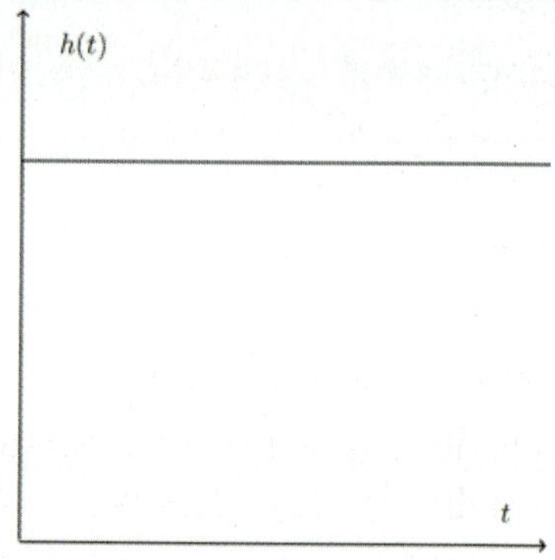

E

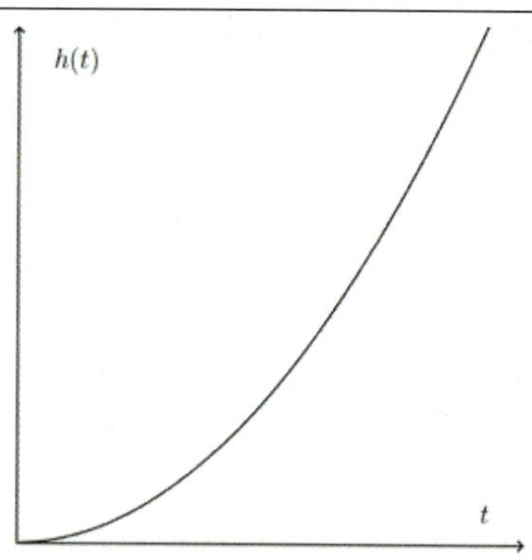

7.3 Lineare Funktionen (Deskriptor 3.2)

ERKLÄR-VIDEO
digi.study/bm-k73

Eine Funktion, deren Graph eine Gerade bildet, heißt **lineare Funktion**. Eine lineare Funktion kann folgendermaßen angegeben werden:

Formel

$$f\colon \mathbb{R} \to \mathbb{R} \mid\mid y = k \cdot x + d$$

k heißt die **Steigung** der Funktion ***f***, ***d*** nennt man den **Ordinatenabschnitt** (Ordinate ist der allgemeine Name für die senkrechte Achse) oder **Abschnitt auf der *y*-Achse**. Mit der Steigung k kann man das **Steigungsdreieck** einzeichnen.

Ist $d = 0$, so verläuft die Gerade durch den Ursprung, es handelt sich um einen direkt proportionalen Zusammenhang. Man spricht von einer **homogenen linearen Funktion**. Hat d einen Wert ungleich Null, so geht der Graph nicht durch den Koordinatenursprung, man spricht von einer **inhomogenen** (nicht homogenen) **linearen Funktion**.

Der Graph einer linearen Funktion ist eine Gerade. Die Gleichung $\boldsymbol{y = k \cdot x + d}$ wird als Geradengleichung bezeichnet.

Beispiel 7.3.01:

Gegeben ist eine lineare Funktion durch folgende Gleichung: $y = 2 \cdot x + 3$

Aus der Gleichung kann man $k = 2$ und $d = 3$ ablesen.

Mithilfe des Taschenrechners erstellt man eine Wertetabelle und zeichnet den Graphen. Dabei stellt man fest, dass der Graph im Punkt $S_y = (0|d)$ die y-Achse schneidet. Von diesem Punkt aus zeichnet man das Steigungsdreieck so ein, dass die 1. Kathete parallel zur x-Achse die Länge 1 hat und die 2. Kathete parallel zur y-Achse gezogen wird, bis zum Punkt P auf dem Graphen.

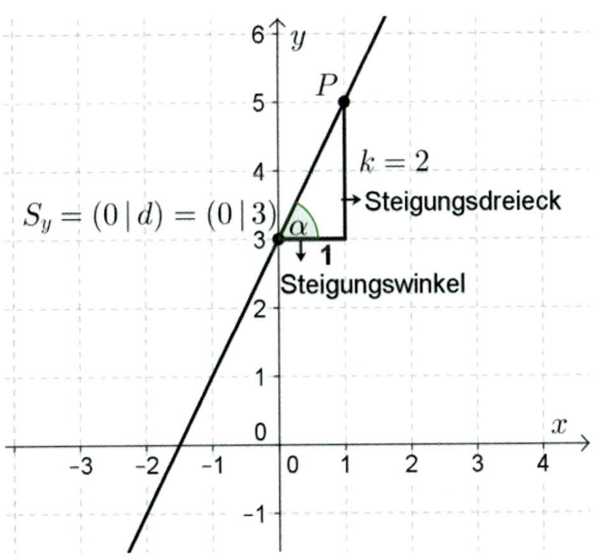

α ist der Steigungs– bzw. Neigungswinkel der linearen Funktion.

ERKLÄR-VIDEO
digi.study/bm-k73b2

Beispiel 7.3.02:

Gegeben ist folgende lineare Funktion f mit $D = \mathbb{R}$: $y = -\frac{2}{3} \cdot x + 4$

Mithilfe einer Wertetabelle wird der Graph erstellt. (Wertetabelle mit TR siehe S. 104)

Es ist relativ ungenau, das Steigungsdreieck mit $k = -\frac{2}{3}$ zu zeichnen. Hier nimmt man die Eigenschaften von ähnlichen Dreiecken zu Hilfe: Nimmt man in einem Dreieck das Dreifache einer jeden Seite, so entsteht ein ähnliches, drei Mal so großes Dreieck.

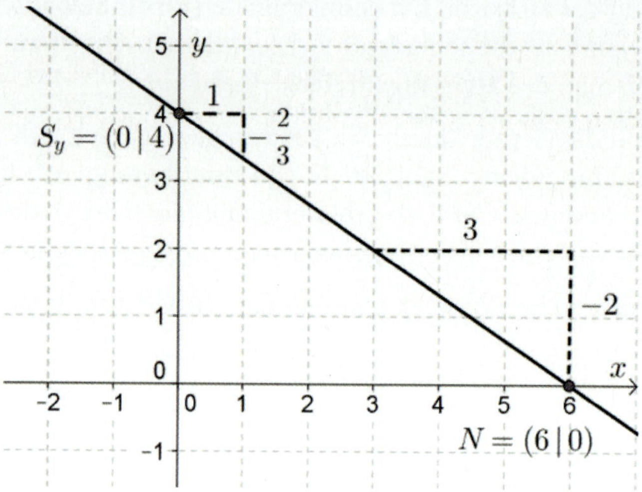

Es ist leicht festzustellen, dass der Graph von f über der Definitionsmenge streng monoton fallend ist.

Allgemein gilt:

Merke

Ist die Steigung $k < 0$, so erhält man stets eine **streng monoton fallende** Funktion.
Ist die Steigung $k > 0$, so erhält man eine **streng monoton steigende** Funktion.

Merke

Beachten Sie: Das Modell einer linearen Funktion kommt stets dann zur Anwendung, wenn bei Vergrößerung der x-Stelle um Δx der y-Wert um $k \cdot \Delta x$ steigt bzw. bei negativem k fällt.

Begründung:

$$f(x) = k \cdot x + d \Rightarrow f(x + \Delta x) = k \cdot (x + \Delta x) + d = k \cdot x + k \cdot \Delta x + d =$$
$$= k \cdot x + d + k \cdot \Delta x = f(x) + k \cdot \Delta x$$

Beispiel 7.3.03:

Gegeben sind vier lineare Funktionen über $D = \mathbb{R}$:

$f_1(x) = -\frac{1}{2} \cdot x + 3$ $\quad f_2\colon 3 \cdot x - y = 2$ $\quad f_3\colon y = -1{,}5 \cdot x - 3$ $\quad f_4(x) = \frac{2}{5}x + 5$

Zeichnen Sie die Graphen der Funktionen mithilfe des Steigungsdreiecks.

Lösung:

Mithilfe der Steigung erstellt man das Steigungsdreieck, d liefert den Schnittpunkt der Geraden mit der y-Achse.

Da f_2 in der sogenannten impliziten Form gegeben ist, muss man die Gleichung nach y explizit auflösen, um k und d ablesen zu können.

$f_2\colon y = 3 \cdot x - 2$

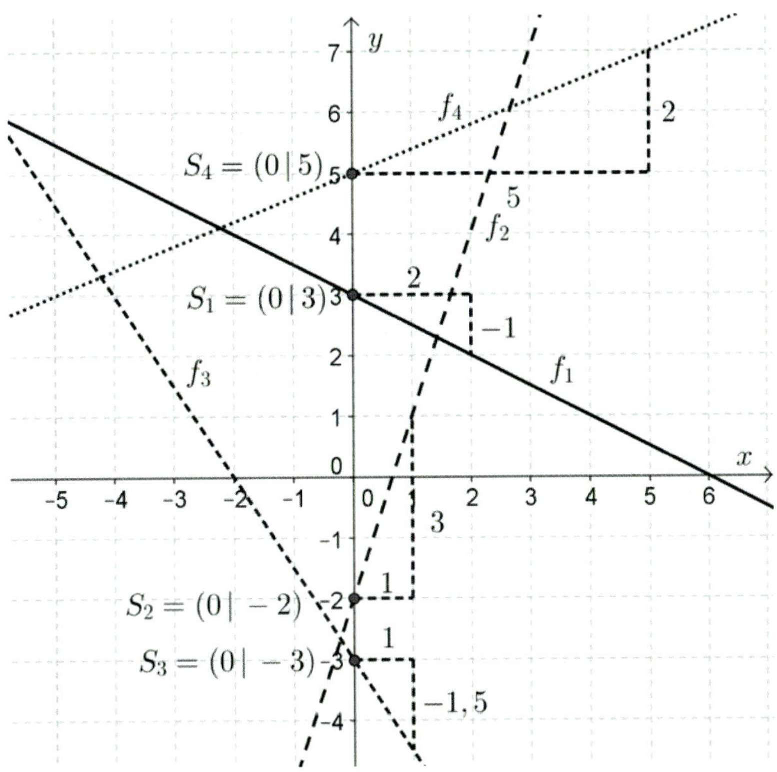

Beispiel 7.3.04:

Entlang einer Straße sieht man das Verkehrszeichen, das einen 11%igen Anstieg der Straße ankündigt. Darunter versteht man das Verhältnis des Höhenunterschiedes Δy zur Zunahme der waagrechten Entfernung Δx. Beträgt $\Delta x = 100$ m, so macht der Höhenunterschied $\Delta y = 11$ m aus. Die Steigung k der Straße ist somit $\frac{\Delta y}{\Delta x} = \frac{11}{100} = 0{,}11$.

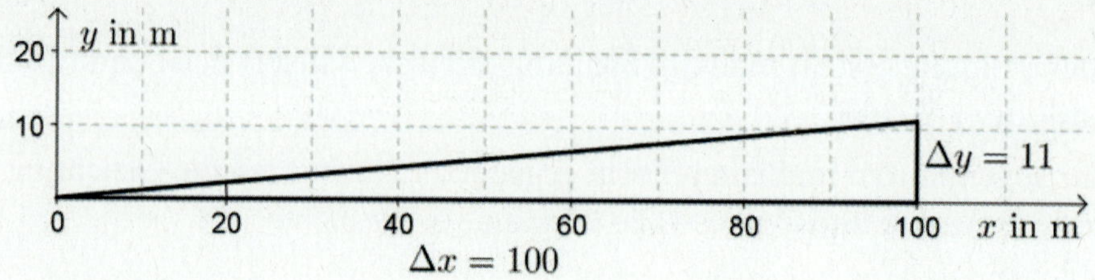

ERKLÄR-VIDEO
digi.study/bm-k73b5

Beispiel 7.3.05:

Im Alltag begegnet man vielen **linearen Kostenfunktionen**, z. B. die Strom– oder Gasrechnung, eine Telefonrechnung. In diesen Fällen gibt es in der Regel eine **feste Grundgebühr** $F(d)$ und die variable Verbrauchsgebühr, welche zur verbrauchten Menge x direkt proportional ist $(k \cdot x)$.

Martina hat sich ein neues Handy gekauft. Die Grundgebühr pro Monat beträgt 15 Euro, pro Gesprächsminute bezahlt sie 5 Cent.

1 Stellen Sie eine Formel für die monatlich zu bezahlende Gebühr G bei x Gesprächsminuten auf. (A)

2 Zeichnen Sie den Graphen von G. (A) (B)

3 Lesen Sie aus dem Graphen ab, welchen Betrag Martina für 90 Gesprächsminuten bezahlen muss bzw. wie viele Minuten sie für einen Betrag von 20 Euro telefonieren kann. (C)

4 Überprüfen Sie die Richtigkeit der abgelesenen Werte durch eine Rechnung. (D) (B)

Lösung:

1 $G(x) = 0{,}05 \cdot x + 15$

x … Anzahl der Gesprächsminuten

$G(x)$ … Gesprächsgebühr in Euro (€) für x Gesprächsminuten

2 Graph:

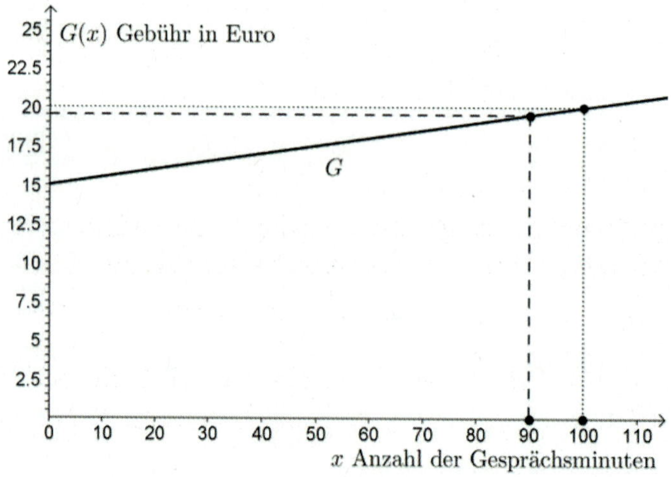

3 Abgelesene Werte: Bei 90 Gesprächsminuten ist eine Gebühr von € 19,50 zu entrichten. Um 20 Euro kann man 100 Minuten telefonieren.

4 Rechnung: $G(90) = 0{,}05 \cdot 90 + 15 = 19{,}5$ €

$20 = 0{,}05 \cdot x + 15 \Rightarrow x = 100$ min

Beispiel 7.3.06:

a) Bei der Produktion von Waren rechnen Unternehmen mitunter auch mit einer **linearen Kostenfunktion**. Hier gibt es die **Fixkosten**, die entstehen, wenn noch nichts produziert wird, z.B. Mietkosten. Hinzu kommen die **variablen Produktionskosten** pro Stück bzw. pro Mengeneinheit (ME).

Eine Firma erzeugt Rodeln. Die Fixkosten pro Monat betragen € 290, die variablen Produktionskosten pro Stück betragen € 24,50.

1 Stellen Sie eine Gleichung für die Kostenfunktion K auf. (A)

2 Stellen Sie K grafisch dar. (B)

3 Lesen Sie aus der Darstellung ab, wie hoch die Kosten für die Erzeugung von 100 Rodeln sind. (C)

4 Überprüfen Sie die Richtigkeit des Ergebnisses durch eine Rechnung. (D)

Lösung a):

1 $K(x) = 24{,}50 \cdot x + 290$

2 Graph:

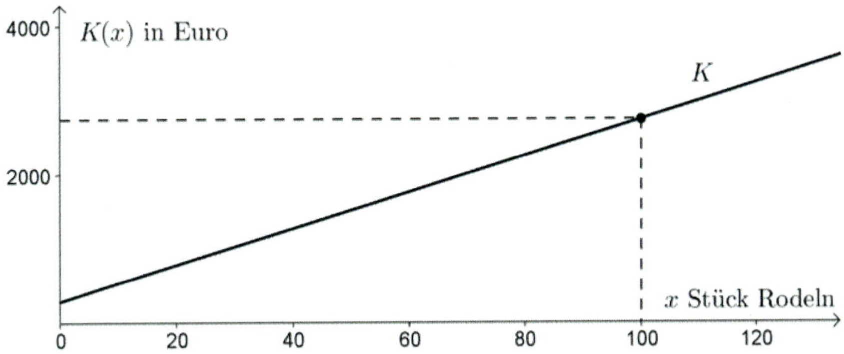

3 Abgelesener Wert: Die Kosten für 100 Rodeln belaufen sich auf ca. € 2.700.

4 $K(100) = 24{,}50 \cdot 100 + 290 = 2\,740$, rechnerisch betragen die Kosten € 2.740.

b) Der Unternehmer kalkuliert den Verkaufspreis pro Rodel. Er erhält eine **lineare Preisfunktion *p*** in Abhängigkeit von der Anzahl x der verkauften Rodeln. Er weiß aus Erfahrung, dass der **Höchstpreis** pro Rodel bei € 60,00 liegt. D.h.: Das ist der kleinste Preis, um den niemand eine Rodel kaufen will. Verringert sich der Preis pro Rodel um 50 Cent, so wird um 1 Rodel mehr verkauft.

ERKLÄR-VIDEO
digi.study/bm-k73L6

Lösung b):

1 Stellen Sie eine Funktionsgleichung von p auf. (A)

2 Berechnen Sie, wann der **Markt gesättigt** ist, d.h. keine Rodeln mehr verkauft werden können; alle Interessierten haben das Produkt bereits gekauft. (B)

3 Zeichnen Sie den Graphen von p in ein Koordinatensystem ein. (B)

1 Die Information, dass er beim Verkauf von jeweils einer Rodel mehr den Preis um 0,50 Euro senken kann, beschreibt die Steigung der linearen Funktion.

$p(x) = k \cdot x + d; p(0) = 60$

$p(x) = 60{,}00 - 0{,}50 \cdot x$

2 Der Markt ist gesättigt, wenn der Preis 0 Euro ausmacht.

$0 = 60{,}00 - 0{,}50 \cdot x \Rightarrow x = 120$

Hat der Unternehmer 120 Rodeln verkauft, dann ist der Markt gesättigt.

3 Graph:

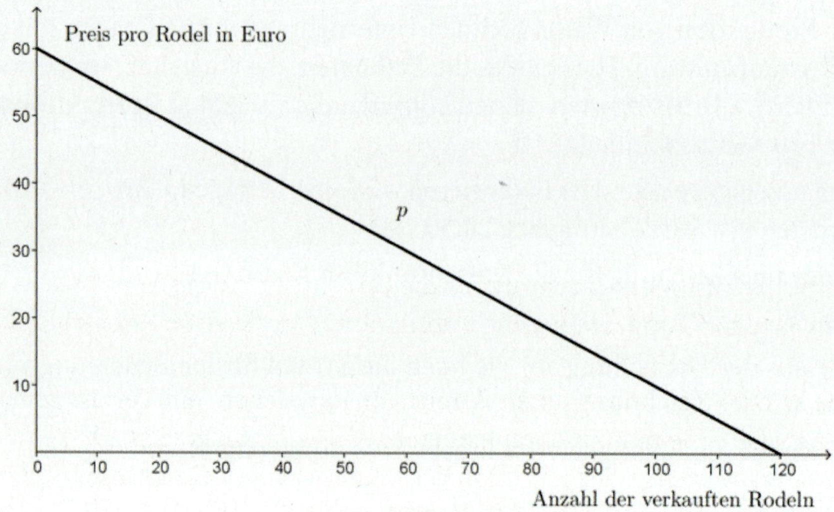

digi.study/bm-k73L7

c) Die Einnahmen aus dem Verkauf der Rodeln werden als Erlös bezeichnet. Ordnet man der Anzahl x der verkauften Rodeln die Einnahmen in Euro aus diesem Verkauf zu, so spricht man von der Erlösfunktion E. Es gilt:

Formel

$E(x) = p(x) \cdot x$

x … Stückzahl an Rodeln
$E(x)$ … die Einnahmen in Euro (€) beim Verkauf von x Stück

1 Stellen Sie eine Gleichung für E auf. (A)

2 Zeichnen Sie den Graphen von E in dasselbe Koordinatensystem ein. (B)

3 Lesen Sie aus dem Graphen die Nullstellen ab und interpretieren Sie deren Bedeutung im Kontext. (C)

Lösung c):

1 $E(x) = (60{,}00 - 0{,}50 \cdot x) \cdot x = 60{,}00 \cdot x - 0{,}50 \cdot x^2$

Die Erlösfunktion E ist keine lineare Funktion sondern eine quadratische Funktion.

2 Graph: siehe unter d) 2

3 $x_1 = 0$, wenn keine Rodel verkauft wird, kann auch nichts eingenommen werden.

$x_2 = 120$, wenn 120 Rodeln verkauft wurden, ist der Markt gesättigt, der Preis beträgt 0 Euro und damit sind keine Einnahmen möglich.

digi.study/bm-k73L8

d) Der Unternehmer ist selbstverständlich bestrebt, einen **Gewinn** zu erzielen. Die **Gewinnfunktion** G erhält man, wenn man vom Erlös bei verkauften x Stück die Kosten für die Produktion der x Stück abzieht. Es gilt:

Formel

$G(x) = E(x) - K(x)$

x ... Stückzahl an Rodeln
$G(x)$ ... der Gewinn in Euro (€) beim Verkauf von x Stück
$E(x)$ ... die Einnahmen in Euro (€) beim Verkauf von x Stück
$K(x)$ ... die Kosten in Euro (€) bei der Produktion von x Stück

1 Stellen Sie eine Funktionsgleichung für die Gewinnfunktion *G* auf. (A)
2 Zeichnen Sie den Graphen der Gewinnfunktion *G* in dasselbe Koordinatensystem ein. (B)
3 Lesen Sie aus der Zeichnung jenen Bereich ab, in welchem ein Verlust gemacht wird und erklären Sie, wie man im Graphen einen Verlustbereich feststellen kann. (C, D)
4 Lesen Sie die Nullstellen der Funktion *G* ab. Diese heißen **Gewinnschwellen**. Das Intervall zwischen den Gewinnschwellen ist der **Gewinnbereich**. (C)
5 Lesen Sie ab, wie viele Rodeln der Unternehmer verkaufen muss, um den größtmöglichen (= maximalen) Gewinn zu machen. (B)

Lösung d):

1 $G(x) = (60{,}00 \cdot x - 0{,}50 \cdot x^2) - (24{,}50 \cdot x + 290) = -0{,}50 \cdot x^2 + 35{,}50 \cdot x - 290$

Die Gewinnfunktion ist eine quadratische Funktion.

2 Graph:

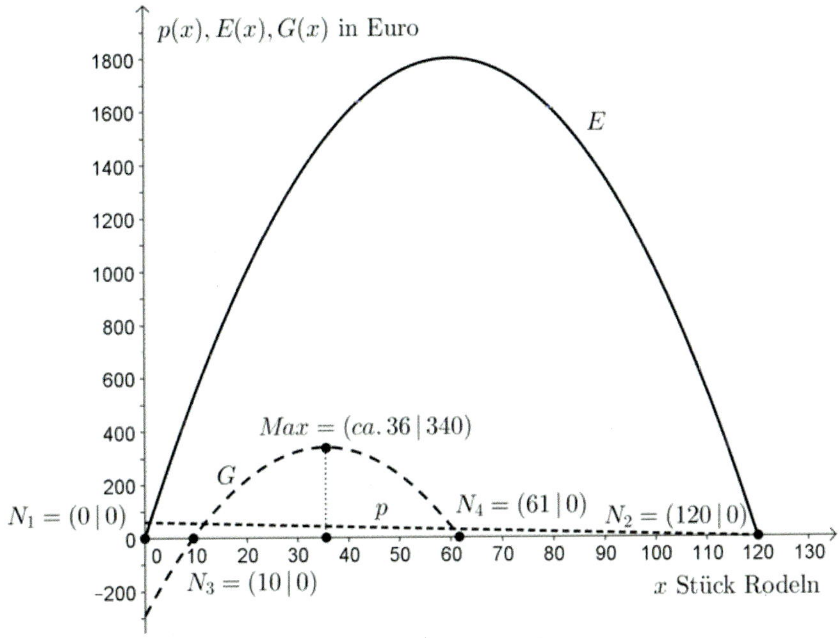

3 Aus dem Graphen abgelesen: Verlust wird beim Verkauf von 0 bis ungefähr 10 Rodeln gemacht. Den Verlustbereich findet man dort, wo die Funktion *G* negative Werte hat.

4 Nullstellen von *G*: $x_3 = 10$; $x_4 = 61$

5 Der größtmögliche Gewinn wird beim Verkauf von 36 Rodeln erreicht. Der Gewinn beträgt € 340.

Beispiel 7.3.07:

In einer Dorfgemeinschaft breitet sich eine Information linear aus. Nach 3 Wochen ist die Information 87 Personen bekannt, nach 7 Wochen sind es bereits 167 Personen.

1 Stellen Sie die Funktionsgleichung $I(t)$ auf, welche den Wochen t die Anzahl der Informierten zuordnet. (A)

2 Geben Sie eine geeignete Definitionsmenge für die ersten 10 Wochen und die dazugehörige Wertemenge an. (A)

3 Stellen Sie die Funktion I grafisch dar. (B)

4 Berechnen Sie, wie sich die Anzahl der Informierten von der 2. bis zur 6. Woche absolut geändert hat. (B)

5 In der Gemeindezeitung wird behauptet: Die Zahl der Informierten stieg von der 2. auf die 6. Woche um 19,4 %. Überprüfen Sie, ob die Behauptung richtig ist. (D)

Lösung

1 Es liegt ein **lineares Modell** vor. Es handelt sich um ein **diskretes lineares Modell** (die Definitionsmenge ist eine Teilmenge der ganzen Zahlen).

Diskretes Modell: $I(t) = k \cdot t + d \quad D = \{0, 1, 2, 3, 4, \ldots, 10\}$

Die Steigung der linearen Funktion I lässt sich folgendermaßen berechnen:

$\frac{I(7) - I(3)}{7 - 3} = \frac{167 - 87}{4} = \frac{80}{4} = 20$

$I(t) = 20 \cdot t + d$

Setzt man in diese Gleichung das Wertepaar (3|87) ein, so kann man d berechnen:

$87 = 20 \cdot 3 + d \Rightarrow d = 27$

$I(t) = 20 \cdot t + 27$

2 Diskretes Modell: $D = \{0, 1, 2, 3, 4, \ldots, 10\}$ Man fasst die gegebene Information so auf, dass man erst nach Ablauf einer ganzen Woche weiß, wie viele Personen das Gerücht kennen, dann kommen in der Definitionsmenge nur natürliche Zahlen vor. Die zugehörige Wertemenge lässt sich mit dem Taschenrechner einfach bestimmen (siehe S. 104): Y= …, TABLE

$W = \{27, 47, 67, 87, \ldots, 227\}$

3 Graph:

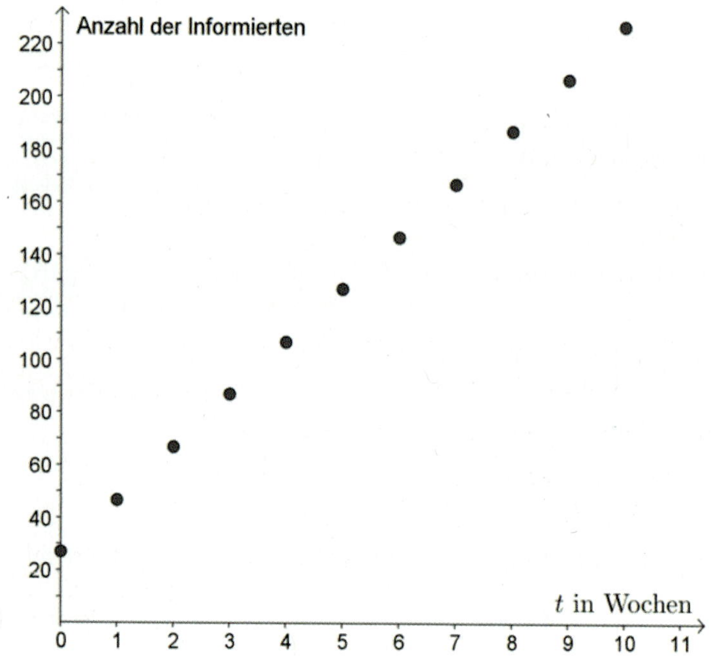

4 Unter der **absoluten Änderung** der Anzahl der Informierten von der 2. bis zur 6. Woche versteht man folgende Differenz: $\Delta I = I(6) - I(2) = 147 - 67 = 80$, d.h. in dieser Zeit hat die Zahl der Informierten um 80 Personen zugenommen.

digi.study/bm-k73L9

5 Nach 2 Wochen kennen 67 Personen das Gerücht. Das sind 100 %. Nach 6 Wochen wissen es bereits 147 Personen, also um 80 Personen mehr. Man muss nun berechnen, wie viel Prozent das sind:

$\frac{80}{67} \cdot 100\ \% = 119{,}4\ \%$

Damit ist klargestellt, dass die Behauptung falsch ist.

Unter der **relativen Änderung** versteht man, wie sich der Wert $I(6)$ zum Zeitpunkt 6 Wochen relativ zum Grundwert $I(2)$ nach 2 Wochen verändert. Man berechnet sie folgendermaßen:

$\frac{I(6) - I(2)}{I(2)} = \frac{147 - 67}{67} = 1{,}194$

Dies lässt sich so interpretieren:

Der Unterschied der Anzahl der Wissenden zwischen der 2. und 6. Woche macht das 1,194-fache der Zahl der Wissenden nach 2 Wochen aus.

Merke

Beachten Sie: Bei einem **diskreten Modell** ist die Definitionsmenge stets eine Teilmenge der ganzen Zahlen, bei einem **kontinuierlichen Modell** ist sie ein Intervall der reellen Zahlen.

Formel

Die **absolute Änderung** der Funktionswerte im Intervall $[x_1;x_2]$ wird durch die Differenz der zugehörigen y-Werte $\Delta y = y_2 - y_1$ berechnet.

Formel

Die **relative Änderung** im Intervall $[x_1;x_2]$ wird folgendermaßen berechnet: $\frac{\Delta y}{y_1} = \frac{y_2 - y_1}{y_1}$. Diese Zahl kann man auch in Prozenten angeben. Sie muss in diesem Fall mit 100 multipliziert werden.

Übung 7.3.01

digi.study/bm-k73a1

Eine lineare Funktion f hat die Steigung $k = -2$ und enthält den Punkt $A = (-1|3)$.

1 Stellen Sie eine Funktionsgleichung von f auf. (A)

2 Zeichnen Sie den Graphen von f und zeichnen Sie ein Steigungsdreieck ein. (B)

3 Lesen Sie aus dem Graphen die Koordinaten der Schnittpunkte mit den beiden Koordinatenachsen ab. (C)

4 Überprüfen Sie die abgelesenen Werte durch eine Rechnung. (D) (B)

Übung 7.3.02

digi.study/bm-k73a2

Eine inhomogene lineare Funktion g schneidet die y-Achse bei dem Wert $y = 4$ und geht durch den Punkt $B = (2|-1)$.

1 Stellen Sie eine Funktionsgleichung von g auf. (A)

2 Zeichnen Sie den Graphen von g und lesen Sie ab, für welche x-Stelle der Funktionswert $g(x) = 5$ ist. (B) (C)

3 Berechnen Sie die Koordinaten des Schnittpunktes des Graphen von g mit der x-Achse. (B)

Übung 7.3.03

digi.study/bm-k73a3

Eine Gerade h geht durch die Punkte $C = (-1|3)$ und $D = (1|5)$.

1 Zeichnen Sie die Gerade h im Koordinatensystem ein und lesen Sie aus dem Steigungsdreieck k ab. (B) (C)

2 Überprüfen Sie rechnerisch und grafisch, ob $E = (3{,}99|8)$ ein Punkt der Geraden h ist. (D)

Der Punkt $F = (x|-2)$ liegt auf der Geraden h.

3 Berechnen Sie die Koordinate x. (B)

4 Lesen Sie die Koordinaten des Punktes F aus dem Graphen ab. (C)

Übung 7.3.04

digi.study/bm-k73a4

Gegeben ist eine lineare Funktion p mit der Gleichung: $p(x) = k \cdot x + d$. Folgende Bedingungen können die Parameter k und d annehmen:

a) $k > 0$ und $d > 0$ b) $k > 0$ und $d < 0$ c) $k = 0$ und $d > 0$

d) $k = 0$ und $d < 0$ e) $k < 0$ und $d > 0$ f) $k < 0$ und $d < 0$

1 Entscheiden Sie, für welche Parameterpaare (k, d) der Graph der linearen Funktion p nur durch den ersten, zweiten und dritten Quadranten verläuft. (D)

Übung 7.3.05

digi.study/bm-k73a5

Ein Betrieb hat monatliche Fixkosten in der Höhe von € 75.000, die Erzeugungskosten pro Stück betragen € 12.

1 Stellen Sie eine lineare Kostenfunktion K auf. (A)

2 Berechnen Sie, bei welcher Produktionsmenge die Gesamtkosten € 123.000 betragen. (B)

Dividiert man die Kosten $K(x)$ durch die Stückzahl x, so erhält man den Stückkostenpreis $\overline{K}(x)$

3 Stellen Sie eine Stückkostenfunktion $\overline{K}$ auf. (A)

4 Berechnen Sie, bei welcher Produktionsmenge die Stückkosten € 55,00 betragen. (B)

Übung 7.3.06

digi.study/bm-k73a6

Die monatlichen Fixkosten eines Betriebes betragen € 100.000. Werden pro Monat 200 000 Stück produziert, so betragen die Gesamtproduktionskosten pro Stück € 1,30.

1 Stellen Sie eine lineare Kostenfunktion K auf. (A)

2 Berechnen Sie die variablen Stückkosten. (B)

Ein Kunde bestellt 110 000 Stück.

3 Lesen Sie aus dem zu zeichnenden Graphen ab, in welcher Höhe sich die Produktionskosten bewegen. (B) (C)

Übung 7.3.07

digi.study/bm-k73a7

Bei der Produktion von 33 Mengeneinheiten (ME) betragen die Gesamtkosten € 741,00; produziert man 92 ME, so betragen die Gesamtkosten € 1.147.

1 Stellen Sie eine Gleichung für die lineare Kostenfunktion K auf. (A)

2 Berechnen Sie die Höhe der Fixkosten bzw. die Kosten pro ME.

Es muss ein Kundenauftrag über 1 500 ME produziert werden. Ein Lehrling läuft aufgeregt zum Chef und behauptet, dass für die Erledigung des Auftrages ca. € 16.000 zur Verfügung gestellt werden müssen.

3 Überprüfen Sie, ob der Lehrling mit seiner Meinung Recht hat. (D) (B)

Übung 7.3.08

digi.study/bm-k73a8

Es ist die Kostenfunktion des Betriebes „Eisenberg" bekannt:

$K(x) = 7 \cdot x + 54\,000$ (x in Stück, Kosten $K(x)$ in €)

1 Zeichnen Sie den Graphen der Stückkostenfunktion $\overline{K}$. (Es gilt: $\overline{K}(x) = \frac{K(x)}{x}$) (B)

2 Berechnen Sie, bei welcher Produktionsmenge die Kosten pro Stück € 11,50 betragen. (B)

Bei einer Produktionsmenge von 12 000 Stück soll ein Gewinn von € 28.000 erreicht werden.

3 Berechnen Sie den Verkaufspreis. (B)

Übung 7.3.09

digi.study/bm-k73a9

1 Stellen Sie bei den folgenden Aufgabenstellungen jeweils die Funktionsgleichung für die zu bezahlenden Gebühren auf. (A)

2 Erstellen Sie die zugehörigen Graphen. Achten Sie auf die richtige Beschriftung und Skalierung der Achsen. (B)

3 Schreiben Sie die Wertetabellen für den Verbrauch von 20, 45, 50, 65, 80 und 100 kWh an. (B)

4 Beschreiben Sie die Bedeutung der vorkommenden Variablen. (C)

a) Die Grundgebühr für Haushaltsstrom beträgt monatlich € 54,00, für jede verbrauchte kWh bezahlt man € 1,33.

b) Die Grundgebühr für den Haushaltsnachtstrom beträgt monatlich € 76,00; die Verbrauchsgebühr pro kWh beträgt € 0,89.

Übung 7.3.10

digi.study/bm-k73a10

In Ihrem neuen Garten bauen Sie ein Hochbeet. Dieses wird bis zu einer Höhe von 38 cm mit Zweigen und Laub gefüllt. Darauf kommt eine 22 cm hohe Schicht aus Gras und Kompost. Der Rest wird mit Gartenerde aufgefüllt. Das Beet wird in Form eines Quaders mit den Maßen laut der nachstehenden Skizze angefertigt.

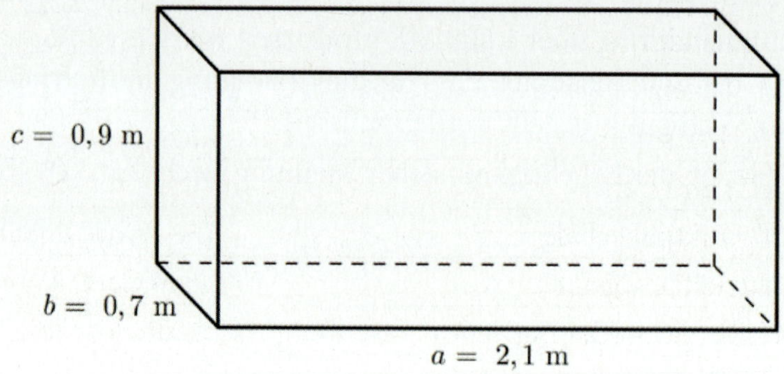

1 Berechnen Sie die Menge an Gartenerde in Liter (L), die benötigt wird, um das quaderförmige Beet bis zum Rand aufzufüllen. (B)

Sie überlegen, als Beet entweder einen Würfel oder einen gleich hohen aufrecht stehenden Drehzylinder zu verwenden. Die Bepflanzungsfläche soll bei beiden gleich groß sein.

2 Argumentieren Sie, warum bei gleichem Aufbau des Füllmaterials der Verbrauch an Gartenerde beim zylinderförmigen Beet genau derselbe wie beim würfelförmigen ist. (D)

3 Geben Sie eine Formel für den Radius des Drehzylinders r an, die eine Beziehung zwischen r und der Kantenlänge a des Würfels herstellt. (A)

Die Grafik zeigt den unterschiedlichen Temperaturverlauf im Hochbeet und im Erdboden in Abhängigkeit von der Messtiefe.

4 Interpretieren Sie den unterschiedlichen Temperaturverlauf im Hochbeet und im Erdboden. (C)

5 Geben Sie eine Funktionsgleichung für den Temperaturverlauf im Hochbeet an. (A)

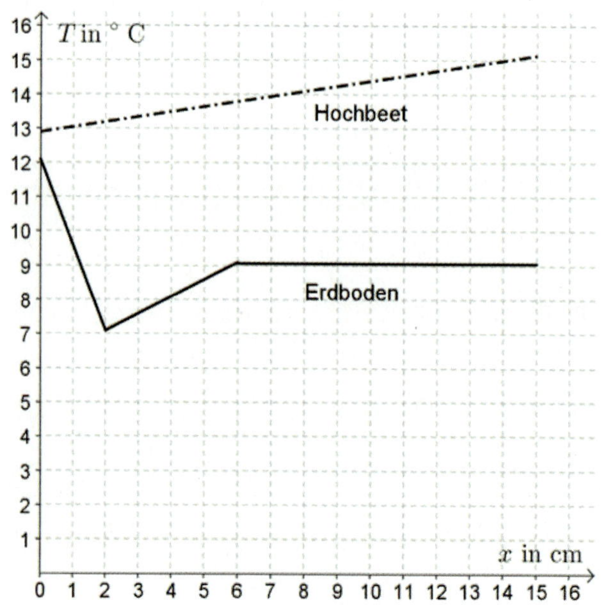

x … Messtiefe in cm

T … Temperatur in °C in einer Messtiefe von x cm

Übung 7.3.11

digi.study/bm-k73a11

Hier sind Auszüge aus einer Strompreisinformation für einen bestimmten Haushaltstarif „EKG – Basis“ angegeben:

Energie	
Arbeitspreis	9,144 Cent/kWh
Grundpreis	1,44 Euro/Monat
Netz	
Arbeitspreis	4,044 Cent/kWh
Grundpreis	2,16 Euro/Monat
Zahlpunktpauschale	1,50 Euro/Monat
Elektrizitätsabgabe	1,800 Cent/kWh
Entgelt für Messleistung	1,10 Euro/Monat

1 Stellen Sie die Gleichung einer linearen Funktion der Form $P(x) = k \cdot x + d$ auf, die den Gesamtpreis $P(x)$ in Euro für einen Monat in Abhängigkeit vom Stromverbrauch x in kWh angibt. (A)

Übung 7.3.12

digi.study/bm-k73a12

Der Graph zeigt die ersten Sekunden, in denen ein Auto, das sich am Grund eines 20 m tiefen Sees befindet, mit einer konstanten Geschwindigkeit von einem Kran herausgezogen wird.

1 Beschreiben Sie, welche Bedeutung die Nullstelle des Graphen im Sachzusammenhang hat. (C)

2 Stellen Sie die Funktion für die Höhe h in Abhängigkeit der horizontalen Entfernung x des Autos vom Ausgangspunkt auf. (A)

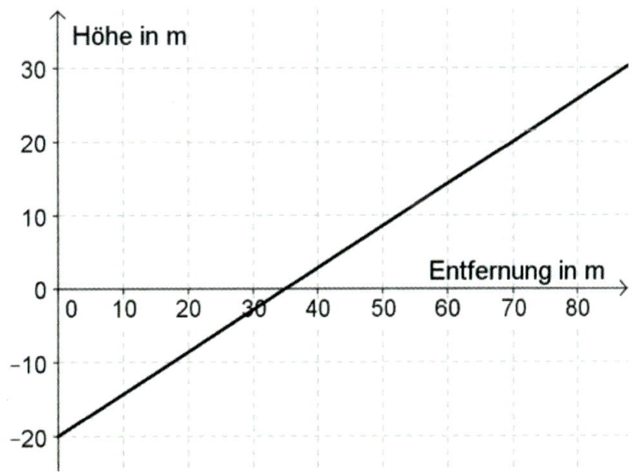

Übung 7.3.13

digi.study/bm-k73a13

a) Von einer linearen Kostenfunktion K eines Produktes weiß man, dass bei einer Produktion von 10 000 Mengeneinheiten (ME) die Kosten 25 230 Geldeinheiten (GE) betragen. Produziert man hingegen 100 000 ME, so betragen die Kosten 26 130 GE.

1 Stellen Sie eine Gleichung der Kostenfunktion K auf.(A)

2 Zeichnen Sie einen Graphen von K. (B)

b) Eine Preisfunktion ordnet der Anzahl der verkauften Mengeneinheiten den Verkaufspreis pro Mengeneinheit zu. Von der linearen Preisfunktion kennt man den Höchstpreis, das ist jener Preis, bei welchem nichts verkauft werden kann. Er beträgt bei diesem Produkt 7 GE/ME. Außerdem ist bekannt, dass der Markt bei 2 500 ME gesättigt ist, d.h. der Preis ist hier Null.

1 Geben Sie einen Term der Preisfunktion p an. (A)

c) Ein anderes Produkt hat die folgende Kostenfunktion K:

$K(x) = 0{,}01 \cdot x + 25\,130$

x … Anzahl der produzierten Mengeneinheiten

$K(x)$ … Kosten in Geldeinheiten bei der Produktion von x Mengeneinheiten

Die Preisfunktion p für dieses Produkt ist durch die folgende Gleichung gegeben:

$p(x) = -0{,}0002 \cdot x + 5$

x … Anzahl der verkauften Mengeneinheiten

$p(x)$ … Preis in Geldeinheiten pro verkaufter Mengeneinheit

1 Stellen Sie den Term der Erlösfunktion E auf, welche den x verkauften Mengeneinheiten den eingenommenen Betrag zuordnet. (A)

2 Zeichnen Sie in einem Koordinatensystem die Graphen der Funktionen K und E. (B)

3 Interpretieren Sie in diesem Zusammenhang die Bedeutung der Schnittpunkte der beiden Graphen. (C)

4 Lesen Sie aus dem Graphen die Koordinaten der Schnittpunkte des Graphen E mit der x-Achse ab. (C)

Die Gewinnfunktion G ordnet der verkauften Anzahl x von Mengeneinheiten die Differenz von E und K zu.

5 Erstellen Sie eine Gleichung der Gewinnfunktion G. (A)

6 Zeichnen Sie den Graphen von G in dasselbe Koordinatensystem ein. (B)

7 Lesen Sie jenen Bereich ab, in welchem das Unternehmen einen Verlust macht. (C)

8 Erklären Sie, warum beim Verkauf dieses Produktes in diesem Bereich ein Verlust entsteht. (D)

Übung 7.3.14

digi.study/bm-k73a14

Gegeben ist der Zugfahrplan des Railjet 169 der ÖBB, der täglich zwischen Zürich Hauptbahnhof und Wien Westbahnhof verkehrt. Die Abfahrt in Zürich erfolgt um 14:40 Uhr, die Ankunft in Wien ist um 22:40 Uhr vorgesehen.

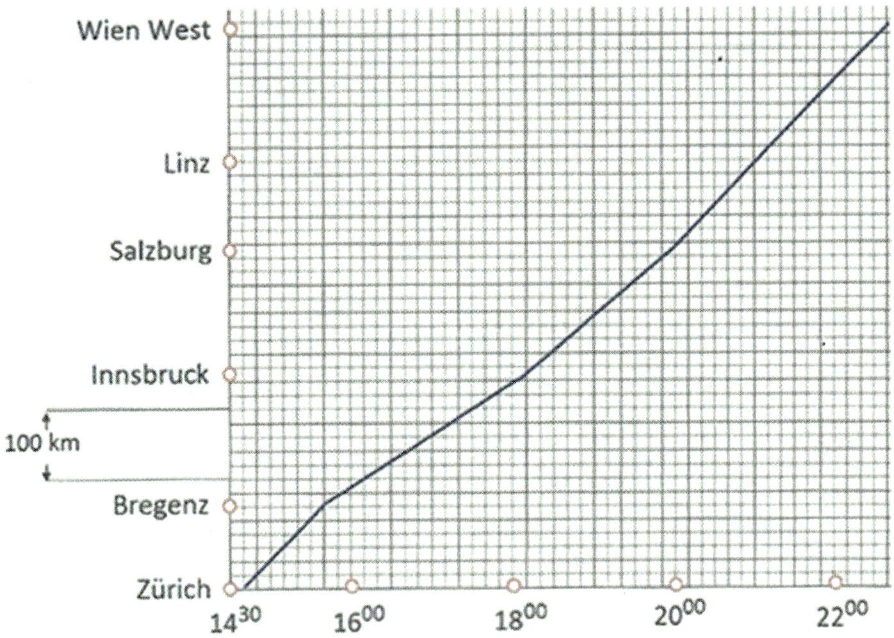

1 Schreiben Sie in einer Tabelle die Fahrzeiten für Zürich – Bregenz, Bregenz – Innsbruck an. (C)

2 Ermitteln Sie die Durchschnittsgeschwindigkeit auf jenem Streckenabschnitt, auf welchem der Railjet am langsamsten fährt. (B)

Herr M. trifft um 18:00 Uhr auf dem Hauptbahnhof Innsbruck ein und möchte noch den Railjet 169 nach Wien Westbahnhof erreichen.

3 Erklären Sie, ob dieses Vorhaben des Herrn M. gelingen kann. (D)

Übung 7.3.15

digi.study/bm-k73a15

Ein Schiff S_1 startet im Hafen A und erreicht nach sechs Stunden den 180 km entfernten Hafen B. In der ersten Stunde fährt es konstant mit einer Geschwindigkeit von 40 km/h. Den Rest der Strecke muss das Schiff auf Grund seines großen Tiefganges deutlich langsamer fahren, da in diesem Bereich Sandbänke umfahren werden müssen.

Gleichzeitig mit diesem Schiff startet ein kleineres Schiff S_2 im Hafen B. Es kann eine konstante Geschwindigkeit fahren und erreicht nach 4 Stunden 12 Minuten den Hafen A.

1 Zeichnen Sie das Weg–Zeit–Diagramm der beiden Schiffe in das folgende Koordinatensystem ein. (A)

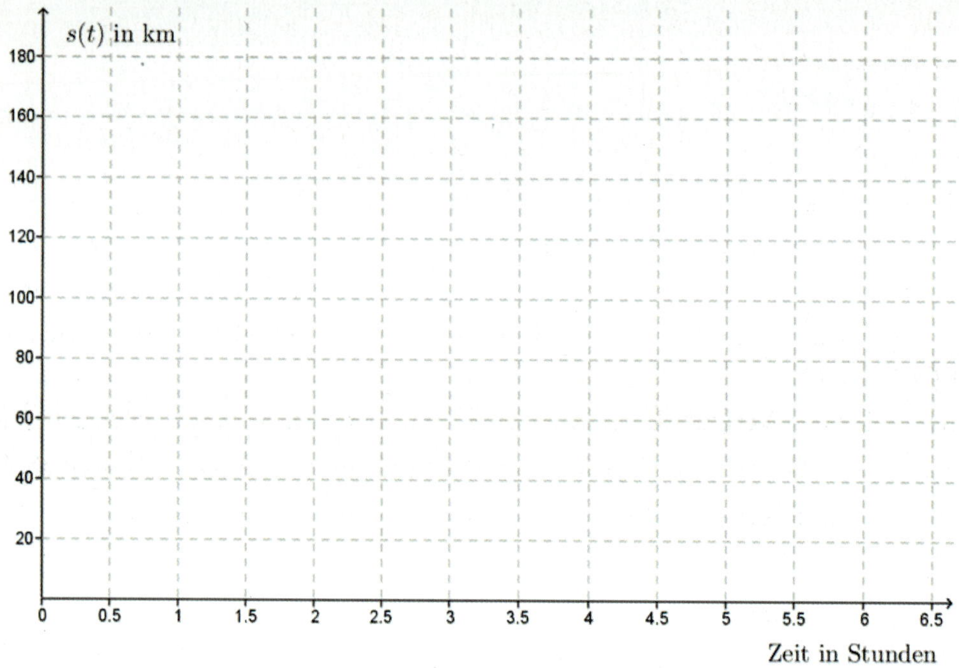

2 Stellen Sie für beide Schiffe die Gleichung der Funktion auf, welche der Zeit (in Stunden) die Entfernung (in km) vom Hafen A zuordnet. (A)

3 Interpretieren Sie die Bedeutung des Schnittpunktes im Sachzusammenhang. (C)

7.4 Potenzfunktionen (Deskriptor 3.3)

Eine Potenzfunktion kann durch folgende Funktionsgleichung beschrieben werden:

$f(x) = c \cdot x^r \quad \text{mit } c \in \mathbb{R} \setminus \{0\}, r \in \mathbb{R}$

Formel

ERKLÄR-VIDEO

digi.study/bm-k74

7.4.1 Potenzfunktionen mit natürlichem geradem Exponenten

Eine Potenzfunktion mit einem natürlichen geraden Exponenten kann durch folgende Funktionsgleichung beschrieben werden:

$f(x) = c \cdot x^{2 \cdot n} \quad \text{mit } c \in \mathbb{R} \setminus \{0\}, n \in \mathbb{N} \setminus \{0\}$

Formel

Beispiel 7.4.1.01:

Gegeben sind die folgenden Funktionsgleichungen:

$f_1(x) = 1{,}5 \cdot x^2 \quad f_2(x) = 0{,}5 \cdot x^4 \quad f_3(x) = -0{,}25 \cdot x^6$

1 Zeichnen Sie die Graphen der drei Funktionen f_1, f_2 und f_3 in ein und dasselbe Koordinatensystem ein. (B)

2 Erstellen Sie für diese drei Funktionen die größtmögliche Definitionsmenge und die Wertemenge. (A)

3 Beschreiben Sie den Verlauf der Graphen in Hinblick auf das Monotonieverhalten. (C)

4 Lesen Sie aus den Graphen die Koordinaten der Schnittpunkte mit den Achsen ab. (C)

5 Berechnen Sie für folgende x-Stellen die zugehörigen Funktionswerte:

$x = 2;\ -2;\ 3;\ -3$ (B)

6 Argumentieren Sie, warum die drei Graphen spiegelbildlich = symmetrisch zur y-Achse liegen. (D)

Lösung:

1 Graphen:

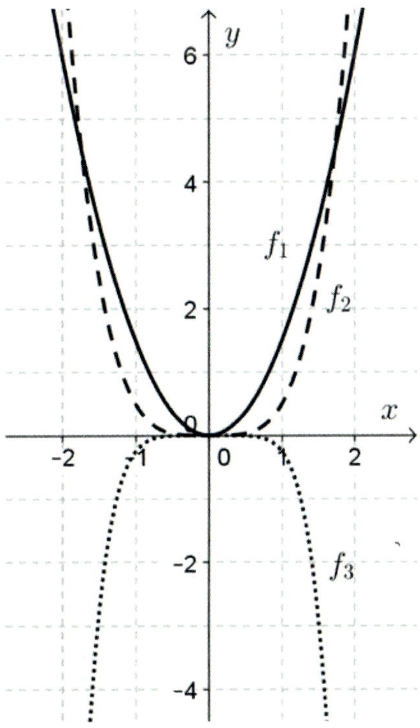

2 $D_{f_1} = D_{f_2} = D_{f_3} = \mathbb{R}$; $W_{f_1} = W_{f_2} = \mathbb{R}_0^+$; $W_{f_3} = \mathbb{R}_0^-$

3 f_1: $\forall x \in \mathbb{R}^- \mid (x_1 < x_2) \Rightarrow (f_1(x_1) > f_1(x_2))$

$\forall x \in \mathbb{R}^+ \mid (x_1 < x_2) \Rightarrow (f_1(x_1) < f_1(x_2))$

In Worten: Im Bereich aller negativen x-Stellen ist die Funktion f_1 streng monoton fallend, weil für größer werdende x-Stellen die Funktionswerte kleiner werden. Im Bereich aller positiven x-Stellen ist die Funktion f_1 streng monoton steigend, weil für größer werdende x-Stellen die Funktionswerte auch größer werden.

f_2: $\forall x \in \mathbb{R}^- \mid (x_1 < x_2) \Rightarrow (f_2(x_1) > f_2(x_2))$

$\forall x \in \mathbb{R}^+ \mid (x_1 < x_2) \Rightarrow (f_2(x_1) < f_2(x_2))$

Im Bereich aller negativen x-Stellen ist die Funktion f_2 streng monoton fallend, weil für größer werdende x-Stellen die Funktionswerte kleiner werden. Im Bereich aller positiven x-Stellen ist die Funktion f_2 streng monoton steigend, weil für größer werdende x-Stellen die Funktionswerte auch größer werden.

f_3: $\forall x \in \mathbb{R}^- \mid (x_1 < x_2) \Rightarrow (f_3(x_1) > f_3(x_2))$

$\forall x \in \mathbb{R}^+ \mid (x_1 < x_2) \Rightarrow (f_3(x_1) < f_3(x_2))$

Im Bereich aller negativen x-Stellen ist die Funktion f_3 streng monoton steigend, weil für größer werdende x-Stellen die Funktionswerte größer werden. Im Bereich aller positiven x-Stellen ist die Funktion f_3 streng monoton fallend, weil für größer werdende x -Stellen die Funktionswerte kleiner werden.

4 Alle drei Graphen schneiden die beiden Achsen im Koordinatenursprung.

5 Funktionswerte:

x	2	–2	3	–3
$f_1(x)$	6	6	13,5	13,5
$f_2(x)$	8	8	40,5	40,5
$f_3(x)$	–16	–16	–182,25	–182,25

6 Da die Hochzahlen gerade sind, gilt: $(-x)^{2 \cdot n} = x^{2 \cdot n}$, $n \in \mathbb{N}$. Setzt man in die Funktionsgleichung statt x die Stelle $-x$ ein, so bleibt der Funktionswert gleich, damit liegen diese Wertepaare spiegelbildlich zur y-Achse.

Merke

Der Graph einer Funktion f liegt genau dann **spiegelbildlich zur y-Achse**, wenn gilt:
$\forall x \in D \mid f(-x) = f(x)$
Man spricht in diesem Fall auch von **geraden Funktionen** (Hinweis auf die gerade Hochzahl).

7.4.2 Potenzfunktionen mit natürlichem ungeradem Exponenten

Eine Potenzfunktion mit einem natürlichen ungeraden Exponenten kann durch folgende Funktionsgleichung beschrieben werden:

Formel

$$f(x) = c \cdot x^{2 \cdot n + 1} \quad \text{mit } c \in \mathbb{R} \setminus \{0\},\ n \in \mathbb{N}$$

Beispiel 7.4.2.01:

Gegeben sind die folgenden Funktionsgleichungen:

$f_1(x) = 1{,}5 \cdot x \quad f_2(x) = 0{,}5 \cdot x^3 \quad f_3(x) = -0{,}25 \cdot x^5$

1 Zeichnen Sie die Graphen der drei Funktionen f_1, f_2 und f_3 in ein und dasselbe Koordinatensystem ein. (B)

2 Erstellen Sie für diese drei Funktionen die größtmögliche Definitionsmenge und die Wertemenge. (A)

3 Beschreiben Sie den Verlauf der Graphen im Hinblick auf das Monotonieverhalten. (C)

4 Lesen Sie aus den Graphen die Koordinaten der Schnittpunkte mit den Achsen ab. (C)

5 Berechnen Sie für folgende x-Stellen die zugehörigen Funktionswerte:

$x = 2; \quad -2; \quad 3; \quad -3$ (B)

6 Argumentieren Sie, warum die drei Graphen spiegelbildlich = symmetrisch zum Koordinatenursprung liegen. (D)

Lösung:

1 Graphen:

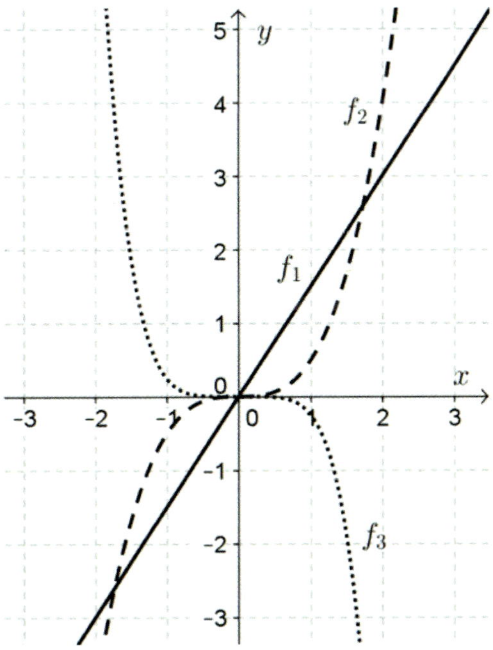

2 $D_{f_1} = D_{f_2} = D_{f_3} = \mathbb{R};\ W_{f_1} = W_{f_2} = W_{f_3} = \mathbb{R}$

3 $f_1\!: \forall x \in \mathbb{R} \mid x_1 < x_2 \Rightarrow f_1(x_1) < f_1(x_2)$

In Worten: Für alle x-Stellen aus der Definitionsmenge ist die Funktion f_1 streng monoton steigend, weil für größer werdende x-Stellen auch die Funktionswerte größer werden.

f_2: $\forall x \in \mathbb{R} \mid x_1 < x_2 \Rightarrow f_2(x_1) < f_2(x_2)$

Die Funktion f_2 ist über der Definitionsmenge streng monoton steigend.

f_3: $\forall x \in \mathbb{R} \mid x_1 < x_2 \Rightarrow f_3(x_1) > f_3(x_2)$

Die Funktion f_3 ist über der Definitionsmenge streng monoton fallend.

4 Alle drei Graphen schneiden die beiden Achsen im Koordinatenursprung.

5 Funktionswerte:

x	2	–2	3	–3
$f_1(x)$	3	–3	4,5	–4,5
$f_2(x)$	4	–4	13,5	–13,5
$f_3(x)$	–8	8	–60,75	60,75

6 Da die Hochzahlen ungerade sind, gilt: $(-x)^{2 \cdot n + 1} = -x^{2 \cdot n + 1}$, $n \in \mathbb{N}$. Setzt man in die Funktionsgleichung statt x die Stelle $-x$ ein, so erhält man den negativen Funktionswert, damit liegen diese Wertepaare spiegelbildlich zum Koordinatenursprung.

Merke

Der Graph einer Funktion f liegt genau dann **spiegelbildlich zum Koordinatenursprung**, wenn gilt:
$\forall x \in D \mid f(-x) = -f(x)$
Man spricht in diesem Fall auch von **ungeraden Funktionen** (Hinweis auf die ungerade Hochzahl).

7.4.3 Potenzfunktionen mit negativem geradem ganzzahligem Exponenten

Eine Potenzfunktion mit einem negativen geraden ganzzahligen Exponenten kann durch folgende Funktionsgleichung beschrieben werden:

Formel

$f(x) = c \cdot x^{-2 \cdot n}$ mit $c \in \mathbb{R} \setminus \{0\}$, $n \in \mathbb{N} \setminus \{0\}$

Beispiel 7.4.3.01:

Gegeben sind die folgenden Funktionsgleichungen:

$f_1(x) = 1{,}5 \cdot x^{-2}$ $f_2(x) = 0{,}5 \cdot x^{-4}$ $f_3(x) = -0{,}25 \cdot x^{-6}$

1 Zeichnen Sie die Graphen der drei Funktionen f_1, f_2 und f_3 in ein und dasselbe Koordinatensystem ein. (B)

2 Erstellen Sie für diese drei Funktionen die größtmögliche Definitionsmenge und die Wertemenge. (A)

3 Beschreiben Sie den Verlauf der Graphen im Hinblick auf das Monotonieverhalten. (C)

4 Lesen Sie aus den Graphen die Koordinaten der Schnittpunkte mit den Achsen ab. (C)

5 Berechnen Sie für folgende x-Stellen die zugehörigen Funktionswerte:

$x = 2;\ -2;\ 3;\ -3$ (B)

6 Argumentieren Sie, warum die drei Graphen spiegelbildlich zur y-Achse liegen. (D)

Lösung:

1 Graphen:

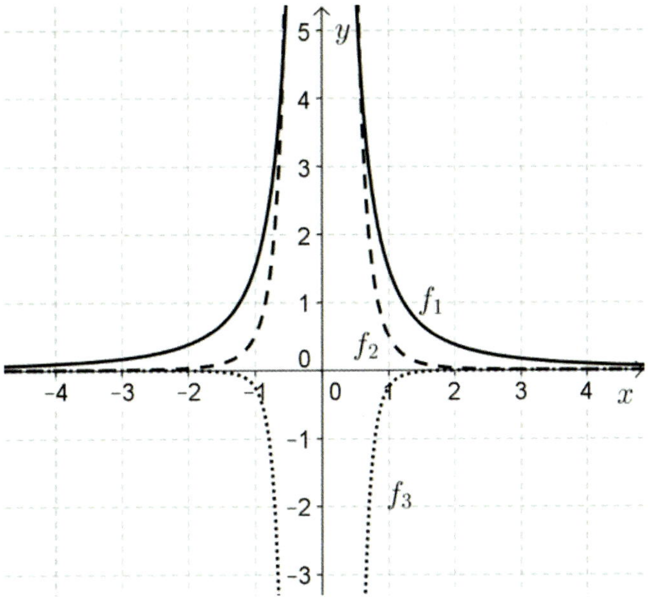

2 $D_{f_1} = D_{f_2} = D_{f_3} = \mathbb{R} \setminus \{0\}$; $W_{f_1} = W_{f_2} = \mathbb{R}^+$; $W_{f_3} = \mathbb{R}^-$

3 f_1: $\forall x \in \mathbb{R}^- \mid (x_1 < x_2) \Rightarrow (f_1(x_1) < f_1(x_2))$

$\forall x \in \mathbb{R}^+ \mid (x_1 < x_2) \Rightarrow (f_1(x_1) > f_1(x_2))$

In Worten: Im Bereich aller negativen x-Stellen ist die Funktion f_1 streng monoton steigend, weil für größer werdende x-Stellen die Funktionswerte größer werden. Im Bereich aller positiven x-Stellen ist die Funktion f_1 streng monoton fallend, weil für größer werdende x-Stellen die Funktionswerte kleiner werden.

f_2: $\forall x \in \mathbb{R}^- \mid (x_1 < x_2) \Rightarrow (f_2(x_1) < f_2(x_2))$

$\forall x \in \mathbb{R}^+ \mid (x_1 < x_2) \Rightarrow (f_2(x_1) > f_2(x_2))$

Die Funktion f_2 ist für die negativen x-Stellen streng monoton steigend, für die positiven x-Stellen streng monoton fallend.

f_3: $\forall x \in \mathbb{R}^- \mid (x_1 < x_2) \rightarrow (f_3(x_1) > f_3(x_2))$

$\forall x \in \mathbb{R}^+ \mid (x_1 < x_2) \Rightarrow (f_3(x_1) < f_3(x_2))$

Die Funktion f_3 ist für die negativen x-Stellen streng monoton fallend, für die positiven x-Stellen streng monoton steigend.

4 Es gibt keine Schnittpunkte mit den Achsen.

Die Funktionswerte nähern sich für größer werdende x-Stellen beliebig nahe an den Wert Null an.

Dasselbe gilt für die negativen x-Stellen.

Folgende Schreibweise gilt in diesem Fall: $\lim\limits_{x \to \pm\infty} f(x) = 0$

Man sagt: Die x-Achse ist eine **Asymptote = Näherungslinie** für die Funktion.

Es ist auch die y-Achse eine Asymptote. Nähern sich die x-Stellen beliebig nahe dem Wert Null an, so steigen bzw. fallen die Funktionswerte ins Unendliche. Man schreibt: $\lim\limits_{x \to 0} f(x) = \pm\infty$

5 Funktionswerte:

x	2	−2	3	−3
$f_1(x)$	0,375	0,375	$0,1\dot{6}$	$0,1\dot{6}$
$f_2(x)$	0,031 25	0,031 25	0,006 17	0,006 17
$f_3(x)$	−0,003 9	−0,003 9	−0,000 3	−0,000 3

6 Da die Hochzahlen gerade sind, gilt: $(-x)^{-2 \cdot n} = \frac{1}{(-x)^{2 \cdot n}} = x^{-2 \cdot n} = \frac{1}{x^{2 \cdot n}}$, $n \in \mathbb{N} \setminus \{0\}$. Setzt man in die Funktionsgleichung statt x die Stelle $-x$ ein, so bleibt der Funktionswert gleich, damit liegen diese Wertepaare spiegelbildlich zur y-Achse. Es sind gerade Funktionen.

7.4.4 Potenzfunktionen mit negativem ungeradem ganzzahligem Exponenten

Eine Potenzfunktion mit einem negativen ungeraden ganzzahligen Exponenten kann durch folgende Funktionsgleichung beschrieben werden:

Formel

$f(x) = c \cdot x^{-(2 \cdot n + 1)}$ mit $c \in \mathbb{R} \setminus \{0\}$, $n \in \mathbb{N}$

Beispiel 7.4.4.01:

Gegeben sind die folgenden Funktionsgleichungen:

$f_1(x) = 1{,}5 \cdot x^{-1}$ $f_2(x) = 0{,}5 \cdot x^{-3}$ $f_3(x) = -0{,}25 \cdot x^{-5}$

1 Zeichnen Sie die Graphen der drei Funktionen f_1, f_2 und f_3 in ein und dasselbe Koordinatensystem ein. (B)

2 Erstellen Sie für diese drei Funktionen die größtmögliche Definitionsmenge und die Wertemenge. (A)

3 Beschreiben Sie den Verlauf der Graphen im Hinblick auf das Monotonieverhalten. (C)

4 Lesen Sie aus den Graphen die Koordinaten der Schnittpunkte mit den Achsen ab. (C)

5 Berechnen Sie für folgende x-Stellen die zugehörigen Funktionswerte:
x = 2; −2; 3; −3. (B)

6 Argumentieren Sie, warum die drei Graphen spiegelbildlich zum Koordinatenursprung liegen. (D)

Lösung:

1 Graphen:

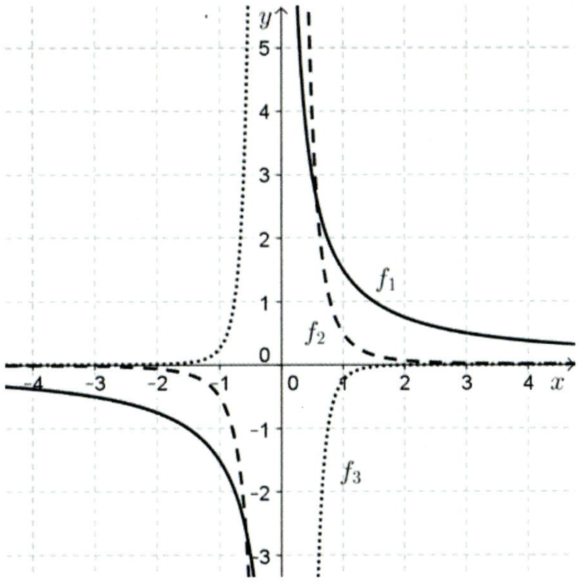

2 $D_{f_1} = D_{f_2} = D_{f_3} = \mathbb{R} \setminus \{0\}$; $W_{f_1} = W_{f_2} = W_{f_3} = \mathbb{R} \setminus \{0\}$

3 f_1: $\forall x \in \mathbb{R}^- \mid (x_1 < x_2) \Rightarrow (f_1(x_1) > f_1(x_2))$

$\forall x \in \mathbb{R}^+ \mid (x_1 < x_2) \Rightarrow (f_1(x_1) > f_1(x_2))$

Die Funktion f_1 ist sowohl über $\mathbb{R}^-$ als auch über $\mathbb{R}^+$ streng monoton fallend.
Beachte: Über der Definitionsmenge $\mathbb{R} \setminus \{0\}$ liegt keine Monotonie vor.

f_2: $\forall x \in \mathbb{R}^- \mid (x_1 < x_2) \Rightarrow (f_2(x_1) > f_2(x_2))$

$\forall x \in \mathbb{R}^+ \mid (x_1 < x_2) \Rightarrow (f_2(x_1) > f_2(x_2))$

Die Funktion f_2 ist sowohl über $\mathbb{R}^-$ als auch über $\mathbb{R}^+$ streng monoton fallend.
Beachte: Über der Definitionsmenge $\mathbb{R} \setminus \{0\}$ liegt keine Monotonie vor.

f_3: $\forall x \in \mathbb{R}^- \mid (x_1 < x_2) \Rightarrow (f_3(x_1) < f_3(x_2))$

$\forall x \in \mathbb{R}^+ \mid (x_1 < x_2) \Rightarrow (f_3(x_1) > f_3(x_2))$

Die Funktion f_3 ist sowohl über $\mathbb{R}^-$ als auch über $\mathbb{R}^+$ streng monoton steigend.
Beachte: Über der Definitionsmenge $\mathbb{R} \setminus \{0\}$ liegt keine Monotonie vor.

4 Es gibt keine Schnittpunkte mit den Achsen.

Die Funktionswerte nähern sich für größer werdende x-Stellen an den Wert Null an.

Dasselbe gilt für die negativen x-Stellen.

Folgende Schreibweise gilt in diesem Fall: $\lim\limits_{x \to +\infty} f(x) = 0$ und $\lim\limits_{x \to -\infty} f(x) = 0$

Man sagt: Die x-Achse ist eine **Asymptote = Näherungslinie** für die Funktion.

Es ist auch die y-Achse eine Asymptote. Nähern sich die x-Stellen immer stärker dem Wert Null an, so steigen bzw. fallen die Funktionswerte ins Unendliche. Man schreibt: $\lim\limits_{x \to 0} |f(x)| = +\infty$

5 Funktionswerte:

x	2	−2	3	−3
$f_1(x)$	0,75	−0,75	0,5	−0,5
$f_2(x)$	0,062 5	−0,062 5	0,018 5	−0,018 5
$f_3(x)$	−0,007 81	0,007 81	−0,001 03	0,001 03

6 Da die Hochzahlen ungerade sind, gilt:
$(-x)^{-(2 \cdot n+1)} = \frac{1}{(-x)^{2 \cdot n+1}} = -x^{-(2 \cdot n+1)} = \frac{-1}{x^{2 \cdot n+1}}, n \in \mathbb{N}$
Setzt man in die Funktionsgleichung statt x die Stelle $-x$ ein, so erhält man den negativen Funktionswert, damit liegen diese Wertepaare spiegelbildlich zum Koordinatenursprung. Es sind ungerade Funktionen.

7.4.5 Potenzfunktionen mit rationalem Exponenten

Eine Potenzfunktion mit einem rationalen Exponenten kann durch folgende Funktionsgleichung beschrieben werden:

Formel

$f(x) = c \cdot x^{\frac{m}{n}} = c \cdot \sqrt[n]{x^m}$ mit $c \in \mathbb{R} \setminus \{0\}, m \in \mathbb{Z} \setminus \{0\}, n \in \mathbb{N} \setminus \{0,1\}$

Eine derartige Funktion bezeichnet man auch als **Wurzelfunktion**. Sie ist die Umkehrfunktion der Potenzfunktionen für: $D = W = \mathbb{R}_0^+$

Beispiel 7.4.5.01:

Gegeben sind die folgenden Wurzelfunktionen:
$f_1(x) = 1{,}2 \cdot x^{\frac{1}{2}} = 1{,}2 \cdot \sqrt{x}$ $f_2(x) = 0{,}75 \cdot x^{\frac{1}{3}} = 0{,}75 \cdot \sqrt[3]{x}$ $f_3(x) = x^{-\frac{3}{4}} = \frac{1}{\sqrt[4]{x^3}}$

1 Zeichnen Sie die Graphen der drei Funktionen f_1, f_2 und f_3 in ein und dasselbe Koordinatensystem ein. (B)

2 Erstellen Sie für diese drei Funktionen die Definitionsmenge und die Wertemenge. (A)

3 Beschreiben Sie den Verlauf der Graphen im Hinblick auf das Monotonieverhalten. (C)

4 Lesen Sie aus den Graphen die Koordinaten der Schnittpunkte mit den Achsen ab. (C)

5 Berechnen Sie die Funktionswerte an den Stellen $x = 1; 1{,}8; 2{,}5$ und 8.

Lösung:

1 Graphen:

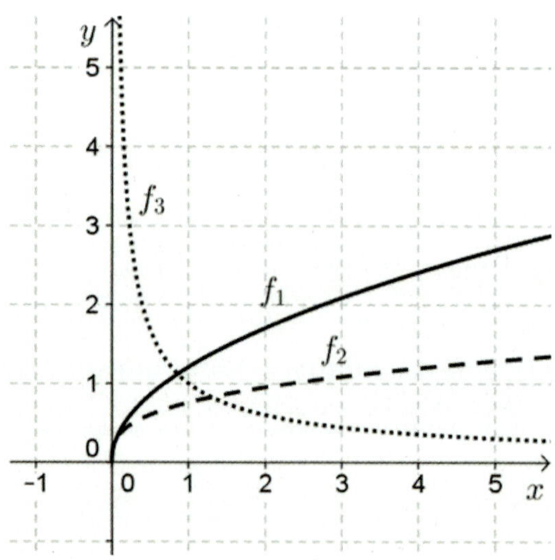

2 $D_{f_1} = D_{f_2} = \mathbb{R}_0^+; D_{f_3} = \mathbb{R}^+; W_{f_1} = W_{f_2} = \mathbb{R}_0^+; W_{f_3} = \mathbb{R}^+$

3 Die Graphen f_1 und f_2 sind über der Definitionsmenge streng monoton steigend, der Graph von f_3 ist über der Definitionsmenge streng monoton fallend.

4 Die Funktionen f_1 und f_2 gehen durch den Koordinatenursprung, f_3 hat keine Schnittpunkte mit den Achsen.

5 Funktionswerte

x	1	1,8	2,5	8
$f_1(x)$	1,2	1,61	1,897	3,394
$f_2(x)$	0,75	0,912	1,018	1,5
$f_3(x)$	1	0,643	0,503	0,210

Übung 7.4.5.01

digi.study/bm-k745a1

Die folgende Abbildung zeigt ein rechtwinkeliges Dreieck mit den Punkten A = (0|0), B = (8|0) und C = (8|4).

Bewegt man den Punkt K entlang der Strecke AC, so wird in Abhängigkeit von der Strecke $x = AE$ ein rechwinkeliges Dreieck mit dem Flächeninhalt $F(x)$ erzeugt.

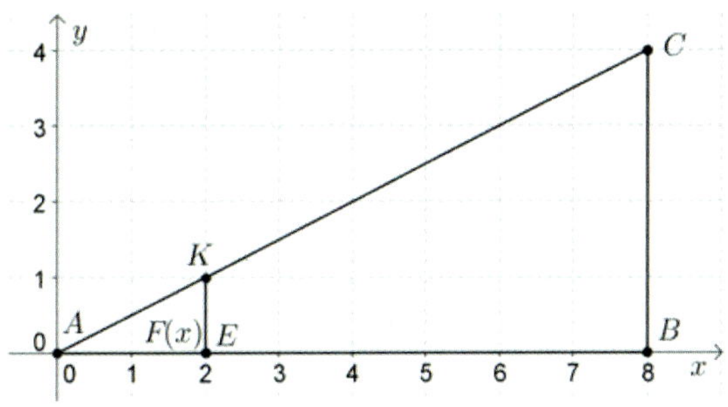

1 Stellen Sie den Zusammenhang F zwischen der Länge der Strecke x und dem Flächeninhalt $F(x)$ für die Definitionsmenge $D = \{0, 1, 2, \ldots, 8\}$ in einer Wertetabelle dar. (A)

2 Stellen Sie die Funktionsgleichung für F auf. (A)

3 Erstellen Sie den Graphen für diesen Zusammenhang. (A)

Übung 7.4.5.02

digi.study/bm-k745a2

Gegeben sind die Graphen von vier Potenzfunktionen und ihre Funktionsgleichungen über $D = \mathbb{R} \setminus \{0\}$.

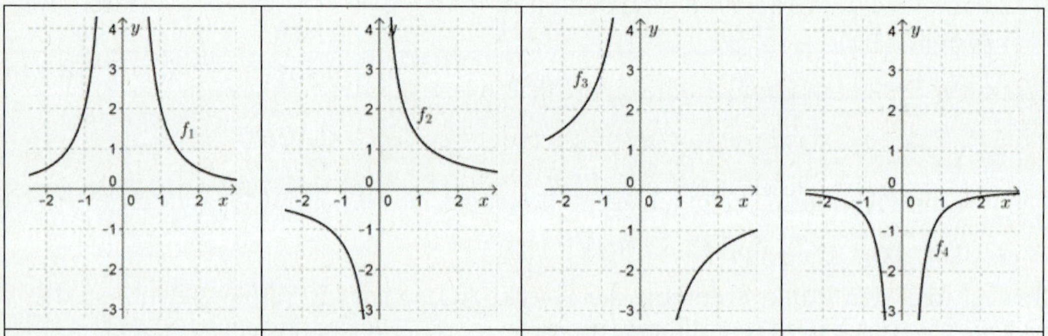

$h_1(x) = \frac{m}{x},\ m > 0$	$h_2(x) = \frac{m}{x},\ m < 0$	$h_3(x) = \frac{m}{x^2},\ m > 0$	$h_4(x) = \frac{m}{x^2},\ m < 0$

1 Entscheiden Sie, welcher Graph zu welcher Funktionsgleichung gehört und begründen Sie Ihre Wahl. (D)

2 Überprüfen Sie, welche der angeführten Eigenschaften auf die einzelnen Graphen zutreffen. (D)

Eigenschaften:

a) Der Graph ist symmetrisch bezüglich der y-Achse.
b) Der Graph ist symmetrisch zum Ursprung.
c) Für alle x aus der Definitionsmenge gilt: $f(-x) = f(x)$
d) Für alle x aus der Definitionsmenge gilt: $f(-x) = -f(x)$
e) Für alle positiven x-Stellen aus der Definitionsmenge sind auch die Funktionswerte positiv.
f) Für alle positiven x-Stellen aus der Definitionsmenge sind die Funktionswerte negativ.
g) Für alle negativen x-Stellen aus der Definitionsmenge sind die Funktionswerte positiv.
h) Für alle negativen x-Stellen aus der Definitionsmenge sind die Funktionswerte negativ.

Übung 7.4.5.03

digi.study/bm-k745a3

Gegeben sind zwei Potenzfunktion f_1 und f_2 durch ihre Funktionsgleichungen:

$f_1(x) = \frac{m}{x}$ mit $m > 0$

$f_2(x) = \frac{m}{x^2}$ mit $m > 0$ und $D = \mathbb{R} \setminus \{0\}$

1 Zeichnen Sie die Graphen der beiden Funktion mit einem selbst gewählten m. (B)

2 Lesen Sie aus den Graphen die Koordinaten der Schnittpunkte der beiden Graphen ab. (C)

Ein Betrachter der Graphen behauptet, dass ein Graph symmetrisch zur y-Achse, der andere symmetrisch zum Koordinatenursprung liegt.

3 Überprüfen Sie die Behauptung auf Richtigkeit. (D)

Gegeben sind zwei reelle Funktion f_1 und f_2 durch ihre Funktionsgleichungen:

$f_1(x) = 2 - x \quad f_2(x) = -\frac{1}{x}$

1 Zeichnen Sie die Graphen der beiden Funktionen in ein und dasselbe Koordinatensystem. (B)

2 Lesen Sie aus dem Graphen die Koordinaten der Schnittpunkte ab. (C)

3 Beschreiben Sie das Monotonieverhalten der beiden Graphen. (C)

4 Erstellen Sie für beide Funktionen die Definitions- und Wertemenge. (A)

Übung 7.4.5.04

digi.study/bm-k745a4

Gegeben ist der Graph einer Potenzfunktion g.

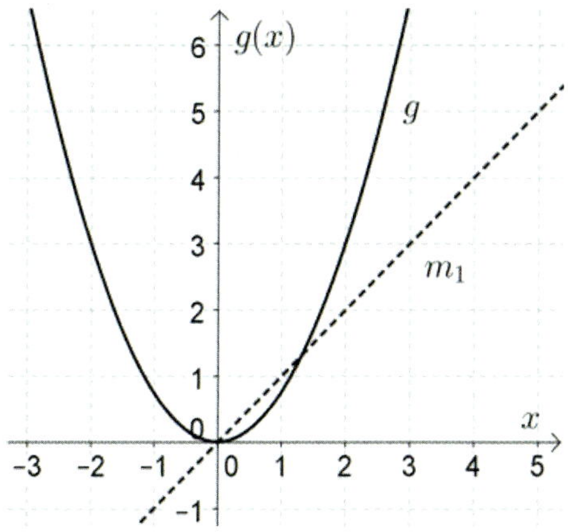

1 Spiegeln Sie den Graphen von g an der 1. Mediane m_1. (A)

2 Argumentieren Sie, ob die Aussage, dass es sich beim Graphen der Spiegelung um keine Funktion handelt, richtig ist. (D)

3 Erklären Sie an einem Beispiel, wie man aus der Wertetabelle der Funktion g jene des gespiegelten Graphen erhält. (D)

4 Lesen Sie aus dem Graphen von g die absolute Änderung der Funktionswerte im Intervall $[0; 2]$ ab. (C)

Übung 7.4.5.05

digi.study/bm-k745a5

Übung 7.4.5.06

digi.study/bm-k745a6

Es sind verschiedene Eigenschaften für Potenzfunktionen angeführt.
Der Graph einer Potenzfunktion dritten Grades …

- ☐ … ist punktsymmetrisch.
- ☐ … ist achsensymmetrisch.
- ☐ … ist monoton steigend.
- ☐ … verläuft nicht durch den Ursprung.

1 Kennzeichnen Sie die richtige Antwort. (C)

2 Skizzieren Sie einen dazu passenden Graphen. (A)

Es geht um alle Gemeinsamkeiten von Potenzfunktionen mit geradem, positivem Exponenten.

- ☐ … Ihr Graph ist achsensymmetrisch.
- ☐ … Ihr Graph ist punktsymmetrisch.
- ☐ … Ihr Graph besitzt einen Tiefpunkt.
- ☐ … Ihr Graph besitzt einen Hochpunkt.

3 Kennzeichnen Sie die richtige Antwort. (C)

4 Skizzieren Sie einen dazu passenden Graphen. (A)

Es geht um alle Gemeinsamkeiten für Potenzfunktionen der Gestalt
$f(x) = x^n$ mit $n \in \mathbb{N}$

- ☐ Ihr Graph verläuft für ein gerades n durch die Punkte $A = (-1|-1)$ und $B = (1|1)$ und für ein ungerades n durch die Punkte $A = (-1|1)$ und $B = (1|1)$.
- ☐ Ihr Graph verläuft für ein gerades n durch die Punkte $A = (-1|1)$ und $B = (1|1)$ und für ein ungerades n durch die Punkte $A = (-1|-1)$ und $B = (1|1)$.
- ☐ Ihr Graph verläuft durch den Ursprung.
- ☐ Es hängt von n ab, wo der Graph die y-Achse schneidet.

5 Kennzeichnen Sie die richtigen Antworten. (C)

6 Skizzieren Sie einen dazu passenden Graphen. (A)

Übung 7.4.5.07

digi.study/bm-k745a7

1 Kreuzen Sie an, ob die folgenden Aussagen über Potenzfunktionen wahr oder falsch sind. (D)

	wahr	falsch
Jede Funktion f mit $f(x) = x^n$, $n \in \mathbb{N}^*$ ist über $\mathbb{R}^-$ streng monoton fallend.		
Der Graph einer Potenzfunktion h mit $h(x) = x^2$ liegt im Intervall $]1; \infty[$ zwischen 1. Mediane und x-Achse.		
Alle Potenzfunktionen sind streng monoton steigend.		
Eine Funktion g mit $g(x) = x^{-2}$ ist über $\mathbb{R}^+$ streng monoton fallend.		
Eine Funktion r mit $r(x) = k \cdot x + d$, $k < 0$, $d < 0$ ist über $\mathbb{R}$ streng monoton steigend.		

8 Lineare Gleichungssysteme

8.1 Lineare Gleichungssysteme in zwei Variablen (Deskriptor 2.7)

digi.study/bm-k8

Bei vielen Aufgabenstellungen erhält man zwei Gleichungen in zwei Variablen.

Beispiel 8.1.01:

ERKLÄR-VIDEO digi.study/bm-k81b1

Frau Meier weiß aus früheren Einkäufen, dass 5 kg Äpfel und 8 kg Birnen zusammen € 30,00 kosten, jedoch 3 kg Äpfel und 4 kg Birnen zusammen € 16,00. Aus diesen Informationen kann man den Kilopreis für Äpfel bzw. für Birnen berechnen oder auch grafisch lösen.

Lösung:

Ansatz: 1 kg Äpfel kostet x Euro, 1 kg Birnen y Euro. Damit lassen sich zwei Gleichungen aufstellen:

I. $5 \cdot x + 8 \cdot y = 30$

II. $3 \cdot x + 4 \cdot y = 16$

Diese beiden Gleichungen bilden ein **lineares Gleichungssystem** in zwei Variablen. Die Definitionsmenge für dieses Gleichungssystem ist $\mathbb{R}^+ \times \mathbb{R}^+$.

Unter dem Lösen dieses linearen Gleichungssystems versteht man das Aufsuchen all jener Zahlenpaare (x, y), die sowohl Gleichung I. als auch Gleichung II. erfüllen.

Dafür stehen verschiedene Verfahren zur Verfügung.

Lösen durch das Einsetzungsverfahren = Substitutionsverfahren:

Aus einer der Gleichungen drückt man eine Variable z.B. x explizit aus und setzt den für x erhaltenen Term anstelle von x in die zweite Gleichung ein. Damit erhält man eine Gleichung in der Variablen y. Das Lösen dieser Gleichung ist bekannt und kann auch mit dem Taschenrechner durchgeführt werden.

I. $x = -\frac{8}{5} \cdot y + 6$

II. $3 \cdot \left(-\frac{8}{5} \cdot y + 6\right) + 4 \cdot y = 16 \Rightarrow y = 2{,}5$

Der erhaltene Wert für y wird nun in den expliziten Term der Gleichung I. eingesetzt und die x-Stelle berechnet.

$x = -\frac{8}{5} \cdot 2{,}5 + 6 = 2$

Somit besteht die Lösungsmenge L aus einem einzigen Zahlenpaar $(2; 2{,}5)$.

Es kostet also 1 kg Äpfel € 2,00; 1 kg Birnen € 2,50.

Lösen durch das Gleichsetzungsverfahren:

Bei dieser Methode wird aus beiden Gleichungen dieselbe Variable explizit dargestellt. Die beiden erhaltenen Terme setzt man anschließend gleich. Die so gefundene Gleichung enthält nur mehr eine Variable und kann mühelos gelöst werden.

I. $x = -\frac{8}{5} \cdot y + 6$

II. $x = -\frac{4}{3} \cdot y + \frac{16}{3}$

Durch Gleichsetzen der beiden Terme erhält man die folgende Gleichung:

$-\frac{8}{5} \cdot y + 6 = -\frac{4}{3} \cdot y + \frac{16}{3}$

Löst man diese Gleichung auf, so erhält man für y wieder den Wert 2,5. Setzt man diesen Wert in einen der beiden Terme ein, erhält man für $x = 2$.

Lösen durch das Eliminationsverfahren nach Gauß = Additionsverfahren:

Merke

Beachten Sie: Die Lösungsmenge eines linearen Gleichungssystems bleibt erhalten, wenn man sowohl die linken Seiten der beiden Gleichungen als auch die rechten Seiten addiert bzw. subtrahiert.
Bei diesem Verfahren trachtet man danach, dass durch das Addieren der beiden Gleichungen eine der beiden Variablen wegfällt. Dies geschieht dann, wenn die Koeffizienten einer Variablen in beiden Gleichungen übereinstimmen.

Bei diesem Gleichungssystem multipliziert man die zweite Gleichung mit 2, damit auch hier $8 \cdot y$ vorkommen.

I. $5 \cdot x + 8 \cdot y = 30$

II. $6 \cdot x + 8 \cdot y = 32$

Nun subtrahiert man die beiden Gleichungen: $-x = -2$, $x = 2$

Setzt man diesen Wert in eine der beiden Gleichungen ein, so kann man y berechnen.

Beispiel 8.1.02:

Bei einer Feier werden Weißwein und Mineralwasser gemischt. Mischt man sie im Verhältnis 2 : 3, so kostet 1 Liter (L) € 3,30. Mischt man sie im Verhältnis 3 : 2, so kostet 1 L € 4,70.

1 Stellen Sie das Gleichungssystem auf, mithilfe dessen man den Literpreis des Weißweines bzw. des Mineralwassers berechnen kann. (A)

2 Berechnen Sie die Lösung. (B)

3 Überprüfen Sie das Ergebnis durch eine **grafische Darstellung**. (D) (A)

Lösung:

1 Ansatz: 1 L Weißwein kostet x Euro, 1 L Mineralwasser y Euro.

Anfangs nimmt man $\frac{2}{5}$L vom Weißwein und $\frac{3}{5}$L vom Mineralwasser. Dann nimmt man vom Weißwein $\frac{3}{5}$L und vom Mineralwasser $\frac{2}{5}$L. Man erhält folgendes lineares Gleichungssystem:

I. $\frac{2}{5} \cdot x + \frac{3}{5} \cdot y = 3{,}30$

II. $\frac{3}{5} \cdot x + \frac{2}{5} \cdot y = 4{,}70 \quad D = \mathbb{R}^+ \times \mathbb{R}^+$

2 Zum Lösen wird hier das Additionsverfahren gewählt. Dazu multipliziert man die erste Gleichung mit 3, die zweite Gleichung mit 2. Man erhält folgende Gleichungen:

I. $\frac{6}{5} \cdot x + \frac{9}{5} \cdot y = 9{,}90$

II. $\frac{6}{5} \cdot x + \frac{4}{5} \cdot y = 9{,}40$

Durch Subtraktion der beiden Gleichungen erhält man: $y = 0{,}50$

Setzt man diesen Wert in die Gleichung I. ein, so erhält man:

$\frac{2}{5} \cdot x + \frac{3}{5} \cdot 0{,}50 = 3{,}30; x = 7{,}50$

$L = \{(7{,}50; 0{,}50)\}$

Antwort: 1 L Weißwein kostet € 7,50; 1 L Mineralwasser kostet € 0,50.

Merke

3 Beachten Sie: Eine lineare Gleichung in zwei Variablen ergibt als Graph eine Gerade. Ein lineares Gleichungssystem von zwei Gleichungen in zwei Variablen kann grafisch durch zwei Geraden dargestellt werden. Die Lösung des Gleichungssystems ist somit der Schnittpunkt der beiden Geraden.

Beide Gleichungen müssen nach y explizit ausgedrückt werden:

I. $y = -\frac{2}{3} \cdot x + \frac{16{,}5}{3}$

II. $y = -\frac{3}{2} \cdot x + \frac{23{,}5}{2}$

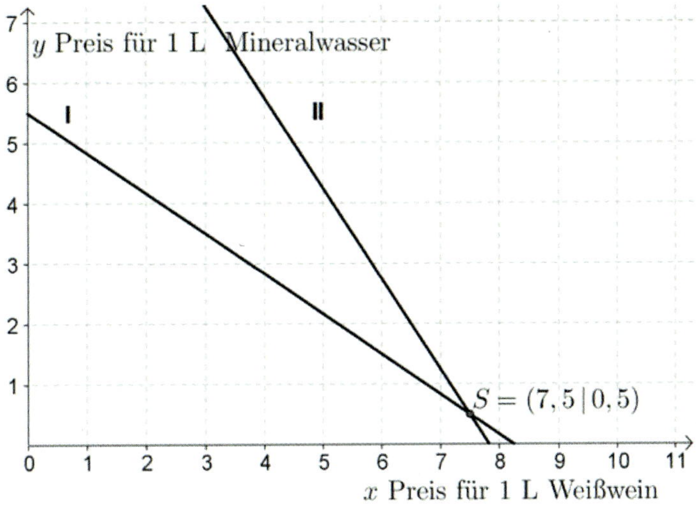

Beispiel 8.1.03:

Ein Flugzeug erreicht auf einem Flug mit dem Wind eine durchschnittliche Geschwindigkeit von 960 km/h. Beim Rückflug gegen den Wind kommt es nur mehr auf eine durchschnittliche Geschwindigkeit von 820 km/h.

Man geht davon aus, dass die Eigengeschwindigkeit des Flugzeuges und die Eigengeschwindigkeit des Windes konstant bleiben.

1 Stellen Sie ein lineares Gleichungssystem auf, mit dessen Hilfe sich die Eigengeschwindigkeit des Flugzeuges und des Windes berechnen lassen. (A)

2 Berechnen Sie die Eigengeschwindigkeit des Flugzeuges und des Windes. (B)

Lösung:

1 Ansatz: Eigengeschwindigkeit des Flugzeuges: x in km/h; Eigengeschwindigkeit des Windes y in km/h.

I. $x + y = 960$

II. $x - y = 820 \quad D = \mathbb{R}^+ \times \mathbb{R}^+$

2 Rechnerische Lösung mit dem Taschenrechner:

Beide Gleichungen werden nach y explizit ausgedrückt und als Funktionen betrachtet.

I. $y = 960 - x$

II. $y = -820 + x$

Mit [Y=] wird der Y-Editor aufgerufen. Nun können Sie die Funktionsterme eingeben.

Durch Drücken der Taste [GRAPH] zeichnet der TR die Graphen der Funktionen.

Mit dem Befehl CALC (Eingabe: [2nd] [TRACE]) öffnet sich ein Untermenü von Programmen, die mit dem eingegebenen Funktionsterm und dem Graphen ausgeführt werden können. So auch:

5:intersect … Schnittpunkt zweier Funktionen

Das Programm wird gestartet, indem Sie die Ziffer [5] drücken bzw. indem Sie den Cursor mit den Tasten [▼], [▲] in die gewünschte Zeile bewegen und [ENTER] klicken. Es öffnet sich das Graph–Fenster. Sie positionieren den Cursor auf dem Graphen mit den Tasten [◄], [►] in die Nähe des Schnittpunktes, der ermittelt werden soll, und drücken 3-mal ENTER. Somit werden die Fragen **„First curve?"**, **„Second curve?"** und **„Guess?"** bestätigt.

Die Koordinaten des Schnittpunktes werden angezeigt.

$x = 890; y = 70 \quad L = \{(890|70)\}$

Die Eigengeschwindigkeit des Windes beträgt 70 km/h;
die Eigengeschwindigkeit des Flugzeuges beträgt 890 km/h.

Übung 8.1.01

digi.study/bm-k81a1

Gegeben ist ein lineares Gleichungssystem über $G = \mathbb{R} \times \mathbb{R}$:

I. $7 \cdot x + 5 \cdot y = 32$

II. $3 \cdot x + 4 \cdot y = 23$

1 Dokumentieren Sie, wie man mithilfe des Eliminationsverfahrens das Gleichungssystem lösen kann. (C)

2 Lösen Sie das Gleichungssystem grafisch. (A) (B)

3 Überprüfen Sie die Richtigkeit der grafischen Lösung durch eine Berechnung mithilfe des Taschenrechners. (D)

4 Setzen Sie das erhaltene Lösungspaar in jede der beiden Gleichungen ein und überprüfen Sie, ob es sich tatsächlich um eine Lösung handelt. (D)

Übung 8.1.02

digi.study/bm-k81a2

Gegeben ist folgendes lineares Gleichungssystem $G = \mathbb{R} \times \mathbb{R}$:

I. $(e + 3) : (2 - f) = 3 : 5$

II. $(3 \cdot e + 6) : (-2 \cdot f + 9) = 3 : (-5)$

1 Dokumentieren Sie, wie man mithilfe des Gleichsetzungsverfahrens die Lösung berechnen kann. (C)

2 Berechnen Sie die Lösung. (B)

Übung 8.1.03

digi.study/bm-k81a3

Ein Kaufmann kauft im Großhandel Kaffee und Tee.

Insgesamt kauft er 85 kg und bezahlt € 821,30. Für 1 kg Kaffee bezahlt er € 6,50, für 1 kg Tee € 12,10.

1 Schreiben Sie das lineare Gleichungssystem an, mit welchem sich berechnen lässt, wie viele Kilogramm Kaffee bzw. Tee er eingekauft hat. (A)

2 Berechnen Sie, wie viele Kilogramm Kaffee er gekauft hat. (B)

Übung 8.1.04

digi.study/bm-k81a4

Theodor überlegt, für welche Handygebühr er sich entscheiden soll:

Theodor überlegt, für welche Handygebühr er sich entscheiden soll:

Variante A: Grundgebühr und niedrige Gesprächsgebühr

Variante B: Wertkartenhandy mit höherer Gesprächsgebühr

Rechts finden Sie die Graphen für beide Varianten.

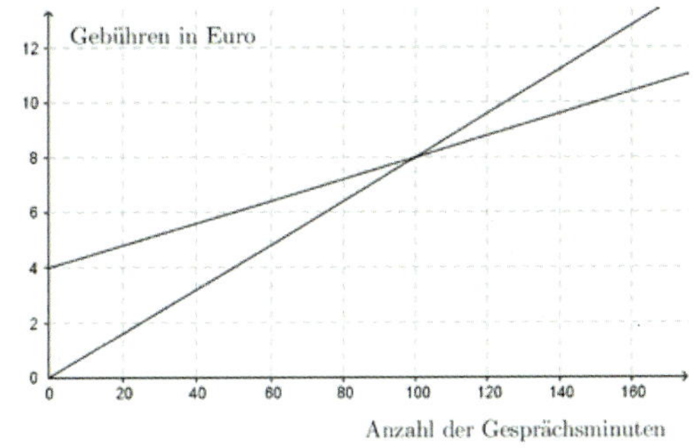

1 Schreiben Sie die Funktionsgleichungen für beide Varianten an. (A)

2 Formulieren Sie mindestens zwei Informationen, welche die Entscheidung Theodors erleichtern. (D)

3 Zeichnen Sie ein, bei wie vielen Gesprächsminuten der Preisunterschied € 2,00 ausmacht. (C)

Übung 8.1.05

digi.study/bm-k81a5

Kauft man Erdbeeren im Erdbeerland, so bezahlt man für 1 kg € 1,70.

Allerdings muss man für die Fahrtkosten noch € 5,60 rechnen.

Im Geschäft um die Ecke kostet 1 kg Erdbeeren € 2,30.

1 Stellen Sie die Gleichung für die Kosten K_E für x kg Erdbeeren aus dem Erdbeerland auf. (A)

2 Zeichnen Sie den Graphen von K_E. (B)

3 Begründen Sie, warum die Kosten K_G für Erdbeeren aus dem Geschäft zur Anzahl der gekauften x kg direkt proportional sind. (D)

4 Zeichnen Sie den Graphen von K_G in dasselbe Koordinatensystem ein. (B)

5 Lesen Sie ab, bei welcher Menge Sie sowohl im Erdbeerland als auch im Geschäft gleich viel bezahlen. (C)

Übung 8.1.06

digi.study/bm-k81a6

Die fixen Kosten eines Erzeugungsbetriebes betragen € 19.500 je Monat, die proportionalen Kosten € 2,49 je Stück. Beim Kauf eines Stücks müssen € 4,15 bezahlt werden.

1 Stellen Sie eine lineare Kostenfunktion *K* auf. (A)

2 Berechnen Sie, mit welchem Betrag man für die Produktion von 100 000 Stück rechnen muss. (B)

Die Erlösfunktion *E* ordnet der Anzahl der verkauften Stück die Höhe der Einnahmen zu.

3 Stellen Sie eine Funktionsgleichung für *E* auf. (A)

Wenn der Erlös für *x* Stück gleich hoch ist wie die anfallenden Kosten für *x* Stück, so spricht man vom **Break-Even-Point**. Man sagt auch, dann kostendeckend zu arbeiten.

4 Berechnen Sie, wie viele Stück verkauft werden müssen, um kostendeckend zu arbeiten. (B)

Bildet man die Differenz aus der Erlös- und der Kostenfunktion, so erhält man die Gewinnfunktion *G*, welche auch negative Werte (Verluste) annehmen kann.

5 Stellen Sie eine Funktionsgleichung für *G* auf. (A)

6 Zeichnen Sie in das folgende Koordinatensystem den Graphen der Kosten-, Erlös- und Gewinnfunktion ein. (B)

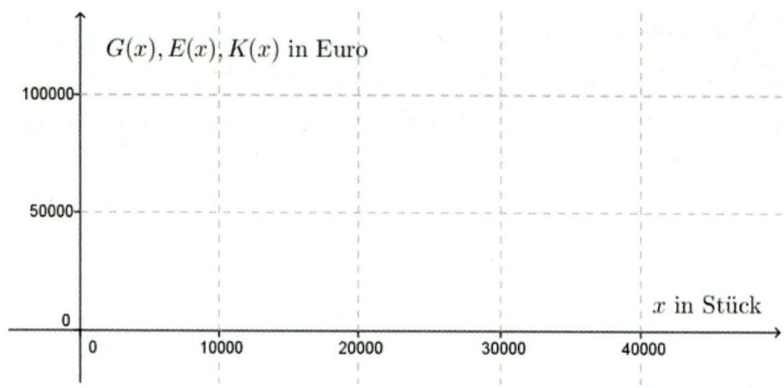

7 Lesen Sie aus dem Graphen ab, bei welcher Verkaufsmenge der Gewinn € 12.000 beträgt. (C)

Übung 8.1.07

digi.study/bm-k81a7

Anita arbeitet in einer Apotheke. Sie hat die Aufgabe, aus 30%iger Salzsäure und 10%iger Salzsäure 5 Liter 12%ige Salzsäure zu mischen.

1 Stellen Sie das Gleichungssystem auf. (A)

2 Dokumentieren Sie, wie Anita herausfinden kann, wie viele Liter sie von jeder Sorte nehmen muss. (C)

Übung 8.1.08

digi.study/bm-k81a8

Gegeben sind zwei Gleichungen G_1: $s(t) = 80 \cdot t$ und G_2: $s(t) = 280 - 60 \cdot t$, sowie vier Texte:

Text 1: Ein PKW verlässt um 8:00 Uhr den Ort A in Richtung des 280 km entfernten Ortes B und bewegt sich mit einer durchschnittlichen Geschwindigkeit von $v_P = 80$ km/h . Zum gleichen Zeitpunkt startet ein LKW von A in Richtung B auf der gleichen Strecke, es wird eine durchschnittliche Geschwindigkeit für den LKW von $v_L = 60$ km/h angenommen.

Text 2: Ein PKW verlässt um 8:00 Uhr den Ort A in Richtung des 280 km entfernten Ortes B und bewegt sich mit einer durchschnittlichen Geschwindigkeit von $v_P = 80$ km/h . Zum gleichen Zeitpunkt startet ein LKW von B in Richtung A auf der gleichen Strecke, es wird eine durchschnittliche Geschwindigkeit für den LKW von $v_L = 60$ km/h angenommen.

Text 3: Ein PKW verlässt um 8:00 Uhr den Ort A in Richtung des 80 km entfernten Ortes B und bewegt sich mit einer durchschnittlichen Geschwindigkeit von $v_P = 60$ km/h. Zum gleichen Zeitpunkt startet ein LKW von B in Richtung A auf der gleichen Strecke, es wird eine durchschnittliche Geschwindigkeit für den LKW von $v_L = 80$ km/h angenommen.

Text 4: Ein PKW verlässt um 8:00 Uhr den Ort A in Richtung des 280 km entfernten Ortes B und bewegt sich mit einer durchschnittlichen Geschwindigkeit von $v_P = 80$ km/h. 60 Minuten später startet ein LKW von B in Richtung A auf der gleichen Strecke, es wird eine durchschnittliche Geschwindigkeit für den LKW von $v_L = 60$ km/h angenommen.

1 Stellen Sie die Graphen von G_1 und G_2 grafisch dar. (B)

2 Entscheiden Sie, durch welchen der vier Texte diese beiden Gleichungen passend beschrieben werden. (D)

3 Begründen Sie Ihre Entscheidung. (D)

4 Begründen Sie auch, weshalb die anderen Texte auszuschließen sind. (D)

Übung 8.1.09

digi.study/bm-k81a9

Bei einem Biobauern kauft man 1 kg Kartoffeln um € 0,38.

Für die Fahrtkosten hin und zurück müssen allerdings noch € 7,40 veranschlagt werden.

1 Stellen Sie eine Formel für die Kosten K_1 (in Euro) in Abhängigkeit von x (in kg) auf. (A)

Kauft man 1 kg derselben Kartoffelsorte im Geschäft, so bezahlt man pro kg € 0,46.

2 Erstellen Sie die zugehörige Funktionsgleichung für die Kosten K_2. (A)

3 Zeichnen Sie die Graphen von K_1 und K_2 in ein und dasselbe Koordinatensystem. (B)

4 Lesen Sie aus den Graphen ab, wie viele kg Kartoffeln man mindestens kaufen muss, damit sich die Fahrt zum Biobauern lohnt. (C)

5 Überprüfen Sie das Ableseergebnis durch eine Rechnung. (D)

6 Zeichnen Sie in die beiden Graphen ein, bei welchen Mengen der Preisunterschied € 4,50 beträgt. (Beachten Sie zwei mögliche Lösungen.) (A)

Übung 8.1.10

digi.study/bm-k81a10

Durch eine lineare Funktion wird der Zusammenhang zwischen der Anzahl der Hallenbadbesuche und den dafür zu bezahlenden Eintrittsgebühren modelliert (siehe Grafik).

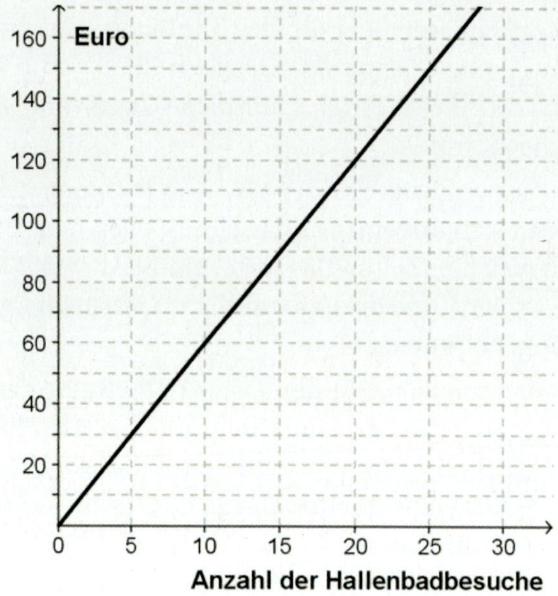

1 Stellen Sie eine Funktionsgleichung für den dargestellten Graphen auf. (A)

Für Klubmitglieder gilt die folgende Gleichung G für die zu bezahlenden Gebühren bei Hallenbadbesuchen: $G(x) = 3 \cdot x + 45$

$G(x)$ … Gebühr in Euro bei x Hallenbadbesuchen

x … Anzahl der Hallenbadbesuche

2 Interpretieren Sie, welche Bedeutung in diesem Zusammenhang die Zahlen 3 und 45 haben. (C)

3 Zeichnen Sie den Graphen von G in die bestehende Grafik ein. (B)

4 Lesen Sie aus der Grafik ab, ab wie vielen Hallenbadbesuchen jährlich der insgesamt zu zahlende Betrag für Klubmitglieder niedriger als für Nicht-Mitglieder ist. (C)

Übung 8.1.11

digi.study/bm-k81a11

In einer Firma werden Gehaltsverhandlungen geführt. Zur Zeit beträgt der geringste Lohn € 500, der höchste Lohn € 4.200. Der Belegschaftsvertretung werden folgende zwei Modelle vorgelegt:

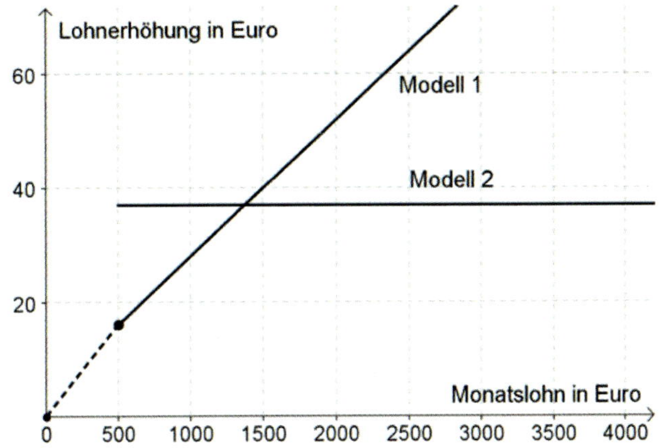

1 Erstellen Sie eine Funktionsgleichung für Modell 1 im Intervall [500; 4 500]. (A)

2 Beschreiben Sie in Worten, wie sich Modell 2 auf den Monatslohn der Angestellten auswirkt. (C)

3 Berechnen Sie, für welchen Monatslohn die Wahl des Modells keinen Unterschied macht. (B)

4 Dokumentieren Sie, wie man den Unterschied der beiden Modelle bei einem Monatslohn von € 2.500 berechnen kann. (D)

Übung 8.1.12

digi.study/bm-k81a12

Auf einem Hof wird geräucherter Schinken erzeugt und vermarktet. Die Aufzeichnungen über die Kosten und die Einnahmen nach dem Verkauf = Erlös wurden genau dokumentiert. Der Gewinn ergibt sich aus der Differenz von E und K.
Die folgenden Graphen beschreiben einerseits die Kostenfunktion K und andererseits die Erlösfunktion E.

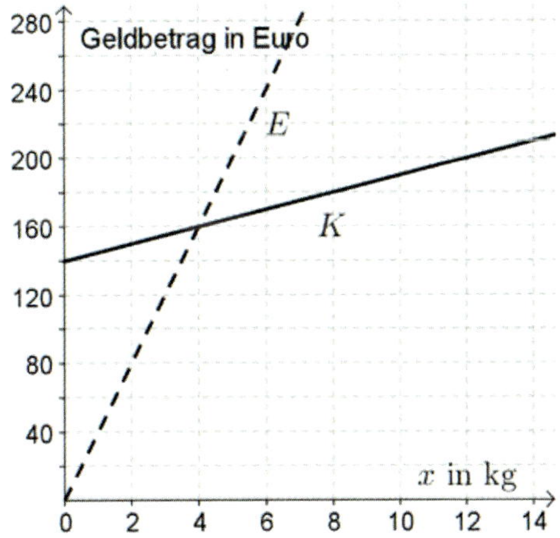

1 Stellen Sie eine Gleichung für die Kostenfunktion K auf. (A)

2 Lesen Sie die Höhe der Fixkosten ab. (C)

3 Berechnen Sie, ab welcher Verkaufsmenge ein Gewinn gemacht wird. (B)

4 Auf dem Grünmarkt werden 6 kg Schinken verkauft. Lesen Sie die Höhe der Einnahmen und die Höhe des Gewinnes ab. (C)

5 An einem anderen Tag wurden mit dem Verkauf von Schinken € 360 eingenommen. Berechnen Sie, wie viele kg Schinken verkauft wurden. (B)

Übung 8.1.13

digi.study/bm-k81a13

Bei Benützung eines Taxis muss man eine Grundgebühr (= Standgebühr) und pro gefahrenem Kilometer bezahlen.

Gegeben sind die Graphen von drei verschiedenen Taxitarifen:

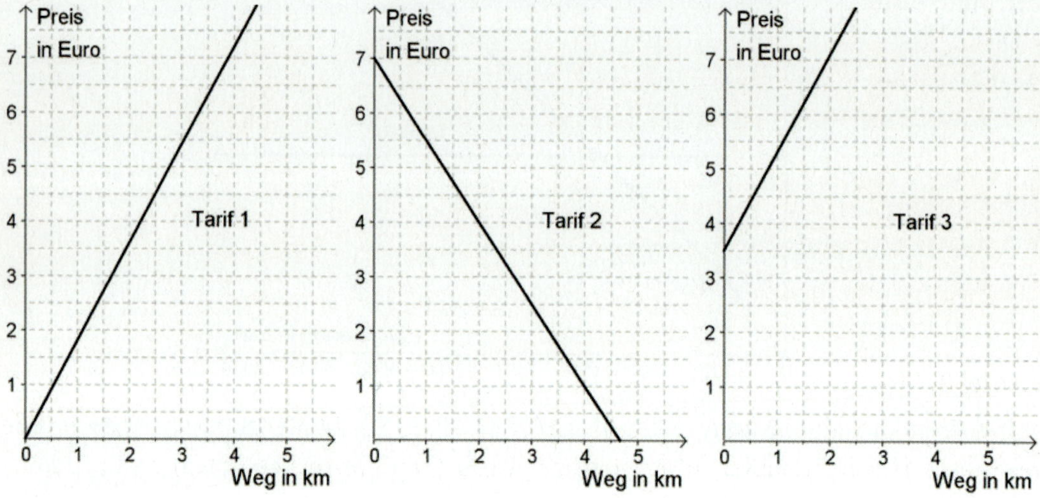

1 Argumentieren Sie, welcher der drei Graphen den Tarif eines Taxiunternehmens beschreibt. (D)

2 Begründen Sie, warum die beiden anderen Tarife nicht in Frage kommen. (D)

In der Lokalzeitung findet man je ein Tarifangebot von zwei unterschiedlichen Taxiunternehmen:

Unternehmen 1: Standgebühr … € 3,10; Preis pro gefahrenem Kilometer … € 1,50

Unternehmen 2: Standgebühr … € 2,10; Preis pro gefahrenem Kilometer … € 1,90

3 Berechnen Sie, bei welcher Fahrstrecke die beiden Angebote die gleich hohen Kosten K verursachen. (B)

4 Überprüfen Sie die Richtigkeit der Rechnung grafisch. (D)

5 Schreiben Sie für die Lokalzeitung einen kurzen Bericht, welche Kunden für kürzere bzw. längere Strecken welches Unternehmen in Anspruch nehmen sollen. (C)

Bert fährt mit dem Taxi und holt Gernot ab. Zu diesem Zwecke unterbricht er die Taxifahrt vor dem Wohnhaus von Gernot. Das Taxiunternehmen verrechnet für diese Stehzeit pro Minute 15 % der Standgebühr zusätzlich. Bert fährt mit dem Taxi insgesamt eine Strecke von 16 km.

6 Erstellen Sie eine Funktionsgleichung für die entstehenden Kosten K in Abhängigkeit von der Wartezeit t für diese Fahrstrecke, wenn die Grundgebühr € 3,40 ausmacht und pro gefahrenem Kilometer € 1,65 verrechnet werden.(A)

7 Berechnen Sie jene Wartezeit, welche die Fahrkosten für diese Strecke im Vergleich zu den Fahrkosten ohne Wartezeit verdoppelt. (B)

8.2 Sonderfälle linearer Gleichungssysteme in zwei Variablen (Deskriptor 2.7)

Die bisher behandelten linearen Gleichungssysteme in zwei Variablen hatten stets eine eindeutige Lösung. Dies muss nicht immer so sein.

Merke

Beachten Sie: Ein lineares Gleichungssystem in zwei Variablen kann eine **eindeutige Lösung, unendlich viele Lösungen** bzw. **keine Lösung** haben.

Bei einer eindeutigen Lösung haben die beiden Geraden einen gemeinsamen Schnittpunkt. Unendlich viele Lösungen gibt es, wenn die zwei Geraden zusammenfallen, also identisch parallel verlaufen. Keine Lösung gibt es, wenn die beiden Geraden disjunkt parallel verlaufen.

Beispiel 8.2.01

Es sind drei Gleichungssysteme von zwei Gleichungen in zwei Variablen gegeben. Jede Gleichung in zwei Variablen kann grafisch durch eine Gerade beschrieben werden.

I. $3 \cdot x - y = 8$	III. $2 \cdot x + y = 4$	V. $x + 2 \cdot y = 5$
II. $-9 \cdot x + 3 \cdot y = -24$	IV. $2 \cdot x + 3 \cdot y = 6$	VI. $2 \cdot x + 4 \cdot y = 12$

1 Stellen Sie für jedes Gleichungssystem die Graphen in einem eigenen Koordinatensystem dar. (B)

2 Ermitteln Sie von den einzelnen Geraden die Steigung k und den Achsenabschnitt d. (B)

3 Erklären Sie den Zusammenhang zwischen den Parametern k und d für die verschiedenen Lagen der Geraden. (D)

Lösung:

1 Graphen:

I. $y = 3 \cdot x - 8$	III. $y = -2 \cdot x + 4$	V. $y = -0{,}5 \cdot x + 2{,}5$
II. $y = 3 \cdot x - 8$	IV. $y = -\frac{2}{3} \cdot x + 2$	VI. $y = -0{,}5 \cdot x + 3$

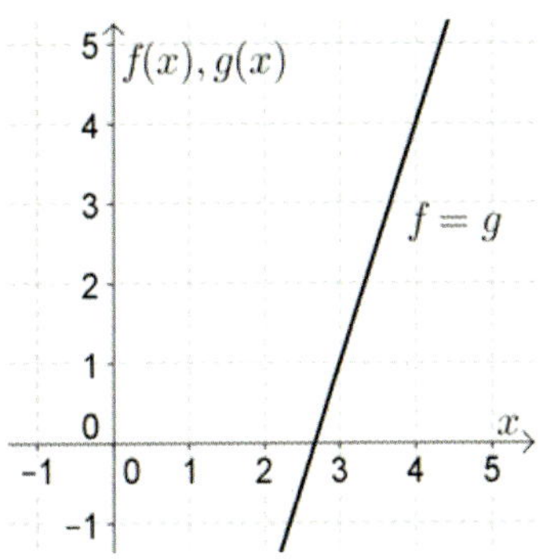

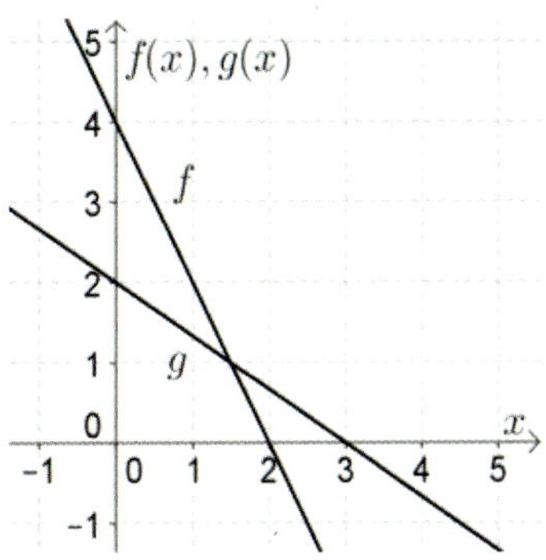

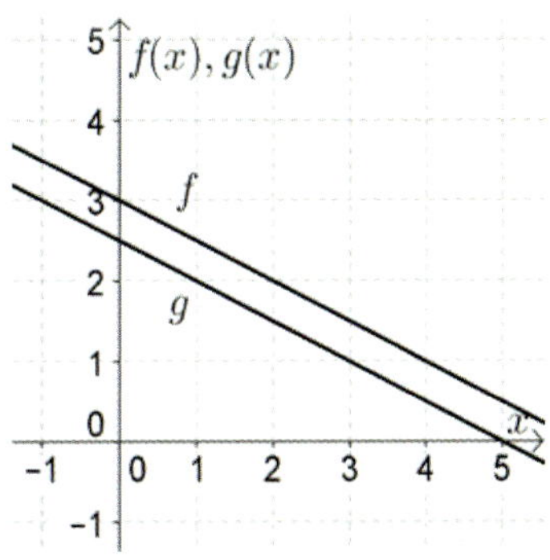

2 I. $k = 3, d = -8$	III. $k = -2, d = 4$	V. $k = -0{,}5; d = 2{,}5$
II. $k = 3, d = -8$	IV. $k = -\frac{2}{3}, d = 2$	VI. $k = -0{,}5, d = 3$

3 siehe Merksatz:

Merke

digi.study/bm-k82h1

Ein lineares Gleichungssystem mit zwei Variablen hat **genau eine Lösung**, wenn die beiden Geraden unterschiedliche Steigungen haben.

Es gilt: $k_1 \neq k_2$

Es hat **unendlich viele Lösungen**, wenn die beiden Geraden identisch parallel zueinander liegen.

Es gilt: $k_1 = k_2$ und $d_1 = d_2$

Es gibt **keine Lösung**, wenn die beiden Geraden disjunkt parallel zueinander liegen.

Es gilt: $k_1 = k_2$ und $d_1 \neq d_2$

Übung 8.2.01

digi.study/bm-k82a1

Gegeben sind zwei disjunkt parallel liegende Geraden. Ihre Funktionsgleichungen lauten:

f: $r \cdot x + s \cdot y = t$ mit $r, s, t, x, y \in \mathbb{R}$

g: $u \cdot x + v \cdot y = w$ mit $u, v, w, x, y \in \mathbb{R}$

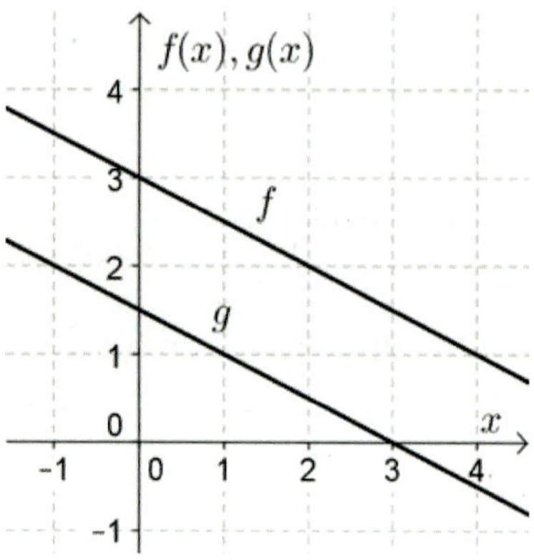

Es seien $r = 2, s = -3, t = 4, u = -1$ und $v = 1{,}5$.

1 Berechnen Sie den/die Wert(e), welche w annehmen kann, damit das gegebene Gleichungssystem keine Lösung hat. (B)

2 Beschreiben Sie, welche Beziehung zwischen den Koeffizientenpaaren (r, u), (s, v) und (t, w) bestehen muss, damit die beiden gegebenen Geraden f und g die gegenseitige Lage laut Abbildung haben. (C)

Übung 8.2.02

digi.study/bm-k82a2

Gegeben ist das folgende Gleichungssystem über $\mathbb{R} \times \mathbb{R} = \mathbb{R}^2$:

I. $x + y = 3$

II. $3 \cdot x + b \cdot y = c$ mit $b, c \in \mathbb{R}$

1 Argumentieren Sie, welche Werte für b und c eingesetzt werden können, damit das Gleichungssystem keine Lösung hat. (D)

Übung 8.2.03

digi.study/bm-k82a3

Von einer Geraden g weiß man, dass sie durch die Punkte $A = (-7|3)$ und $B = (1|-1)$ geht.

1 Erstellen Sie eine Funktionsgleichung von g. (A)

Auf der Geraden g liegt der Punkt $R = (x|2)$.

2 Berechnen Sie die Koordinate x. (B)

3 Zeichnen Sie in den Graphen von g den Punkt R ein. (B)

Der Punkt $T = (-3|0{,}99)$ ist gegeben.

4 Überprüfen Sie rechnerisch und grafisch, ob der Punkt T zur Geraden g gehört. (D)

Gegeben ist die Funktionsgleichung einer Geraden h: $4 \cdot x - 5 \cdot y = 27$. Eine Gerade f verläuft parallel zur Geraden h und schneidet die x-Achse an der Stelle 4.

5 Erstellen Sie eine Funktionsgleichung von f. (A)

6 Zeichen Sie den Graphen von f und h in dasselbe Koordinatensystem ein. (B)

7 Berechnen Sie die Koordinaten des Schnittpunktes S der Geraden f und h. (B)

Übung 8.2.04

digi.study/bm-k82a4

Zwei Geraden im $\mathbb{R}^2$ schneiden einander in einem Schnittpunkt oder sie liegen disjunkt parallel zueinander bzw. sind sie identisch parallel zueinander.

Gegeben ist eine Gerade g mit der Gleichung:

$4 \cdot x - 3 \cdot y = 14$, der Punkt $P = (-6|4) \notin g$.

1 Zeichnen Sie den Graphen von g und zeichnen Sie den Punkt P ein. (B)

2 Erstellen Sie eine Funktionsgleichung jener Geraden h, welche disjunkt parallel zu g verläuft und den Punkt P enthält. (A)

Eine Gerade m verläuft durch den Punkt P und hat die Steigung $k = -\frac{3}{4}$.

3 Zeichnen Sie die Gerade m in dasselbe Koordinatensystem ein. (A)

4 Lesen Sie aus dem Graphen die Koordinaten des Schnittpunktes S der Geraden g und m ab. (C)

5 Berechnen Sie die Koordinaten des Schnittpunktes S. (B)

8.3 Lineare Gleichungssysteme in drei und mehr Variablen (Deskriptor 2.8)

Gleichungen in drei Variablen haben die folgende Form:
$a \cdot x + b \cdot y + c \cdot z = d$ mit $a, b, c, d \in \mathbb{R}$
Die Lösungen sind Zahlentripel: $(x, y, z) \in \mathbb{R} \times \mathbb{R} \times \mathbb{R} = \mathbb{R}^3$

Beispiel 8.3.01:
Die Lösungsmenge der Gleichung $3 \cdot x - 4 \cdot y + 2 \cdot z = 3$ lässt sich folgendermaßen anschreiben:
$L = \{(x, y, z) \in \mathbb{R}^3 | 3 \cdot x - 4 \cdot y + 2 \cdot z = 3\}$

Beispiel 8.3.02:
Gegeben ist das folgende Gleichungssystem mit drei Variablen über $G = \mathbb{R}^3$:

I. $x + 2 \cdot y - z = 10$

II. $2 \cdot x + 3 \cdot y - z = 23$

III. $4 \cdot x + 5 \cdot y - 3 \cdot z = 27$

Als Lösungsmethode eignet sich das Gauß´sche Eliminationsverfahren oder die Lösung mit dem Taschenrechner mithilfe von Matrizen (siehe Kapitel 8.4).

In einem ersten Schritt überlegt man, welche der drei Variablen einfacher zu eliminieren ist.

Bei diesem Gleichungssystem ist es die Variable z.

Zu diesem Zweck subtrahiert man die zweite Gleichung von der ersten. Anschließend multipliziert man die zweite Gleichung mit 3 und zieht von der mit 3 multiplizierten ersten Gleichung die dritte Gleichung ab.

I. $x + 2 \cdot y - z = 10$
II. $-(2 \cdot x + 3 \cdot y - z = 23)$
IV. $-x - y = -13$

3 · II. $6 \cdot x + 9 \cdot y - 3 \cdot z = 69$
III. $-(4 \cdot x + 5 \cdot y - 3 \cdot z = 27)$
V. $2 \cdot x + 4 \cdot y = 42$

Nun hat man zwei Gleichungen in zwei Variablen. Man eliminiert wieder eine Variable, hier die Variable x.

2 · IV. $-2 \cdot x - 2 \cdot y = -26$
V. $+(+2 \cdot x + 4 \cdot y = 42)$

$2 \cdot y = 16 \Rightarrow y = 8$

Für die Variable y setzt man den Wert 8 z.B. in die Gleichung IV. ein und erhält den Wert für $x = 5$.

Die x-Stelle und den y-Wert setzt man schließlich z.B. in die Gleichung I. ein und erhält den Wert für $z = 11$.

Das Gleichungssystem ist eindeutig lösbar. $L = \{(5, 8, 11)\}$

8.4 Lösen von linearen Gleichungssystemen mit Matrizen mithilfe des Taschenrechners (Deskriptor 2.8)

Das aufwändige Lösen von linearen Gleichungssystemen übernimmt der Taschenrechner. Bei einem Gleichungssystem spielt der Name der verschiedenen Variablen keine Rolle. Wichtig sind die Koeffizienten der Variablen. Man muss beachten, dass in jeder Spalte dieselbe Variable steht.

Beispiel 8.4.01:
Gegeben ist folgendes Gleichungssystem:
I. $3 \cdot x - 2 \cdot y = -1$
II. $4 \cdot x + 1 \cdot y = 6$
Für den Taschenrechner sind nur mehr die Koeffizienten von Bedeutung. Man schreibt sie in einem Rechenschema = **Matrix** mit 2 Zeilen und 3 Spalten an.
$$\begin{pmatrix} 3 & -2 & -1 \\ 4 & 1 & 6 \end{pmatrix}$$
1. Schritt: Zu editierende Matrix auswählen: Befehlsbaum: [MATRX] »EDIT»1: [A]

Mit dem Befehl [MATRX] wird das Matrix-Fenster geöffnet. Durch 2-mal Klicken der Pfeiltaste [▶] gelangt man zur Auswahl für das Edit-Fenster. Hier wird die 1. Matrix A zum Editieren ausgewählt. Der Befehl EDIT wird gestartet, indem Sie die Ziffer [1] drücken bzw. indem Sie den Cursor mit den Tasten [▼], [▲] in die gewünschte Zeile bewegen und [ENTER] klicken.

Tastenfolge: [MATRIX] [▶] [▶] [1]

2. Schritt: Eingabe der Werte der Matrix [A]

Zuerst wird die Dimension der Matrix durch Eingabe der Anzahl der Zeilen und Anzahl der Spalten, hier 2×3, festgelegt. Es erscheint eine 2×3 Maske, in welche man die Elemente der erweiterten Matrix eingibt. Jede Eingabe wird durch [ENTER] bestätigt. Nach der Eingabe wird der Befehl QUIT durch die Tastenfolge [2nd] [MODE] ausgewählt. Sie befinden sich nun wieder im Home-Fenster.

Tastenfolge: Zahl [ENTER] … [2nd] [MODE]

3. Schritt: Befehl auswählen: Befehlsbaum: [MATRX] »CALC»B: rref

Sie benötigen nun den Matrix-Befehl rref. Dazu öffnen Sie wieder das Matrix-Fenster mit dem Befehl [MATRX] und öffnen das Befehl-Fenster in dem Sie den Cursor mit [▶] eins nach rechts bewegen. Nun sehen Sie eine Liste der möglichen Befehle. Um weitere Befehle zu sehen, haben Sie zu scrollen. Indem Sie den Buchstaben B wählen (Eingabe: [ALPHA] [MATH]) bzw. indem Sie den Cursor mit den Tasten [▼], [▲] in die gewünschte Zeile bewegen und [ENTER] klicken, wird der Befehl rref ausgewählt. Sie befinden sich nun wieder im Home-Fenster.

Tastenfolge: [MATRX] [▶] [ALPHA] [MATH]

4. Schritt: Auswahl der Matrix [A] und Berechnung: Befehlsbaum: MATRX »1: [A]»… ENTER

Nun wird die Matrix ausgewählt, auf die der Befehl rref angewendet werden soll. Dazu wird wieder das Matrix-Fenster mit MATRX geöffnet. Indem Sie die Ziffer 1 drücken bzw. indem Sie den Cursor mit der Taste ▼ in die gewünschte Zeile bewegen und ENTER klicken, wird die Matrix [A] ausgewählt. Sie befinden sich nun wieder im Home-Fenster. Mit) wird die Eingabe abgeschlossen und mit ENTER startet die Berechnung.

Tastenfolge: MATRX 1) ENTER

Ausgabe auf dem Bildschirm: $\begin{bmatrix} 1 & 0 & 1 \\ 0 & 1 & 2 \end{bmatrix}$

In der letzten Spalte steht die Lösung, wobei $x = 1$ und $y = 2$ ist.

Übung 8.4.01

digi.study/bm-k84a1

Gegeben sind lineare Gleichungssysteme über $G = \mathbb{R} \times \mathbb{R} \times \mathbb{R} = \mathbb{R}^3$:

1 Lösen Sie die Gleichungssysteme auf. (B)

a)
I. $7 \cdot x + 3 \cdot y - 2 \cdot z = 45$
II. $5 \cdot x + 7 \cdot y - 5 \cdot z = 35$
III. $8 \cdot x + 8 \cdot y - 3 \cdot z = 70$

b)
I. $3 \cdot x + 7 \cdot y - 3 \cdot z = 38$
II. $9 \cdot x + 8 \cdot y - 2 \cdot z = 77$
III. $12 \cdot x - 7 \cdot y + z = 29$

c)
I. $5 \cdot x - 9 \cdot y + 4 \cdot z = 0$
II. $4 \cdot x + y - 7 \cdot z = -2$
III. $2 \cdot x + 2 \cdot y - 3 \cdot z = 1$

d)
I. $5 \cdot x - 2 \cdot y = 3$
II. $3 \cdot x + 7 \cdot z = 17$
III. $8 \cdot y - 9 \cdot z = -10$

Übung 8.4.02

digi.study/bm-k84a2

In einem Baumarkt wurden früher nach den folgenden Rezepten Farben gemischt:

- 3 Dosen weiß und 4 Dosen blau und 1 Dose rot ergeben 24 Liter „Zartlila".
- 1 Dose weiß und 2 Dosen blau und 1 Dose rot ergeben 10 Liter „Lila".
- 3 Dosen weiß und 6 Dosen blau und 3 Dosen rot ergeben 30 Liter „Lila, Profipackung".

Die Dosen jeweils einer Farbe waren gleich groß. Jene von verschiedenen Farben unterschieden sich in der Größe. Bei einer Umstellung auf ein modernes Mischsystem werden die Grundfarben weiß, blau und rot nicht mehr in Dosen, sondern in Containern geliefert. Ein Lehrling versucht zu errechnen, wie viel Liter jede der ursprünglichen Farbdosen enthalten hat und scheitert. Erst das vierte Mischungsrezept 1 Dose weiß und 1 Dose blau und 1 Dose rot ergeben 8 Liter „hellviolett", löst sein Problem.

1 Erklären Sie, warum der Lehrling bei seinem ersten Berechnungsversuch scheitern musste. (D)

2 Argumentieren Sie, ob es mathematisch klar ist, dass ein viertes Rezept, also eine weitere Gleichung, zu einer eindeutigen Lösung führen muss. (D)

3 Berechnen Sie, wie viele Liter die alten Farbdosen weiß, blau und rot enthalten haben. (B)

9 Polynomfunktionen (Deskriptor 3.4)

digi.study/bm-k9

Polynomfunktionen haben folgende Gestalt:

Formel

$$D = \mathbb{R}: f(x) = a_n \cdot x^n + a_{n-1} \cdot x^{n-1} + \ldots + a_1 \cdot x + a_0$$
$$\text{mit } n \in \mathbb{N}, a_n \in \mathbb{R} \setminus \{0\}, a_0, \ldots, a_{n-1} \in \mathbb{R}$$

Man spricht von einer Polynomfunktion ***n*-ten Grades**. Sie setzen sich aus der Summe/Differenz von Potenzfunktionen mit natürlichen Exponenten zusammen.

Beispiel 9.01:

$f_1(x) = 2 \cdot x + 3$ $f_2(x) = -x^2 + \frac{2}{3} \cdot x - 5$ $f_3(x) = x^3 + 3 \cdot x^2 - 2 \cdot x - 4$

f_1… lineare Funktion f_2… quadratische Funktion f_3… Polynomfunktion dritten Grades

9.1 Quadratische Funktion

Eine quadratische Funktion ist eine Polynomfunktion zweiten Grades und kann durch folgende Funktionsgleichung beschrieben werden:

Formel

$$D = \mathbb{R}: f(x) = a \cdot x^2 + b \cdot x + c \quad \text{mit } a \neq 0 \quad \text{und } a, b, c \in \mathbb{R}$$

Der Graph einer quadratischen Funktion ist eine **Parabel**.

Beispiel 9.1.01:

ERKLÄR-VIDEO digi.study/bm-k91b1

Gegeben sind die folgenden quadratischen Funktionsgleichungen:

$f_1(x) = x^2$ $f_2(x) = 1{,}5 \cdot x^2$ $f_3(x) = -0{,}5 \cdot x^2$ $f_4(x) = x^2 + 3$

1 Zeichnen Sie die Graphen der vier Funktionen unter Zuhilfenahme einer geeigneten Wertetabelle in ein und dasselbe Koordinatensystem. (B)

2 Erklären Sie, welche Bedeutung der Koeffizient a in Bezug auf die Parabel hat. (D)

3 Beschreiben Sie den Verlauf der Graphen in Hinblick auf das Monotonieverhalten. (C)

4 Interpretieren Sie die Bedeutung der folgenden Ausdrücke: (C)

$f_1(4) =$ $f_2(x) = 10{,}1 \quad x = ?$ $f_3(x) = 0 \quad x = ?$

Lösung:

1 Graphen:

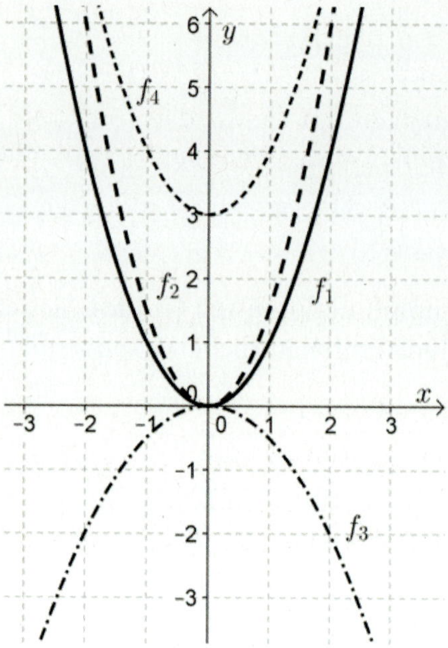

2 Der Graph der Funktion f_1 wird als Grundparabel bezeichnet.

Bei der Funktion f_2 hat a den Wert 1,5. Damit ist die Parabel im Vergleich zur Grundparabel etwas in die Länge gezogen; man sagt sie ist **„gestreckt"**.

Bei der Funktion f_3 hat a den Wert −0,5. Dies bewirkt, dass die Parabel nach unten geöffnet und etwas breiter ist im Vergleich zur Grundparabel. Man spricht von einer **„gestauchten"** Parabel.

Der Wert von a bei der Funktion f_4 ist 1, wie bei der Grundparabel. Daher hat diese Parabel die gleiche Gestalt wie die Grundparabel, sie ist nur 3 Einheiten nach oben verschoben.

Formel

digi.study/bm-k91d1

Für eine quadratische Funktion der Gestalt $f(x) = a \cdot x^2 + c$ ($D = \mathbb{R}, a \in \mathbb{R} \setminus \{0\}$, $c \in \mathbb{R}$) gilt:
Ist $a > 0$, so ist die Parabel nach oben geöffnet,
bei $a < 0$ ist sie nach unten geöffnet;
für $-1 < a < 1$ ist die Parabel gestaucht,
für $|a| > 1$ ist sie gestreckt.

Der Parameter c gibt die Verschiebung der Parabel entlang der y-Achse an.

3 Bezüglich des Monotonieverhaltens gilt für die Graphen der Funktionen f_1, f_2 und f_4, dass sie für alle $x < 0$ streng monoton fallend sind, für alle $x > 0$ streng monoton steigend sind.

Der Graph von f_3 ist für alle $x < 0$ streng monoton steigend, für alle $x > 0$ streng monoton fallend.

Jede Parabel besitzt eine Symmetrieachse. Ihr Schnittpunkt mit der Parabel heißt **Scheitel** oder **Scheitelpunkt**. Bei den Graphen von f_1, f_2 und f_4 ist der Scheitel ein **relativer Tiefpunkt** oder ein **Minimum** ($a > 0$), bei f_3 ist er ein **relativer Hochpunkt** oder ein **Maximum** ($a < 0$).

4 $f_1(4) = 16$ Bei der Funktion f_1 wird der x-Stelle 4 der y-Wert 16 zugeordnet.

$f_2(x) = 10{,}1$ Von der Funktion f_2 kennt man den y-Wert und man muss die x-Stellen ausrechnen:

$10{,}1 = 1{,}5 \cdot x^2 \quad x_{1,2} \approx \pm 2{,}59$

$f_3(x) = 0$: Gesucht sind die x-Stellen, für die der y-Wert Null ist. Es sind also die Nullstellen der Funktion f_3 mit der x-Achse gesucht; in diesem Fall ist $x_1 = x_2 = 0$ (Doppelnullstelle).

Beispiel 9.1.02:

Eine quadratische Funktion ist durch ihre Gleichung gegeben:
$f(x) = -0{,}5 \cdot x^2 + 3 \cdot x - 3{,}5$

1 Zeichnen Sie den Graphen von f. (B)

2 Lesen Sie aus dem Graphen die Koordinaten der Schnittpunkte des Graphen mit der x-Achse ab. (C)

3 Berechnen Sie durch Ergänzen auf ein vollständiges Quadrat die Koordinaten des Scheitels S. (B)

4 Berechnen Sie die durchschnittliche Änderungsrate der y-Werte im Intervall [0; 3]. (B)

Lösung:

1 Graph:

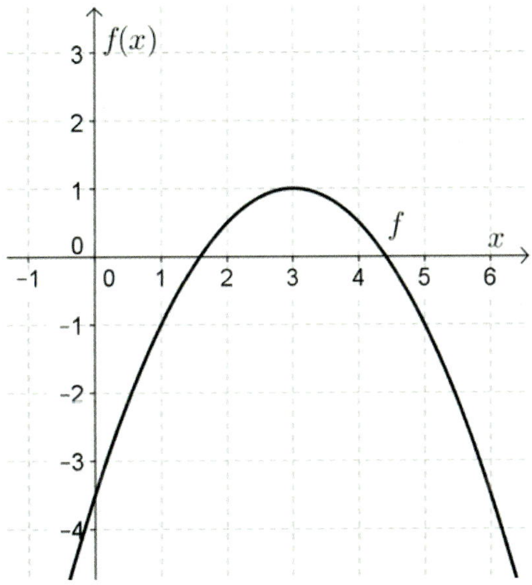

2 Abgelesene Koordinaten der Schnittpunkte des Graphen mit der x-Achse:

$$N_1 = (1{,}6|0),\quad N_2 = (4{,}4|0)$$

3 Berechnung der **Koordinaten des Scheitels** durch Ergänzen auf ein **vollständiges Quadrat**:

$f(x) = -0{,}5 \cdot (x^2 - 6 \cdot x) - 3{,}5; f(x) = -0{,}5 \cdot (x - 3)^2 - 3{,}5 + 4{,}5 = -0{,}5 \cdot (x - 3)^2 + 1$
$S = (3|1)$

Merke

Beachten Sie: Mit dem Taschenrechner lassen sich die Koordinaten des Scheitels auch berechnen.

Mit [Y=] wird der Y–Editor aufgerufen. Nun können Sie den Funktionsterm eingeben.

Mit dem Befehl CALC (Eingabe: [2nd] [TRACE]) öffnet sich ein Untermenü von Befehlen, die mithilfe des eingegebenen Funktionsterms und des Graphen ausgeführt werden können. So auch:

4:maximum … Lokaler Hochpunkt berechnen (siehe auch S. 108 und Anhang)

Das Programm wird gestartet, indem Sie die Ziffer [4] drücken bzw. indem Sie den Cursor mit den Tasten [▼], [▲] in die gewünschte Zeile bewegen und [ENTER] klicken. Es öffnet sich das Graph-Fenster. Sie positionieren den Cursor auf dem Graphen mit den Tasten [◄], [►] links vom Hochpunkt und drücken [ENTER]. Anschließend positionieren Sie den Cursor auf dem Graphen mit den Tasten [◄], [►] rechts vom Hochpunkt und drücken wieder [ENTER]. Nun ist der Bereich fixiert, wo das Programm den Hochpunkt sucht. Schließlich taucht die Frage **„Guess?"** auf, man bestätigt mit [ENTER] und erhält beide Koordinaten des Hochpunkts.

1:value … Berechnung von y-Werten siehe S. 108 und Anhang.

4 Unter der durchschnittlichen Änderungsrate der y-Werte versteht man das Verhältnis der Differenz der beiden y-Werte zur Differenz der x-Stellen.

$$\frac{f(x_2) - f(x_1)}{x_2 - x_1} = \frac{f(3) - f(0)}{3 - 0} = \frac{1 - (-3,5)}{3} = \frac{4,5}{3} = 1,5$$

Im Intervall $[0; 3]$ steigt der Graph der Funktion durchschnittlich um 1,5. Man nennt diese durchschnittliche Änderungsrate der y-Werte in einem Intervall auch den **Differenzenquotienten** oder die **mittlere Änderungsrate**.

Merke

Beachten Sie: Allgemein kann für eine quadratische Funktion der Gestalt

$f(x) = a \cdot x^2 + b \cdot x + c$ mit $a \neq 0, b, c \in \mathbb{R}$

festgehalten werden:

Um die Koordinaten des Scheitels mithilfe der Koeffizienten a, b, c zu berechnen, formt man die Gleichung um.

$$f(x) = a \cdot \left(x + \tfrac{b}{2 \cdot a}\right)^2 + c - a \cdot \left(\tfrac{b}{2 \cdot a}\right)^2 = a \cdot \left(x + \tfrac{b}{2 \cdot a}\right)^2 + \tfrac{4 \cdot a \cdot c - b^2}{4 \cdot a}$$

Somit können die Koordinaten des Scheitels angegeben werden: $S = \left(-\tfrac{b}{2 \cdot a} \middle| \tfrac{4 \cdot a \cdot c - b^2}{4 \cdot a}\right)$

Die Berechnung der Koordinaten der Schnittpunkte des Graphen von f mit der x-Achse führt auf eine quadratische Gleichung.

Übung 9.1.01

digi.study/bm-k91a1

Gegeben sind die Graphen f_1, f_2, f_3 quadratischer Funktionen.

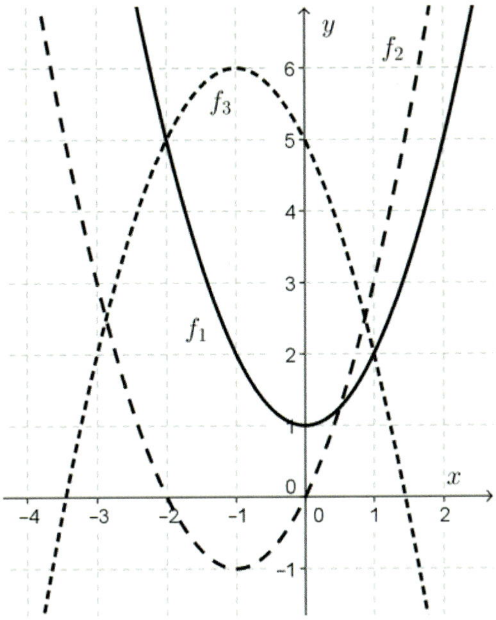

1 Entscheiden Sie, welcher Graph die folgenden Bedingungen erfüllt. (D)

2 Begründen Sie Ihre Entscheidung. (D)

3 Markieren Sie allgemein gültige Eigenschaften. (C)

Bedingung	Graph(en)	Eigenschaften
$b = 0$		☐ Der Scheitelpunkt der Parabel ist ein Hochpunkt. ☐ Der Graph der Funktion liegt symmetrisch zur y-Achse. ☐ Der Scheitelpunkt der Parabel ist ein Tiefpunkt.
$a > 0$		☐ Der Scheitelpunkt der Parabel ist ein Hochpunkt. ☐ Der Graph der Funktion liegt symmetrisch zur y-Achse. ☐ Der Scheitelpunkt der Parabel ist ein Tiefpunkt.
$a < 0$		☐ Der Scheitelpunkt der Parabel ist ein Hochpunkt. ☐ Der Graph der Funktion liegt symmetrisch zur y-Achse. ☐ Der Scheitelpunkt der Parabel ist ein Tiefpunkt.

Übung 9.1.02

digi.study/bm-k91a2

Von einer quadratischen Funktion mit der Gleichung

$$f(x) = a \cdot x^2 + b \cdot x + c \quad \text{mit } a \neq 0, a, b, c \in \mathbb{R}$$

kennt man folgende Eigenschaften:

Bedingung	Eigenschaften
$a < 0$ und $c > 0$	☐ Der Graph hat keinen Schnittpunkt mit der x-Achse. ☐ Der Graph hat genau zwei Schnittpunkte mit der x-Achse. ☐ Der Graph verläuft durch den Koordinatenursprung.
$a > 0, b = 0$ und $c < 0$	☐ Der Graph hat keinen Schnittpunkt mit der x-Achse. ☐ Der Graph hat genau zwei Schnittpunkte mit der x-Achse. ☐ Der Graph verläuft durch den Koordinatenursprung.
$c = 0$	☐ Der Graph hat keinen Schnittpunkt mit der x-Achse. ☐ Der Graph hat genau zwei Schnittpunkte mit der x-Achse. ☐ Der Graph verläuft durch den Koordinatenursprung.

1 Skizzieren Sie jeweils einen Graphen, der die links oben angegebenen Bedingungen erfüllt. (A)

2 Markieren Sie dann in der Spalte jene Eigenschaften, die auf die skizzierten Graphen zutreffen. (A)

Übung 9.1.03

digi.study/bm-k91a3

Gegeben sind die Gleichungen der reellen Funktionen f_1 und f_2:

$$f_1(x) = x^2 + 2; \quad f_2(x) = 5 - 2{,}5 \cdot x$$

In einem Lehrbuch steht folgende Tabelle:

	$f_1(x) = x^2 + 2$	$f_2(x) = 5 - 2{,}5 \cdot x$
… hat für alle $x > 0$ positive Funktionswerte		
… ist für alle $x < 0$ streng monoton fallend		
… hat ein lokales Minimum		

1 Markieren Sie in der gegebenen Tabelle jene Eigenschaften, welche auf die angegebenen Funktionen zutreffen. (C)

2 Erstellen Sie die Graphen der beiden Funktionen. (B)

3 Lesen Sie aus den Graphen die Koordinaten der Schnittpunkte ab. (C)

4 Berechnen Sie die Koordinaten der Schnittpunkte. (B)

9.2 Quadratische Gleichungen (Deskriptor 2.9)

9.2.1 Große Lösungsformel

Beispiel 9.2.1.01:
Gegeben ist eine quadratische Funktion durch die Gleichung $f(x) = \frac{1}{3} \cdot x^2 - \frac{2}{3} \cdot x - 1$.
1 Erstellen Sie den Graphen von *f*. (B)
2 Lesen Sie die Koordinaten der Schnittpunkte des Graphen von *f* mit der *x*-Achse ab. (C)
3 Überprüfen Sie die Richtigkeit der Ergebnisse durch eine Rechnung. (D)

Lösung:
1 Graph:

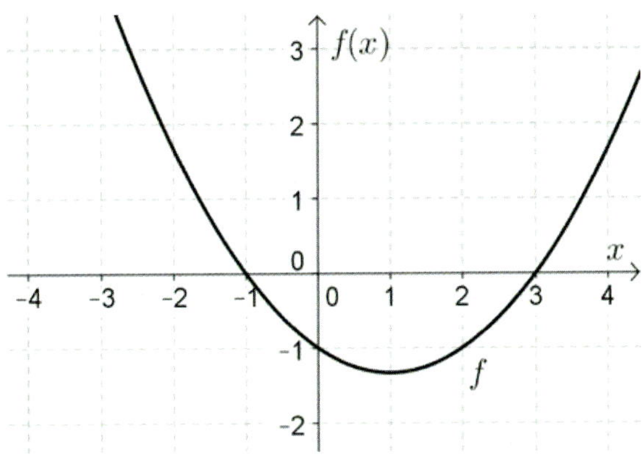

2 Abgelesene Koordinaten der Schnittpunkte: $N_1 = (3|0), N_2 = (-1|0)$
3 Für die Schnittpunkte des Graphen von *f* mit der *x*-Achse gilt: $f(x) = 0$

$$\frac{1}{3} \cdot x^2 - \frac{2}{3} \cdot x - 1 = 0$$

Eine Möglichkeit ist die Ergänzung auf ein vollständiges Quadrat: $\frac{1}{3} \cdot (x-1)^2 - \frac{4}{3} = 0$
Mithilfe der Äquivalenzumformungen erhält man: $(x-1)^2 = \frac{4}{3} : \frac{1}{3} = 4$
Die Umkehrzuordnung der Quadratfunktion ist die Wurzelfunktion.

$$x - 1 = \pm\sqrt{4} = \pm 2 \Rightarrow x_1 = 3; x_2 = -1; N_1 = (3|0); N_2 = (-1|0)$$

Zur Herleitung einer allgemeinen Lösungsformel für die Gleichung $a \cdot x^2 + b \cdot x + c = 0 \; (a \neq 0)$ gehen wir vor, wie bei der Berechnung der Koordinaten des Scheitels.

$$f(x) = a \cdot \left(x + \frac{b}{2 \cdot a}\right)^2 + c - a \cdot \left(\frac{b}{2 \cdot a}\right)^2 = a \cdot \left(x + \frac{b}{2 \cdot a}\right)^2 + \frac{4 \cdot a \cdot c - b^2}{4 \cdot a} = 0$$

$$a \cdot \left(x + \frac{b}{2 \cdot a}\right)^2 = -\frac{4 \cdot a \cdot c - b^2}{4 \cdot a} = \frac{b^2 - 4 \cdot a \cdot c}{4 \cdot a}$$

$$\left(x + \frac{b}{2 \cdot a}\right)^2 = \frac{b^2 - 4 \cdot a \cdot c}{4 \cdot a^2}$$

$$x + \frac{b}{2 \cdot a} = \pm\sqrt{\frac{b^2 - 4 \cdot a \cdot c}{4 \cdot a^2}} = \pm\frac{\sqrt{b^2 - 4 \cdot a \cdot c}}{2 \cdot a}$$

$$x_{1,2} = -\frac{b}{2 \cdot a} \pm \frac{\sqrt{b^2 - 4 \cdot a \cdot c}}{2 \cdot a} = \frac{-b \pm \sqrt{b^2 - 4 \cdot a \cdot c}}{2 \cdot a}$$

Formel

Große Lösungsformel:
Die Lösungen der quadratischen Gleichung $a \cdot x^2 + b \cdot x + c = 0$ ($a \neq 0$) lauten:

$$x_{1,2} = \frac{-b \pm \sqrt{b^2 - 4ac}}{2a}$$

Beispiel 9.2.1.02:

a) Eine Firma bringt neue einheitliche Fernbedienungen auf den Markt. Die Verkaufsmengen x sind in Mengeneinheiten (ME) angegeben, die Erlöse (= Einnahmen aus dem Verkauf der Fernbedienungen) in Geldeinheiten (GE) und die Verkaufspreise in GE/ME.

Für den Verkauf der Fernbedienungen gibt es folgenden Zusammenhang zwischen dem Absatz von x ME und den Angebotspreisen $p_A(x)$:

Absatz x in ME	0	20	30
Angebotspreis p_A in GE/ME	4	8	13,2

1 Erstellen Sie mit den gegebenen Werten aus der Tabelle ein Gleichungssystem zur Berechnung der Konstanten a, b und c der Funktion für den Angebotspreis in Abhängigkeit von der Absatzmenge x in folgender Form:

$p_A(x) = a \cdot x^2 + b \cdot x + c$ mit $a \neq 0, a, b, c \in \mathbb{R}$ (A)

2 Ermitteln Sie die Koeffizienten a, b, c und geben Sie diese mit drei Nachkommastellen an. (B)

b) Die Gleichung der Erlösfunktion E beim Verkauf von x ME Fernbedienungen lautet:

$E(x) = -1{,}25 \cdot x^2 + 21 \cdot x$

x … Absatzmenge in ME, $E(x)$ … Erlös in GE

1 Berechnen Sie die Erlösgrenzen, also die Nullstellen der Erlösfunktion E. (B)

2 Erklären Sie, warum nur innerhalb dieser Grenzen ein positiver Erlös möglich ist. (D)

c) Für den Verkauf von Fernbedienungen kennt man die Preisfunktion für die Nachfrage:

$p_N(x) = -0{,}5 \cdot x + 10$ und die Preisfunktion für die Angebote: $p_A(x) = 0{,}01 \cdot x^2 + 4$

x … Anzahl der nachgefragten ME, $p_N(x)$ … nachgefragter Preis in GE pro ME

x … Anzahl der angebotenen ME, $p_A(x)$ … angebotener Preis in GE pro ME

1 Erstellen Sie die Graphen der beiden Funktionen p_N und p_A. (B)

2 Lesen Sie die Koordinaten des Schnittpunktes ab. (C)

3 Interpretieren Sie die Bedeutung dieses Schnittpunktes im Kontext. (C)

Lösung:

a) **1** $p_A(x) = a \cdot x^2 + b \cdot x + c$ mit $a \neq 0, a, b, c \in \mathbb{R}$

I. $p_A(0) = 4 \Rightarrow c = 4$

II. $p_A(20) = 8 \Rightarrow a \cdot 20^2 + b \cdot 20 + 4 = 8 \Rightarrow 400 \cdot a + 20 \cdot b = 4$

III. $p_A(30) = 13{,}2 \Rightarrow a \cdot 30^2 + b \cdot 30 + 4 = 13{,}2 \Rightarrow 900 \cdot a + 30 \cdot b = 9{,}2$

2 Mithilfe des Taschenrechners löst man dieses Gleichungssystem auf und erhält:

$a = 0{,}011 \quad b = -0{,}013$

$p_A(x) = 0{,}011 \cdot x^2 - 0{,}013 \cdot x + 4$

b) **1** Zur Berechnung der Erlösgrenzen setzt man die Erlösfunktion E gleich Null:

$E(x) = -1{,}25 \cdot x^2 + 21 \cdot x = 0$

Unter Verwendung der großen Lösungsformel erhält man:

$a = -1{,}25; b = 21; c = 0$

$x_{1,2} = \frac{-b \pm \sqrt{b^2 - 4ac}}{2a}; x_{1,2} = \frac{-21 \pm \sqrt{21^2 - 4 \cdot (-1{,}25) \cdot 0}}{2 \cdot (-1{,}25)}; x_1 = 0; x_2 = 16{,}8$

Die Erlösgrenzen liegen bei 0 und bei 16,8 ME.

2 Wenn keine Fernbedienungen verkauft werden, kann es auch keinen Erlös geben.

Nach dem Verkauf von 16,8 ME ist der Erlös deshalb Null, weil für die Fernbedienungen nichts mehr bezahlt wird. Man sagt in diesem Fall, dass der Markt gesättigt ist.

c) **1** Graph:

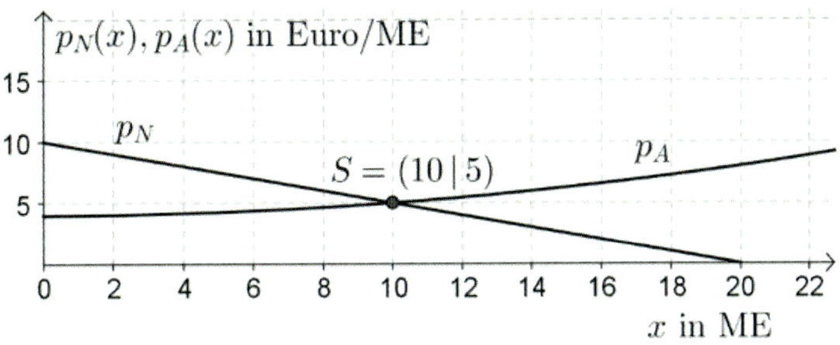

2 siehe Graph

3 Der Schnittpunkt gibt an, wann sich Nachfrage und Angebot auf dem Markt treffen. In diesem Fall ist es nach dem Verkauf von 10 ME und einem Preis von 5 GE/ME.

Übung 9.2.1.01

digi.study/bm-k921a1

Die Höhe eines lotrecht nach oben geworfenen Softballes zum Zeitpunkt t ist ungefähr gegeben durch $h(t) = v_0 \cdot t - \frac{9{,}81}{2} \cdot t^2$, wobei v_0 die Abschussgeschwindigkeit ist (t in Sekunden, $h(t)$ in Meter, v_0 in m/s). v_0 ist 34m/s.

1 Zeichnen Sie den Graphen von h. (B)

2 Berechnen Sie die durchschnittliche Geschwindigkeit des Softballes während der ersten zwei Sekunden. (B)

3 Lesen Sie aus dem Graphen ab, nach wie vielen Sekunden der Softball wieder auf dem Boden aufschlägt. (C)

4 Berechnen Sie jene Zeitpunkte, zu welchen der Softball die Höhe von 30 m erreicht hat. (B)

Übung 9.2.1.02

digi.study/bm-k921a2

Die Schockwelle einer atomaren Explosion breitet sich annähernd nach dem Modell der Funktion s mit der Gleichung $s(t) = 1{,}65 \cdot t^2 + 3{,}4 \cdot t$ mit $0 \leq t \leq 3$ aus.
$s(t)$ … Entfernung in km vom Explosionszentrum nach t Sekunden

1 Erstellen Sie den Graphen von s. (B)

2 Berechnen Sie die durchschnittliche Ausbreitungsgeschwindigkeit in den Zeitintervallen $[0;1]$ und $[2;3]$. (B)

Ein Ort ist 12,8 km vom Explosionszentrum entfernt. In der Lokalzeitung wird behauptet, dass spätestens 1 Sekunde später die Explosion den Ort erreicht hat.

3 Überprüfen Sie, ob die in der Lokalzeitung aufgestellte Behauptung richtig ist. (D)

Übung 9.2.1.03

digi.study/bm-k921a3

Ein kreisförmiges Blumenbeet im Mirabellgarten in Salzburg hat den Radius r Meter (m). Bei der Umgestaltung wird davon rundherum ein Rand konstanter Breite abgetrennt und mit weißem Sand geschottert.

1 Stellen Sie eine Formel für den Flächeninhalt des verbleibenden Blumenbeetes in Abhängigkeit von der Breite b des Randes auf. (A)

Ein anderes Blumenbeet hat einen Radius von 5 m. Nach der Schotterung eines Randes von der Breite b lässt sich die verbleibende Bepflanzungsfläche durch die folgende Formel beschreiben:

$A(b) = 3{,}14 \cdot b^2 - 31{,}4 \cdot b + 78{,}5$

$A(b)$… Bepflanzungsfläche in Quadratmetern (m^2) bei einer Randbreite von b Metern (m)

2 Erstellen Sie den Graphen von A. (B)

3 Berechnen Sie, für welche Randbreite b die Bepflanzungsfläche 50,27 m^2 beträgt. (B)

4 Beschreiben Sie das Monotonieverhalten des Graphen von A und interpetieren Sie diese im Sachzusammenhang. (C)

Übung 9.2.1.04
digi.study/bm-k921a4

Ein Betrieb verkauft 13 Mengeneinheiten (ME) seines Produktes und nimmt dafür 757,97 Geldeinheiten (GE) ein. Beim Verkauf von 26,25 ME scheint der Markt gesättigt zu sein, d.h. es werden keine Einnahmen lukriert.

1 Ermitteln Sie eine Gleichung der linearen Erlösfunktion E. (A)

Für die quadratische Kostenfunktion K kennt man folgende Daten:

x in ME	5	7	15
$K(x)$ in GE	290,5	337,7	646,5

2 Stellen Sie die Bedingungsgleichungen für die Koeffizienten a, b, c der Kostenfunktion K auf. (A)

3 Berechnen Sie die Koeffizienten a, b, c. (B)

Von einem anderen Produkt kennt man die Gleichung der Kostenfunktion K_1:

$K_1(x) = 1{,}5 \cdot x^2 + 5{,}6 \cdot x + 225$

$K_1(x)$ ... Kosten in Geldeinheiten (GE) für x Mengeneinheiten (ME)

4 Lesen Sie aus der Gleichung die Höhe der Fixkosten ab. (C)

Ein Kunde bestellt 150 ME.

5 Berechnen Sie, welchen Betrag in GE der Betrieb für die Produktion dieser Menge zur Verfügung stellen muss. (B)

Der Finanzchef kann nur 20 000 GE für die Produktion zur Verfügung stellen.

6 Berechnen Sie, wie viele Mengeneinheiten um diesen Betrag produziert werden können. (B)

Die Stückkostenfunktion $\overline{K}$ erhält man folgendermaßen: $\overline{K}(x) = \frac{K(x)}{x}$

7 Ermitteln Sie mithilfe des Taschenrechners, welche Menge der Betrieb ungefähr produzieren muss, um die Stückkosten möglichst gering zu halten. (B)

Übung 9.2.1.05

digi.study/bm-k921a5

Ein Betrieb erzeugt zylinderförmige Behälter mit dem Radius r und der Höhe h. Der Behälter wird oben und rundherum gleichmäßig mit einer d dicken Spezialschicht verkleidet. Das Volumen dieser Spezialschicht wird in Liter (L) angegeben. Das Volumen V der Spezialschicht lässt sich mit folgender Formel berechnen:

$V = (r + d)^2 \cdot \pi \cdot d + (2 \cdot r + d) \cdot \pi \cdot h \cdot d$

V … Volumen der Spezialschicht in Liter (L)

r … Radius des Behälters in cm

h … Höhe des Behälters in cm

d … Dicke der Spezialschicht in mm

Betrachten Sie zuerst das Volumen V in Abhängigkeit vom Radius r, d.h. d und h werden als bekannt, konstant angenommen. Anschließend wird das Volumen V in Abhängigkeit von der Höhe h des Behälters betrachtet, d.h. r und d sind konstant. Je einer der folgenden Graphen beschreibt diese Zusammenhänge.

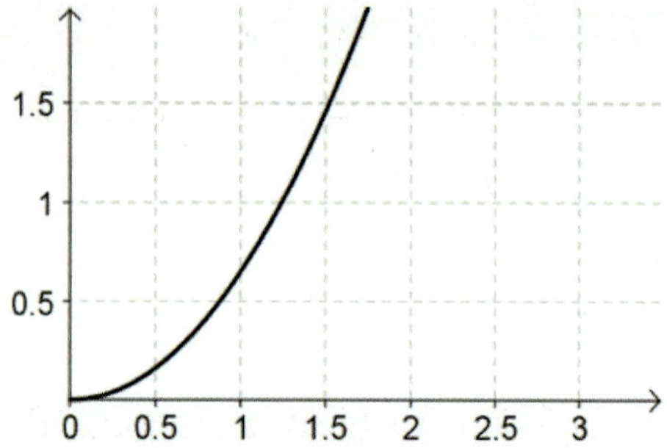

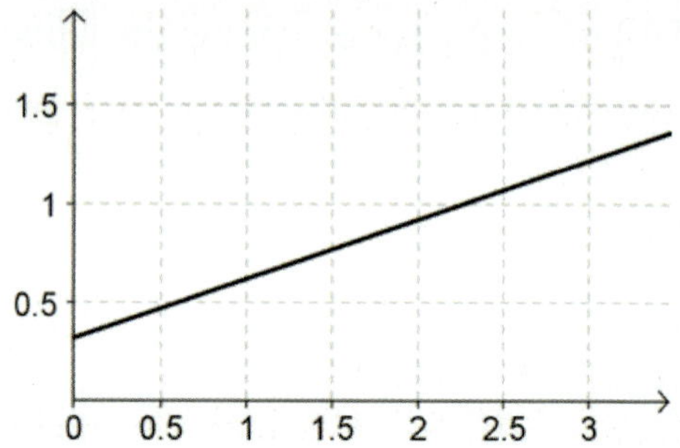

1 Beschriften Sie in beiden Graphen die Achsen mit der jeweils richtigen Größe und deren Einheit. (C)

2 Begründen Sie Ihre Entscheidung. (D)

Ein Arbeiter streicht nur die Oberseite von 35 Behältern mit einem Durchmesser von 54 cm. Die Dicke der Spezialschicht misst 9,8 mm.

3 Berechnen Sie, wie viele Liter Spezialschicht der Arbeiter hier verbraucht. (B)

Die Spezialschicht wird aus zwei verschiedenen Lacken L_1 und L_2 gemischt. Nimmt man 5 kg der Sorte L_1 und 3 kg der Sorte L_2, so kostet 1 kg der Mischung € 30. Mischt man allerdings 7 kg der Sorte L_1 mit 6 kg der Sorte L_2, so kostet 1 kg der Mischung € 34.

4 Stellen Sie das Gleichungssystem auf, mithilfe dessen man den Preis pro kg für jede der beiden Sorten berechnen kann. (A)

5 Berechnen Sie den Kilopreis von jeder Sorte. (B)

Übung 9.2.1.06

digi.study/bm-k921a6

Für ein Produkt lautet die quadratische Kostenfunktion wie folgt:
$K(x) = 0{,}2 \cdot x^2 + 12 \cdot x + 80$

x ... erzeugte Menge in Mengeneinheiten (ME)

$K(x)$ ... Gesamtkosten von x Mengeneinheiten in Geldeinheiten (GE)

Der Betrieb erzeugt pro Tag höchstens 60 ME dieses Produkts.

1 Interpretieren Sie die gegebene Kostenfunktion hinsichtlich der folgenden Eigenschaften: (C)
sinnvoller Definitionsbereich, Monotonieverhalten, Fixkosten

2 Ermitteln Sie aus der gegebenen Gleichung, wie viele ME produziert wurden, wenn Kosten von 150 GE angefallen sind. (B)

3 Berechnen Sie, wie hoch die Kosten für die Produktion von 10 ME sind. (B)

4 Stellen Sie die Kostenfunktion grafisch dar und zeichnen Sie die beiden Wertepaare ein. (B) (A)

Die Stückkostenfunktion gibt die Gesamtkosten pro Stück, in diesem Beispiel pro ME an. Es gilt: $\overline{K}(x) = \frac{K(x)}{x}$

5 Erstellen Sie eine Gleichung der Stückkostenfunktion (= Durchschnittskostenfunktion). (A)

6 Stellen Sie die Stückkostenfunktion grafisch dar. (B)

7 Ermitteln Sie mithilfe des Taschenrechners jene Produktionsmenge x, bei denen die Stückkosten minimal sind. (C)

8 Geben Sie für die abgelesene Produktionsmenge den Stückkostenpreis an. (B)

Übung 9.2.1.07

digi.study/bm-k921a7

Der Anhalteweg eines Autos setzt sich aus dem Reaktionsweg und dem Bremsweg zusammen. Der Reaktionsweg ist der Weg, den das Auto in der Reaktionszeit zurücklegt. Der Bremsweg ist der Weg, den das Auto vom Beginn der Bremsung bis zum Stillstand zurücklegt. Die angefügte Grafik zeigt den Reaktionsweg und den Anhalteweg in Metern (m) in Abhängigkeit von einer Ausgangsgeschwindigkeit v_0 in Metern pro Sekunde (m/s).

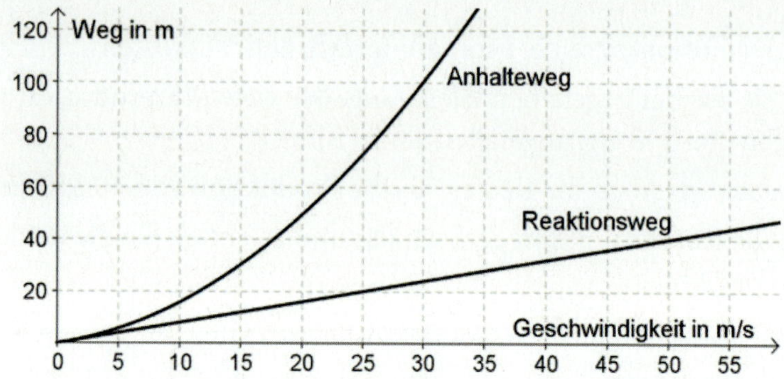

1 Rechnen Sie die Geschwindigkeit $v_0 = 90\text{km/h}$ in m/s um. (A) (B)

2 Lesen Sie aus dem Graphen für die Ausgangsgeschwindigkeit $v_0 = 25$ m/s den Reaktionsweg, den Anhalteweg und den Bremsweg ab. (C)

3 Stellen Sie eine Formel auf, die der Geschwindigkeit v in m/s den Reaktionsweg R zuordnet. (A)

In der Fahrschule lernt man meist die folgende Näherungsformel für den Anhalteweg A kennen:

$$A(v_0) = 3 \cdot \frac{v_0}{10} + \left(\frac{v_0}{10}\right)^2$$

v_0 … Ausgangsgeschwindigkeit in km/h

$A(v_0)$ … Weg in Metern (m) bei der Ausgangsgeschwindigkeit v_0

4 Berechnen Sie für die Ausgangsgeschwindigkeit von 90 km/h den Anhalteweg A nach der Fahrschulformel. (B)

Übung 9.2.1.08

digi.study/bm-k921a8

Die Konzentration des Ozons in der Atmosphäre wird in sogenannten „Dobson-Einheiten“ gemessen. 1968 wurden 300 Dobson gemessen, 10 Jahre später war dieser Wert auf 250 Dobson gesunken und 1988 konnte man nur mehr 175 Dobson messen.

Die zeitliche Entwicklung der Ozonkonzentration wird durch eine quadratische Funktion K beschrieben mit: $K(t) = a \cdot t^2 + b \cdot t + c$

t … vergangene Zeit seit 1968

$K(t)$ … Ozonkonzentration in der Atmosphäre in Dobson zum Zeitpunkt t

1 Erstellen Sie das Gleichungssystem, mithilfe dessen die Koeffizienten der Funktionsgleichung berechnet werden können. (A)

2 Modellieren Sie die Funktion K. (A)

3 Argumentieren Sie mithilfe des zu zeichnenden Graphen, warum eine Prognose für das Jahr 2020 sinnlos ist. (C)

4 Überprüfen Sie diese durch eine passende Rechnung. (D)

5 Berechnen Sie, wann die Konzentration nur mehr 70 Dobson betragen wird. (B)

Übung 9.2.1.09

digi.study/bm-k921a9

Ein Autofahrer steht in der Stadt vor einer Baustelle, fährt bei Freigabe der Fahrbahn los bis zur nächsten Ampel, bei welcher er abbremsen muss. Die folgende Grafik beschreibt diesen Sachverhalt:

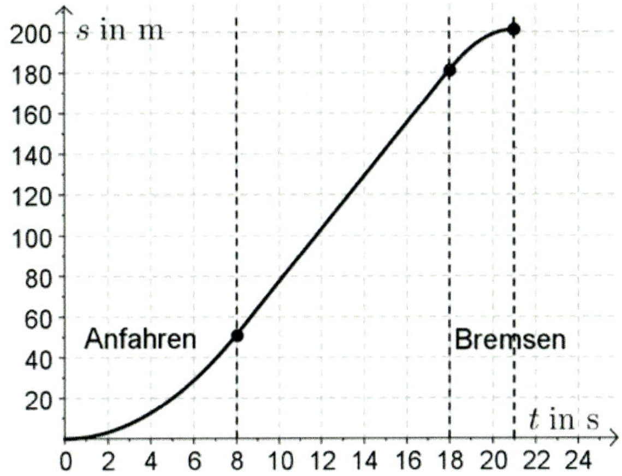

1 Lesen Sie aus dem Graphen für jeden der drei Abschnitte die Länge des zurückgelegten Weges und die jeweilige Fahrtdauer ab. (C)

2 Beschreiben Sie die Bewegung des Autos im mittleren Abschnitt. (C)

Auf der Strecke zwischen der Baustelle und der Ampel gilt eine Beschränkung auf 50 km/h.

3 Begründen Sie, ob der Autofahrer sich an diese Beschränkung gehalten hat. (D)

Im Folgenden sind drei Fahrtabschnitte zwischen zwei Ampeln in der Stadt durch die folgenden Gleichungen gegeben:

Anfahren:	$s_1(t) = 1{,}4 \cdot t^2$	mit $0\,\text{s} \leq t \leq 5\,\text{s}$
Fahrt im Stadtgebiet:	$s_2(t) = 14 \cdot t - 35$	mit $5\,\text{s} < t \leq 14\,s$
Bremsen bis zum Stillstand:	$s_3(t) = -1{,}75 \cdot t^2 + 63 \cdot t - 378$	mit $14\,\text{s} < t \leq 18\,s$

t … Zeit in Sekunden (s)

$s_1(t), s_2(t), s_3(t)$ … zurückgelegter Weg in Meter (m) zum Zeitpunkt t

4 Berechnen Sie, wie lang die einzelnen Streckenabschnitte in m sind. (B)

5 Berechnen Sie die Entfernung der beiden Ampeln. (B)

Übung 9.2.1.10

digi.study/bm-k921a10

Der Wasserdurchfluss im Almkanal kann für die ersten 20 Minuten bei starkem Regen durch die Funktion D beschrieben werden:

$D(t) = -0{,}0085 \cdot t^3 + 0{,}081 \cdot t^2 + 5{,}21 \cdot t$ mit $0 \leq t \leq 20$

t … Zeitdauer in Minuten (min) seit dem Beginn des starken Regens

$D(t)$ … Wasserdurchfluss in Liter pro Sekunde (L/s) zum Zeitpunkt t

1 Zeichnen Sie den Graphen der Funktion D in das folgende Koordinatensystem ein. (B)

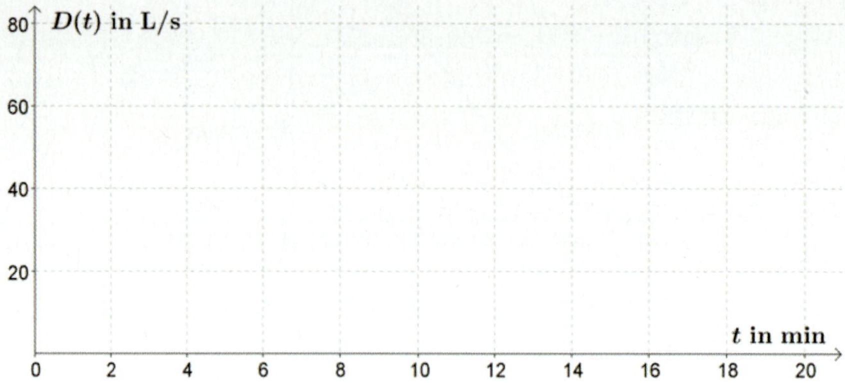

2 Ermitteln Sie den durchschnittlichen Wasserdurchfluss im Intervall [2 min; 8 min]. (B)

9.2.2 Kleine Lösungsformel

Eine normierte quadratische Gleichung hat die Form $x^2 + p \cdot x + q = 0$ mit $p, q \in \mathbb{R}$. Dies entspricht der allgemeinen Form $a \cdot x^2 + b \cdot x + c = 0$, wobei $a = 1, b = p, c = q$ eingesetzt werden.
Die große Lösungsformel ergibt daher: $x_{1,2} = \frac{-b \pm \sqrt{b^2 - 4ac}}{2a} = \frac{-p \pm \sqrt{p^2 - 4q}}{2} = -\frac{p}{2} \pm \sqrt{\left(\frac{p}{2}\right)^2 - q}$

Formel

digi.study/bm-k922f1

ERKLÄR-VIDEO

Kleine Lösungsformel:
Die Lösungen der quadratischen Gleichung $x^2 + p \cdot x + q = 0$ lauten:

$$x_{1,2} = -\frac{p}{2} \pm \sqrt{\left(\frac{p}{2}\right)^2 - q}$$

Kennt man die beiden Lösungen x_1 und x_2 einer normierten quadratischen Gleichung, so kann man die linke Seite in ein Produkt zerlegen:

Formel

Satz von Vieta:

$$x^2 + p \cdot x + q = (x - x_1) \cdot (x - x_2)$$

Weiters gilt für die beiden Lösungen x_1 und x_2:

$$x_1 + x_2 = -p \quad \text{und} \quad x_1 \cdot x_2 = q$$

Beispiel 9.2.2.01:

Der Term $x^2 - 5 \cdot x + 6$ ist in Linearfaktoren zu zerlegen. Zu diesem Zweck löst man die Gleichung $x^2 - 5 \cdot x + 6 = 0$ mithilfe der kleinen Lösungsformel auf:

$p = -5, q = 6 \qquad x_{1,2} = \frac{5}{2} \pm \sqrt{(\frac{5}{2})^2 - 6} \qquad x_1 = 3, \quad x_2 = 2$

Daher lässt sich der gegebene Term in Linearfaktoren zerlegen:

$x^2 - 5 \cdot x + 6 = (x - 3) \cdot (x - 2)$

Beispiel 9.2.2.02:

Der Term $8 \cdot x^2 - 2 \cdot x - 1$ ist in Linearfaktoren zu zerlegen. Zu diesem Zweck löst man die Gleichung $8 \cdot x^2 - 2 \cdot x - 1 = 0$ mithilfe der kleinen Lösungsformel auf, indem man zuerst durch 8 dividiert:

$p = -\frac{1}{4} \quad q = -\frac{1}{8} \qquad x_{1,2} = \frac{1}{8} \pm \sqrt{(\frac{1}{8})^2 + \frac{1}{8}} \qquad x_1 = \frac{1}{2}, \quad x_2 = -\frac{1}{4}$

Daher lässt sich der gegebene Term in Linearfaktoren zerlegen:

$8 \cdot x^2 - 2 \cdot x - 1 = 8 \cdot (x - \frac{1}{2}) \cdot (x + \frac{1}{4})$

9.2.3 Anzahl der Lösungen einer quadratischen Gleichung (Deskriptor 2.9)

Betrachtet man die große Lösungsformel, so lassen sich daraus die Bedingungen für die Anzahl der Lösungen einer quadratischen Gleichung der Form $a \cdot x^2 + b \cdot x + c = 0$ $(a \neq 0)$ herleiten.

$x_{1,2} = \frac{-b \pm \sqrt{b^2 - 4 \cdot a \cdot c}}{2 \cdot a}$

Der Ausdruck $b^2 - 4 \cdot a \cdot c$ heißt **Diskriminante *D*** (discrimen = Unterschied). Bekanntlich kann in der Menge der reellen Zahlen nur aus positiven Zahlen eine Wurzel gebildet werden. Daher unterscheidet man in Bezug auf die Diskriminante *D* folgende Fälle:

Merke

$D > 0$:	Es gibt zwei verschiedene reelle Lösungen. $L = \{x_1, x_2\}$
$D = 0$:	Da die Wurzel aus 0 den Wert 0 annimmt, gibt es gewissermaßen zwei gleiche Lösungen, $x_{1,2} = -\frac{b}{2a}$. Man sagt, es gibt eine **Doppellösung**. $L = \{-\frac{b}{2a}\}$
$D < 0$:	Unter der Wurzel steht eine negative Zahl. Somit kann die Wurzel nicht gebildet werden. Die quadratische Gleichung hat daher keine Lösung. $L = \{\}$

Beispiel 9.2.3.01:

Eine Funktion *G* ist durch die Gleichung $G(x) = 0{,}01 \cdot x^2 - 1{,}23 \cdot x + c$ mit $c \in \mathbb{R}$ gegeben.

1 Geben Sie alle Werte für *c* an, für die es zwei verschiedene Nullstellen gibt. (B)

Lösung:

Wenn es zwei verschiedene Lösungen geben muss, so muss die Diskriminante D positiv sein.

$D = b^2 - 4 \cdot a \cdot c = (-1{,}23)^2 - 4 \cdot 0{,}01 \cdot c > 0 \Rightarrow 1{,}5129 > 0{,}04 \cdot c \Rightarrow c < 37{,}8225$

Jeder Wert für c, der kleiner als 37,8225 ist, führt bei der gegebenen quadratischen Gleichung zu zwei verschiedenen Lösungen.

Übung 9.2.3.01

digi.study/bm-k93L1

Herr Maier erhält folgendes Modell einer Gewinnfunktion G:

$G(x) = u \cdot x^2 + w$ mit $u \neq 0, u, w \in \mathbb{R}$

x … Anzahl der verkauften Stück

$G(x)$ … Gewinn in Euro (€) beim Verkauf von x

1 Argumentieren Sie, wie sich die folgenden Bedingungen auf die Anzahl der Gewinnschwellen (= Nullstellen der Gewinnfunktion) auswirken. (D)

$u > 0$ und $w < 0$

$u < 0$ und $w < 0$

$u > 0$ und $w > 0$

$u < 0$ und $w > 0$

9.3 Polynomfunktionen höherer Ordnung (Deskriptoren 3.4, 3.7)

Um Polynomfunktionen bestmöglich beschreiben zu können, bestimmt man charakteristische Punkte auf dem Graphen der Funktion, wie z.B. die Schnittpunkte des Graphen mit der x-Achse. Dabei erhält man Gleichungen höherer Ordnung. Für die linearen und quadratischen Gleichungen stehen bereits Strategien zum Lösen der Gleichungen zur Verfügung. Das Lösen von Gleichungen höherer Ordnung ist hingegen schwieriger.

Der **Satz von Vieta**, der bereits bei den quadratischen Gleichungen angeführt wurde, kann auf diesen Bereich ausgedehnt werden. Er besagt Folgendes:
Hat ein Polynom n-ten Grades $P(x) = a_n \cdot x^n + a_{n-1} \cdot x^{n-1} + \ldots + a \cdot x + a_0$
n Nullstellen, so kann man es in Linearfaktoren zerlegen:
$P(x) = a_n \cdot (x - x_1) \cdot (x - x_2) \cdot \ldots \cdot (x - x_k)$

Beispiel 9.3.01:

Von einer Polynomfunktion dritten Grades kennt man die Koordinaten der Schnittpunkte des Graphen mit der x-Achse: $N_1 = (-2|0)$ $N_2 = (1|0)$ $N_3 = (4|0)$

1 Stellen Sie zwei verschiedene mögliche Gleichungen einer zugehörigen Polynomfunktion auf. (A)

2 Zeichnen Sie die Graphen der Funktionen. (B)

Lösung:

1 Aufgrund des Satzes von Vieta können die Funktionsgleichungen f_1, f_2 zum Beispiel lauten:

$f_1(x) = (x - (-2)) \cdot (x - 1) \cdot (x - 4) = x^3 - 3 \cdot x^2 - 6 \cdot x + 8$

$f_2(x) = \frac{1}{3} \cdot (x - (-2)) \cdot (x - 1) \cdot (x - 4) = \frac{1}{3} \cdot x^3 - x^2 - 2 \cdot x + \frac{8}{3}$

Merke

Beachten Sie: Eine Polynomfunktion vom Grad n kann aufgrund des Satzes von Vieta über der Menge der reellen Zahlen höchstens n Nullstellen haben, in der Menge der komplexen Zahlen hat sie genau n Nullstellen. Dabei werden mehrfache Nullstellen mehrfach gezählt.

2 Graphen:

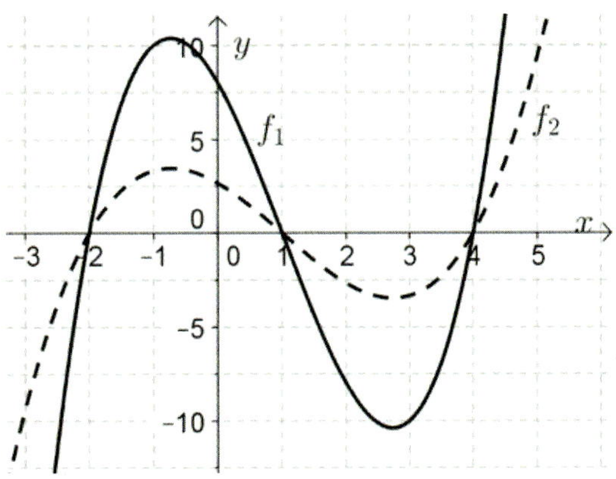

Möglichkeiten zum Berechnen der Nullstellen:

Beispiel 9.3.02:

Von der Funktion f sollen die Nullstellen berechnet werden:

$f(x) = \frac{1}{5} \cdot x^3 - \frac{6}{5} \cdot x^2 + x + \frac{12}{5}$

Lösung:

Die Lösungen werden durchwegs mit dem Taschenrechner ermittelt. Mit [Y=] wird der Y–Editor aufgerufen. Nun wird der Funktionsterm eingeben.

1. Lösungsweg: mit 2:zero siehe S. 108 und Anhang

Befehlsbaum: …»CALC»2:zero»…

2. Lösungsweg: Lösen der Gleichung $\frac{1}{5} \cdot x^3 - \frac{6}{5} \cdot x^2 + x + \frac{12}{5} = 0$ mit dem Programm 0:Solver (siehe auch S. 81 und Anhang).

Befehlsbaum: [MATH] »0:Solver»…»SOLVE

Da zu erwarten ist, dass die Gleichung mehrere Lösungen besitzt, werden im Berechnungsfenster für verschiedene Startwerte der Befehl SOLVE ausgeführt. Es ist hilfreich mithilfe des Graphen bzw. der Tabelle zuvor die Startwerte näherungsweise abzulesen.

Da Sie bereits den Funktionsterm unter Y_1 eingegeben haben, könnten Sie im Solver–Eingabefenster nur noch auf Y_1 verweisen.

Befehlsbaum: …» [VARS] »Y–VARS»1:Function» Y_1

3. Lösungsweg: Näherungsweises Ablesen mithilfe von TABLE (siehe auch S. 104 und Anhang).

Ist ein angezeigter y-Wert null, so ist die dazugehörige x-Stelle eine Nullstelle. Unterscheiden sich zwei benachbarte y-Werte durch ihr Vorzeichen, so muss eine Nullstelle zwischen den beiden x-Stellen sein.

Ein näherungsweises Ablesen gilt jedoch nicht als Berechnung!

Lösungen: $x_1 = -1 \quad x_2 = 3 \quad x_3 = 4$

Übung 9.3.01

digi.study/bm-k93a1

1 Lösen Sie die folgenden Gleichungen über $G = \mathbb{R}$: (B)

a) $x^3 - 4 \cdot x^2 + x + 6 = 0$

b) $x^3 + 3 \cdot x^2 = 0$

c) $5 \cdot x^3 - x^2 - 5 \cdot x = 0$

d) $x^4 - 3 \cdot x^2 + 2 = 0$

e) $x^4 - 6 \cdot x^3 + 5 \cdot x^2 + 24 \cdot x - 36 = 0$

f) $5 \cdot x^3 - 31 \cdot x^2 + 31 \cdot x - 5 = 0$

Übung 9.3.02

digi.study/bm-k93a2

Gegeben ist der Graph einer Polynomfunktion 4. Grades.

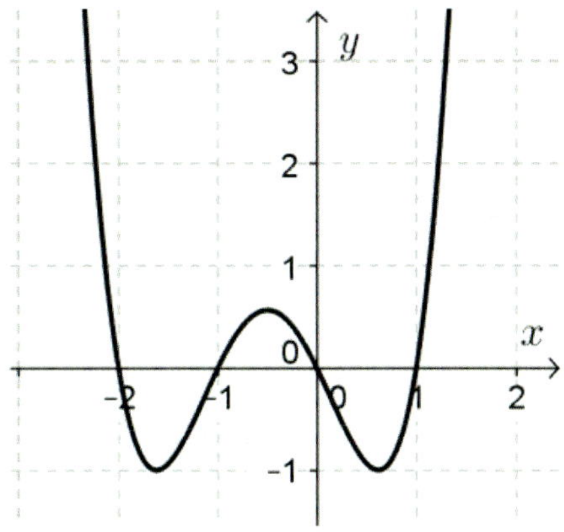

1 Lesen Sie aus dem Graphen die Koordinaten der Schnittpunkte des Graphen mit der x-Achse ab. (C)

2 Erstellen Sie mithilfe des Vieta´schen Wurzelsatzes eine Funktionsgleichung. (A)

3 Beschreiben Sie den Verlauf des Graphen hinsichtlich des Monotonieverhaltens. (C)

Übung 9.3.03

digi.study/bm-k93a3

Gegeben ist der Graph einer Polynomfunktion 3. Grades.

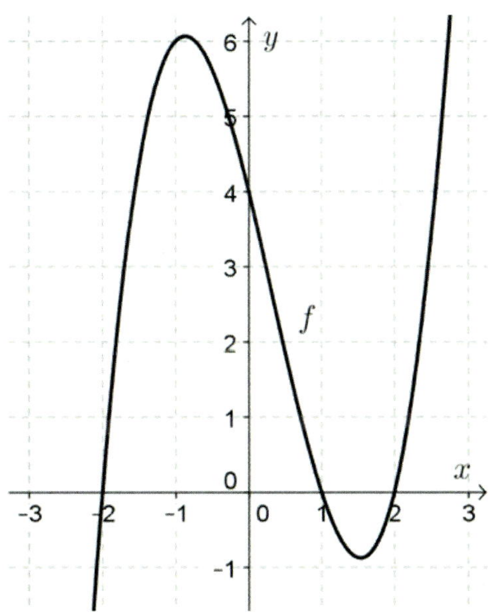

1 Lesen Sie die Koordinaten der Schnittpunkte mit den Achsen ab. (C)

2 Erstellen Sie unter Zuhilfenahme des Vieta´schen Wurzelsatzes eine Funktionsgleichung. (A)

3 Beschreiben Sie den Verlauf des Graphen hinsichtlich des Monotonieverhaltens. (C)

4 Lesen Sie aus dem Graphen die absolute Änderung der y-Werte, die durchschnittliche Änderung der y-Werte und die relative Änderung der y-Werte im Intervall $[0; 1]$ ab. (C)

10 Exponential- und Logarithmusfunktion

digi.study/bm-k10

Eine Funktion mit der Gleichung $f(x) = c \cdot a^x$ $(D = \mathbb{R},\ c \in \mathbb{R},\ a \in \mathbb{R}^+)$ heißt **Exponentialfunktion**.

Exponentialfunktionen mit $c > 0$ und $a \neq 1$ spielen bei Wachstums- und Abnahmevorgängen, vor allem in den Naturwissenschaften, eine bedeutende Rolle.

10.1 Eigenschaften der Exponentialfunktion (Deskriptoren 2.11, 3.5)

ERKLÄR-VIDEO

digi.study/bm-k101

Beispiel 10.1.01:

Bauer Herbst weiß, dass der Holzbestand seines Waldes normalerweise pro Jahr um ca. 2,7 % wächst.

Vor 5 Jahren betrug der Holzbestand seines Waldes 27 000 m³.

Nun werden Überlegungen angestellt, wie sich der Holzbestand im Laufe der Jahre entwickelt hat. Als Zeitpunkt $t = 0$ wählt man den Holzbestand vor 5 Jahren. Seither wurde im Wald kein Holz geschlägert.

Zeit t in Jahren	Holzbestand des Waldes in m³
0	27 000
1	$27\,000 \cdot 1{,}027 = 27\,729$
2	$27\,729 \cdot 1{,}027 = 28\,478$
3	$28\,478 \cdot 1{,}027 = 29\,247$
4	$29\,247 \cdot 1{,}027 = 30\,036$
5	$30\,036 \cdot 1{,}027 = 30\,847$

1,027 nennt man in diesem Beispiel den **Wachstumsfaktor**.

Die zugehörige Funktionsgleichung lautet folgendermaßen:

$$B(t) = 27\,000 \cdot 1{,}027^t$$

t … Zeit in Jahren

$B(t)$ … Holzbestand des Waldes in Kubikmeter (m³) zum Zeitpunkt t

Man betrachtet verschiedene Maße für den Zuwachs: den absoluten Zuwachs, den durchschnittlichen Zuwachs und den relativen Zuwachs in %.

t	$B(t)$	Abs. Zuwachs in m³	relativer Zuwachs in %
0	27 000		
1	27 729	729	2,7
2	28 478	749	2,7
3	29 247	769	2,7
4	30 036	789	2,7
5	30 847	811	2,7

Aus den Werten dieser Tabelle ist gut ablesbar, dass der **relative Zuwachs** von einem Jahr zum nächsten gleich bleibt.

Merke

digi.study/bm-k101d1

Bei einer Exponentialfunktion ($c > 0$) gilt, dass bei Vergrößerung der x-Stelle um 1 sich der y-Wert um p % verändert.
Der Wachstums- oder Abnahmefaktor a kann mit folgender Formel berechnet werden:
$a = \frac{f(x+1)}{f(x)} = (100 \pm p)\ \% = 1 \pm \frac{p}{100}$
Wenn $a > 1$, dann handelt es sich um eine **exponentielle Wachstumsfunktion**, wenn $0 < a < 1$, dann handelt es sich um eine **exponentielle Abnahmefunktion**.

Beispiel 10.1.02:

Gegeben sind die folgenden Exponentialfunktionen über $G = \mathbb{R}$:

$f_1(x) = 2^x, f_2(x) = (\frac{1}{2})^x, f_3(x) = 1{,}5 \cdot 1{,}5^x$

1 Erstellen Sie die Graphen der Funktionen f_1, f_2 und f_3. (B)

2 Bestimmen Sie die Wertemengen dieser Graphen. (B)

3 Beschreiben Sie den Verlauf des Graphen $f(x) = a^x$ in Hinblick auf das Monotonieverhalten. (C)

Lösung:

1 Graphen:

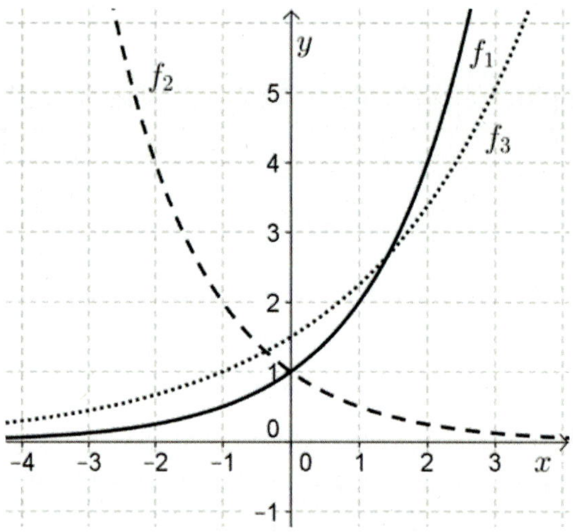

Die Graphen von Exponentialfunktionen der Gestalt $f(x) = a^x$ und $g(x) = (\frac{1}{a})^x$ liegen zur y-Achse symmetrisch. Hier sind es die Graphen f_1 und f_2. Außerdem schneiden sie die y-Achse im Punkt $S_y = (0|1)$.
Die Graphen von Exponentialfunktionen der Gestalt $h(x) = c \cdot a^x$ schneiden die y-Achse im Punkt $S_y = (0|c)$. Beim Graphen f_3 ist es der Punkt $S_y = (0|1{,}5)$.

2 Für $c > 0$ ist die Wertemenge der Exponentialfunktionen $W = \mathbb{R}^+$;
Wäre $c < 0$, gilt: $W = \mathbb{R}^-$

3 Für $a > 1$ ist der Graph der Exponentialfunktion durchwegs streng monoton steigend.
Für $0 < a < 1$ ist der Graph streng monoton fallend.

In den Naturwissenschaften wird die Exponentialfunktion häufig mit der Basis e verwendet:

Formel

$$f(x) = c \cdot e^{k \cdot x} \qquad \text{mit } c \in \mathbb{R} \setminus \{0\},\ k \in \mathbb{R}$$

k heißt die Wachstums- bzw. Abnahme- oder Zerfallskonstante.

Die Euler´sche Zahl e ist der sogenannte Grenzwert einer Zahlenfolge. Es gilt:

$$\lim_{n \to \infty} (1 + \tfrac{1}{n})^n = e$$

Auf dem Taschenrechner erhalten Sie die Euler´sche Zahl e mit der Tastenkombination [2nd] [÷] [ENTER] oder mit [2nd] [LN] [1] [)] [ENTER] wenn für $x = 1$ gesetzt wird:

$$e = 2{,}718281\ldots$$

Beispiel 10.1.03:

Gegeben ist die folgende Funktion durch die Gleichung $f(x) = 4 \cdot e^{-\frac{x^2}{2}}$ über $G = \mathbb{R}$

1 Zeichnen Sie den Graphen von f. (B)

2 Geben Sie die Wertemenge W_f an. (A)

3 Beschreiben Sie den Verlauf des Graphen hinsichtlich des Monotonieverhaltens und der Symmetrie. (C)

Lösung:

1 Mithilfe der folgenden Wertetabelle wird der Graph von f erstellt.

x	–3	–2	–1	0	1	2	3
$f(x)$	0,044 44	0,541 34	2,426 1	4	2,426 1	0,541 34	0,044 44

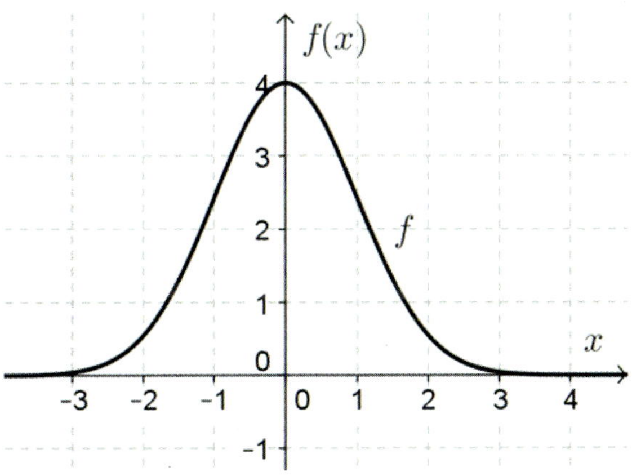

2 Als Wertemenge kommen alle positiven reellen Zahlen bis 4 vor: $W =]0,\ 4]$

3 Der Graph liegt symmetrisch zur y-Achse. Im Bereich aller negativen x-Stellen $]-\infty,\ 0[$ ist die Funktion streng monoton steigend, im Bereich aller positiven x-Stellen $]0,\ \infty[$ ist sie streng monoton fallend.

Übung 10.1.01

digi.study/bm-k101a1

Gegeben sind verschiedene Exponentialfunktionen durch ihre Gleichungen.

1 Ermitteln Sie eine Wertetabelle für die folgenden x-Stellen: (B)

$x = -3; -2; -1{,}5; 0; \frac{2}{3}; 1; 2{,}2; 3$ (B)

2 Zeichnen Sie die Graphen. (B)

3 Lesen Sie aus den Graphen jene x-Stellen ab, für welche die Funktionswerte $y = 9; 5; 1$ sind. (C)

a) $f_1(x) = 3^x$ b) $f_2(x) = 3 \cdot \left(\frac{1}{2}\right)^x$ c) $f_3(x) = e^{(2 \cdot x)}$ d) $f_4(x) = 2^x + 3$

Übung 10.1.02

digi.study/bm-k101a2

Von einer Exponentialfunktion f mit $f(x) = 2 \cdot a^x$ kennt man den Punkt $P = (2|3{,}38)$.

1 Berechnen Sie die Basis a. (B)

Folgende Punkte liegen auf dem Graphen von f: $R = (-1|y),\ S = (x|5),\ T = (0|y)$

2 Berechnen Sie die fehlenden Koordinaten. (B)

3 Stellen Sie die Funktion grafisch dar. (B)

4 Überprüfen Sie anhand des Graphen, ob die Punkte R, S und T auf dem Graphen liegen. (D)

10.2 Logarithmusfunktion (Deskriptor 2.3, B_P_3.3)

ERKLÄR-VIDEO
digi.study/bm-k102

Beispiel 10.2.01:

Von einer Bakterienkultur weiß man, dass sie sich stündlich um 20 % vermehrt. Zu Beginn, also zum Zeitpunkt $t = 0$, sind 10 000 Bakterien vorhanden.

1 Stellen Sie das Wachstumsgesetz der Funktion B auf. (A)

2 Zeichnen Sie den Graphen von B. (B)

3 Berechnen Sie, wie viele Bakterien nach 5 Stunden vorhanden sind. (B)

4 Lesen Sie aus dem Graphen ab, nach welcher Zeit t die Anzahl der Bakterien auf den doppelten Wert angestiegen ist. (C)

Lösung:

1 Der Wachstumsfaktor $a = 120\ \% = 1{,}2$; daher lautet die zugehörige Funktion:

$B(t) = 10\,000 \cdot 1{,}2^t$

t … Zeit in Stunden (h)

$B(t)$ … Anzahl der Bakterien zum Zeitpunkt t

2 Graph:

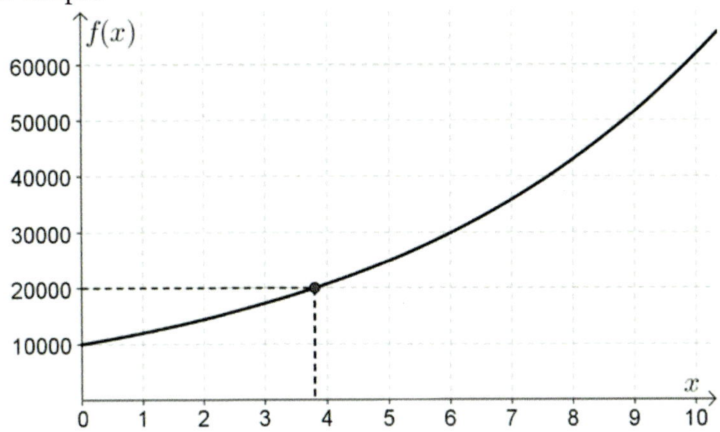

3 $B(5) \approx 24\,883$

Nach 5 Stunden ist der Bestand auf ca. 24 883 Bakterien angewachsen.

4 Nach ca. 3,8 Stunden hat sich die Anzahl der Bakterien verdoppelt.

Will man berechnen, nach wie vielen Stunden sich die Anzahl der Bakterien verdoppelt hat, so benötigt man die Umkehrung der Exponentialfunktion, die **Logarithumsfunktion**.

Geht man von der Exponentialfunktion f mit der Gleichung $f(x) = a^x$ mit $a > 0$ aus, so erhält man die Umkehrrelation durch Vertauschen der x- und y-Koordinate: $x = a^y$.

Will man diese Gleichung nach y explizit darstellen, erhält man: $y = f^{-1}(x) = \log_a x$.

Man sagt: „f^{-1} ist der Logarithmus von x zur Basis a“.

Merke

Beachten Sie: Da die Wertemenge der Exponentialfunktion die positiven reellen Zahlen sind, ist die Logarithmusfunktion nur über den positiven reellen Zahlen definiert.

$$D_{f^{-1}} = \mathbb{R}^+$$

Ist die Basis einer Logarithmusfunktion $a = 10$, so spricht man vom **dekadischen Logarithmus**. Auf dem Taschenrechner ist die Taste mit LOG bezeichnet. Ist die Basis des Logarithmus $a = e$, so spricht man vom **natürlichen Logarithmus**. Auf dem Taschenrechner wird er mit LN bezeichnet.

Formel

Rechenregeln für das Rechnen mit Logarithmen
$(a, b, u, v > 0, \quad u, v \neq 1, \quad x, r \in \mathbb{R})$:

(1) $a^x = b \Leftrightarrow x = \log_a b$

(2) $\log_u(a \cdot b) = \log_u a + \log_u b$

(3) $\log_u(\frac{a}{b}) = \log_u a - \log_u b$

(4) $\log_u a^r = r \cdot \log_u a$

(5) $\log_u a = \frac{\log_v a}{\log_v u}$

(6) $\log_a 1 = 0$

Beispiel 10.2.02:

Aus dem Beispiel 10.2.01 berechnen wir jene Zeit, in welcher sich die Anzahl der Bakterien verdoppelt hat. Man spricht in diesem Fall von der **Verdopplungszeit**.

$B(t) = 10\,000 \cdot 1{,}2^x$

Die zu beantwortende Frage lautet: Wann ist die Zahl der Bakterien auf 20 000 angestiegen? Daher setzt man anstelle von $B(t)$ den Wert 20 000 ein.

Es muss die folgende Gleichung gelöst werden:

$20\,000 = 10\,000 \cdot 1{,}2^t$, d.h. $2 = 1{,}2^t$

$t = \log_{1,2} 2 = \frac{\log_{10} 2}{\log_{10} 1{,}2} = 3{,}80 = 3{,}80$

Nach 3,8 Stunden hat sich die Anzahl der Bakterien verdoppelt.

Anmerkung: Die Gleichung kann man ebenso mit dem Solver des Taschenrechners lösen.

Beispiel 10.2.03:

Gegeben sind die Exponentialfunktionen f_1 und f_2 mit den Gleichungen:

$f_1(x) = 10^x; f_2(x) = 0{,}5^x$

1 Zeichnen Sie in je ein Koordinatensystem die Funktion und ihre Umkehrrelation ein. (B)

2 Argumentieren Sie, warum die Umkehrrelation eine Funktion ist. (D)

3 Beschreiben Sie den Verlauf der Umkehrfunktion im Hinblick auf die Monotonie. (C)

4 Beschreiben Sie den Verlauf der Umkehrfunktion für jene x-Stellen, die sich immer mehr der Stelle $x = 0$ annähern. (C)

Lösung:

1 Graphen:

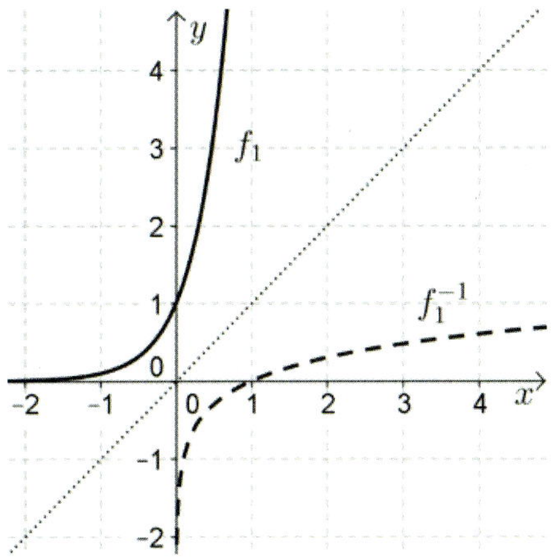

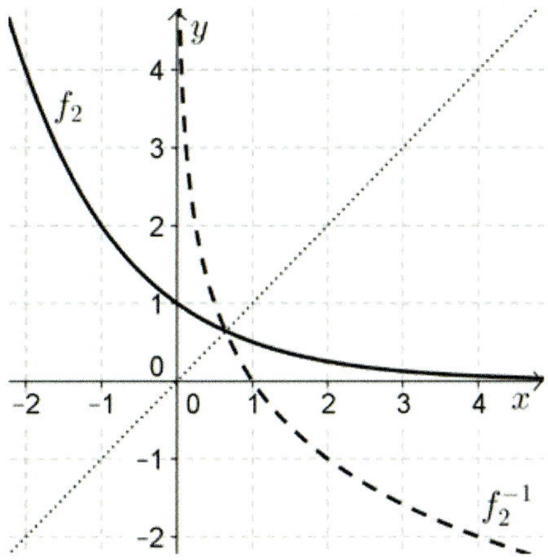

2 Für beide Umkehrrelationen gilt: Jede x-Stelle hat genau einen y-Wert, daher sind es Funktionen.

$f_1^{-1}(x) = \log_{10}x, f_2^{-1}(x) = \log_{0,5}x$

3 Der Graph der Umkehrfunktion f_1^{-1} ist streng monoton steigend, da die Basis größer als 1 ist.

Der Graph der Umkehrfunktion f_2^{-1} ist streng monoton fallend, da die Basis kleiner als 1 ist.

4 Für beide Graphen gilt:

Wenn sich die x-Stellen immer stärker der Zahl 0 annähern, dann „schmiegt" sich der Graph von f_1^{-1} an die negative y-Achse, der Graph von f_2^{-1} an die positive y-Achse an.

Man schreibt: $\lim_{x \to 0} f_1^{-1}(x) = -\infty$ bzw. $\lim_{x \to 0} f_2^{-1}(x) = \infty$

Übung 10.2.01

digi.study/bm-k102a1

Lösen Sie die folgenden Exponentialgleichungen nach x auf. (B)

a) $2^x = 32$	b) $8^x = \sqrt{64}$	c) $5^x = 0{,}04$	d) $10^{3 \cdot x} = 81$
c) $3^{x+1} = \frac{1}{3}$	f) $9^{x-1} = \sqrt{5^{2-2 \cdot x}}$	g) $3^{x+2} = 5$	h) $(\frac{1}{5})^{x+3} = 125$

Übung 10.2.02

digi.study/bm-k102a2

In einer Flüssigkeit befinden sich zu Beginn 7 Keime pro 100 ml, die sich stündlich um 18 % in Bezug auf den jeweils vorigen Wert vermehren.

1 Stellen Sie das Wachstumsgesetz auf. (A)

2 Berechnen Sie, wie viele Keime nach 10 Stunden in je 100 ml der Flüssigkeit sind. (B)

3 Zeichnen Sie den Graphen der Wachstumsfunktion. (B)

4 Lesen Sie aus der Zeichnung ab, wann sich die Zahl der Keime verdreifacht hat. (C)

5 Berechnen Sie jenen Zeitpunkt, zu welchem sich die Anzahl der Keime vervierfacht hat. (B)

Übung 10.2.03

digi.study/bm-k102a3

1 Berechnen Sie die Variable x ohne Taschenrechner. (B)

a) $\log_{10} 1\,000 = x$ b) $\log_{10} 0{,}1 = x$ c) $\log_2 16 = x$

d) $\log_5 \frac{1}{\sqrt{125}} = x$ e) $\log_3 27 = x$ f) $\log_x 32 = 5$

g) $\log_x 4 = 2$ h) $\log_2 x = 8$ i) $\log_3 x = 2$

Übung 10.2.04

digi.study/bm-k102a4

1 Zerlegen Sie die folgenden Ausdrücke unter Verwendung der Logarithmusregeln in einfachste Logarithmanden $(a, b, x, y, z > 0)$. (B)

a) $\log(7 \cdot a \cdot b) =$ b) $\log(2 \cdot x^2 \cdot y) =$ c) $\log\frac{2 \cdot x \cdot z}{3 \cdot y} =$

Übung 10.2.05

digi.study/bm-k102a5

1 Fassen Sie die folgenden Ausdrücke unter Verwendung der Logarithmusregeln auf einen Logarithmanden zusammen $(a, b, c, x, y > 0)$. (B)

a) $\log 2 + \log a - \log c =$

b) $3 \cdot \log a + \log b =$

c) $\log x + \frac{1}{3} \cdot \log y - \frac{1}{2} \cdot \log(x + y) =$

Übung 10.2.06

digi.study/bm-k102a6

In einem Glasfaserkabel nimmt die Lichtintensität mit dem Abstand vom Anfangspunkt exponentiell ab.

Es gilt: $D = 10 \cdot \lg\left(\frac{I_0}{I}\right)$

I_0 … Intensität des Lichtes am Beginn

I … vorhandene Lichtintensität nach 1 km Entfernung vom Ausgangspunkt

Ein bestimmtes Glasfaserkabel weist nach 1 km noch eine Lichtintensität von ca. 94,8 % der Intensität des Lichtes I_0 am Beginn auf.

1 Berechnen Sie, welcher Dämpfung D dies entspricht. (B)

Bei einem anderen Glasfaserkabel stellte man nach 1 km Kabellänge eine Dämpfung von 18 Dezibel (dB) fest.

2 Berechnen Sie, wie viel Prozent der Lichtintensität I_0 am Beginn nach 1 km noch vorhanden waren. (B)

Für die Dämpfung D_1 wird mitunter auch die folgende Formel verwendet:
$D_1 = 10 \cdot \lg\left(\frac{I}{I_0}\right)$

3 Zeigen Sie unter Zuhilfenahme der Rechengesetze für Logarithmen die Gültigkeit der folgenden Gleichung: $D_1 = -D$

Übung 10.2.07

digi.study/bm-k102a7

An vielen Autobahnen werden Schallschutzwände zur Eindämmung des Lärms aufgestellt.

Der Schalldruckpegel kann dabei als Maß für die Beschreibung der Stärke eines Schallereignisses betrachtet werden. Der Schalldruckpegel L_p kann in Abhängigkeit von der Entfernung x vom Straßenrand folgendermaßen beschrieben werden:

$$L_p(x) = 75 - 10 \cdot \lg(x)$$

x … Abstand von der Schallquelle in Metern (m) mit $x > 1$

$L_p(x)$ … Schalldruckpegel in Dezibel (dB) im Abstand x von der Schallquelle

1 Ermitteln Sie, um wie viele Dezibel der Schalldruckpegel abnimmt, wenn die Entfernung von der Schallquelle verdreifacht wird. (B)

Paul rechnet fälschlicherweise mit der folgenden Funktion für den Schalldruckpegel:

$\overline{L_p}(x) = 75 - 10 \cdot \ln(x)$

2 Beschreiben Sie, wie sich der Fehler auf die berechneten Werte auswirkt, indem Sie die richtige Aussage ankreuzen. (C)

Die Funktionswerte des Schalldruckpegels der Funktion $\overline{L_p}$ nehmen gleich ab wie jene der Funktion L_p.	☐
Die Funktionswerte des Zehnerlogarithmus sind für $x > 1$ größer als die des natürlichen Logarithmus.	☐
Die Funktionswerte des Schalldruckpegels der Funktion $\overline{L_p}$ nehmen rascher ab als jene der Funktion L_p.	☐
Die Funktionswerte des Schalldruckpegels der Funktion $\overline{L_p}$ nehmen weniger rasch ab als jene der Funktion L_p.	☐
Die Funktionswerte des Zehnerlogarithmus und des natürlichen Logarithmus sind für alle $x > 1$ gleich.	☐

10.3 Anwendungen auf Wachstums- und Abnahmevorgänge (Deskriptoren 2.10, 3.5, 3.6, 3.9)

Beispiel 10.3.01:

a) Im Jahr 2009 lebten in einem Dorf 1 350 Einwohner; im Jahr danach nahm die Anzahl der Einwohner um 16 % zu.

1 Stellen Sie das Wachstumsgesetz unter der Annahme linearen Wachstums auf. (A)

2 Berechnen Sie, wie viele Einwohner im Dorf im Jahre 2020 zu erwarten sind, wenn sich die jährliche Zunahme fortsetzt. (B)

b)Die Bevölkerung des Nachbardorfes verdoppelt sich jeweils innerhalb von 14 Jahren. Im Jahr 2009 lebten dort 2 150 Menschen.

1 Stellen Sie die Situation grafisch dar. (A)

c) In einem weiteren Dorf beträgt der Wachstumsfaktor 1,1892.

1 Interpretieren Sie, was in Bezug auf das jährliche Wachstum ausgesagt werden kann. (C)

d) Im Jahr 2000 gab es auf der Erde 6,1 Milliarden Menschen. Es wird behauptet, dass im Jahre 2020 8,28 Milliarden Menschen die Erde bevölkern werden, wenn dieses Wachstum anhält.

1 Argumentieren Sie, warum eine Verdopplungszeit von 14 Jahren keinesfalls passen kann. (D)

Lösung:

a) **1** 16 % von 1 350 = 0,16 · 1 350 = 216

Die Anzahl der Einwohner des Dorfes nimmt innerhalb eines Jahres um 216 Personen zu.

$A(t) = 216 \cdot t + 1\,350$

t … Zeit in Jahren nach 2009

$A(t)$ … Anzahl der im Dorf lebenden Menschen zum Zeitpunkt t

2 $A(11) = 216 \cdot 11 + 1\,350 = 3\,726$

Im Jahr 2020 werden unter diesen Wachstumsbedingungen 3 726 Menschen im Dorf leben.

b)

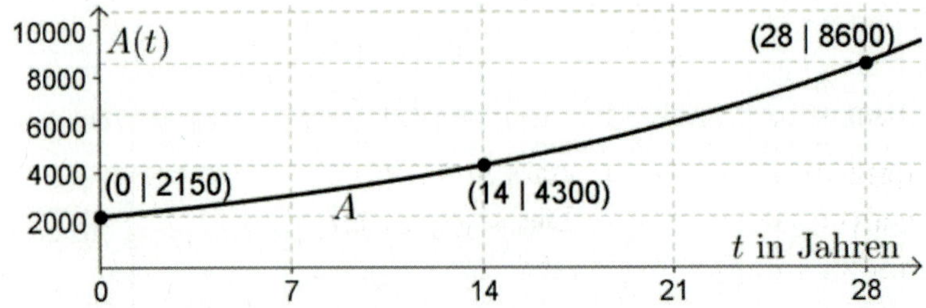

c) Aus dem Wachstumsfaktor kann man ablesen, dass die Zahl der Bewohner jährlich um 18,92 % zunimmt.

d)

Jahr	Anzahl der Menschen auf der Erde (in Mrd.)
2000	6,1
2014	12,2
2028	24,4

Schon im Jahr 2014 wäre bei einer Verdopplungszeit von 14 Jahren die Zahl weit überschritten.

Beispiel 10.3.02:

Eine Bank bietet ein Kapitalsparbuch mit einem Zinssatz von $p = 1{,}5\ \%$ pro Jahr für eine Laufzeit von 5 Jahren an.

Herr Abram legt € 25.000 (= Anfangskapital) ein.

1 Stellen Sie eine Formel auf, mit welcher man berechnen kann, welchen Betrag Herr Abram nach der Laufzeit abheben kann. (ohne Berücksichtigung der Kapitalertragssteuer = KESt) (A)

2 Berechnen Sie den Betrag, den Herr Abram nach 5 Jahren (= Endkapital) erhält. (B)

3 Dokumentieren Sie, wie man berechnen kann, wie viel Prozent die Zinsen insgesamt ausmachen. (C)

Lösung:

1 Unter K_0 versteht man jenen Betrag, den Herr Abram auf das Kapitalsparbuch einzahlt. Nach einem Jahr bekommt er zu seinem eingezahlten Kapital K_0 1,5 % an Zinsen dazu; somit gebühren ihm nach 1 Jahr 101,5 % von K_0 also $K_1 = 1{,}015 \cdot K_0$; 1,015 nennt man den **Aufzinsungsfaktor**. Am Ende des zweiten Jahres stehen ihm 101,5 % von K_1 zu: $K_2 = 1{,}015 \cdot K_1 = 1{,}015^2 \cdot K_0$
Damit erhält man eine Formel für den Fall, dass ein Kapital K_0 n Jahre zu p % verzinst wird:

Formel

$$K_n = K_0 \cdot \left(1 + \tfrac{p}{100}\right)^n$$

2 Herrn Abram steht also nach 5 Jahren folgender Betrag zu:

$K_5 = 25.000 \cdot 1{,}015^5 = 26.932{,}10$

Ohne Berücksichtigung der KESt erhält Herr Abram € 26.932,10.

Man spricht hier von Zinseszinsen.

3 Berechnung der Zinsen: $\Delta K = 26.932{,}1 - 25.000 = 1.932{,}10$

Berechnung des prozentuellen Anteils: $\frac{\Delta K}{K_0} \cdot 100\ \%$ mit $K_0 \triangleq 100\ \%$

Zahlenwert (nicht gefragt): $\frac{\Delta K}{K_0} = \frac{26.932{,}1 - 25.000}{25.000} \cdot 100\ \% \approx 7{,}73\ \%$

Übung 10.3.01

digi.study/bm-k103a1

Beim radioaktiven Zerfall nimmt die Anzahl der Atome der zerfallenden Substanz pro Zeiteinheit näherungsweise um denselben Prozentsatz ab. Vom radioaktiven Isotop Jod 131 zerfallen pro Tag ca. 8 % der am Beginn des Tages vorhandenen Substanz.

1 Stellen Sie das Zerfallsgesetz auf. (A)

2 Berechnen Sie die Halbwertszeit von Jod 131. (B)

Anmerkung: Unter der Halbwertszeit versteht man die Zeit, in welcher die Hälfte dieses Anfangsbestandes abgebaut wurde.

Ein anderes radioaktives Isotop hat eine Halbwertszeit von 26 Tagen.

3 Zeichnen Sie den Graphen der Zerfallsfunktion im Zeitraum von $t = 0$ bis $t = 104$ Tage für $N_0 = 25$ g. (B)

Übung 10.3.02

digi.study/bm-k103a2

Der in einem bestimmten schmerzstillenden Medikament enthaltene Wirkstoff wird mit einer Halbwertszeit von 3 Stunden exponentiell abgebaut. Ein Patient nimmt um 7:00 Uhr und um 20:00 Uhr je eine Tablette mit 0,4 mg Wirkstoff ein.

1 Erstellen Sie einen Graphen, der den im Körper vorhandenen Wirkstoff im Zeitraum von 7:00 Uhr bis 6:59 Uhr des nächsten Tages angibt. (A)

2 Stellen Sie das passende Zerfallsgesetz auf. (A)

3 Berechnen Sie, wie viel mg wirksame Substanz sich um 22:00 Uhr im Körper befindet. (B)

4 Dokumentieren Sie, wie man berechnen kann, wann zum ersten Mal nur noch 10 % des Wirkstoffes im Körper vorhanden sind. (C)

Übung 10.3.03

digi.study/bm-k103a3

Es gibt einzelne Waldgebiete auf der Erde, in denen der Holzbestand abnimmt. Der Holzbestand H eines betroffenen Waldgebietes nimmt jährlich um einen gleichbleibenden Betrag B ab.

1 Erklären Sie, ob die Abnahme des Holzbestandes in Abhängigkeit von der Zeit t in Jahren in diesem Gebiet durch eine lineare oder durch eine exponentielle Funktion beschrieben werden kann. (D)

2 Erstellen Sie die Funktion H. (A)

Ein anderes Waldgebiet hatte ursprünglich einen Holzbestand H von 130 000 m^3 Holz. Es nimmt jährlich um $p = 3{,}75$ % ab.

3 Stellen Sie eine zu den angegebenen Werten passende Funktion H auf. (A)

4 Berechnen Sie, wann der Holzbestand in diesem Waldgebiet nur mehr halb so groß sein wird wie zu Beginn. Runden Sie Ihr Ergebnis auf Jahre. (B)

Waldflächen werden in weiten Teilen auch deshalb zerstört, weil man diese Flächen einer anderen Landnutzung zuführen will. Die folgende Gleichung beschreibt die Entwicklung einer solchen Waldfläche:

$F(t) = 1{,}98 \cdot 10^6 \cdot t$

$F(t)$… zerstörte Fläche in Hektar (ha) zum Zeitpunkt t

t … Zeit in Monaten (Der Monat wird mit 30 Tagen gerechnet.)

5 Berechnen Sie, wie viele Hektar Waldfläche in diesem Gebiet pro Minute zerstört werden. (B)

Übung 10.3.04

digi.study/bm-k103a4

Eine Tasse mit besonders heißem Tee ($T_2 = 89$ °C) wird serviert. Die Umgebung hat die Temperatur $T_1 = 19$ °C. Die Abkühlung auf die Temperatur T erfolgt nach dem Gesetz:

$T(t) = T_1 + (T_2 - T_1) \cdot 0{,}951^t$

$T(t)$ … Temperatur in °C zum Zeitpunkt t

t … Zeit in Minuten (min)

1 Stellen Sie den Funktionsverlauf grafisch dar. (B)

2 Interpretieren Sie den Verlauf des Graphen im Sachzusammenhang. (C)

3 Berechnen Sie, wie lange es dauert, bis der Tee in dieser Umgebung auf trinkbare 35 °C abgekühlt ist. (B)

Durch Einbringen von Zucker wird der Tee in einem Schritt um 11,5 °C abgekühlt.

4 Argumentieren Sie mathematisch, ob der Zucker besser gleich in das Teewasser gegeben werden soll, oder ob die Abkühlung auf 35 °C rascher erfolgt, wenn man zuerst auf 46,5 °C abkühlen lässt und dann erst am Schluss den Zucker dazugibt. (D)

Übung 10.3.05

digi.study/bm-k103a5

Im Jahr 1986 ereignete sich im Kernkraftwerk Tschernobyl in der Ukraine ein folgenschwerer Reaktorunfall. Dabei wurde unter anderem auch radioaktives Cäsium-137 freigesetzt. Die Halbwertszeit τ beträgt 30,2 Jahre.

1 Erstellen Sie die Funktionsgleichung für die noch nicht zerfallene Menge an Cäsium-137 in Prozent in Abhängigkeit von der Zeit t auf (für das Jahr 1986 ist $t = 0$). (A)

2 Zeichnen Sie den Graphen der Funktion im Zeitintervall $[0; 80]$. (B)

Das Zerfallsgesetz eines anderen radioaktiven Stoffes kann durch folgende Gleichung beschrieben werden:

$N(t) = N_0 \cdot e^{-0{,}08664 \cdot t}$

t … Zeit in Tagen (d)

$N(t)$ … vorhandener radiaktover Stoff zum Zeitpunkt t

3 Berechnen Sie die tägliche prozentuelle Abnahme. (B)

4 Zeichnen Sie den Graphen der Funktion. (B)

5 Lesen Sie aus dem Graphen die Halbwertszeit τ ab. (C)

Übung 10.3.06

digi.study/bm-k103a6

Ein Sparbuch mit einer Einlage von K_0 Euro wurde mit 1,7 % pro Jahr verzinst. Der Besitzer „vergaß" darauf und ließ es mehrere Jahre ohne weitere Einzahlungen liegen.

1 Dokumentieren Sie, wie man den Zeitpunkt n berechnen kann, zu welchem sich das Anfangskapital verdoppelt hat. (C)

2 Stellen Sie eine Formel auf, mithilfe derer man den Endwert des Kapitals nach n Jahren berechnen kann. (ohne Berücksichtigung der KESt) (A)

Eine Familie nimmt bei der Bank einen Kredit in der Höhe von € 10.000 auf. Die Laufzeit beträgt 7 Jahre, die jährlichen Zinsen betragen 6,5 %. Der Kredit ist endfällig gestellt, d.h. erst am Ende der Kreditlaufzeit muss der Betrag inklusive der aufgelaufenen Zinsen zurückbezahlt werden.

3 Berechnen Sie, welchen Betrag die Familie am Ende bezahlen muss. (B)

Übung 10.3.07

digi.study/bm-k103a7

Barbara studiert an einer Fachhochschule und lebt im Studentenheim. Im ersten Jahr bekommt sie € 115 monatliches Taschengeld. Vom 2. Jahr bis einschließlich zum 3. Jahr wird das monatliche Taschengeld pro Jahr um € 45,50 erhöht. Ab dem 4. Jahr erhält sie jährlich einen um 32 % höheren Monatsbetrag als im Vorjahr.

1 Stellen Sie die Höhe des monatlichen Taschengeldes in den 5 Studienjahren in einem Stabdiagramm dar. (A)

2 Schreiben Sie an, welchen Betrag sie im 5. Studienjahr monatlich zur Verfügung hat. (B)

Ein Studienkollege erhält im ersten Jahr monatlich € 110. Ab dem 2. Studienjahr und in jedem weiteren Jahr erhöht sich das monatliche Taschengeld um 25 %. Die Höhe seines monatlichen Taschengeldes H kann durch folgende Gleichung beschrieben werden:

$$H(n) = a \cdot b^n$$

n … Anzahl der Jahre, wobei $n = 0$ heuer bedeutet.

$H(n)$ … Höhe des monatlichen Taschengeldes in Euro im Jahr n

3 Ermitteln Sie die Parameter a und b. (B)

Eine Studienkollegin hat die Entwicklung ihres monatlichen Taschengeldes für die ersten 3 Jahre in einer Tabelle dargestellt:

	monatliches Taschengeld in Euro
1. Jahr	135
2. Jahr	175,50
3. Jahr	228,15

4 Zeigen Sie, dass sich das monatliche Taschengeld in diesen 3 Jahren jeweils um den gleichen Faktor vermehrt. (D)

5 Berechnen Sie die Höhe des Taschengeldes, das diese Studienkollegin im 5. Jahr bekommt. (B)

Übung 10.3.08

digi.study/bm-k103a8

In der folgenden Tabelle werden die Bevölkerungszahlen einer Region jeweils zu Beginn der Jahre 2006, 2009 und 2011 angeführt.

Jahr	2011	2014	2016
Bevölkerungszahl	51 200	65 300	77 050

Man vermutet, dass das Wachstum der Bevölkerung durch eine Exponentialfunktion der Gestalt

$B(t) = c \cdot a^t$ modelliert werden kann.

1 Stellen Sie die Gleichungen auf, mit deren Hilfe man die Parameter c und a berechnen kann. (A)

2 Überprüfen Sie die Richtigkeit der Vermutung. (B) (D)

In einer anderen Region liegen folgende Daten für diese Jahre (zu Beginn) vor:

Jahr	2012	2014	2016
Bevölkerungszahl	65 200	67 500	69 800

3 Stellen Sie eine lineare Funktionsgleichung auf, welche die Entwicklung der Bevölkerungszahl in diesen Jahren angibt. (A)

4 Zeichnen Sie den Graphen dieser Funktion. (B)

5 Lesen Sie aus dem Graphen ab, wie viele Menschen unter der Annahme einer gleichbleibenden Entwicklung im Jahr 2019 in dieser Region leben werden. (C)

Für die Regionen A und B stellt der folgende Graph die Entwicklung der Bevölkerung dar.

6 Lesen Sie aus dem Graphen ab, zu welchem Zeitpunkt in den beiden Regionen ca. gleich viele Menschen lebten. (C)

7 Schätzen Sie ab, wie viele Menschen im Jahr 2019 in den beiden Regionen leben werden. (B)

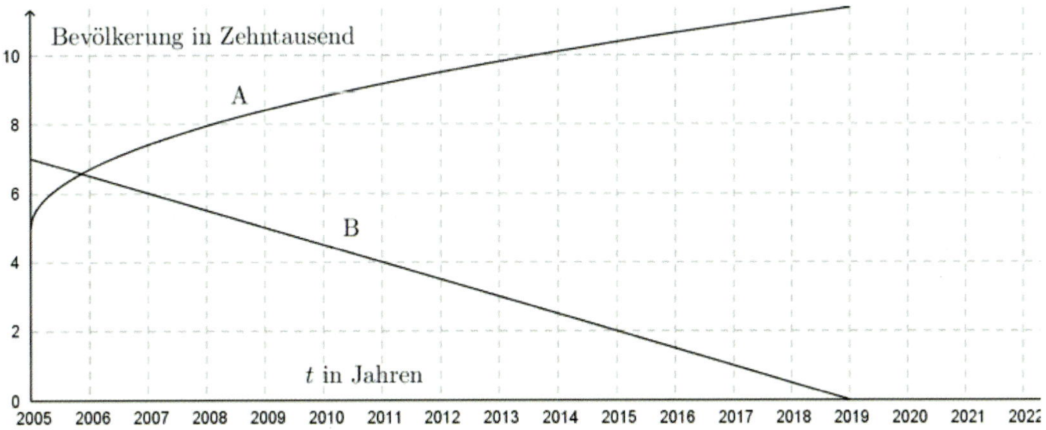

Übung 10.3.09

digi.study/bm-k103a9

Für das Backen eines Milchbrotes wird ein sogenanntes „Dampfl" benötigt. Zur Herstellung gibt man etwas Mehl, ein klein wenig Zucker, Hefe und lauwarme Milch in eine zylindrische Schüssel. Diese Zutaten verrührt man und lässt sie t Minuten an einem warmen Ort stehen. Das Dampfl soll aufgehen.

Die Höhe h dieses Dampfls kann mit einer Exponentialfunktion mit der Gleichung $h(t) = h_0 \cdot e^{k \cdot t}$ annähernd modelliert werden.

t … Zeit in Minuten (min)

$h(t)$ … Höhe des Dampfls in Zentimeter (cm) zum Zeitpunkt t

Zu Beginn hat das Dampfl eine Höhe von 3,8 cm.

Nach 13 Minuten hat es eine Höhe von 6,5 cm.

1 Berechnen Sie aus den gegebenen Informationen den Wert für k. (B)

2 Stellen Sie das Wachstumsgesetz auf. (B)

Aus Erfahrung weiß man, dass sich bei einer geeigneten Umgebungstemperatur die Höhe des Dampfls alle 15 Minuten verdoppelt.

3 Erstellen Sie den Graphen für das Anwachsen der Höhe des Dampfls. (A)

Der folgende Graph geht von einem linearen Modell für das Anwachsen der Höhe des Dampfls aus.

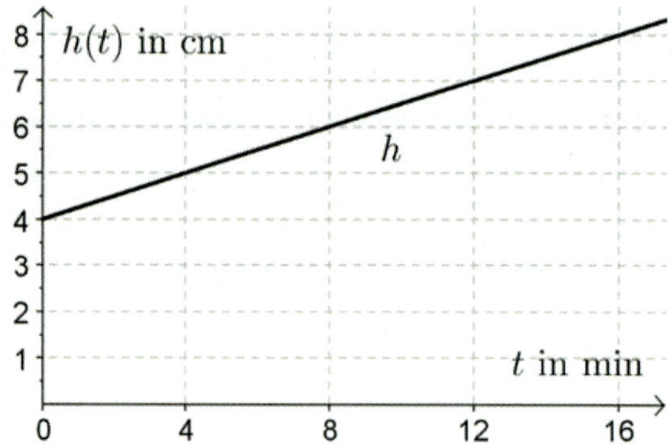

4 Erstellen Sie die Funktionsgleichung für h. (A)

5 Berechnen Sie, wie lange es dauert, bis das Dampfl eine Höhe von 7,2 cm hat. (B)

Übung 10.3.10

digi.study/bm-k103a10

Die Anzahl der Neuronen in der Großhirnrinde bei Frauen kann durch folgende Funktionsgleichung berechnet werden:

(1) $N(t) = e^{3{,}04 - 0{,}00139 \cdot t}$

t … Lebensalter in Jahren (a)

$N(t)$ … Anzahl der Neuronen in Milliarden (Mrd.) in Abhängigkeit vom Lebensalter t

In einer Frauenzeitschrift kann man lesen: „Innerhalb von 50 Jahren nimmt die Anzahl der Neuronen in der Großhirnrinde bei Frauen um ungefähr 10 % ab."

1 Überprüfen Sie mithilfe des gegebenen Modells, ob die in der Zeitung aufgestellte Behauptung für die ersten 50 Lebensjahre einer Frau zutrifft. (D)

In einem anderen Lehrbuch wird die in (1) gegebene Funktionsgleichung in der Form $N(t) = N_0 \cdot a^t$ angegeben.

2 Formen Sie die Formel (1) so um, dass Sie die Formel $N(t) = N_0 \cdot a^t$ erhalten. (B)

Die gegebene Abnahmefunktion (1) soll in ein lineares Modell überführt werden.

3 Dokumentieren Sie die Vorgangsweise für die Erstellung dieses linearen Modells der Abnahme für die ersten 60 Lebensjahre. (C)

Übung 10.3.11

digi.study/bm-k103a11

Die folgende Grafik zeigt den Wasserdruck in bar in Abhängigkeit von der Wassertiefe in km.

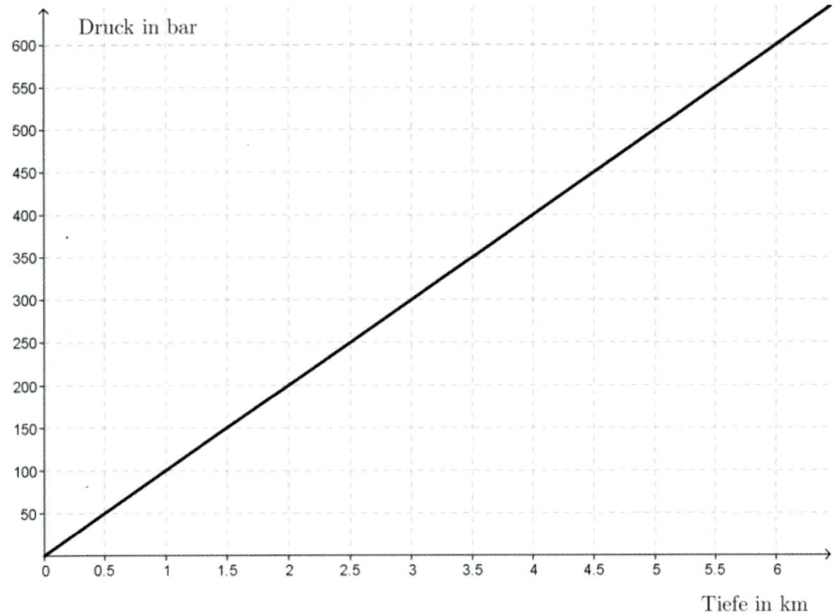

1 Lesen Sie ab, wie hoch der Wasserdruck in 4,5 km Tiefe ist. (C)

2 Zeichnen Sie ein Steigungsdreieck ein und lesen Sie daraus die Steigung ab. (A) (C)

In einer Fachzeitschrift findet sich für die Beschreibung des Wasserdruckes in Abhängigkeit von der Wassertiefe die folgende Formel:

$p(t) = a \cdot e^{k \cdot t}$ für $t \geq 1$ m

t ... Wassertiefe in m

$p(t)$ ... Wasserdruck in Kilopascal (kPa) in der Tiefe t

In 150 m Wassertiefe herrscht ein Druck von 11,1 kPa und in 1 km Tiefe beträgt er 22,47 kPa.

3 Berechnen Sie die Parameter a und k. (B)

4 Dokumentieren Sie, wie man jene Wassertiefe berechnen kann, in welcher sich der Druck verdoppelt hat. (C)

Der Zusammenhang zwischen Wasserdruck und Wassertiefe kann gemäß einer Mitschrift eines Kursteilnehmers auch annähernd folgendermaßen beschrieben werden:

$p(t) = -2 \cdot 10^{-4} \cdot t^2 + 0{,}22 \cdot t$

t ... Wassertiefe in m

$p(t)$ ... Wasserdruck in bar in der Wassertiefe t

Fortsetzung Übung 10.3.11

5 Zeichnen Sie den Graphen der Funktion p in das folgende Koordinatensystem ein. (B)

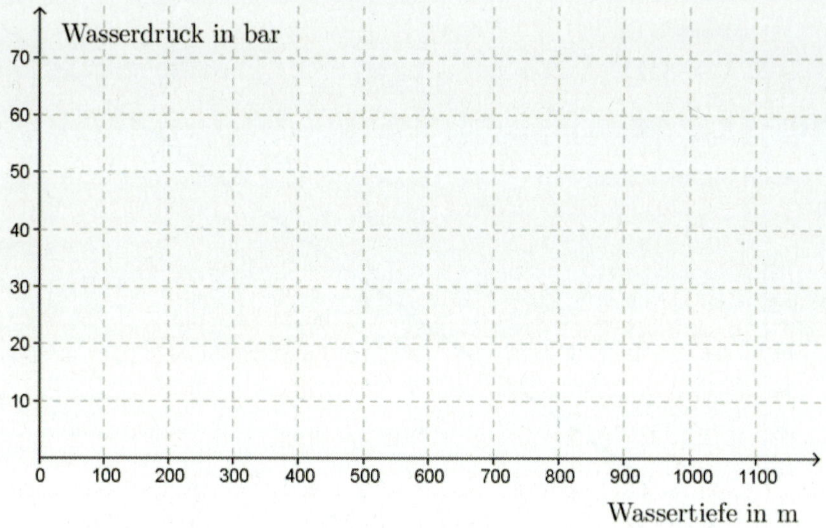

6 Erklären Sie, ab welcher Wassertiefe dieser Graph nicht mehr geeignet ist, den Zusammenhang passend zu beschreiben. (D)

11 Trigonometrie, trigonometrische Funktionen

Die Trigonometrie (aus dem Griechischen: Dreieck, Maß) beschäftigt sich mit grundlegenden Sätzen und Formeln für Dreiecke, Vierecke und Polygone (Vielecke).

digi.study/bm-k11

11.1 Sinus, Cosinus und Tangens im rechtwinkeligen Dreieck (Deskriptor 2.12)

ERKLÄR-VIDEO
digi.study/bm-k111

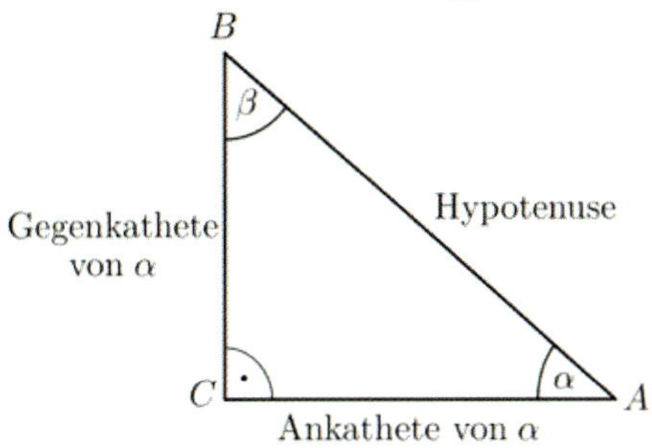

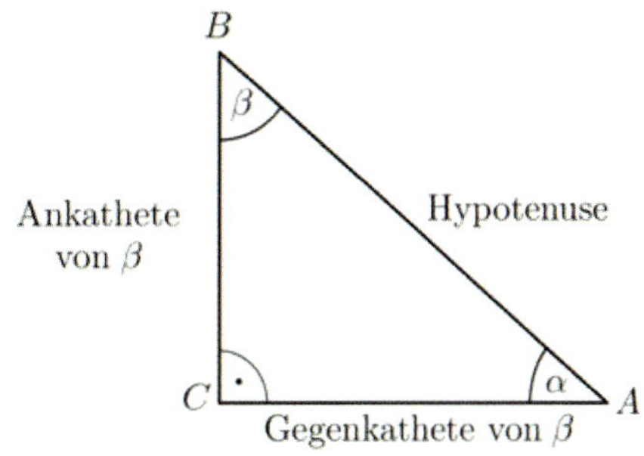

In ähnlichen Dreiecken bleibt das Seitenverhältnis erhalten. So gibt das Verhältnis der Gegenkathete von α zur Hypotenuse in allen ähnlichen Dreiecken dieselbe Zahl, die man auch als sin α, sprich „Sinus Alpha" bezeichnet.

Ganz analog verhält es sich mit dem Verhältnis der anderen Seiten.

Es gilt:

Formel

$\sin\alpha = \frac{\text{Gegenkathete}}{\text{Hypotenuse}}$ „Sinus Alpha"

$\cos\alpha = \frac{\text{Ankathete}}{\text{Hypotenuse}}$ „Cosinus Alpha"

$\tan\alpha = \frac{\text{Gegenkathete}}{\text{Ankathete}}$ „Tangens Alpha"

Folgende Beziehungen lassen sich am rechtwinkeligen Dreieck leicht überprüfen:

$\tan\alpha = \frac{\sin\alpha}{\cos\alpha}$ weil gilt: $\frac{\sin\alpha}{\cos\alpha} = \frac{\frac{GK}{H}}{\frac{AK}{H}} = \frac{GK}{H} \cdot \frac{H}{AK} = \frac{GK}{AK} = \tan\alpha$

Mithilfe des Pythagoräischen Lehrsatzes ($GK^2 + AK^2 = H^2$) kann man folgende Beziehung überprüfen:

Formel

$(\sin\alpha)^2 + (\cos\alpha)^2 = 1$

ERKLÄR-VIDEO
digi.study/bm-k111f2

Es gilt: $\left(\frac{GK}{H}\right)^2 + \left(\frac{AK}{H}\right)^2 = \frac{GK^2 + AK^2}{H^2} = \frac{H^2}{H^2} = 1$

In jedem rechtwinkeligen Dreiecke sind beide Katheten kürzer als die Hypotenuse, daher sind für $0° < \alpha < 90°$ sowohl sin α als auch cos α reelle Zahlen zwischen 0 und 1.

Beispiel 11.1.01:

Auf einem Straßenschild sehen Sie, dass die Straße um 12 % steigt.

1 Berechnen Sie den Steigungswinkel α. (B)

Lösung:

12 % Steigung bedeutet: Der Höhenunterschied Δh beträgt 12 m bei einem waagrechten Entfernungsunterschied $\Delta x = 100$ m.

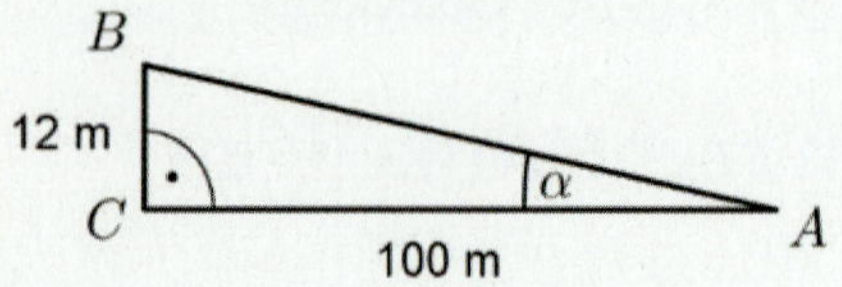

Mit der Formel $\tan\alpha = \frac{GK}{AK} = \frac{12}{100} = 0{,}12$ kann man unter Heranziehung der Umkehrfunktion $\tan^{-1}0{,}12$ den gesuchten Winkel $\alpha = 6{,}84°$ angeben.

Beispiel 11.1.02:

$1 + \tan^2\alpha = \frac{1}{\cos^2\alpha}$

1 Begründen Sie die Richtigkeit der Formel.

Lösung:

$1 + \tan^2\alpha = 1 + \frac{\sin^2\alpha}{\cos^2\alpha} = \frac{\cos^2\alpha + \sin^2\alpha}{\cos^2\alpha} = \frac{1}{\cos^2\alpha}$

Übung 11.1.01

digi.study/bm-k111a1

Die Sonnenstrahlen fallen unter dem Winkel $\alpha = 50°$ auf einen 20 m hohen Turm im Schlosspark, dies bedeutet, dass die Sonnenhöhe 50° beträgt.

1 Berechnen Sie die einfache Länge des Schattens. (B)

Der Schatten einer Statue im Schlosspark beträgt 10 dm.

2 Berechnen Sie die Höhe der Statue. (B)

Übung 11.1.02

digi.study/bm-k111a2

Die Seilbahn von der Tal- zur Bergstation schließt mit der Horizontalen den Höhenwinkel von 17° ein. Ein Höhenwinkel wird stets von der Horizontalen nach oben gemessen. Die Talstation liegt 960 m über dem Meeresniveau, die Bergstation 1 695 m über dem Meeresniveau.

1 Berechnen Sie die Länge der Seilbahn ohne Berücksichtigung des Durchhanges. (B)

Ein Tourist hat eine Wanderkarte im Maßstab 1 : 25 000 in der Hand und misst die Entfernung von der Talstation zur Bergstation; er schätzt diese Entfernung auf ca. 2 400 m ein.

Anmerkung: Aus der Wanderkarte liest man die horizontale oder waagrechte Entfernung der beiden Punkte ab.

2 Überprüfen Sie, ob diese Schätzung passen kann. (D)

Ein Grundstück hat die Gestalt eines Parallelogramms. Man kennt die Längen der Seiten a und b und den von ihnen eingeschlossenen Winkel α.

1 Erstellen Sie eine Formel, mit welcher man die Länge der Höhe h_a auf die Seite a berechnen kann. (A)

2 Berechnen Sie den Flächeninhalt des Grundstücks für $a = 32\ m$, $b = 54$ m, $\alpha = 47°$. (B)

Der Besitzer will das Grundstück verkaufen. Der ortsübliche Preis liegt bei € 350 pro m^2. Er vereinbart schließlich mit dem Käufer, dass er von diesem Preis 5 % abzieht.

3 Berechnen Sie, welchen Betrag der Besitzer aus diesem Verkauf erhält. (B)

Übung 11.1.03

digi.study/bm-k111a3

Die Baubehörde schreibt für das Giebeldach eines Neubaus einen Winkel von $\alpha = 23{,}5°$ vor. Das Haus hat eine Breite von 10 m.

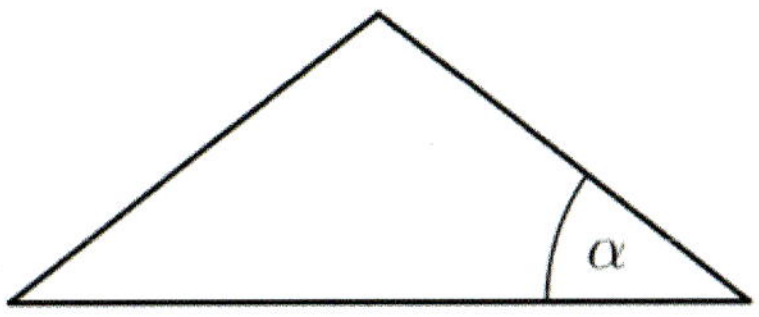

Der Ausbau des Dachbodens ist aber nur dann sinnvoll, wenn eine Raumhöhe von mindestens 2,5 m gewährleistet ist.

1 Berechnen Sie, ob der Dachbodenausbau möglich ist. (B)

In einem anderen Plan ist die Raumhöhe im Dachboden mit $h = 2{,}75$ m angegeben. Das Haus ist l m lang und b m breit.

2 Stellen Sie eine Formel auf, mit welcher man den Rauminhalt des Dachbodens berechnen kann. (A)

Übung 11.1.04

digi.study/bm-k111a4

Auf einem Straßenschild wird die Steigung bzw. das Gefälle in Prozent angegeben.

1 Stellen Sie eine Formel auf, welche den Zusammenhang zwischen der Steigung p % und dem Steigungswinkel α angibt. (A)

2 Berechnen Sie die Größe des Steigungswinkels bei einer Steigung von 100 %. (B)

3 Berechnen Sie die Steigung in Prozent bei einem Steigungswinkel $\alpha = 12°$. (B)

Übung 11.1.05

digi.study/bm-k111a5

Ein DIN-A4-Blatt hat folgende Abmessungen: 210 mm × 297 mm. Man teilt das Blatt entlang einer Diagonalen in zwei Dreiecke.

1 Erstellen Sie eine saubere und beschriftete Skizze. (A)

2 Berechnen Sie die Größe der Innenwinkel eines Dreiecks. (B)

Übung 11.1.06

digi.study/bm-k111a6

Übung 11.1.07

digi.study/bm-k111a7

Ein Maler benützt eine zusammenklappbare Stehleiter. Sie reicht ungefähr 1,93 m in die Höhe, wenn sie unter dem Winkel $\alpha = 30°$ geöffnet ist.

1 Erstellen Sie eine saubere und beschriftete Skizze. (A)

2 Berechnen Sie die Länge der zusammengeklappten Leiter. (B)

Die Leiter verfügt über eine Sicherungskette. Die Leiter lässt sich höchstens auf einen Winkel von 45° öffnen.

3 Überprüfen Sie, ob die Leiter dann noch auf eine Höhe von 1,90 m reicht. (D)

Übung 11.1.08

digi.study/bm-k111a8

Die Stadt New York liegt 40° 45′ nördlicher Breite. Das heißt, die Verbindungslinie vom Erdmittelpunkt bis nach New York und die Äquatorebene schließen den Winkel $\varphi = 40° 45'$ ein.

Wir denken uns nun die Erde als Kugel mit einem Durchmesser von ca. 12 756 km.

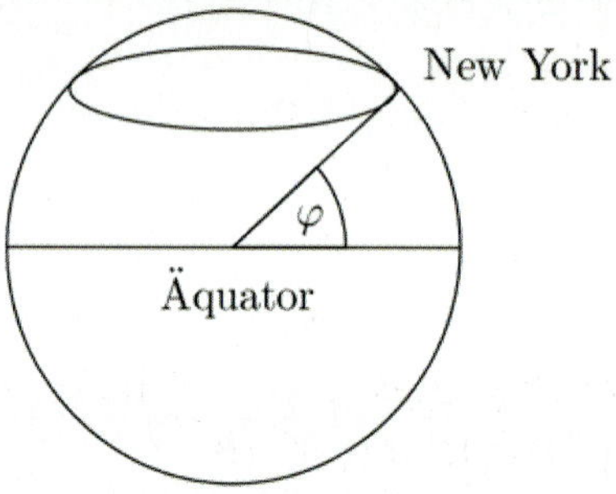

1 Berechnen Sie die Entfernung der Stadt New York von der Äquatorebene. (A) (B)

Rafael behauptet: Wenn ich den nördlichen Breitenkreis, auf welchem New York liegt, umkreise, dann lege ich ca. $\frac{3}{4}$ des Äquatorumfanges zurück."

2 Argumentieren Sie, ob die Aussage Rafaels stimmen kann. (D)

Übung 11.1.09

digi.study/bm-k111a9

In der folgenden Abbildung sind vier rechtwinkelige Dreiecke dargestellt.

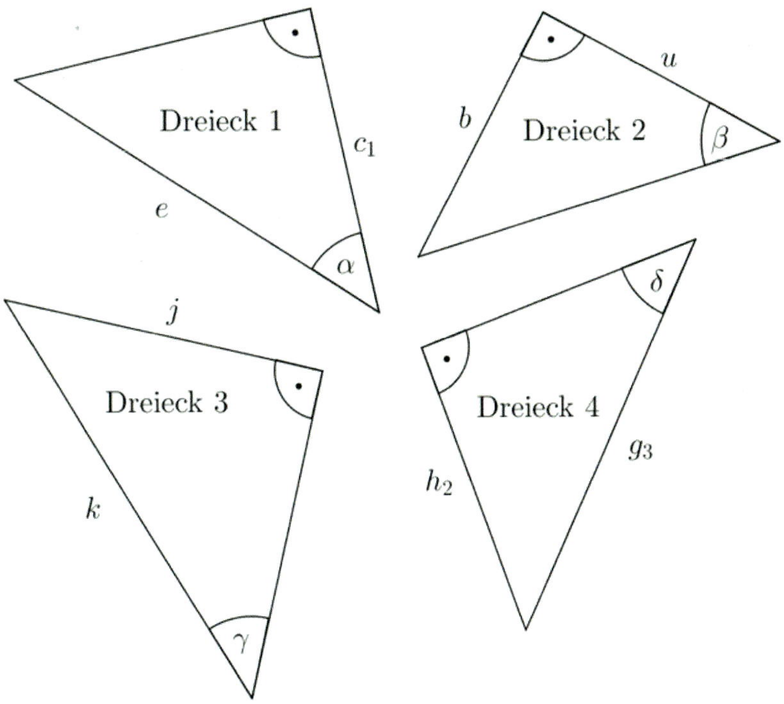

1 Ermitteln Sie für jedes der Dreiecke, durch welche Winkelfunktion der im Dreieck angeführte spitze Winkel dargestellt wird. (B)

Dreieck 1: ....(α) = Dreieck 2: ....(β) =

Dreieck 3: ....(γ) = Dreieck 4: ....(δ) =

Übung 11.1.10

digi.study/bm-k111a10

Die Sonne steht im Zentrum unseres Sonnensystems.

Masse $m = 1{,}9881 \cdot 10^{27}$ t, Dichte $\rho = 1{,}41\,\frac{\text{g}}{\text{cm}^3}$

1 Berechnen Sie das Volumen V der Sonne in km³, wenn folgender Zusammenhang gilt: $\rho = \frac{m}{V}$ (B)

Die Sonnenstrahlen fallen unter einem Winkel α auf die Erde; gemeint ist damit der Winkel zwischen den Sonnenstrahlen und der Horizontalen.

2 Stellen Sie eine Formel auf, mit welcher man die Länge des Schattens berechnen kann, den ein Gebäude mit der Höhe h m wirft. (A)

Um die Entfernung r von einem Stern zu unserer Erde berechnen zu können, verwendet man die folgende Formel: $m - M = 5 \cdot \log_{10} r - 5$

m … scheinbare Helligkeit des Sterns in Magnituden (mag)

M … absolute Helligkeit des Sterns in Magnituden (mag)

r … Entfernung eines Sterns von der Erde in Parsec (pc), 1 pc = $30{,}856 \cdot 10^{12}$ km

Unsere Sonne hat eine scheinbare Helligkeit von $m = -26{,}73$ mag;

ihre absolute Helligkeit beträgt $M = +4{,}84$ mag.

3 Berechnen Sie die Entfernung der Sonne von der Erde. (B)

Übung 11.1.11

digi.study/bm-k111a11

Eine Standseilbahn führt von der Talstation in 850 m Höhe über dem Meeresspiegel auf die Bergstation. Diese liegt 1 400 m über dem Meeresspiegel. Die direkte Verbindungslinie zwischen Tal- und Bergstation hat eine Länge von 1 421 m.

1 Übertragen Sie die Informationen in eine saubere Skizze, welche auch mit den gegebenen Größen zu beschriften ist. (A)

2 Berechnen Sie, unter welchem Winkel die Standseilbahn zwischen der direkten Verbindungsstrecke von der Tal- zur Bergstation ansteigt. (B)

Bei einer Revision wurde festgehalten, dass der Steigungswinkel der Bahn unbedingt verringert werden muss. Tal- und Bergstation bleiben aber in derselben Höhe über dem Meer.

3 Erklären Sie, wie man die durchschnittliche Steigung von der Tal- zur Bergstation in Prozent angeben kann. (D)

4 Erklären Sie unter Zuhilfenahme einer geeigneten Formel, wie sich die Verringerung der Steigung auf die Länge der direkten Verbindung zwischen Tal- und Bergstation auswirkt. (D)

Die Bahn verfügt über 2 Wägen, wovon einer auf der Bergstation, der andere in der Talstation steht. In einem Wagen werden maximal 90 Personen befördert. Die Fahrzeit von der Tal- zur Bergstation beträgt 3,45 Minuten (min).

5 Berechnen Sie, wie viele Personen maximal pro Stunde von der Tal- zur Bergstation befördert werden können, wenn pro Fahrt zum Ein- und Aussteigen zusammen durchschnittlich 3,8 min benötigt werden. (B)

Übung 11.1.12

digi.study/bm-k111a12

Ein Flugzeug erreicht nach einem Steigflug von 6 Minuten mit einer durchschnittlichen Geschwindigkeit von 550 km/h seine Reiseflughöhe von 12 000 m.

1 Erstellen Sie eine saubere Skizze. (A)

2 Berechnen Sie, wie lange die Strecke ist, welche das Flugzeug im Steigflug zurücklegt. (B)

3 Berechnen Sie, wie groß der Steigungswinkel beim Steigflug ist. (B)

4 Dokumentieren Sie durch Anschreiben aller notwendigen Rechenschritte, wann und in welcher Höhe das Flugzeug eine Flugleitstelle überfliegt, die 30 km vom Abflugflughafen entfernt ist. (C)

11.2 Sinus, Cosinus und Tangens im Einheitskreis

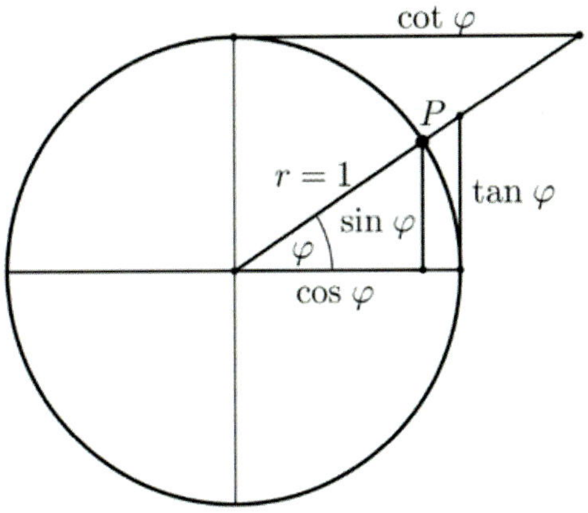

Unter dem **Einheitskreis** versteht man einen Kreis, dessen Radius die Länge 1 hat. Der Einheitskreis wird in vier gleiche Teile, die **Quadranten**, unterteilt. Der **Sinus** eines Winkels α mit $0° \leq \alpha < 360°$ ist gleich der ***y*-Koordinate** des dazugehörigen Punktes $P = (x|y)$ auf dem Einheitskreis, der **Cosinus** des Winkels α ist die ***x*-Koordinate** des Punktes P.

Diese Erklärungen haben für alle Winkel α Gültigkeit. Es ist leicht nachvollziehbar, dass alle Winkel über 360° zu Punkten auf dem Einheitskreis führen, die bereits aus dem Intervall [0°; 360°[bekannt sind. Durchwandert man den Einheitskreis in der mathematisch **negativen Richtung**, also mit dem Uhrzeigersinn, dann erhält man negative Winkel.

Für den Tangens eines Winkels α gilt: $\tan \alpha = \frac{\sin \alpha}{\cos \alpha}$. Er ist also dort nicht definiert, wo $\cos \alpha = 0$ ist.

Der Sinus ist für folgende Winkel Null: $0°, \pm 180°, \pm 360°, \pm 540°, \ldots$

Der Cosinus ist für folgende Winkel Null: $\pm 90°, \pm 270°, \pm 450°, \ldots$

Beispiel 11.2.01:

Die festgelegten Darstellungen von Sinus und Cosinus am Einheitskreis werden auf den II., III. und IV. Quadranten übertragen.

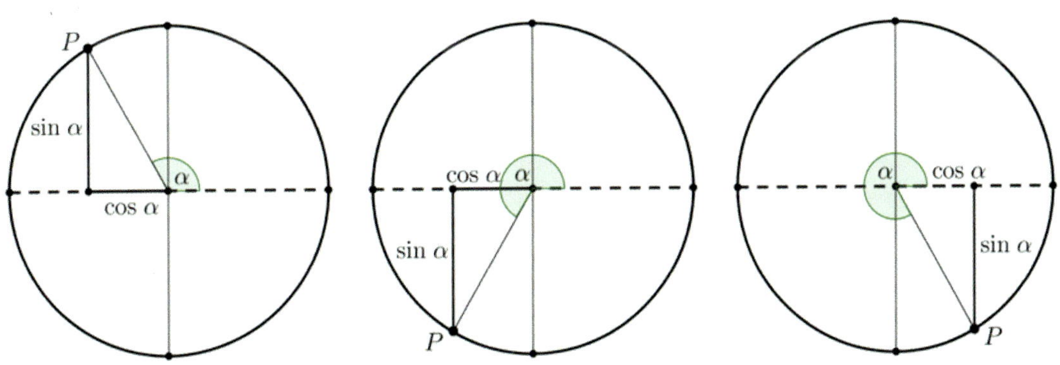

Daraus lassen sich die Vorzeichen für Sinus, Cosinus und Tangens in den einzelnen Quadranten ablesen:

	$0° < \alpha < 90°$	$90° < \alpha < 180°$	$180° < \alpha < 270°$	$270° < \alpha < 360$
$\sin \alpha$	+	+	–	–
$\cos \alpha$	+	–	–	+
$\tan \alpha$	+	–	+	–

Übung 11.2.01

digi.study/bm-k112a1

1 Bestimmen Sie einen Winkel α aus dem Intervall $[0°; 360°[$, für den gilt: (B)

a) $\cos(\alpha) = -1$ und $\sin(\alpha) > 0$

b) $\tan(\alpha) = 1$ und $\cos(\alpha) < 0$

c) $\sin(\alpha) = 0$ und $\cos(\alpha) < 0$

d) $\sin(\varphi) > 0$

e) $\cos(\varphi) < 0$

f) $\sin(\varphi) < 0$ und $\cos(\varphi) < 0$

g) $\sin(\varphi) > 0$ und $\cos(\varphi) > 0$

11.3 Sätze für allgemeine Dreiecke (Deskriptor B_P_2.2)

ERKLÄR-VIDEO
digi.study/bm-k113

Beispiel 11.3.01:

Von einem Dreieck kennt man die Längen der Seiten a und b und den eingeschlossenen Winkel α.

1 Erstellen Sie eine saubere und beschriftete Skizze. (A)

2 Dokumentieren Sie, wie man die Länge der Höhe h_c auf die Seite c berechnen kann. (C)

3 Schreiben Sie eine Formel zur Berechnung des Flächeninhaltes an. (A)

Lösung:

1 Skizze:

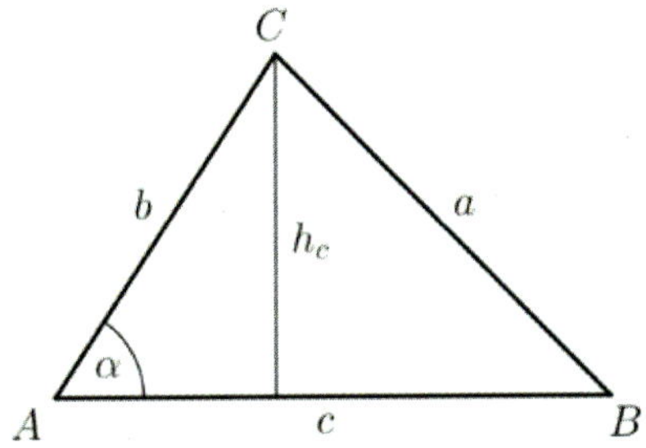

2 rechtwinkeliges Dreieck; mit α und b über Sinus: $\sin \alpha = \frac{h_c}{b}$; $h_c = b \cdot \sin \alpha$

3 $A = \frac{c \cdot h_c}{2} = \frac{c \cdot b \cdot \sin \alpha}{2}$

Analog lassen sich mit den beiden anderen Höhen folgende Formeln zur Berechnung des Flächeninhaltes eines Dreiecks herleiten: $A = \frac{c \cdot a \cdot \sin \beta}{2} = \frac{a \cdot b \cdot \sin \gamma}{2}$

Formel

Für den Flächeninhalt eines Dreiecks gilt:
$A = \frac{c \cdot a \cdot \sin \beta}{2} = \frac{a \cdot b \cdot \sin \gamma}{2} = \frac{c \cdot b \cdot \sin \alpha}{2}$

Beispiel 11.3.02:

Von einem Dreieck kennt man die Länge der Seite c und die Größe der Winkel α und β.

1 Erstellen Sie eine saubere und beschriftete Skizze. (A)

2 Dokumentieren Sie, wie man die fehlenden Seitenlängen und den Winkel γ berechnen kann. (C)

3 Berechnen Sie die fehlenden Seitenlängen, den Winkel γ und den Flächeninhalt, wenn folgende Angaben vorliegen: c = 8 cm, $\alpha = 50°$, $\beta = 70°$ (B)

Lösung:

1 Skizze:

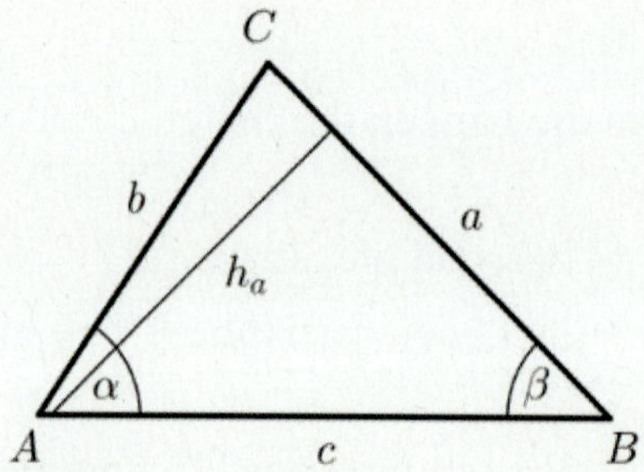

2 $\sin\beta = \frac{h_a}{c}; \Rightarrow (1)\ h_a = c \cdot \sin\beta$

$\gamma = 180° - (\alpha + \beta)$

$\sin\gamma = \frac{h_a}{b}; \Rightarrow (2)\ h_a = b \cdot \sin\gamma;\ b = \frac{h_a}{\sin\gamma}$

$\sin\alpha = \frac{h_c}{b}; h_c = b \cdot \sin\alpha;\ \sin\beta = \frac{h_c}{a}; a = \frac{h_c}{\sin\beta}$

3 $h_a = 7{,}51$ cm; $\gamma = 60°$; $b = 8{,}68$ cm;

$h_c \approx 6{,}65$ cm; $a \approx 7{,}08$ cm

$A = \frac{b \cdot c \cdot \sin\alpha}{2} \approx 26{,}60\ \text{cm}^2$

Setzt man die beiden Terme für h_a (1) und (2) gleich, so erhält man den ersten Teil des Sinussatzes:

$c \cdot \sin\beta = b \cdot \sin\gamma;\ \frac{c}{\sin\gamma} = \frac{b}{\sin\beta}$

Nimmt man die Ausdrücke für die Höhe h_c dazu, so vervollständigt sich der **Sinussatz**:

Formel

$\frac{b}{\sin\beta} = \frac{a}{\sin\alpha} = \frac{c}{\sin\gamma}$ **Sinussatz**

Merke

Beachten Sie: Mit dem Sinussatz kann man allgemeine Dreiecke lösen, von denen eine Seite und zwei Winkel (SWW) oder zwei Seiten und der nicht eingeschlossene Winkel (SSW) gegeben sind.

Beispiel 11.3.03:

Von einem Dreieck sind folgende Bestimmungsstücke gegeben: b, c, α

1 Erstellen Sie eine saubere und beschriftete Skizze. (A)

2 Dokumentieren Sie, wie man die Länge der Seite a berechnen kann. (C)

3 Berechnen Sie die Länge der Seite a, die Größe der Winkel β, γ und den Flächeninhalt dieses Dreiecks in Bezug auf folgende Angaben: $c = 4{,}51$ cm, $b = 5$ cm, $\alpha = 94{,}6°$ (B)

Lösung:

1 Skizze:

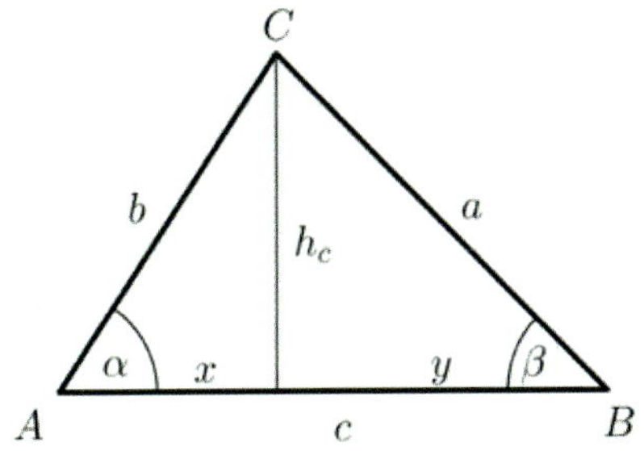

2 $\sin\alpha = \frac{h_c}{b}$; $h_c = b \cdot \sin\alpha$; $\cos\alpha = \frac{x}{b}$; $x = b \cdot \cos\alpha$; $y = c - x$

Pythagoräischer Lehrsatz: $y^2 + h_c^2 = a^2$; $(c - b \cdot \cos\alpha)^2 + h_c^2 = a^2$;

$c^2 - 2 \cdot c \cdot b \cdot \cos\alpha + b^2 \cdot (\cos\alpha)^2 + b^2 \cdot (\sin\alpha)^2 = a^2$

$c^2 - 2 \cdot c \cdot b \cdot \cos\alpha + b^2 \cdot [(\cos\alpha)^2 + (\sin\alpha)^2] = a^2$

$c^2 - 2 \cdot c \cdot b \cdot \cos\alpha + b^2 \cdot 1 = a^2$

weil $(\cos\alpha)^2 + (\sin\alpha)^2 = 1$ siehe Kapitel 14.1

Formel

$a^2 = b^2 + c^2 - 2 \cdot b \cdot c \cdot \cos\alpha$ **Cosinussatz**

3 $a = \sqrt{b^2 + c^2 - 2 \cdot b \cdot c \cdot \cos\alpha}$

$a \approx 7$ cm

Sinussatz: $\frac{\sin\alpha}{a} = \frac{\sin\beta}{b}$; $\sin\beta = \frac{\sin\alpha \cdot b}{a}$; $\beta = \sin^{-1}(b \cdot \frac{\sin\alpha}{a})$

$\beta = 45{,}42°$; $\gamma = 180° - 94{,}6° - 45{,}42° = 39{,}98°$

$A = \frac{1}{2} \cdot b \cdot c \cdot \sin\alpha = 11{,}24 \text{ cm}^2$

Übung 11.3.01

digi.study/bm-k113a1

Ein Wanderer steht in einem ebenen Hochtal und bemerkt, dass der Berggipfel A von einem zweiten dahinter liegenden Berggipfel B um den Winkel β überragt wird. Der Winkel α ist der Höhenwinkel zum Berggipfel A. Der Wanderer nähert sich den Bergen auf einer 2 500 Meter langen Strecke. Seine Blickrichtung zu den Gipfeln, der Berggipfel B liegt mit A auf einer Linie, weist einen Höhenwinkel δ auf.

1 Erstellen Sie eine Skizze, in welche Sie alle Angaben eintragen. (A)

Gehen Sie nun von folgenden Angaben aus: $\alpha = 18{,}7°$; $\beta = 2{,}8°$; $\delta = 24{,}2°$

2 Berechnen Sie die Länge der Luftlinie zwischen den beiden Berggipfeln A und B. (B)

Übung 11.3.02

digi.study/bm-k113a2

Ein Erholungsgebiet wird vergrößert und damit umgestaltet. Die nachstehende Grafik zeigt einen nicht maßstabsgetreuen Plan mit den gegebenen Maßen.

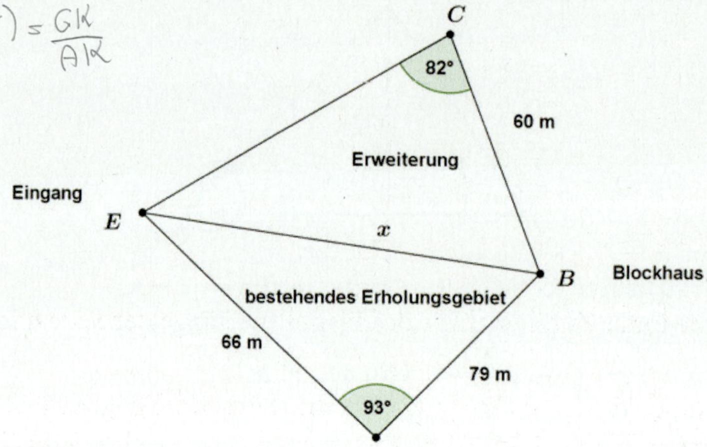

Vom Eingang E bis zum Blockhaus B soll ein geradliniger Fußweg angelegt werden.

1 Berechnen Sie die Länge dieses Weges x. (B)

2 Dokumentieren Sie, wie der Flächeninhalt der Erweiterung berechnet werden kann, wenn die Länge x bekannt ist. (C)

Das gesamte Erholungsgebiet wird von einer Gärtnerei umgestaltet. Der Kostenvoranschlag sieht einen Nettopreis von p Euro pro Quadratmeter (€/m²) exklusive 20 % Mehrwertsteuer vor. Bei Barzahlung wird ein Preisnachlass von 4 % gewährt.

3 Erstellen Sie eine Formel für den Gesamtpreis P inklusive Mehrwertsteuer (Bruttopreis) in Abhängigkeit von der Fläche A in m² bei Barzahlung. (A)

Ein Lehrling der Gärtnerei meint, dass sich der Gesamtpreis P ändert, wenn man den Preisnachlass vom Nettopreis abzieht im Vergleich zum Abziehen vom Bruttopreis.

4 Begründen Sie mathematisch, ob der Lehrling Recht hat. (D)

Übung 11.3.03

digi.study/bm-k113a3

Ein Fernsehturm steht senkrecht auf einem ebenen Platz.

Auf dem Fernsehturm ist eine Antenne angebracht, deren Höhe gemessen werden soll. Ein Vermesser steht auf dem ebenen Platz s Meter (m) vom Fußpunkt des Fernsehturmes entfernt. Seine Augenhöhe beträgt 1,7 m. Zur Spitze der Antenne misst er den Höhenwinkel α, den Fußpunkt der Antenne sieht er unter dem Höhenwinkel β.

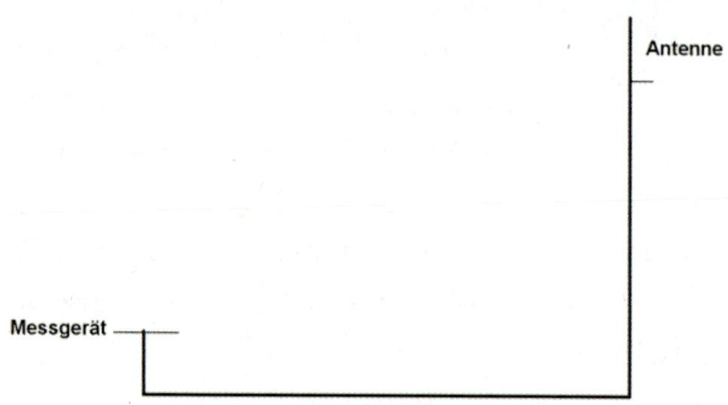

1 Zeichnen Sie die angegebenen Größen in die obige Skizze ein. (A)

2 Stellen Sie eine Formel zur Berechnung der Antennenhöhe h in Abhängigkeit von den Größen s, α und β auf. (A)

Übung 11.3.04

digi.study/bm-k113a4

Die nachfolgende Darstellung zeigt den Plan eines trapezförmigen Platzes vor einem Schulgebäude im Maßstab 1 : 600. Die Seitenlängen sind im Plan in Zentimeter angegeben.

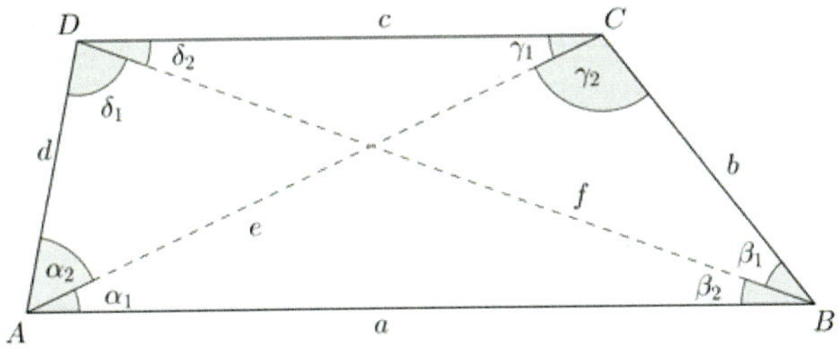

1 Bestimmen Sie unter Zuhilfenahme des Planes die Länge der Seite a in Metern (m). (B)

2 Erstellen Sie eine Formel, mit welcher sich die Länge der Diagonale f bei gegebenen Seitenlängen d und a und den Winkeln α_1 und α_2 berechnen lässt.(A)

3 Kreuzen Sie die zutreffende Aussage an. (D)

$\frac{\sin(\alpha_1)}{b} = \frac{\sin(\gamma_2)}{a}$	
$\frac{\sin(\delta_1)}{e} = \frac{\sin(\gamma_1)}{d}$	
$\frac{\sin(\gamma_1)}{d} = \frac{\sin(\delta_1)}{c}$	
$\frac{\sin(\alpha_1)}{b} = \frac{\sin(\beta_1)}{c}$	
$\frac{\sin(\gamma_2)}{a} = \frac{\sin(\gamma_1)}{d}$	

Übung 11.3.05

digi.study/bm-k113a5

Auf dem ebenen Platz vor einer Kirche wird der Bereich wegen einer Aufführung in Sektoren unterteilt. Die nachstehende Skizze (nicht maßstabsgetreu) veranschaulicht die Fläche eines solchen Sektors. Die Seitenlängen sind in Metern (m) angegeben. $\alpha = 24{,}2°$; $\beta = 113{,}66°$

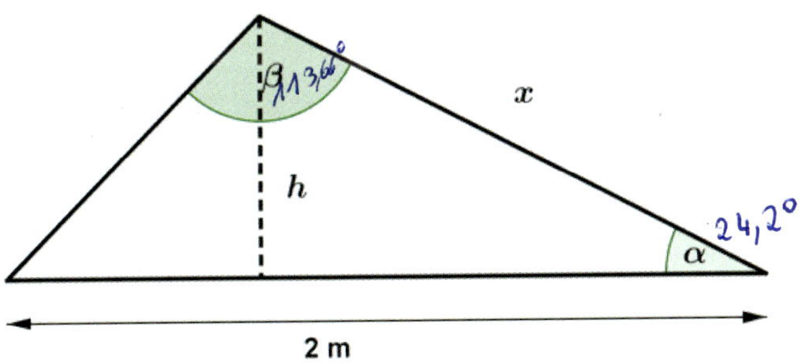

1 Bestimmen Sie aus den gegebenen Größen die Seitenlänge x. (B)

2 Begründen Sie mathematisch, warum die Gleichung $x = \sin(\alpha) \cdot h$ zur Berechnung der Seite x falsch ist. (D)

3 Berechnen Sie den Flächeninhalt des Dreiecks. (B)

Übung 11.3.06

digi.study/bm-k113a6

Ein Grundstück hat die Gestalt eines Parallelogramms *ABCD*.

In den Kursunterlagen eines Teilnehmers finden sich zur Berechnung der Fläche dieses Parallelogramms die beiden folgenden Formeln:

$A = x \cdot h_x$

$A = x \cdot y \cdot \sin \beta$

In der nachfolgenden Darstellung sind alle Bezeichnungen dargestellt.

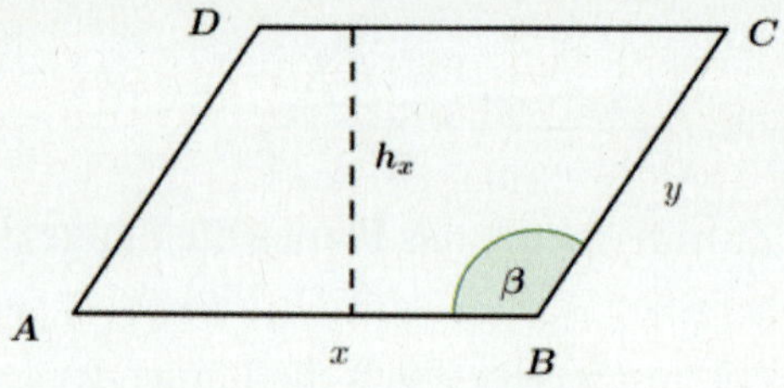

1 Erklären Sie, warum diese beiden Formeln äquivalent sind. (D)

Für ein bestimmtes Grundstück sind folgende Maße bekannt:

$y = 52{,}7\text{ m}$ $\beta = 127°$ $A = 4\,133\text{ m}^2$

2 Berechnen Sie die Länge der Seite *x*. (B)

3 Ermitteln Sie die Länge der Diagonale *BD*. (B)

Die Länge der Seite *x* wird verdreifacht und die Länge der zugehörigen Höhe h_x wird halbiert.

4 Ermitteln Sie die Änderung des Flächeninhalts in Prozent. (B)

11.4 Graphen der Winkelfunktionen (Deskriptor 3.10)

ERKLÄR-VIDEO
digi.study/bm-k114

Um einem Winkel α den sin α zuordnen und den Graphen dieser Sinusfunktion erstellen zu können, bedarf es des **Bogenmaßes** des Winkels α, das man mit **arc α** bezeichnet. Man kann jedem Winkel α die Länge des Bogens auf dem Einheitskreis zuordnen. Es handelt sich dabei um eine Funktion, also um eine eindeutige Zuordnung.

$\alpha \mapsto \text{arc}(\alpha) = \frac{2 \cdot \pi}{360} \cdot \alpha = \frac{\pi}{180} \cdot \alpha$

Merke

Die Einheit des Bogenmaßes ist **Radiant**. Es gilt: $arc(57{,}30°) \approx 1$ rad

Beispiel 11.4.01:

1 Transferieren Sie die folgenden Winkel vom Gradmaß ins Bogenmaß. (A)

$\alpha = 0°, 45°, 90°, 180°, 225°, 270°, 315°, 360°$

2 Transferieren Sie die Winkel vom Bogenmaß ins Gradmaß.

$\frac{\pi}{6}$ rad, $\frac{3\pi}{4}$ rad, $\frac{5\pi}{2}$ rad, 3π rad (A)

Lösung:

$\text{arc}(\alpha) = 0$ rad, $\frac{\pi}{4}$ rad, $\frac{\pi}{2}$ rad, π rad, $\frac{5\pi}{4}$ rad, $\frac{3\pi}{2}$ rad, $\frac{7\pi}{4}$ rad, 2π rad

$\alpha = 30°, 135°, 450°, 540°$

Die Sinus- bzw. Cosinusfunktion ordnet jedem Winkel α aus der Menge der reellen Zahlen den sin α bzw. cos α zu.

Beispiel 11.4.02:

1 Zeichnen Sie in ein und dasselbe Koordinatensystem die Graphen der Sinus- und der Cosinusfunktion. (B)

2 Lesen Sie aus jedem der Graphen die Koordinaten der Schnittpunkte mit den Achsen und die Wertemenge ab. (C)

3 Beschreiben Sie den Verlauf der Graphen in Bezug auf das Monotonieverhalten. (C)

4 Erklären Sie mithilfe der Graphen, wie man aus dem Graphen der Sinusfunktion die Cosinusfunktion erhält. (D)

Lösung:

1 Graphen:

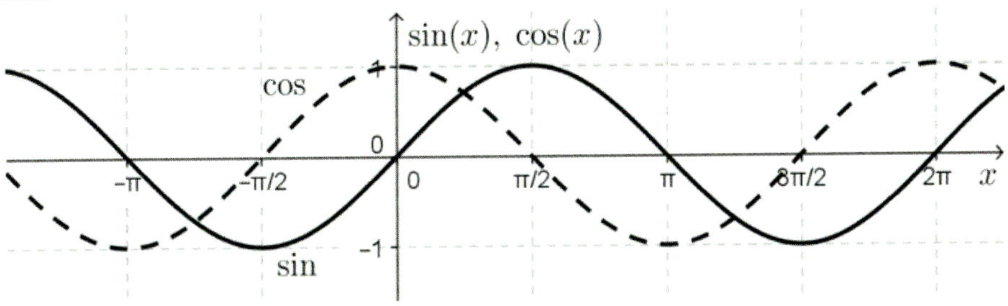

2 Sinusfunktion: Schnittpunkte mit der x-Achse: $N = (0 + k \cdot \pi | 0),\ k \in \mathbb{Z}$

Schnittpunkt mit der y-Achse: $S_y = (0|0)$; $W = [-1; 1]$

3 Der Graph verläuft in den Intervallen $]-\frac{\pi}{2}; \frac{\pi}{2}[$; $]\frac{3\pi}{2}; \frac{5\pi}{2}[$ usw. streng monoton steigend; in den Intervallen $]-\frac{3\pi}{2}; -\frac{\pi}{2}[$; $]\frac{\pi}{2}; \frac{3\pi}{2}[$ usw. streng monoton fallend.

Cosinusfunktion: Schnittpunkte mit der x-Achse: $N = (\frac{\pi}{2} + k \cdot \pi | 0)$ mit $k \in \mathbb{Z}$

Schnittpunkt mit der y-Achse: $S_y = (0|1)$; $W = [-1; 1]$

4 Der Graph liegt spiegelbildlich zur y-Achse, ist also eine gerade Funktion. Der Graph verläuft in den Intervallen $[-\pi; 0]$; $[\pi; 2\pi]$ usw. streng monoton steigend; in den Intervallen $[0; \pi]$; $[2\pi; 3\pi]$ usw. streng monoton fallend.

Verschiebt man den Graphen der Sinusfunktion um $\frac{\pi}{2}$ nach links, so deckt sie sich mit der Cosinusfunktion.

Es gilt also: $\cos x = \sin\left(x + \frac{\pi}{2}\right)$

Merke

Beachten Sie: Sinus- und Cosinusfunktion sind periodische Funktionen mit der Periodenlänge 2π.

Formel

$\forall x \in \mathbb{R}: \quad \sin(x + 2\pi) = \sin x \qquad \cos(x + 2\pi) = \cos x$

Beispiel 11.4.03:

Gegeben sind folgende Funktionen mit ihren Gleichungen:

$f(x) = \sin x \qquad g(x) = 1{,}5 \cdot \sin x \qquad h(x) = \sin\left(x + \frac{\pi}{2}\right)$

1 Erstellen Sie die Graphen der drei Funktionen in einem einzigen Koordinatensystem. (B)

2 Erklären Sie, wie die Graphen von g und h mithilfe der Sinusfunktion f gezeichnet werden können. (D)

Lösung:

1 Graphen:

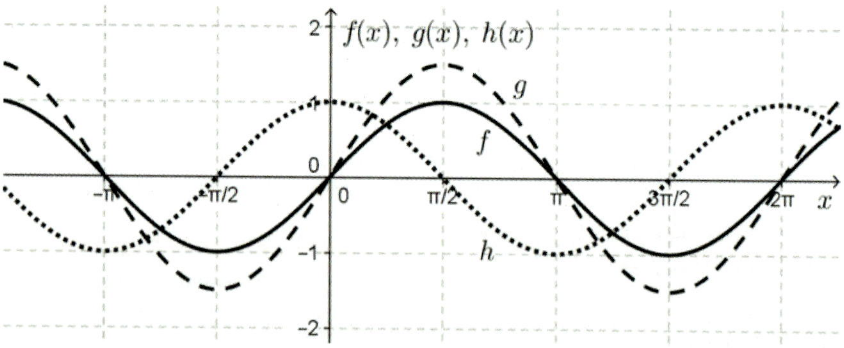

2 Bei der Funktion g ändert sich die Wertemenge auf $[-1{,}5; 1{,}5]$. Man kann Sinusfunktionen als „Schwingungsfunktionen" betrachten. In diesem Falle sagt man, dass die Amplitude den Wert 1,5 hat. Die Funktion h entsteht aus der Sinusfunktion derart, dass man sie um $\frac{\pi}{2}$ nach links verschiebt; sie wird somit zur Cosinusfunktion.

Beispiel 11.4.04:

Gegeben sind die Gleichungen folgender Winkelfunktionen:

$f_1(x) = \tan x \quad f_2(x) = \frac{1}{2} \cdot \tan x \quad f_3(x) = \tan\left(x - \frac{\pi}{4}\right)$

1 Erstellen Sie die Graphen der drei Funktionen in je einem eigenen Koordinatensystem im Intervall $[-\pi; 2 \cdot \pi]$. (B)

2 Geben Sie die Definitionsmengen an. (A)

3 Beschreiben Sie das Monotonieverhalten der Graphen. (C)

4 Erstellen Sie die Gleichungen der Asymptoten. Schreiben Sie diese unter Zuhilfenahme des Grenzwertes an. (A)

Lösung:

1 Graphen:

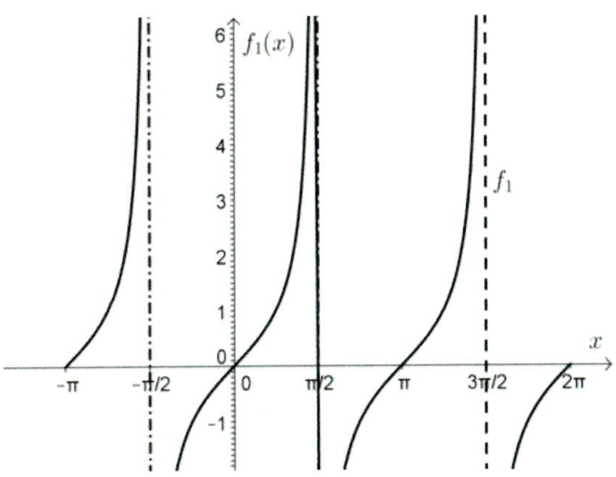

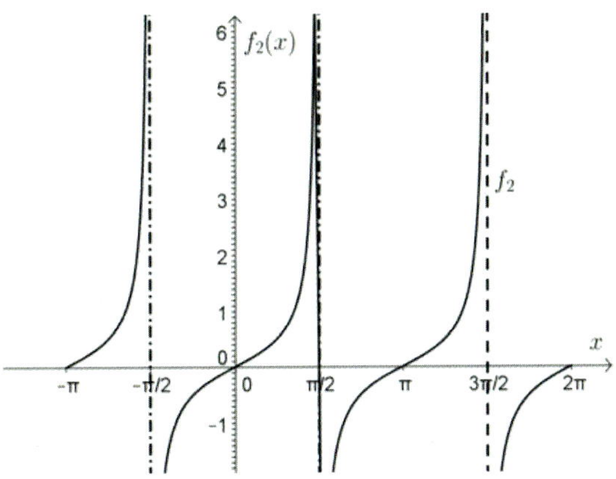

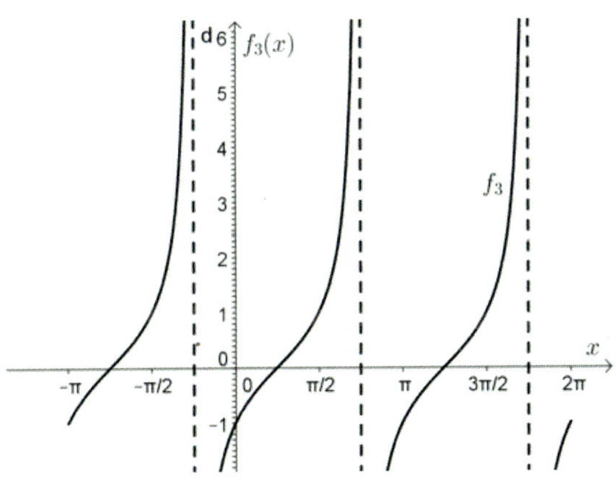

2 $D_{f_1} = D_{f_2} = \mathbb{R} \setminus \{(2 \cdot k + 1) \cdot \frac{\pi}{2}; k \in \mathbb{Z}\}; \qquad D_{f_3} = \mathbb{R} \setminus \{\frac{3 \cdot \pi}{4} + k \cdot \pi; k \in \mathbb{Z}\}$

3 Alle drei Graphen sind über der gesamten Definitionsmenge streng monoton steigend.

4 Gleichungen der Asymptoten: f_1, f_2: $x = (2 \cdot k + 1) \cdot \frac{\pi}{2}; \qquad f_3$: $x = \frac{3 \cdot \pi}{4} + k \cdot \pi;\ k \in \mathbb{Z}$

$\lim\limits_{x \to (2 \cdot k + 1) \cdot \frac{\pi}{2}} |f_1(x)| = \infty \qquad \lim\limits_{x \to (2 \cdot k + 1) \cdot \frac{\pi}{2}} |f_2(x)| = \infty \qquad \lim\limits_{x \to \frac{3 \cdot \pi}{4} + k \cdot \pi} |f_3(x)| = \infty$

ERKLÄR-VIDEO
digi.study/bm-k115

11.5 Vermessungsaufgaben

Trotz GPS (Global Positioning System) spielt die Trigonometrie in der Landvermessung auch heute noch eine große Rolle. Man muss hier spezielle Bezeichnungen wissen: Das Messgerät ist ein **Theodolit**; zu einer abgesteckten Strecke sagt man **Standlinie**; den **Höhenwinkel** misst man von der Horizontalen nach oben; den **Tiefenwinkel** misst man von der Horizontalen nach unten; der **Sehwinkel** ist der Winkel, unter welchem ein Objekt gesehen wird.

Beispiel 11.5.01:

Um die Höhe h eines Mastes zu bestimmen, wird in 120 m horizontaler Entfernung vom Fußpunkt des Mastes der Höhenwinkel $\alpha = 27{,}6°$ zur Mastspitze gemessen.

1 Übertragen Sie den Text in eine saubere und beschriftete Skizze. (A)

2 Berechnen Sie die Höhe h des Mastes. (B)

Lösung:

1 Skizze:

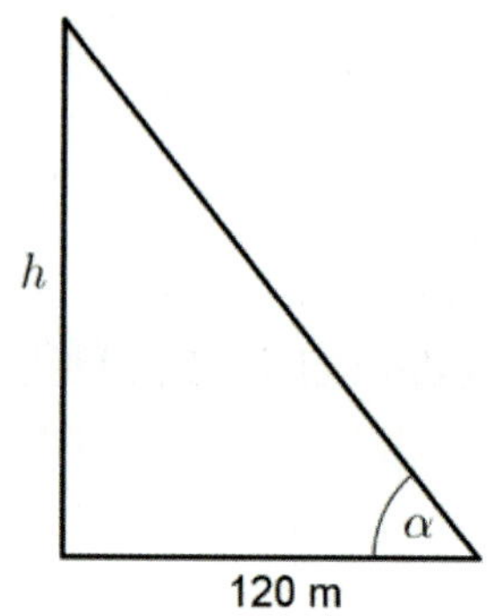

2 Berechnung von h:

$\tan\alpha = \frac{h}{120}$

$h = 120 \cdot \tan\alpha = 62{,}73$

Der Mast hat eine Höhe von 62,73 m.

Übung 11.5.01
digi.study/bm-k115a1

Von einer Uferpromenade, die 9 m über dem Wasserspiegel eines Teiches liegt, erscheint die Spitze eines Baumes, der unmittelbar am gegenüberliegenden Ufer steht, unter dem Höhenwinkel $\alpha = 12{,}3°$. Zu seinem Spiegelbild im Wasser wird der Tiefenwinkel $\beta = 18{,}3°$ gemessen.

1 Übertragen Sie den Text in eine saubere und beschriftete Skizze. (A)

2 Berechnen Sie die Höhe des Baumes. (B)

3 Dokumentieren Sie, wie man die Breite des Teiches berechnen kann. (D)

Übung 11.5.02

digi.study/bm-k115a2

Von einem Aussichtspunkt P in 1 385 m Seehöhe wird mit einem Theodoliten die Längsausdehnung eines Sees, der auf einer Seehöhe von 751 m liegt, bestimmt. Zum Uferpunkt A wird der Tiefenwinkel $\alpha = 34{,}60°$ gemessen und nach Schwenken des Messgerätes um den Horizontalwinkel $\gamma = 77{,}30°$ zum gegenüberliegenden Ufer der Punkt B unter dem Tiefenwinkel $\beta = 25{,}70°$ gesehen.

Anmerkung: Der Horizontalwinkel ist der Winkel zwischen den beiden Vertikalebenen.

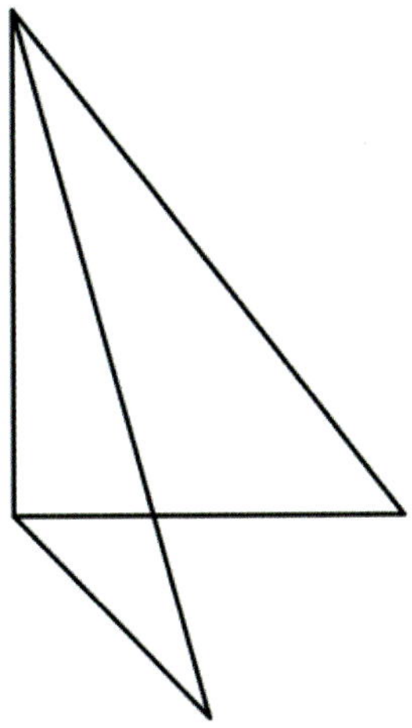

1 Beschriften Sie die Skizze entsprechend dem vorgegebenen Text. (A)

2 Berechnen Sie die Entfernung der beiden Punkte A und B vom Fußpunkt F. (B)

Übung 11.5.03

digi.study/bm-k115a3

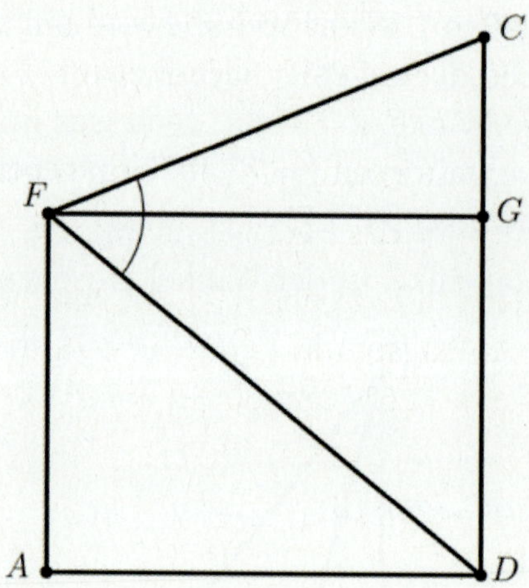

In C befindet sich ein Wetterballon; im Punkt D befindet sich der Startplatz.
$\overline{GC} = z$; $\overline{DC} = h$; $\overline{FG} = y$; $\overline{FD} = s$; $\overline{AF} = 405$ m

$< GFC = \alpha = 12{,}9°$; $< GFD = \beta = 21°$

1 Beschreiben Sie, welche Situation mithilfe dieser Abbildung dargestellt wird. (C)

2 Berechnen Sie die Flughöhe h. (B)

Der Ballon hat beim senkrechten Aufsteigen vom Startplatz nach oben eine durchschnittliche Geschwindigkeit von 2,2 m pro Sekunde ($\frac{m}{s}$).

3 Stellen Sie jene Gleichung auf, welche die Höhe des Ballons in Abhängigkeit von der Zeit beschreibt. (A)

4 Zeichnen Sie den Graphen der Funktion. (B)

5 Lesen Sie aus dem Graphen ab, welche Höhe der Ballon nach 27 Minuten erreicht hat. (C)

Übung 11.5.04

digi.study/bm-k115a4

Um die Breite eines Flusses zu messen, wird von einem Aussichtsturm der Höhe h ein Punkt A am gegenüberliegenden Ufer anvisiert und der Tiefenwinkel α gemessen. In derselben Richtung sieht man einen Punkt B am diesseitigen Ufer unter dem Tiefenwinkel β.

1 Übertragen Sie die Informationen in eine sauber beschriftete Skizze. (A)

2 Dokumentieren Sie durch Anschreiben der notwendigen Rechenschritte, wie man die Breite des Flusses aus den gegebenen Größen h, α, β berechnen kann.

Übung 11.5.05

digi.study/bm-k115a5

Von einem 105 m über einem See gelegenen Aussichtsrestaurant sieht man einen gegenüberliegenden Berggipfel unter dem Höhenwinkel $\alpha = 43°$ und sein Spiegelbild im See unter dem Tiefenwinkel $\beta = 50°$.

1 Erstellen Sie mithilfe dieser Informationen eine sauber beschriftete Skizze. (A)

2 Berechnen Sie die relative Höhe des Berges über dem See. (B)

Der See erstreckt sich im Bereich zwischen dem Fußpunkt des Restaurants und dem Fußpunkt des Berges. Der Anfangspunkt A des Sees wurde vom Aussichtsrestaurant unter dem Tiefenwinkel $\gamma = 65°$ und der Endpunkt B unter dem Tiefenwinkel $\delta = 7{,}5°$ eingesehen.

3 Berechnen Sie die Länge des Sees. (B)

Übung 11.5.06

digi.study/bm-k115a6

Ein Ballonfahrer fliegt über einer horizontalen Ebene. Die Kirchturmspitze des Ortes A sieht er unter dem Tiefenwinkel α. Dreht er sich horizontal um 90°, so sieht er die Kirchturmspitze des Ortes B unter dem Tiefenwinkel β. Die Türme der beiden Kirchen sind x Meter hoch und die Kirchen sind y Meter voneinander entfernt.

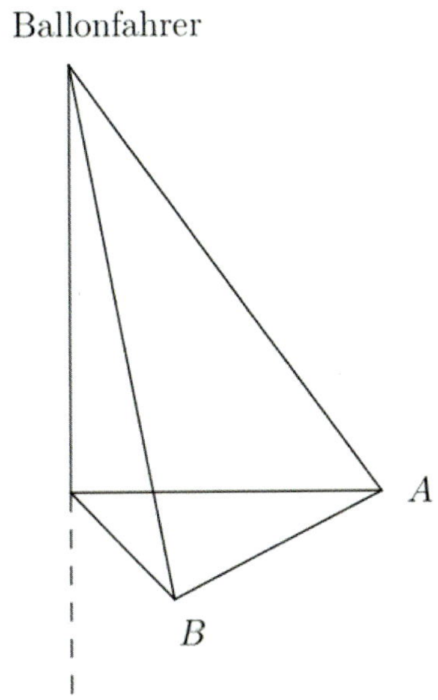

1 Übertragen Sie alle gegebenen Größen in die Skizze. (A)

2 Schreiben Sie eine Formel an, mit welcher man die horizontale Entfernung z der Kirche des Ortes A vom Fußpunkt des Ballonfahrers berechnen kann, wenn h die Höhe des Ballonfahrers über der Ebene angibt. (A)

Gehen sie nun davon aus, dass der Ballonfahrer 855 m über der horizontalen Ebene schwebt, der Kirchturm 35 m hoch ist und $\beta = 7{,}36°$ beträgt.

3 Berechnen Sie die horizontale Entfernung des Ballonfahrers von der Kirche des Ortes B. (B)

12 Vektoren in der Ebene (im $\mathbb{R}^2$) … (Deskriptor B_P_2.1)

digi.study/bm-k12

12.1 Zahlenpaare

ERKLÄR-VIDEO digi.study/bm-k121

Im Alltag lassen sich viele Sachverhalte durch Zahlen beschreiben. Sind dafür zwei Zahlen notwendig, so spricht man von einem Zahlenpaar. Dieses kann in einer Zeile oder in einer Spalte angegeben werden.

Beispiel 12.1.01:

Andreas unternimmt eine zweitägige Radtour. Am ersten Tag schafft er eine Strecke von 134 Kilometern (km), am zweiten Tag 121 km.

1 Stellen Sie das Zahlenpaar sowohl in der Zeilen- als auch in der Spaltenschreibweise dar. (A)

Lösung:

(Strecke am 1. Tag, Strecke am 2. Tag) = (134|121)

$$\begin{pmatrix}\text{Strecke am 1. Tag}\\ \text{Strecke am 2. Tag}\end{pmatrix} = \begin{pmatrix}134\\121\end{pmatrix}$$

Merke

Beachten Sie: Ein Zahlenpaar $(a_1|a_2)$ mit $a_1, a_2 \in \mathbb{R}$ bezeichnet man auch als **Vektor mit den Koordinaten a_1, a_2.**

Zwei Vektoren $\vec{a} = \begin{pmatrix}a_1\\a_2\end{pmatrix}$ und $\vec{b} = \begin{pmatrix}b_1\\b_2\end{pmatrix}$ sind nur dann gleich, wenn gilt:

$$\begin{pmatrix}a_1\\a_2\end{pmatrix} = \begin{pmatrix}b_1\\b_2\end{pmatrix} \Leftrightarrow (a_1 = b_1) \wedge (a_2 = b_2)$$

Übung 12.1.01 digi.study/bm-k121a1

Eine Firma verkauft in zwei Filialen F_1 und F_2 Reinigungsmittel von zwei verschiedenen Herstellern H_1 und H_2. In der Filiale F_1 wurden im letzten Monat 213 Stück von H_1 und 156 Stück von H_2 verkauft. In der Filiale F_2 waren es 205 Stück von H_1 und 233 Stück von H_2.

1 Schreiben Sie einen Vektor V_1 und V_2 an, der für jede Filiale die Anzahl der verkauften Stücke der Reinigungsmittel der beiden Hersteller angibt. (A)

2 Schreiben Sie einen Vektor S_1 an, der für das Reinigungsmittel der beiden Hersteller die Anzahl der verkauften Stücke in den beiden Filialen zusammen angibt. (A)

Übung 12.1.02

digi.study/bm-k121a2

Eine Reifenfirma erzeugt zwei verschiedene Reifentypen. Die folgende Tabelle gibt Auskunft über den Stückpreis in Euro, den Lagerbestand in Stück und die bereits vorliegenden Bestellungen in Stück.

	Stückpreis in Euro	Lagerbestand in Stück	Bestellungen in Stück
Reifentyp 1	114	876	68
Reifentyp 2	225	657	45

1 Schreiben Sie den Stückpreisvektor K an, der die Stückpreise der beiden Reifentypen in Euro angibt. (A)

2 Schreiben Sie den Lagerbestandsvektor L an, der die Anzahlen der im Lager vorhandenen Stücke der Reifentypen angibt. (A)

3 Schreiben Sie den Bestellvektor B an, der die Anzahlen der bestellten Stücke der beiden Reifentypen angibt. (A)

12.2 Rechenoperationen für Vektoren

digi.study/bm-k122

Beispiel 12.2.01:

Die Freundinnen Isabel und Julia flogen in der Hauptsaison auf Urlaub. Isabel buchte später und musste für ihren Flug € 315 und für das Hotel € 225 bezahlen. Julia bezahlte für den Flug € 275 und für das Hotel € 210.

1 Berechnen Sie jenen Vektor A, der die Kosten für Flug und Hotel für Isabel und Julia angibt. (B)

2 Berechnen Sie jenen Vektor D, der angibt, um wie viel Euro Isabel für den Flug und das Hotel mehr bezahlte als Julia. (B)

In der Nachsaison wurden die Flugpreise um 10 % und das Hotel um 15 % reduziert.

3 Berechnen Sie jenen Vektor A_{neu}, der die Kosten des Fluges in der Nachsaison für Isabel und Julia in Euro beschreibt. (B)

4 Berechnen Sie jenen Vektor S, der die Ersparnis für Flug und Hotel für Isabel und Julia in der Nachsaison beschreibt. (B)

Lösung:

1 $A = \begin{pmatrix} 315 \\ 225 \end{pmatrix} + \begin{pmatrix} 275 \\ 210 \end{pmatrix} = \begin{pmatrix} 590 \\ 435 \end{pmatrix}$

2 $D = \begin{pmatrix} 315 \\ 225 \end{pmatrix} - \begin{pmatrix} 275 \\ 210 \end{pmatrix} = \begin{pmatrix} 40 \\ 15 \end{pmatrix}$

3 $A_{\text{neu}} = 0{,}9 \cdot \begin{pmatrix} 315 \\ 275 \end{pmatrix} = \begin{pmatrix} 315 \cdot 0{,}9 \\ 275 \cdot 0{,}9 \end{pmatrix} = \begin{pmatrix} 283{,}50 \\ 247{,}50 \end{pmatrix}$

4 $S = \begin{pmatrix} 31{,}50 + 33{,}75 \\ 27{,}50 + 31{,}50 \end{pmatrix} = \begin{pmatrix} 65{,}25 \\ 59{,}00 \end{pmatrix}$

Für die Addition und die Subtraktion zweier Vektoren $\vec{a} = \begin{pmatrix} a_1 \\ a_2 \end{pmatrix}$ und $\vec{b} = \begin{pmatrix} b_1 \\ b_2 \end{pmatrix}$ gilt:

Formel

$$\vec{a} \pm \vec{b} = \begin{pmatrix} a_1 \pm b_1 \\ a_2 \pm b_2 \end{pmatrix}$$

Bei der Addition und Subtraktion zweier Vektoren werden die entsprechenden Koordinaten addiert bzw. subtrahiert.

Merke

Beachten Sie: Die Addition und die Subtraktion zweier Vektoren ergibt wieder einen Vektor.

Für die Multiplikation eines Vektors $\vec{a} = \begin{pmatrix} a_1 \\ a_2 \end{pmatrix}$ mit einer reellen Zahl t $(t \in \mathbb{R})$ gilt:

Formel

$$t \cdot \begin{pmatrix} a_1 \\ a_2 \end{pmatrix} = \begin{pmatrix} t \cdot a_1 \\ t \cdot a_2 \end{pmatrix}$$

Bei der **Multiplikation eines Vektors mit einer reellen Zahl t** wird jede Koordinate mit t multipliziert.

Übung 12.2.01

digi.study/bm-k122a1

Zwei Bäckereien beziehen von zwei verschiedenen Mühlen das Mehl. Der Vektor $C = (28|17)$ gibt an, wie viele Tonnen die zwei Bäckereien von der Mühle 1 pro Jahr beziehen. Der Vektor $D = (39|23)$ gibt an, wie viele Tonnen die zwei Bäckereien von der Mühle 2 pro Jahr beziehen.

1 Stellen Sie mit Hilfe der Vektoren C und D den Vektor Z auf, der die Anzahl der Tonnen angibt, die beide Bäckereien von den beiden Mühlen beziehen. (A)

2 Berechnen Sie mit Hilfe der Vektoren C und D den Vektor M, der angibt, um wie viele Tonnen die beiden Bäckereien bei der Mühle 2 mehr bestellen als bei der Mühle 1. (B)

Übung 12.2.02

digi.study/bm-k122a2

In einem Kaufhaus werden Mehl und Zucker verkauft. Der Vektor $E = (e_1|e_2)$ gibt den Einkaufspreis von Mehl und Zucker pro Kilogramm (kg) an. Der Vektor $V = (v_1|v_2)$ gibt den Verkaufspreis von Mehl und Zucker pro kg in Euro an. Der Verkaufspreis von Mehl und Zucker liegt jeweils 35 % über dem Einkaufspreis. Der Vektor $Z = (z_1|z_2)$ gibt den vom Kunden zu bezahlenden Preis für Mehl und Zucker pro kg in Euro an. Darin sind 20 % Mehrwertsteuer enthalten.

1 Schreiben Sie an, wie der Vektor V aus dem bekannten Vektor E berechnet werden kann. (C)

2 Berechnen Sie den Vektor V. (B)

3 Schreiben Sie an, wie der Vektor Z mit Hilfe von V berechnet werden kann. (C)

4 Berechnen Sie den Vektor Z. (B)

Frau Mahrer bezahlte letzte Woche für 1 kg Mehl € 1,79 und für 1 kg Zucker € 1,89.

5 Berechnen Sie daraus die Koordinaten des Vektors E. (B)

Übung 12.2.03

digi.study/bm-k122a3

Eine Trafik beschäftigt zwei Angestellte. Die Bruttomonatsgehälter in Euro der beiden Angestellten werden durch den Vektor $B = (1\,450|1\,568)$ angegeben. Der Besitzer der Trafik schlägt vor, ab dem nächsten Monat jedem der beiden Angestellten € 50 mehr zu geben.

1 Stellen Sie den Vektor B_{neu} auf, der den neuen Bruttomonatsgehalt der beiden Angestellten ab dem nächsten Monat angibt. (A)

Die beiden Angestellten fordern allerdings eine Erhöhung ihrer monatlichen Bruttogehälter um 2 %.

2 Stellen Sie den Vektor B_{Pro} auf, der die monatlichen Bruttogehälter der beiden Angestellten nach der Erhöhung um 2 % angibt. (A)

3 Stellen Sie einen Vektor D mit Hilfe der Vektoren B_{neu} und B_{Pro} auf, der den Unterschied der beiden Gehaltsmodelle angibt. (A)

Merke

Beachten Sie: Die Multiplikation eines Vektors mit einer reellen Zahl, man sagt dazu auch **Skalar**, ergibt wieder einen Vektor.

12.3 Nullvektor, Gegenvektor

Der Vektor $\boldsymbol{O} = (\mathbf{0},\ \mathbf{0})$ heißt Nullvektor.

Der Vektor $-\vec{a} = \begin{pmatrix} -a_1 \\ -a_2 \end{pmatrix}$ heißt Gegenvektor des Vektors $\vec{a} = \begin{pmatrix} a_1 \\ a_2 \end{pmatrix}$.

ERKLÄR-VIDEO
digi.study/bm-k123

12.4 Skalarprodukt von Vektoren

ERKLÄR-VIDEO
digi.study/bm-k124

Beispiel 12.4.01:

In einem Geschäft kostet 1 kg Biobananen € 2,19 und 1 kg kernlose Biotrauben € 2,49. Herr Ferner kauft 1,5 kg Biobananen und 2 kg kernlose Biotrauben.

1 Stellen Sie eine Formel für die Gesamtkosten *G* auf. (A)

2 Berechnen Sie die Gesamtkosten. (B)

Lösung:

1 $G = 1{,}5 \cdot 2{,}19 + 2 \cdot 2{,}49$

2 $G = 8{,}265 \approx 8{,}27$

Die Gesamtkosten betragen etwa € 8,27.

Übung 12.4.01
digi.study/bm-k124a1

Für einen Kaffeeshop in einem Einkaufszentrum werden 245 Kartons der Sorte „Arabica" zum Preis von je € 35,00 und 135 Kartons der Sorte „Excelsa" um je € 52,00 bestellt.

1 Schreiben Sie einen Vektor *S* an, der die Anzahl der Kartons der beiden Sorten angibt. (A)

2 Schreiben Sie einen Vektor *P* an, der die Preise der beiden Sorten je Karton angibt. (A)

3 Berechnen Sie $S \cdot P$. (B)

4 Interpretieren Sie die Bedeutung des erhaltenen Wertes im Sachzusammenhang. (C)

Übung 12.4.02
digi.study/bm-k124a2

Die Lungauer Erdäpfel sind bekannt und werden gerne gekauft. Ein Händler lagert 95 Säcke der Sorte „mehlige Kartoffeln" zu je 10 Kilogramm (kg) und 35 Säcke der Sorte „festkochend" zu je 50 kg ein.

1 Stellen Sie den Vektor *A* auf, der die Anzahl der eingelagerten Säcke der beiden Sorten angibt. (A)

2 Stellen Sie den Vektor *M* auf, der die Massen der Sackinhalte der beiden Sorten in kg angibt. (A)

3 Berechnen Sie $A \cdot M$. (B)

4 Interpretieren Sie die Bedeutung des erhaltenen Wertes im Sachzusammenhang. (C)

Übung 12.4.03

digi.study/bm-k124a3

Auf einem Lastkraftwagen befinden sich einerseits Kisten und andererseits Fässer. Der Vektor $A = (5,\ a_2)$ gibt die Anzahl der Kisten bzw. Fässer auf dem LKW an. Ein Vektor M = (25, 45) gibt die Masse einer Kiste bzw. eines Fasses in Kilogramm (kg) an. Insgesamt hat der LKW eine Masse von 395 kg geladen.

1 Berechnen Sie, wie viele Fässer auf dem LKW befördert werden. (B)

Übung 12.4.04

digi.study/bm-k124a4

Der Vektor $P = (2\,100|\ 550)$ gibt den Nettopreis in Euro für eine Biedermeierbank und einen dazu passenden Sessel an. Dazu kommen noch 20 % Mehrwertsteuer (MWSt) sowie für jedes Möbelstück eine Zustellgebühr von 2 % des Nettopreises.

1 Stellen Sie den Vektor *B*, der für jedes Möbelstück den Preis inklusive MWSt angibt, mit Hilfe des Vektors *P* dar. (A)

2 Berechnen Sie die Koordinaten des Vektors *P*. (B)

3 Stellen Sie den Vektor *E*, der für jedes Möbelstück den Endpreis angibt, mit Hilfe des Vektors *P* dar. (A)

4 Berechnen Sie die Koordinaten des Vektors *E*. (B)

digi.study/bm-k125

12.5 Geometrische Darstellung von Vektoren, Rechenoperationen

12.5.1 Darstellung von Vektoren

Bekannt ist die Darstellung eines Zahlenpaares $(a_1|a_2)$ als Punkt im Koordinatensystem (siehe Abbildung 1).

Ein Zahlenpaar $(a_1|a_2)$ lässt sich aber auch durch einen Pfeil darstellen. Dazu wählt man einen beliebigen Ausgangspunkt, bewegt sich in Richtung der x-Achse um a_1 und anschließend in Richtung der y-Achse um a_2 (siehe Abbildung 2).

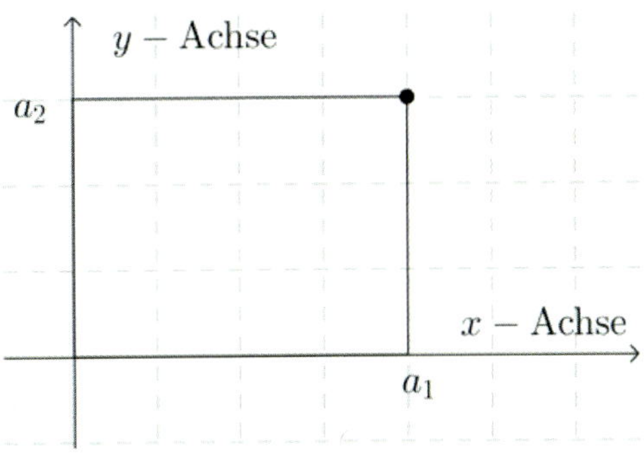

Abbildung 1

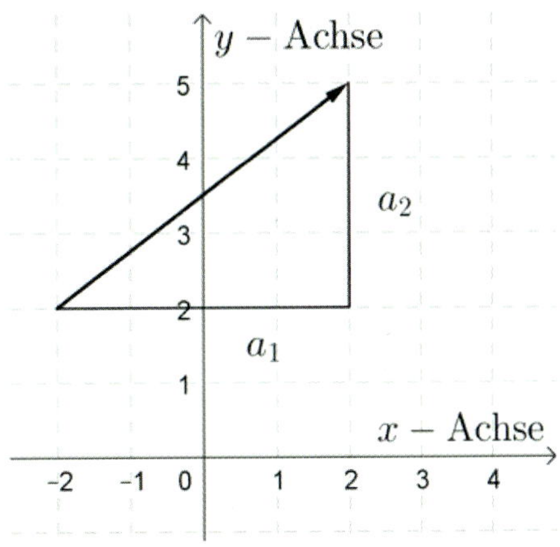

Abbildung 2

Das Zahlenpaar $(a_1|a_2)$ kann durch unendlich viele Pfeile in der Ebene dargestellt werden. Die Anfangspunkte können dabei beliebig gewählt werden. Alle diese Pfeile sind parallel, gleich lang und gleich gerichtet.

Alle diese Pfeile bilden einen Vektor, dessen Koordinaten entweder in einer Zeile oder in einer Spalte angegeben werden können. Die Pfeile sind also **Repräsentanten des Vektors**. Das Wort „Vektor" kommt aus dem Lateinischen und heißt „führen, bewegen, schieben".

Die Pfeile des Zahlenpaares $(-a_1|-a_2)$ sind parallel zu den Pfeilen des Zahlenpaares $(a_1|a_2)$, gleich lang wie diese, aber entgegengesetzt orientiert (siehe Abbildung 3). Man spricht vom **Gegenvektor**.

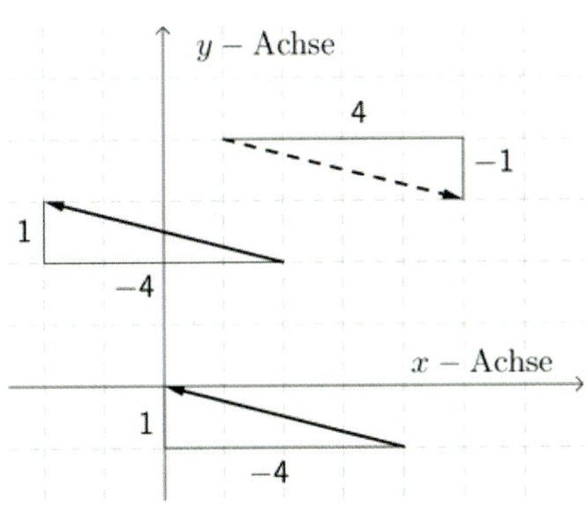

Abbildung 3

Das Zahlenpaar (0|0) stellt den **Nullvektor** dar. Darunter versteht man alle Pfeile in beliebiger Richtung, aber mit der Länge Null.

Merke

Beachten Sie: Jedem Vektor in der Ebene entspricht genau ein Punkt der Ebene. Punkte werden mit Großbuchstaben, z.B. ***P***, ***Q***, … bezeichnet. Umgekehrt entspricht jedem Punkt der Ebene genau ein Vektor. Vektoren werden folgendermaßen geschrieben: $\vec{a}$, $\overrightarrow{PQ}$, …

Jeder Vektor, der im Koordinatenursprung startet und zu einem beliebigen Punkt *A* der Ebene verläuft, heißt Ortsvektor von *A*, also $\overrightarrow{OA}$. Jeder Ortsvektor hat dieselben Koordinaten wie der Punkt *A*.

Beispiel 12.5.1.01:

$\vec{a} = \overrightarrow{AB}$ mit $A = (-3|2)$, $B = (4|6)$

1 Stellen Sie den Vektor $\vec{a}$ grafisch dar. (A)

2 Lesen Sie die Koordinaten des Vektors $\vec{a}$ ab. (C)

Lösung:

1

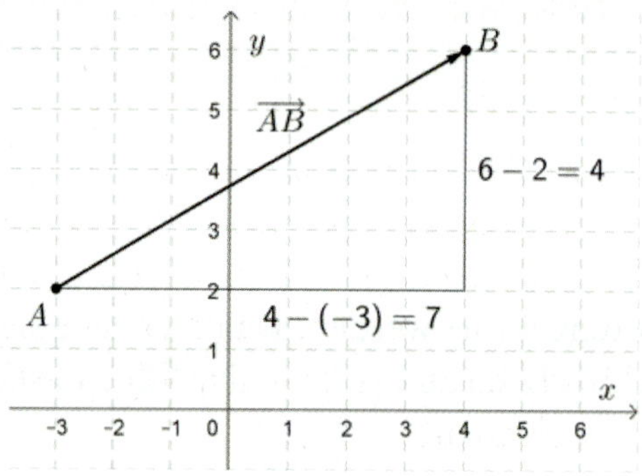

2 $\vec{a} = (7{,}4) = \begin{pmatrix} 7 \\ 4 \end{pmatrix}$

Der Vektor $\vec{a}$ lässt sich in der **Koordinatenschreibweise** entweder

als **Zeilenvektor** $\vec{a} = (a_x, a_y)$ oder als **Spaltenvektor** $\vec{a} = \begin{pmatrix} a_x \\ a_y \end{pmatrix}$ schreiben.

Beispiel 12.5.1.02:

Andrea unternimmt eine zweitägige Radtour. Am 1. Tag schafft sie 132 km, am 2. Tag 110 km.

1 Schreiben Sie die an jedem Tag zurückgelegte Strecke als Zeilenvektor oder als Spaltenvektor an. (A)

Lösung:

1 Zeilenvektor:

(Wegstrecke des 1. Tages, Wegstrecke des 2. Tages) = (132, 110)

Spaltenvektor:

$\begin{pmatrix} \text{Wegstrecke des 1. Tages} \\ \text{Wegstrecke des 2. Tages} \end{pmatrix} = \begin{pmatrix} 132 \\ 110 \end{pmatrix}$

12.5.2 Rechenoperationen von Vektoren (grafisch)

Merke

Beachten Sie: Zwei Vektoren sind nur dann gleich, wenn sie in jeder Koordinate übereinstimmen (siehe Abbildung).

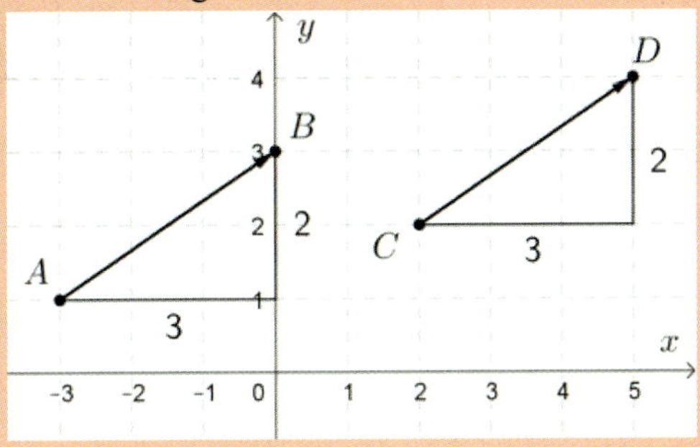

$\vec{a} = \begin{pmatrix} a_x \\ a_y \end{pmatrix}, \vec{b} = \begin{pmatrix} b_x \\ b_y \end{pmatrix}; \vec{a} = \vec{b} \Leftrightarrow (a_x = b_x)$

und $(a_y = b_y)$ mit $(a_x, a_y, b_x, b_y \in \mathbb{R})$

Beispiel 12.5.2.01:

In der Nachkriegszeit haben Kinder sehr oft mit selbst gemachten Tonkugeln gespielt. Dabei wurde in die Erde ein Loch gegraben. Jedes Kind konnte seine Tonkugel in Richtung des Loches werfen. Fiel die Tonkugel nicht gleich in das Loch, so musste ein zweiter, dritter, … Zug durchgeführt werden. Das Ziel des Spieles war, mit möglichst wenig Zügen die Tonkugel ins Loch zu bringen. Die folgende Grafik zeigt für Stefan und Gebhard einen möglichen Spielverlauf:

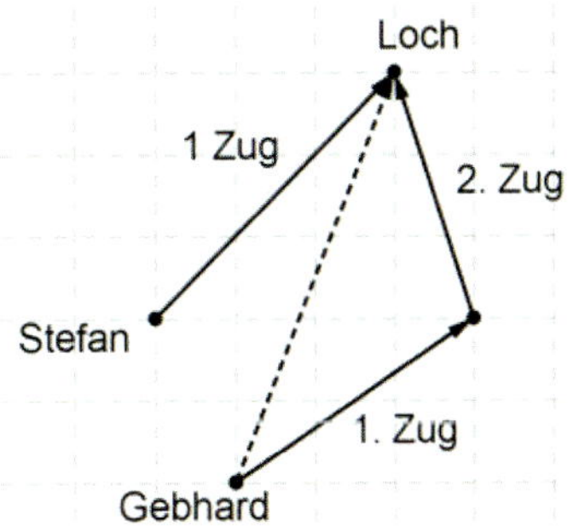

Stefan gelang es, seine Tonkugel in einem einzigen Zug ins Loch zu bringen. Gebhard benötigte dafür 2 Züge. Besser wäre für ihn gewesen, die Tonkugel in Richtung des strichlierten Pfeiles zu werfen.

Addiert man den Pfeil vom 1. Zug und den Pfeil vom 2. Zug, so ergibt das den strichlierten Pfeil.

Es gilt: Die Summe von zwei Vektoren $\vec{a}$ und $\vec{b}$ ergibt wieder einen Vektor.

$\vec{a} + \vec{b} = \vec{c}$; $\vec{c}$ ist ein Vektor

In der Koordinatenschreibweise: $\vec{a} + \vec{b} = \begin{pmatrix} a_x \\ a_y \end{pmatrix} + \begin{pmatrix} b_x \\ b_y \end{pmatrix} = \begin{pmatrix} a_x + b_x \\ a_y + b_y \end{pmatrix}$

Die Differenz der Vektoren $\vec{a}$ und $\vec{b}$ wird folgendermaßen umgesetzt:

$\vec{a} - \vec{b} = \vec{a} + (-\vec{b})$

Zum Vektor $\vec{a}$ wird der Gegenvektor von $\vec{b}$ addiert.

Merke

Beachten Sie: Die Differenz von zwei Vektoren $\vec{a}$ und $\vec{b}$ ergibt wieder einen Vektor.

Beispiel 12.5.2.02:

$\vec{a} = \overrightarrow{AB}$ mit $A = (-3|2)$, $B = (4|6)$

1 Berechnen Sie die Koordinaten des Vektors $\vec{a}$ mit Hilfe der Ortsvektoren.(B)

2 Berechnen Sie die Länge des Vektors $\vec{a}$.

Die Länge des Vektors $\vec{a}$ wird folgendermaßen bezeichnet: $|\vec{a}|$ (B)

Lösung:

1

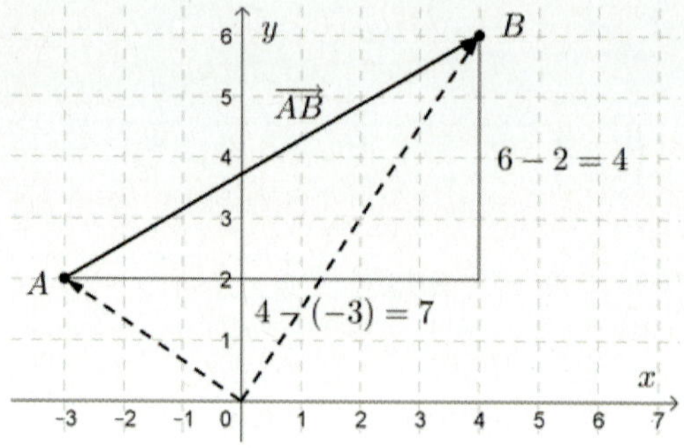

Es gilt: $\overrightarrow{OA} + \overrightarrow{AB} = \overrightarrow{OB} \Rightarrow \overrightarrow{AB} = \overrightarrow{OB} - \overrightarrow{OA} = \begin{pmatrix}4\\6\end{pmatrix} - \begin{pmatrix}-3\\2\end{pmatrix} = \begin{pmatrix}7\\4\end{pmatrix}$

$\vec{a} = (7,4) = \begin{pmatrix}7\\4\end{pmatrix}$

2 Mit Hilfe des Pythagoräischen Lehrsatzes berechnet man die Länge des Vektors $\vec{a}$.
Man schreibt dafür: $|\vec{a}|$

$$|\vec{a}| = \sqrt{7^2 + 4^2} = \sqrt{65} = 8{,}062\ldots \approx 8{,}06$$

Merke

Beachten Sie:

Die Koordinaten des Vektors $\overrightarrow{AB}$ mit $A = (a_x \mid a_y)$ und $B = (b_x \mid b_y)$ berechnet man nach folgender Formel: $\overrightarrow{AB} = \overrightarrow{OB} - \overrightarrow{OA} = \begin{pmatrix}b_x - a_x\\b_y - a_y\end{pmatrix}$

Die Länge des Vektors $\overrightarrow{AB}$ berechnet man so: $|\overrightarrow{AB}| = \sqrt{(b_x - a_x)^2 + (b_y - a_y)^2}$

Beispiel 12.5.2.03a:

Für eine „Schnitzeljagd" sind an fünf Punkten A, B, C, D und E Schätze versteckt. Die fünf Punkte sind im Koordinatensystem mit der Einheit 1 km folgendermaßen gegeben:

$A = (-4|3)$, $B = (-3|0)$, $C = (1|-2)$, $D = (4|1)$, $E = (2|4)$

Peter beginnt seine Suche im Punkt A und läuft weiter zu den Schätzen in B, C, D und E. Er geht wieder zum Ausgangspunkt A zurück.

1 Zeichnen Sie den Weg, den Peter geht, in ein Koordinatensystem ein. (A)

2 Berechnen Sie die Koordinaten des Vektors $\overrightarrow{AB}$. (B)

Gerhild hat die Schätze in A und B schon gefunden und steuert als nächstes sofort den Schatz in E an.

3 Berechnen Sie, um wie viele Kilometer der Weg von B über A nach E länger ist als der direkte Weg von B nach E. (B)

Lösung:

1

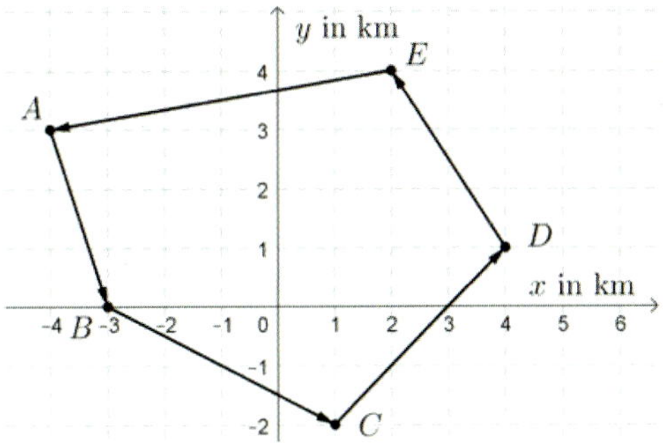

2 $\overrightarrow{AB} = \begin{pmatrix} -3-(-4) \\ 0-3 \end{pmatrix} = \begin{pmatrix} 1 \\ -3 \end{pmatrix}$

3 $\overrightarrow{EA} = \begin{pmatrix} -4-2 \\ 3-4 \end{pmatrix} = \begin{pmatrix} -6 \\ -1 \end{pmatrix}$; $\overrightarrow{BE} = \begin{pmatrix} 2-(-3) \\ 4-0 \end{pmatrix} = \begin{pmatrix} 5 \\ 4 \end{pmatrix}$

$|\overrightarrow{AB}| = \sqrt{1^2+(-3)^2} = \sqrt{10} = 3{,}162\ldots \approx 3{,}16$

$|\overrightarrow{EA}| = \sqrt{(-6)^2+(-1)^2} = \sqrt{37} = 6{,}082\ldots \approx 6{,}08$

$|\overrightarrow{BE}| = \sqrt{5^2+4^2} = \sqrt{41} = 6{,}403\ldots \approx 6{,}40$

$|\overrightarrow{AB}| + |\overrightarrow{EA}| = 3{,}16 + 6{,}08 = 9{,}245\ldots \approx 9{,}25$

$9{,}25 - 6{,}40 = 2{,}841\ldots \approx 2{,}84$

Der direkte Weg von E ist um 2,84 km kürzer.

Beispiel 12.5.2.03b:

Simone läuft in Richtung CD, muss aber nach der halben Strecke im Punkt S Halt machen. Die Länge des Vektors $\overrightarrow{CS}$ ist nur mehr die Hälfte der Länge des Vektors $\overrightarrow{CD}$.

Schreibweise: $\overrightarrow{CS} = \frac{1}{2} \cdot \overrightarrow{CD}$

4 Zeichnen Sie in das obige Koordinatensystem den Punkt S ein. (A)

5 Überprüfen Sie die Richtigkeit der Koordinaten von $S = (2{,}5|-0{,}5)$. (D)

Lösung:

4

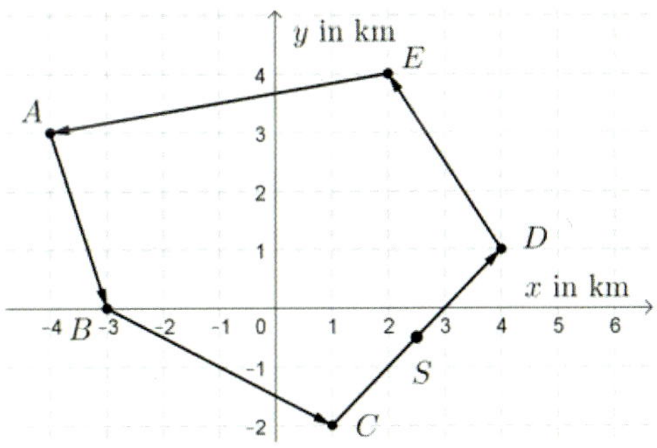

5 $\overrightarrow{CS} = \frac{1}{2} \cdot \overrightarrow{CD} = \frac{1}{2} \cdot \begin{pmatrix} 4-1 \\ 1-(-2) \end{pmatrix} = \begin{pmatrix} 1{,}5 \\ 1{,}5 \end{pmatrix}$

$\overrightarrow{OS} = \overrightarrow{OC} + \overrightarrow{CS} = \begin{pmatrix} 1 \\ -2 \end{pmatrix} + \begin{pmatrix} 1{,}5 \\ 1{,}5 \end{pmatrix} = \begin{pmatrix} 2{,}5 \\ -0{,}5 \end{pmatrix}$

Es gilt: $S = (2{,}5|-0{,}5)$

Allgemeine Schreibweise: $t \cdot \vec{a}$ mit $t \in \mathbb{R}$

Die reelle Zahl t wird in diesem Zusammenhang als Skalar bezeichnet.

Beachten Sie: $t \cdot \vec{a}$ ist wieder ein Vektor $\vec{a}$

Merke

Für $t \geq 1$ ist der Vektor $t \cdot \vec{a}$ gleich lang bzw. länger als der Vektor $\vec{a}$ und besitzt die gleiche Orientierung.

Für $0 < t < 1$ ist der Vektor $t \cdot \vec{a}$ kürzer als der Vektor $\vec{a}$ und besitzt die gleiche Orientierung.

Für $-1 < t < 0$ ist der Vektor $t \cdot \vec{a}$ kürzer als der Vektor $\vec{a}$ und besitzt die entgegengesetzte Orientierung.

Für $t \leq -1$ ist der Vektor $t \cdot \vec{a}$ gleich lang bzw. länger als der Vektor $\vec{a}$ und besitzt die entgegengesetzte Orientierung.

Beispiel 12.5.2.03c:

Tobias läuft von D in Richtung A eine Strecke der Länge 1, also eine Einheit weit. Er landet im Punkt T.

6 Zeichnen Sie in obige Grafik den Punkt T ein. (A)

7 Berechnen Sie die Koordinaten des Vektors $\overrightarrow{DT}$. (B)

Lösung:

6

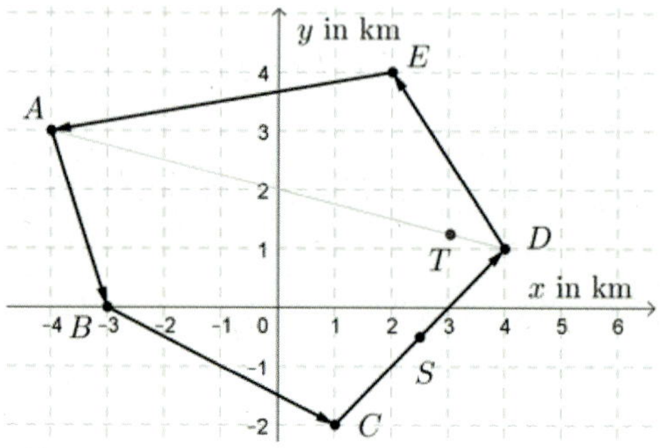

7 $\overrightarrow{DA} = \begin{pmatrix} -4-4 \\ 3-1 \end{pmatrix} = \begin{pmatrix} -8 \\ 2 \end{pmatrix}$

$|\overrightarrow{DA}| = \sqrt{(-8)^2 + 2^2} = \sqrt{68}$

$\overrightarrow{DT} = \frac{1}{\sqrt{68}}\begin{pmatrix} -8 \\ 2 \end{pmatrix} = \begin{pmatrix} \frac{-8}{\sqrt{68}} \\ \frac{2}{\sqrt{68}} \end{pmatrix} = \overrightarrow{DA}_0$

Der Vektor $\overrightarrow{DT}$ hat die Länge 1 und heißt deshalb **Einheitsvektor** von $\overrightarrow{DA}$. Er wird mit $\overrightarrow{DA}_0$ bezeichnet.

Es gilt: $\vec{a}_0 = \frac{1}{|\vec{a}|} \cdot \begin{pmatrix} a_x \\ a_y \end{pmatrix}$

Beispiel 12.5.2.03d:

Gabriel erhält den Auftrag, von C in Richtung E eine 3 km lange Strecke zu laufen. Der Endpunkt heißt M.

8 Berechnen Sie die Koordinaten von M.

Lösung:

8 Zuerst berechnet man den Einheitsvektor $\overrightarrow{CE_0}$:

$$\overrightarrow{CE} = \begin{pmatrix} 2-1 \\ 4-(-2) \end{pmatrix} = \begin{pmatrix} 1 \\ 6 \end{pmatrix};\ \overrightarrow{CE_0} = \frac{1}{|\overrightarrow{CE}|} \cdot \overrightarrow{CE} = \frac{1}{\sqrt{1^2+6^2}} \cdot \begin{pmatrix} 1 \\ 6 \end{pmatrix} = \frac{1}{\sqrt{37}} \cdot \begin{pmatrix} 1 \\ 6 \end{pmatrix}$$

$$\overrightarrow{CM} = 3 \cdot \frac{1}{\sqrt{37}} \cdot \begin{pmatrix} 1 \\ 6 \end{pmatrix}$$

$$\begin{pmatrix} x-1 \\ y-(-2) \end{pmatrix} = 3 \cdot \frac{1}{\sqrt{37}} \cdot \begin{pmatrix} 1 \\ 6 \end{pmatrix} \Rightarrow x-1 = 3 \cdot \frac{1}{\sqrt{37}} \cdot 1 \text{ und } y+2 = 3 \cdot \frac{1}{\sqrt{37}} \cdot 6$$

$x = 1{,}493\ldots \approx 1{,}49;\ y = 0{,}959\ldots \approx 0{,}96$

$M = (1{,}49|0{,}96)$

Orthogonalitätskriterium:
Zwei Vektoren $\vec{a}$ und $\vec{b}$ (ungleich dem Nullvektor) stehen genau dann normal aufeinander, wenn gilt:

$\vec{a} \cdot \vec{b} = 0$

$\vec{a}$ ist daher ein Normalvektor von $\vec{b}$.

Formel

ERKLÄR-VIDEO

digi.study/bm-k1252f1

Übung 12.5.2.01

digi.study/bm-k1252a1

Auf einem Trainingslager laufen die Teilnehmer auf einer geradlinigen Straße von C über D nach E.

E hat die Koordinaten $(8|y_0)$. Die Richtung DE ist durch den Vektor $\vec{a} = \begin{pmatrix} 4 \\ 3 \end{pmatrix}$ gegeben.

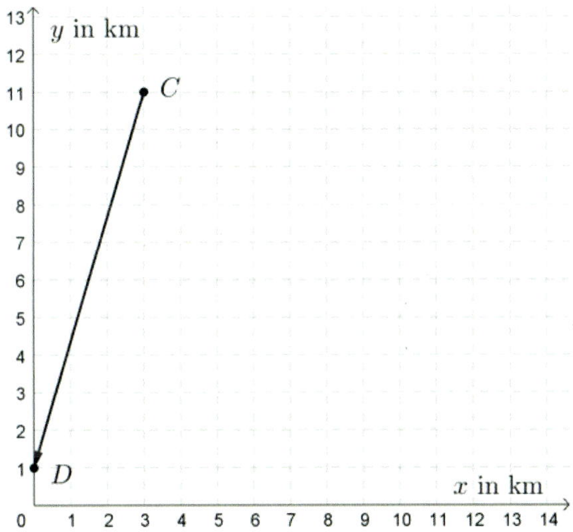

1 Berechnen Sie die Länge des Weges von C nach D. (B)

2 Zeichnen Sie den Ort E in das obige Koordinatensystem ein. (A)

3 Interpretieren Sie, was mit dem Ausdruck $-(\overrightarrow{CD} + \overrightarrow{DE})$ im Sachzusammenhang ausgedrückt wird. (C)

Übung 12.5.2.02

digi.study/bm-k1252a2

Eine Fähre über einen Fluss verläuft an zwei gegenüberliegenden Anlegestellen *C* und *D*. Der Fluss ist an dieser Stelle ungefähr 190 Meter breit. Er hat hier eine gleichmäßige Strömungsgeschwindigkeit von 1,7 m/s. (Reibungsverluste werden nicht berücksichtigt.)

a) Die folgenden Grafiken beschreiben die Überquerung des Flusses durch ein Boot.

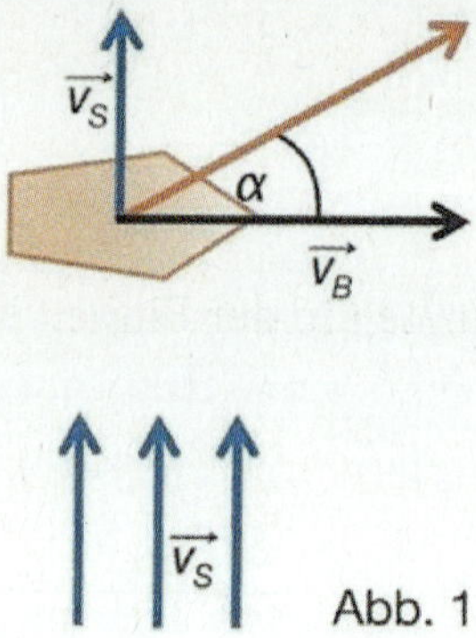

Abb. 1

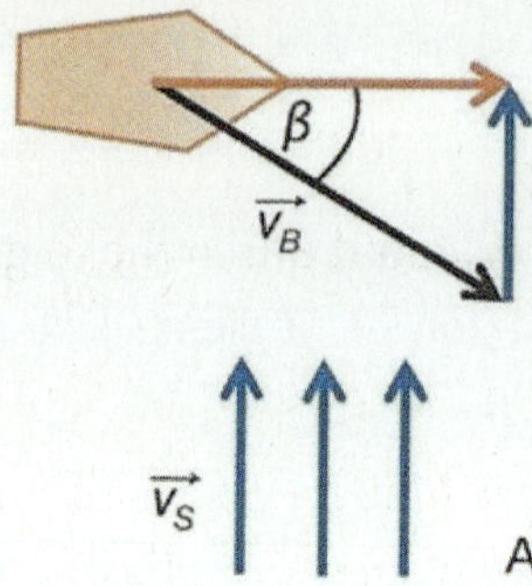

Abb. 2

$\vec{v}_S$ … Strömungsgeschwindigkeit

$\vec{v}_B$ … Geschwindigkeit des Bootes

1 Interpretieren Sie, welche Aussagen im Sachzusammenhang getroffen werden können. (C)

b) Die Fähre bewegt sich mit gleichförmiger Geschwindigkeit. Es gilt: $s = v \cdot t$

s … Weg in Metern (m)

v … Geschwindigkeit in Metern pro Sekunde (m/s)

t … Zeit in Sekunden (s)

Die Fähre startet in der Anlegestelle *C* und die Geschwindigkeit der Fähre beträgt durchschnittlich 3 m/s.

2 Berechnen Sie, in welchem Winkel der Steuermann gegen die Strömung steuern muss, wenn er genau in der Anlegestelle *D* landen will. (B)

3 Ermitteln Sie, wie lange er für diese Überfahrt benötigt. (B)

12.5.3 Winkelmaß von Vektoren

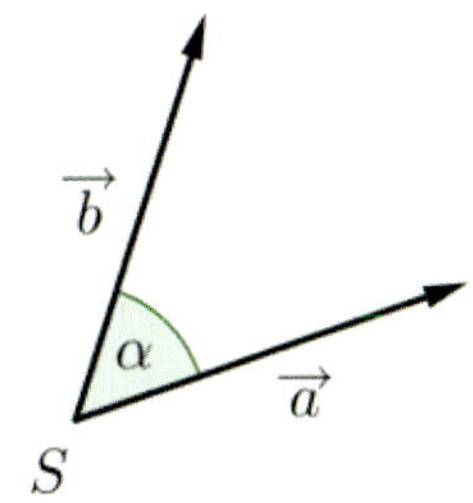

Das Maß des Winkel α zwischen zwei vom Nullvektor verschiedenen Vektoren $\vec{a}$ und $\vec{b}$ nennt man das Winkelmaß der Vektoren $\vec{a}$ und $\vec{b}$.

Beachten Sie: $\cos\alpha = \frac{\vec{a}\cdot\vec{b}}{|\vec{a}|\cdot|\vec{b}|}$

Merke

Beispiel 12.5.3.01:

Drei Orte A, B und C sind durch die folgenden Koordinaten in der Einheit Kilometer (km) gegeben:

$A = (-252|64)$, $B = (504|-128)$, $C = (126|32)$

1 Berechnen Sie das Maß des Winkels $< BAC = \alpha$. (B)

Lösung:

1 $\overrightarrow{AB} = \begin{pmatrix} 504 \\ -128 \end{pmatrix} - \begin{pmatrix} -252 \\ 64 \end{pmatrix} = \begin{pmatrix} 756 \\ -192 \end{pmatrix}$; $\overrightarrow{AC} = \begin{pmatrix} 126 \\ 32 \end{pmatrix} - \begin{pmatrix} -252 \\ 64 \end{pmatrix} = \begin{pmatrix} 378 \\ -32 \end{pmatrix}$

$\overrightarrow{AB}\cdot\overrightarrow{AC} = \begin{pmatrix} 756 \\ -192 \end{pmatrix}\cdot\begin{pmatrix} 378 \\ -32 \end{pmatrix} = 756\cdot 378 + 192\cdot 32 = 291\,912$

$|\overrightarrow{AB}| = \sqrt{756^2 + (-192)^2} = 780$; $|\overrightarrow{AC}| = \sqrt{378^2 + (-32)^2} = 379{,}352\ldots$

$\cos\alpha = \frac{291\,912}{780\cdot 379{,}352\ldots} = 0{,}986\,5\ldots$; $\alpha = \cos^{-1}0{,}986\,5 = 9{,}411\ldots \approx 9{,}41°$

Übung 12.5.3.01

digi.study/bm-k1253a1

Beim Einüben des Koordinatensystems hat ein Teilnehmer sieben Punkte A, B, C, D, E, F und G in ein Koordinatensystem eingezeichnet. Bei dieser Darstellung entspricht eine Einheit 1 cm.

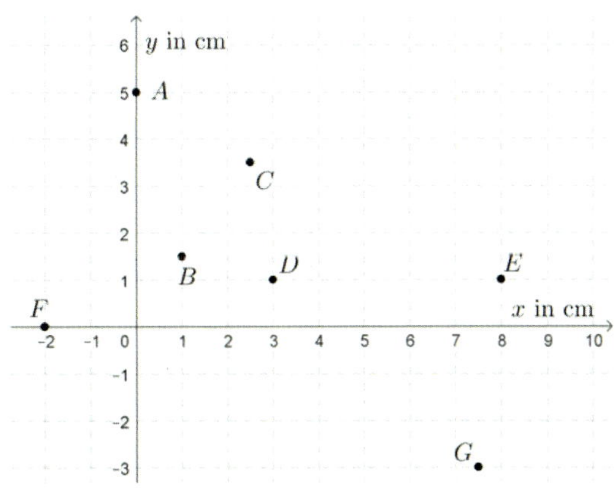

1 Lesen Sie die Koordinaten des Punktes C ab. (C)

2 Stellen Sie den Vektor $\overrightarrow{CE}$ auf. (B)

Der Teilnehmer startet im Punkt G und zeichnet hintereinander die folgenden Vektoren ein:

$\begin{pmatrix} -4 \\ 3 \end{pmatrix}$ und $\begin{pmatrix} 4{,}5 \\ 1 \end{pmatrix}$

3 Zeichnen Sie die beiden Vektoren ein und geben Sie die Koordinaten des Vektors vom Ausgangspunkt zum Zielpunkt an. (B)

4 Berechnen Sie die Länge des Vektors $\overrightarrow{FD}$. (B)

5 Zeichnen Sie den Einheitsvektor $\overrightarrow{CD_0}$ ein. (A)

6 Dokumentieren Sie, wie dieser Einheitsvektor berechnet wird. (C)

Übung 12.5.3.02

digi.study/bm-k1253a2

Brieftauben besitzen die Fähigkeit, von einem fremden Ort wieder nach Hause fliegen zu können.

Die nachstehende Grafik zeigt in einem Koordinatensystem Städte in Oberösterreich, in denen es Taubenzüchter/innen gibt.

Eine Längeneinheit entspricht 10 km.

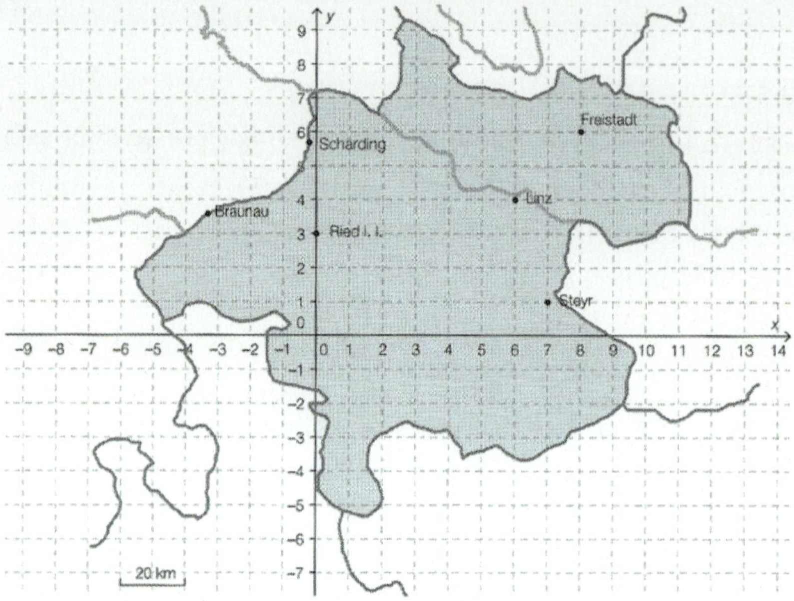

Eine Taube fliegt auf dem kürzesten Weg von Linz nach Ried im Innkreis.

1 Ermitteln Sie die Koordinaten desjenigen Vektors, der die Flugstrecke der Taube beschreibt. (B)

Eine Brieftaube fliegt von Steyr nach Hause.

Dieser Flug wird durch den Vektor $\vec{a} = \begin{pmatrix} 1 \\ 5 \end{pmatrix}$ beschrieben.

2 Lesen Sie ab, in welcher Stadt die Brieftaube zuhause ist. (C)

3 Berechnen Sie die Länge der von dieser Brieftaube zurückgelegten Strecke. (B)

Eine Brieftaube fliegt in Schärding los. Sie fliegt eine Strecke von 87,46 km Länge in Richtung des Vektors $\begin{pmatrix} 1{,}5 \\ -2{,}5 \end{pmatrix}$.

4 Ermitteln Sie die Koordinaten desjenigen Vektors, den die Taube von Schärding bis zu ihrem Ziel entlangfliegt. Geben Sie die Koordinaten in den Längeneinheiten des obigen Koordinatensystems an. (B)

Die Berechnung des Skalarproduktes der Vektoren $\vec{a} = \begin{pmatrix} 4 \\ -5 \end{pmatrix}$ und $\vec{b} = \begin{pmatrix} -7 \\ h \end{pmatrix}$ ergab als Wert 0.

5 Berechnen Sie h. (B)

Eine Person behauptet, dass die beiden Vektoren $\vec{a}$ und $\vec{b}$ aus der obigen Aufgabenstellung im rechten Winkel zueinander stehen.

6 Überprüfen Sie anhand einer Rechnung, ob diese Behauptung richtig ist. (D)

13 Folgen (Deskriptor B_P_3.2)

13.1 Arithmetische und geometrische Folgen

digi.study/bm-k13

ERKLÄR-VIDEO
digi.study/bm-k131

Eine Folge ist eine eindeutige Zuordnung zwischen den natürlichen Zahlen ℕ und den reellen Zahlen:

$n \longmapsto a_n$

Beispiel 13.1.01:

Gegeben sind folgende Zahlenfolgen:

a) 9, 12, 15, 18, … b) 3, 6, 12, 24, 48, … c) 1, $\frac{1}{2}$, $\frac{1}{3}$, $\frac{1}{4}$,… d) 1, 4, 9, 16, …

1 Setzen Sie die Folge fort, indem Sie noch drei weitere Elemente anschreiben. (A)

2 Schreiben Sie von jeder Folge den Wert des Elementes a_3 an. (C)

3 Stellen Sie das Bildungsgesetz für die Folgen auf. (A)

4 Veranschaulichen Sie die Folgen. (A)

Lösung:

a) 21, 24, 27, …; $a_3 = 15$; $n \longmapsto 3 \cdot n + 6$

b) 96, 192, 384, …; $a_3 = 12$; $n \longmapsto 3 \cdot 2^{n-1}$

c) $\frac{1}{5}$, $\frac{1}{6}$, $\frac{1}{7}$, …; $a_3 = \frac{1}{3}$; $n \longmapsto \frac{1}{n}$

d) 25, 36, 49, …; $a_3 = 9$; $n \longmapsto n^2$

a)

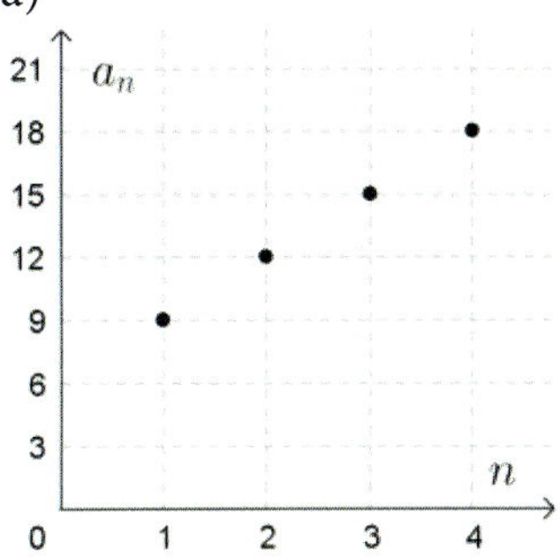

b)

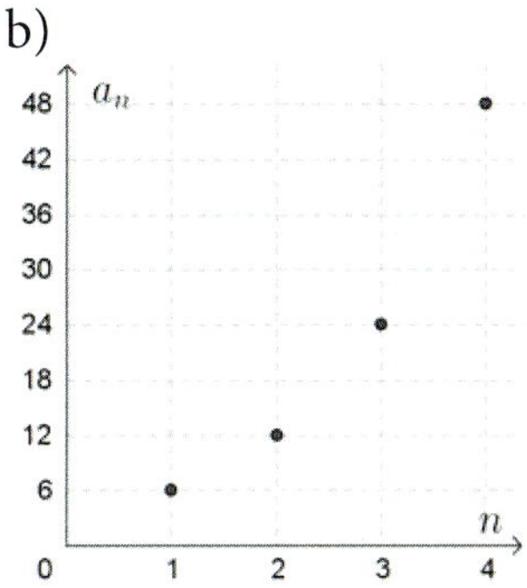

c)

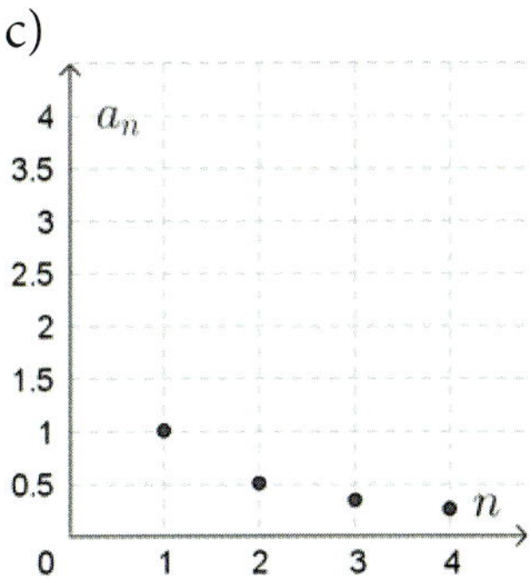

d)

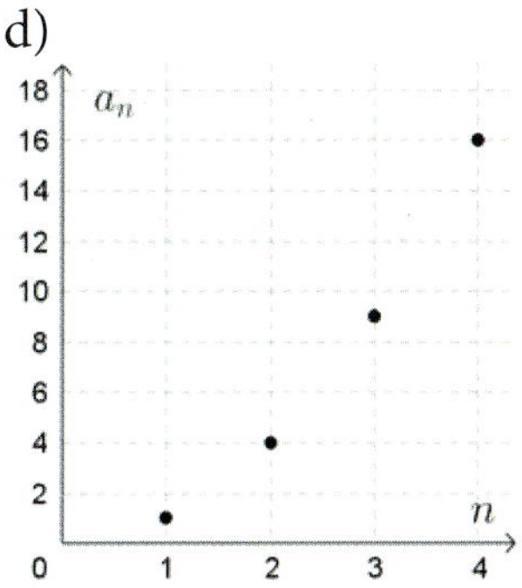

Man unterscheidet **endliche Zahlenfolgen** mit einer endlichen Anzahl von Elementen und **unendliche Zahlenfolgen** mit einer unendlich großen Anzahl von Elementen. Die Elemente einer Folge werden auch als **Glieder** der Folge bezeichnet.

Die Folge in Beispiel a) ist eine **arithmetische Zahlenfolge**. Die Elemente erhält man auf die Weise, dass zum vorhergehenden Element a_{n-1} stets die gleiche Zahl d addiert wird, um das nächstfolgende Element a_n zu erhalten.

Das Bildungsgesetz für eine arithmetische Folge lautet:

Formel

$a_n = a_1 + (n-1) \cdot d$ $\quad$ d heißt die **Differenz** der arithmetischen Folge.

Die Folge in Beispiel b) ist eine **geometrische Zahlenfolge**. Diese ist dadurch bestimmt, dass das vorhergehende Element b_{n-1} mit der gleichen Zahl q multipliziert wird, um das nächste Element b_n zu erhalten. Das Bildungsgesetz lautet:

Formel

$b_n = b_1 \cdot q^{n-1}$ $\quad$ q heißt der **Quotient** der geometrischen Folge.

Die Folge in Beispiel c) ist die Folge der Stammbrüche; der Nenner wird hier stets um 1 größer.
Die Folge in Beispiel d) ist die Folge der Quadrate der natürlichen Zahlen.

Übung 13.1.01

digi.study/bm-k131a1

Ein Getränk wird frisch aus dem Kühlschrank genommen. Es hat eine Temperatur von 5,8 °**C**. Die Temperatur T_n nach n Minuten in °**C** kann durch die folgende Formel beschrieben werden:

$$T_n = 20 - 14{,}2 \cdot 0{,}8^n$$

1 Berechnen Sie die Temperatur für die ersten 5 Minuten. (B)

2 Begründen Sie, ob hier eine arithmetische bzw. geometrische Folge vorliegt. (D)

3 Bestimmen Sie, nach wie vielen Minuten das Getränk mehr als 18 °C hat. (B)

4 Begründen Sie, warum die Temperatur des Getränkes nicht über 20 °C ansteigen kann.(D)

Übung 13.1.02

digi.study/bm-k131a2

Ein Grundstück hat die Gestalt eines rechtwinkeligen Dreiecks, dessen Seitenlängen die Anfangsglieder einer arithmetischen Folge bilden.

a) Die kürzere Kathete ist 21 m lang.

1 Berechnen Sie den Umfang dieses Dreiecks. (B)

2 Berechnen Sie die Innenwinkel des Dreiecks. (B)

b) Die längere Kathete des Dreiecks ist 32 m lang.

3 Berechnen Sie den Flächeninhalt des Dreiecks. (B)

4 Erstellen Sie eine Formel, mit der sich die Länge der Höhe auf die Hypotenuse berechnen lässt. (A)

c) Die Hypotenuse hat eine Länge von 45 m. Das Grundstück wird mit einem Drahtzaun drei Mal umzäunt.

5 Berechnen Sie, wie viel Meter Drahtzaun für die Umzäunung gekauft werden müssen. (B)

Die Kosten für 1 Laufmeter des Drahtzaunes belaufen sich exklusive 20 % Mehrwertsteuer auf ***a*** Euro. Bei Barzahlung werden 2 % Skonto gewährt.

6 Stellen Sie eine Formel für den Gesamtpreis P bei Barzahlung auf. (A)

Übung 13.1.03

digi.study/bm-k131a3

In einem Labor wird eine Bakterienkultur so angelegt, dass sich die Anzahl der Bakterien alle 20 Minuten durch Teilung verdoppelt. Nach der 1. Teilung wurden 6 Bakterien gezählt.

1 Stellen Sie eine Formel zur Berechnung der Anzahl der Bakterien nach n Teilungen auf. (A)

2 Berechnen Sie, wie viele Bakterien es nach 2 Stunden sind. (B)

3 Veranschaulichen Sie diese Situation. (A)

Übung 13.1.04

digi.study/bm-k131a4

Ein Kapital $K_0 = €\ 2.500$ wird 5 Jahre lang auf einem Sparbuch liegen gelassen. Die Bank gewährt für diesen Zeitraum einen fixen Zinssatz in der Höhe von $p = 1{,}2\ \%$.

a)

1 Stellen Sie eine Formel für den Wert des Kapitals nach n Jahren auf, mit $0 \leq n \leq 5$. (A)

2 Berechnen Sie, auf welchen Wert dieses Kapital nach 5 Jahren ohne Berücksichtigung der Kapitalertragssteuer angestiegen ist. (B)

b) In Österreich werden auf Zinsen vom Staat 25 % Kapitalertragssteuer eingehoben.

3 Berechnen Sie, auf welchen Wert dieses Kapital nach 5 Jahren mit Berücksichtigung der Kapitalertragssteuer angestiegen ist. (B)

digi.study/bm-k132

13.2 Die Euler'sche Zahl

Gegeben ist die Zahlenfolge $\langle a_n \rangle = (1 + \frac{1}{n})^n$.

Mithilfe des Taschenrechners kann man sich einen Überblick über den Verlauf einer Folge verschaffen.

Vorgangsweise:

1. Schritt: MODE, in der 3. Zeile auf **sequ** gehen (ist nun schwarz unterlegt), mit 2nd **QUIT** aussteigen.

2. Schritt: Y-Editor aufrufen, „*n***Min** =" 1 einsetzen; „**u(*n*)** =", eingeben der Folgenformel, aussteigen mit 2nd **QUIT**.

3. Schritt: Aufrufen der Wertetabelle durch **TABLE**.

Folgende Wertetabelle kann man ablesen:

n	1	2	3	10	20	100	1 000	10^6	10^{12}
a_n	2	2,25	2,370 4	2,593 7	2,653 3	2,704 8	2,716 9	2,718 28	2,718 28

Aus dem Verlauf erkennt man, dass diese Folge einen Grenzwert besitzt. Dieser wird mit **„e" = Euler'sche Zahl** bezeichnet.

Auf dem Taschenrechner findet man die Taste „e^x". Setzt man für x den Wert 1 ein, so erhält man den Wert für die Zahl e.

14 Differenzialrechnung

14.1 Grenzwerte von Funktionen (Deskriptor 4.1)

digi.study/bm-k14

digi.study/bm-k141

Bei den Potenzfunktionen mit einem negativen ganzzahligen Exponenten betrachtet man den Verlauf des Graphen unter der Voraussetzung, dass die x-Stellen beliebig größer werden.

Man sagt: „Was passiert mit den y-Werten einer Funktion, wenn die x-Stellen gegen unendlich gehen?“ und schreibt dies folgendermaßen an: $\lim\limits_{x \to \infty} f(x)$

Genauso kann man die Frage stellen: „Was passiert mit den y-Werten einer Funktion, wenn die x-Stellen sich der Stelle x_0 nähern?“

Mathematisch schreibt man das folgendermaßen an: $\lim\limits_{x \to x_0} f(x)$ Gesprochen heißt das: „Der **Grenzwert** (= Näherungswert) der Funktion f, wenn x gegen x_0 geht.“

Beispiel 14.1.01:

Gegeben ist eine reelle Funktion f mit der Funktionsgleichung: $f(x) = \frac{3 \cdot x - 1}{x + 2}$

1 Bestimmen Sie die größtmögliche Definitionsmenge der Funktion f. (B)

2 Erstellen Sie den Graphen der Funktion. (B)

3 Beschreiben Sie den Verlauf des Graphen, wenn sich die x-Stellen dem ausgeschlossenen Wert von beiden Seiten näheren. (C)

4 Übertragen Sie diese Beschreibung in die mathematische Schreibweise. (A)

5 Interpretieren Sie, was in diesem Zusammenhang der folgende Ausdruck bedeutet: $\lim\limits_{x \to 3} f(x)$ (C)

Jemand behauptet, dass die Gerade $y = 3$ eine **Asymptote** (= Näherungslinie) des Graphen von f ist.

6 Überprüfen Sie, ob diese Behauptung stimmen kann. (D)

Lösung:

1 $D = \mathbb{R} \setminus \{-2\}$

2 Graph:

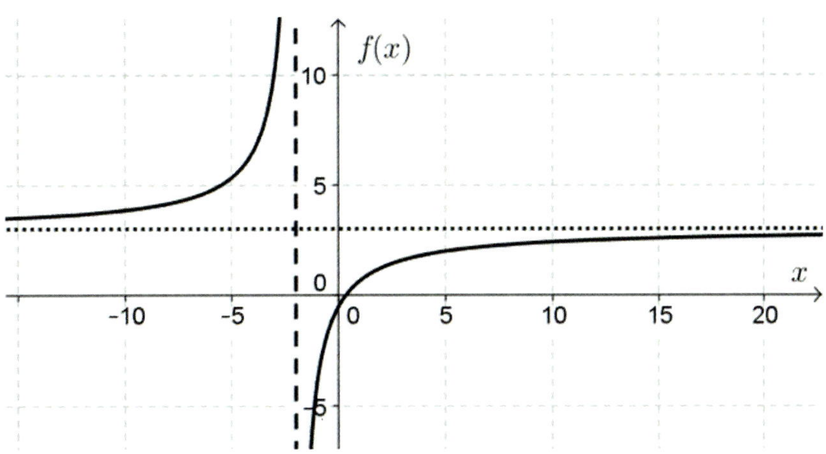

3 Nähern sich die x-Stellen dem Wert -2 von der rechten Seite, so werden die y-Werte beliebig klein, gehen gegen $-\infty$; nähern sich die x-Stellen dem Wert -2 von der linken Seite, so werden die y Werte beliebig groß, gehen gegen $+\infty$.

4 $\lim\limits_{x \to -2^+} f(x) = -\infty$, $\lim\limits_{x \to -2^-} f(x) = +\infty$

$\lim\limits_{x \to -2^+} f(x)$ steht für den **rechtsseitigen Grenzwert**

5 $\lim\limits_{x \to -2^-} f(x)$ steht für den **linksseitigen Grenzwert**

Man will wissen, was mit den y-Werten geschieht, wenn sich die x-Stellen immer stärker dem Wert 3 annähern. Setzt man in den Funktionsterm für x den Wert 3 ein, so erhält man für $f(x) = \frac{8}{5}$; es gilt: $\lim\limits_{x \to 3} f(x) = \frac{8}{5}$

6 Aus dem Graphen kann man gut ablesen, dass sich die y-Werte immer mehr an den Wert 3 annähern, wenn nur die x-Stellen gegen $+\infty$ bzw. gegen $-\infty$ streben.

Man schreibt: $\lim\limits_{x \to +\infty} f(x) = \lim\limits_{x \to -\infty} f(x) = 3$; daher ist die Gerade mit der Gleichung $y = 3$ eine Asymptote an den Graphen der Funktion f.

Merke

Gilt für eine Stelle $x = x_0$: $\lim\limits_{x \to x_0^+} f(x) = \lim\limits_{x \to x_0^-} f(x) = f(x_0)$, so heißt die Funktion an dieser Stelle stetig.

Man kann also sagen: Wenn der rechtsseitige Grenzwert einer Funktion f bei Annäherung an die Stelle x_0 gleich dem linksseitigen Grenzwert gleich dem Funktionswert an der Stelle x_0 ist, so ist die Funktion an der Stelle x_0 **stetig**.

Die Funktion f ist demnach für alle $x \neq -2$ stetig.

Übung 14.1.01

digi.study/bm-k141a1

Gegeben sind gebrochen rationale Funktionen über $G = \mathbb{R}$.

a) $f_1(x) = \frac{x-3}{x-1}$ b) $f_2(x) = \frac{2 \cdot x - 1}{x^2 - 4}$ c) $f_3(x) = \frac{x \cdot (x-1)}{2 \cdot x + 3}$ d) $f_4(x) = \frac{5}{x^2 - 9}$

1 Geben Sie für jede Funktion die Definitionsmenge an. (A)

2 Zeichnen Sie die Graphen der Funktionen. (B)

3 Beschreiben Sie das Verhalten der Graphen an den nicht definierten Stellen in der mathematischen Schreibweise. (C)

4 Beschreiben Sie das Verhalten der Graphen für $x \longrightarrow \pm\infty$; zeichnen Sie die Asymptoten ein. (C)

5 Interpretieren Sie, welche Bedeutung der folgende Term hat: $\lim\limits_{x \to 1^-} f_2(x)$ (C)

Auf einem Übungszettel findet sich folgender Satz: „Die Funktion f_4 ist an der Stelle $x = 1$ unstetig."

6 Überprüfen Sie, ob diese Feststellung tatsächlich zutrifft. (D)

14.2 Differenzenquotient und Differenzialquotient (Deskriptor 4.2)

14.2.1 Differenzenquotient

ERKLÄR-VIDEO
digi.study/bm-k1421

Beispiel 14.2.1.01:

Eine beschleunigte Bewegung kann durch folgende Gleichung beschrieben werden:

$s(t) = 0{,}3 \cdot t^2$

t … Zeit in Sekunden (s)

$s(t)$ … zurückgelegte Wegstrecke in Metern (m) zum Zeitpunkt t

1 Zeichnen Sie den Graphen. (B)

2 Berechnen Sie die Durchschnittsgeschwindigkeit im Zeitintervall [1; 3]. (B)

Lösung:

1 Graph:

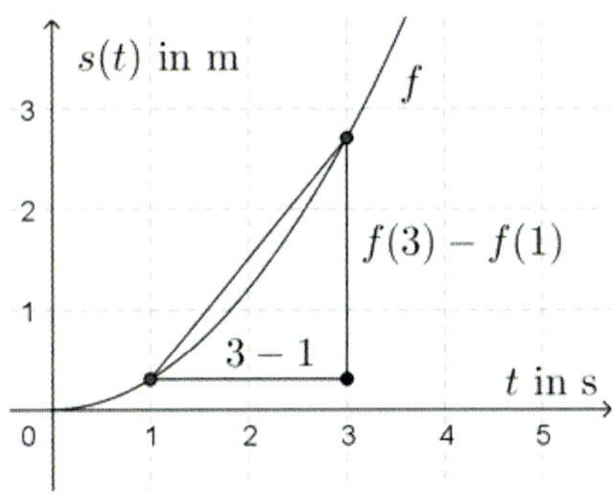

2 Die Durchschnittsgeschwindigkeit berechnet man mit folgender Formel:

$\overline{v} = \frac{\Delta s}{\Delta t} = \frac{s(t_2) - s(t_1)}{t_2 - t_1}$

Für das gegebene Intervall ergibt das: $\overline{v} = \frac{s(3) - s(1)}{3 - 1} = \frac{2{,}7 - 0{,}3}{2} = \frac{2{,}4}{2} = 1{,}2$ m/s

Formel

Für jede reelle Funktion f gibt der folgende Ausdruck $\frac{f(x_2) - f(x_1)}{x_2 - x_1} = \frac{\Delta y}{\Delta x}$ mit $x_1 \neq x_2$ den **Differenzenquotienten** oder die **mittlere Änderungsrate** oder die **durchschnittliche** bzw. **mittlere Geschwindigkeit** an.

Grafisch interpretiert gibt diese Zahl die Steigung der Sekante durch die Punkte $P = (x_1|f(x_1))$ und $Q = (x_2|f(x_2))$ an.

Beispiel 14.2.1.02:

Die Oberfläche O eines kugelförmigen Ballons mit dem Radius r kann durch folgende Funktionsgleichung beschrieben werden: $O(r) = 4 \cdot r^2 \cdot \pi$

r … Radius des Ballons in Zentimetern (cm)

$O(r)$ … Oberfläche des Ballons in Quadratzentimetern (cm²) beim Radius r

1 Stellen Sie die Funktion O grafisch dar. (B)

2 Lesen Sie aus dem Graphen ab, wie sich die Oberfläche des Ballons ändert, wenn sich der Radius von $r = 1$ cm auf $r = 3$ cm ausdehnt. (C)

3 Berechnen Sie die Zunahme der Oberfläche, wenn sich der Radius von 4,5 cm auf 9 cm ausdehnt. (B)

4 Geben Sie eine Formel für die durchschnittliche Änderungsrate der Oberfläche des Ballons bezüglich der Radien im Radiusintervall $[r_1; r_2]$ an. (A)

5 Berechnen Sie die relative Änderung der Oberfläche von $r = 10$ cm auf $r = 11$ cm. (B)

Lösung:

1 Skizze:

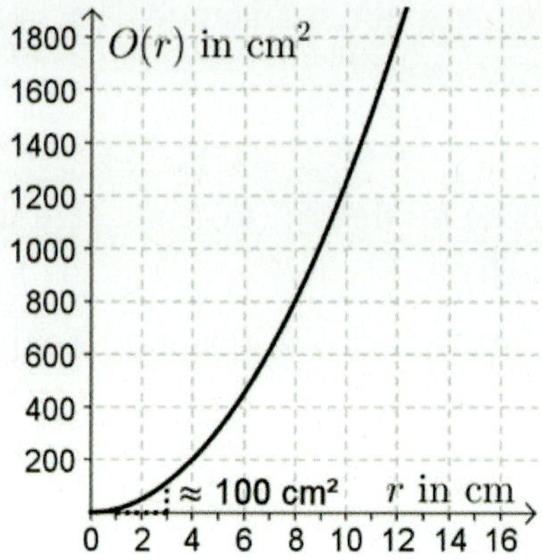

2 Abgelesen: Die Oberfläche des Ballons nimmt für das Radiusintervall [1; 3] um ca. 100 cm² zu.

3 $O(9) - O(4{,}5) = 324 \cdot \pi - 81 \cdot \pi = 243 \cdot \pi = 763{,}41$

Die Zunahme der Oberfläche für das Radiusintervall [4,5; 9] beträgt 763,41 cm².

4 durchschnittliche Änderungsrate $e = \frac{O(r_2) - O(r_1)}{r_2 - r_1}$

5 $\frac{O(11) - O(10)}{O(10)} = \frac{484 \cdot \pi - 400 \cdot \pi}{400 \cdot \pi} = \frac{84 \cdot \pi}{400 \cdot \pi} = 0{,}21 = 21\ \%$

Merke

Beachten Sie:

Ist $\frac{\Delta y}{\Delta x} > 0 \Rightarrow f(x_2) - f(x_1) > 0$ und $x_2 - x_1 > 0$; d.h.
wenn $x_1 < x_2$, so gilt: $f(x_1) < f(x_2)$.

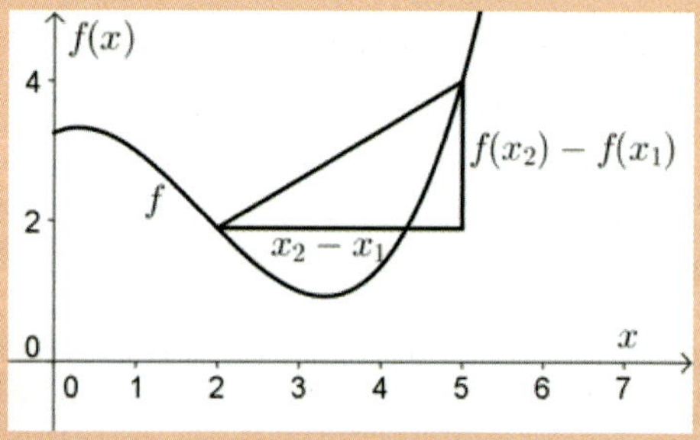

Ist $\frac{\Delta y}{\Delta x} < 0 \Rightarrow f(x_2) - f(x_1) < 0$ und $x_2 - x_1 > 0$; d.h.
wenn $x_1 < x_2$, so gilt: $f(x_1) > f(x_2)$.

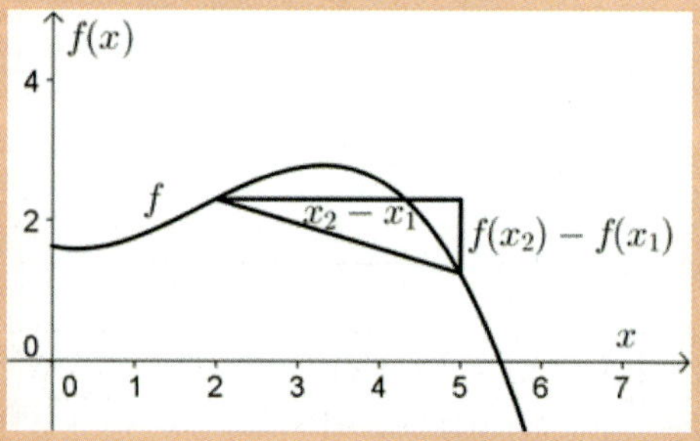

Ist $\frac{\Delta y}{\Delta x} = 0 \Rightarrow f(x_2) - f(x_1) = 0$ und $x_2 - x_1 > 0$, d.h.
wenn $x_1 < x_2$, so gilt: $f(x_1) = f(x_2)$.

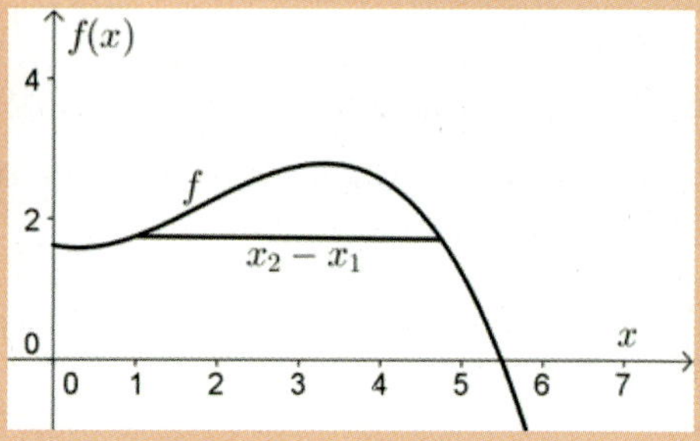

Übung 14.2.1.01

digi.study/bm-k1421a1

Der Luftdruck p kann bei einer Temperatur von 0 °C näherungsweise durch die folgende Gleichung angegeben werden: $p(x) = \frac{1\,013}{1{,}28 \cdot 10^8} \cdot (x^2 - 16\,000 \cdot x + 1{,}28 \cdot 10^8)$

x … Höhe über dem Meeresspiegel in Metern (m)

$p(x)$ … Luftdruck in Hektopascal (hPa) in der Höhe x

Eine Seilbahn hat ihre Talstation in einer Höhe von 997 m und die Bergstation in 2 020 m Seehöhe.

1 Berechnen Sie die mittlere Änderungsrate für den Luftdruck zwischen Tal- und Bergstation. (B)

Um von der Tal- zur Bergstation zu gelangen, fährt die Bahn 6 Minuten.

2 Berechnen Sie die mittlere Änderungsrate für den Luftdruck pro Minute. (B)

Übung 14.2.1.02

digi.study/bm-k1421a2

Eine Radfahrerin ist auf dem Heimweg. Ihre Entfernung von zu Hause kann durch die folgende Gleichung angegeben werden: $s(t) = -16 \cdot t + 72$

t … Zeit in Stunden (h)

$s(t)$ … Abstand von zu Hause in Kilometern (km) zum Zeitpunkt t

1 Zeichnen Sie den Graphen der Funktion s. (B)

2 Lesen Sie aus dem Graphen ab, wann sie voraussichtlich zu Hause ankommen wird. (C)

3 Berechnen Sie die Durchschnittsgeschwindigkeit der Radfahrerin zwischen dem Start und der Ankunft zu Hause. (B)

Übung 14.2.1.03

digi.study/bm-k1421a3

1 Kreuzen Sie an, welche der folgenden Aussagen in Bezug auf den Graphen von f richtig bzw. falsch sind. (D)

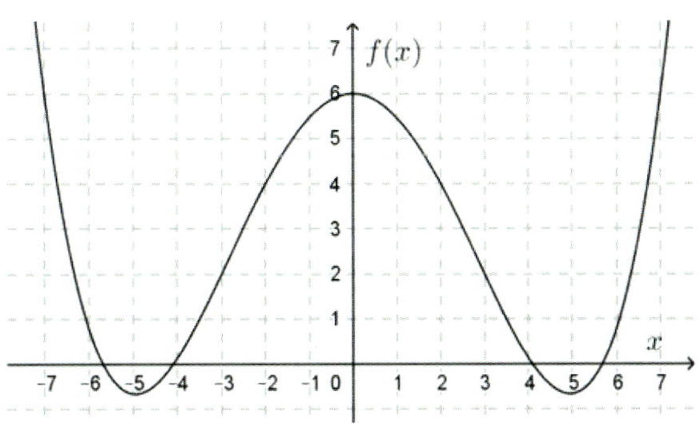

	richtig	falsch
Der Differenzenquotient von f in $[-6; 6]$ hat den Wert 1.		
Die durchschnittliche Änderungsrate von f in $[0; 3]$ hat den Wert $-\frac{4}{3}$.		
Der Differenzenquotient ist in jedem Intervall positiv.		
Die mittlere Änderungsrate ist in keinem Intervall 0.		
Die Änderung der Funktionswerte von f in $[-2; 3]$ beträgt $-0{,}5$.		

digi.study/bm-k1422

14.2.2 Differenzialquotient

Beispiel 14.2.2.01:

Der Weg, den ein Körper im freien Fall in der Zeit t zurücklegt, kann durch folgende Funktionsgleichung beschrieben werden: $s(t) = \frac{9,81}{2} \cdot t^2$

t … Zeit in Sekunden (s)

$s(t)$ … zurückgelegter Weg in Metern (m) zum Zeitpunkt t

1 Berechnen Sie die durchschnittliche Geschwindigkeit des Körpers für die folgenden Zeitintervalle: [3,5; 5], [3,5; 4], [3,5; 3,51], [3,5; 3,500 01] (B)

2 Berechnen Sie die Momentangeschwindigkeit des Körpers zum Zeitpunkt $t = 3{,}5$ s. (B)

Lösung:

1 Zum Berechnen der Durchschnittsgeschwindigkeiten verwendet man folgende Formel:

$$\overline{v} = \frac{\Delta s}{\Delta t} = \frac{s(t_2) - s(t_1)}{t_2 - t_1}$$

Zeitintervall, t in s	durchschnittliche Geschwindigkeit $\overline{v}$ in m/s
[3,5;5]	41,69
[3,5;4]	36,79
[3,5;3,51]	34,38
[3,5;3,500 01]	34,34

2 Unter der **Momentangeschwindigkeit** versteht man die Geschwindigkeit, welche der Körper zum Zeitpunkt $t = 3{,}5$ s hat. Auf Grund der Tabelle lässt sich erahnen, dass sich die Durchschnittsgeschwindigkeiten einem Wert annähern, je kleiner das Zeitintervall wird.

Man wählt nun als Zeitintervall $[3{,}5; u]$ mit $u \neq 3{,}5$ s; die Durchschnittsgeschwindigkeit für dieses Intervall lautet so:

$$\overline{v} = \frac{f(u) - f(3{,}5)}{u - 3{,}5} = \frac{\frac{9,81}{2} \cdot u^2 - \frac{9,81}{2} \cdot 3{,}5^2}{u - 3{,}5} = \frac{\frac{9,81}{2} \cdot (u^2 - 3{,}5^2)}{u - 3{,}5} = \frac{\frac{9,81}{2} \cdot (u - 3{,}5) \cdot (u + 3{,}5)}{u - 3{,}5} = \frac{9{,}81}{2} \cdot (u + 3{,}5)$$

Lässt man u immer näher an den Wert 3,5 herankommen, so erhält man als Näherungswert für $\overline{v}$ den Wert 34,34 m/s. Es gilt: $\lim\limits_{u \to 3{,}5} \frac{9{,}81}{2} \cdot (u + 3{,}5) = 34{,}34\ m/s$

Formel

digi.study/bm-k1422f1

Für eine reelle Funktion f heißt der Grenzwert

$$\lim_{x_2 \to x_1} \frac{f(x_2) - f(x_1)}{x_2 - x_1} = \lim_{\Delta x \to 0} \frac{\Delta y}{\Delta x} = \frac{dy}{dx} = f'(x)$$

Differenzialquotient der Funktion f an der Stelle x_1 oder **momentane Änderungsrate** der Funktion f an der Stelle x_1 oder **1. Ableitung** der Funktion f an der Stelle x_1.

Die Schreibweise $f'(x)$ geht auf **Isaac Newton** (ca. 1642 – 1726) zurück, die Schreibweise $\frac{dy}{dx}$, die den Verhältnischarakter betont, stammt von **Gottfried Wilhelm Leibniz** (1646 – 1716).

Newton und Leibniz gelten als Begründer der so genannten Infinitesimalrechnung, also dem mathematischen Umgang mit "unendlich kleinen Werten".

Der Differenzialquotient kann als **Steigung der Tangente** in einem Punkt $P = (t_1 | f(t_1))$ interpretiert werden.

Merke

Die Steigung der Tangente des Graphen von f an einer bestimmten Stelle x_1 entspricht der Steigung des Graphen selbst an dieser Stelle.

Ist die 1. Ableitung $f'(x) > 0 \quad \forall x \in \left]x_1; x_2\right[$, dann ist der Graph von f im Intervall $[x_1; x_2]$ streng monoton steigend.

Ist die 1. Ableitung $f'(x) < 0 \quad \forall x \in \left]x_1; x_2\right[$, dann ist der Graph von f im Intervall $[x_1; x_2]$ streng monoton fallend.

Ist die 1. Ableitung $f'(x_0) = 0$, dann hat der Graph von f an dieser Stelle eine waagrechte Tangente, sie liegt parallel zur x-Achse.

Merke

Die **1. Ableitung** einer Funktion f mit $y = f(x)$ ist diejenige **Funktion f'**, die jeder x-Stelle den Differenzialquotienten $f'(x)$ zuordnet.

Merke

Wenn eine Weg-Zeit-Funktion s gegeben ist, dann erhält man die Geschwindigkeits-Zeit-Funktion v als deren **1. Ableitung**. $v(t) = s'(t)$

Wenn eine Geschwindigkeits-Zeit-Funktion v gegeben ist, dann erhält man die Beschleunigungs-Zeit-Funktion a als deren **1. Ableitung**. $a(t) = v'(t)$

Die Beschleunigungs-Zeit-Funktion a ergibt sich also als **2. Ableitung** der Weg-Zeit-Funktion s. $a(t) = v'(t) = s''(t)$

Übung 14.2.2.01

digi.study/bm-k1422a1

Die Höhe eines lotrecht nach oben geworfenen Softballes zum Zeitpunkt t ist ungefähr gegeben durch die Funktionsgleichung $h(t) = 36 \cdot t - 5 \cdot t^2$.

t … Zeit in Sekunden (s)

$h(t)$ … Höhe des Softballes in Metern (m) zum Zeitpunkt t

1 Berechnen Sie die mittlere Geschwindigkeit des Softballes während der ersten zwei Sekunden. (B)

2 Schreiben Sie eine Formel an, mit welcher man die Durchschnittsgeschwindigkeit des Softballes im Intervall $[3; z]$ berechnen kann. (A)

3 Interpretieren Sie die Bedeutung des folgenden Ausdrucks: $\lim\limits_{z \to 3} \frac{\Delta h}{z-3}$ (C)

4 Berechnen Sie diesen Grenzwert. (B)

Übung 14.2.2.02

digi.study/bm-k1422a2

Die Ausbreitung einer Schockwelle nach einer atomaren Explosion kann annähernd durch die folgende Gleichung beschrieben werden: $s(t) = 1{,}65 \cdot t^2 + 3{,}3 \cdot t$ mit $0 \leq t \leq 3$

t … Zeit in Sekunden (s)

$s(t)$ … zurückgelegter Weg der Welle in Kilometern (km) zum Zeitpunkt t

1 Berechnen Sie die mittlere Ausbreitungsgeschwindigkeit der Welle in den folgenden Zeitintervallen: $[0{,}5; 1{,}1]$, $[0{,}5; 0{,}6]$ und $[0{,}5; 0{,}500\,1]$ (B)

2 Berechnen Sie, wie lange die Schockwelle benötigt, um eine Insel in 11,5 km Entfernung zu erreichen. (B)

3 Dokumentieren Sie, wie man die Ausbreitungsgeschwindigkeit zur Zeit t berechnen kann. (C)

4 Berechnen Sie die Ausbreitungsgeschwindigkeit zu diesem Zeitpunkt. (B)

Übung 14.2.2.03

digi.study/bm-k1422a3

In einem zylindrischen Bottich befinden sich 625 Liter Regenwasser. Das Regenwasser wird langsam ausgelassen. Das noch im Bottich vorhandene Wasservolumen kann ungefähr durch die folgende Funktionsgleichung beschrieben werden:

$V(t) = (25 - 2 \cdot t)^2$

t … Zeit in Sekunden (s)

$V(t)$ … verbleibendes Volumen im Bottich in Liter (L) zum Zeitpunkt t

1 Berechnen Sie, nach welcher Zeit der Bottich leer ist. (B)

2 Schreiben Sie eine Formel an, mit welcher die mittlere Volumsänderung im Intervall $[t; u]$ berechnet werden kann. (A)

3 Berechnen Sie für die folgenden Zeitintervalle die mittlere Volumsänderung: $[3; u]$ für $u = 3{,}5; 3{,}1; 3{,}01; 3{,}001$ (B)

4 Berechnen Sie die Geschwindigkeit der Volumsänderung zum Zeitpunkt $t = 3$. (B)

5 Schreiben Sie eine Formel an, welche die relative Änderung des Volumens im Intervall $[3; 3{,}001]$ in Prozent angibt. (A)

Übung 14.2.2.04

digi.study/bm-k1422a4

Der Seite a (in cm) eines Quadrats wird ihr Flächeninhalt A (in cm^2) zugeordnet.

1 Erstellen Sie eine saubere Skizze des Graphen A. (A)

2 Stellen Sie eine Formel auf, mit welcher man die durchschnittliche Änderungsrate des Flächeninhaltes berechnen kann, wenn die Seitenlänge des Quadrats von 5 cm auf 8 cm zunimmt. (A)

3 Berechnen Sie die relative Änderung des Flächeninhaltes in Prozent, wenn die Länge der Seite des Quadrats von 5 cm auf 8 cm zunimmt. (B)

4 Berechnen Sie die momentane Änderungsrate des Flächeninhalts für die Seitenlänge a_1. (B)

Übung 14.2.2.05

digi.study/bm-k1422a5

Die Marktforschungsabteilung eines Unternehmens hat herausgefunden, dass bei einem Budget von x Tausend Euro für Werbung die Anzahl n der verkauften Stück ihres Produktes näherungsweise durch folgende Gleichung beschrieben werden kann:

$n(x) = -x^2 + 100 \cdot x + 20\,000 \quad \text{mit } 0 \leq x \leq 100$

x … Tausend Euro (€) für die Werbung

$n(x)$ … Anzahl der verkauften Stück bei einem Budget von x

1 Erstellen Sie einen Graphen für die Funktion n. Achten Sie auf die richtige Beschriftung und Skalierung der Achsen. (B)

2 Berechnen Sie, wie sich die Anzahl der verkauften Stück durchschnittlich ändert, wenn sich das Werbebudget im Intervall $[30; 60]$ bewegt. (B)

3 Berechnen Sie die lokale Änderungsrate der Anzahl der verkauften Stück für ein Budget von $x = 50$. (B)

Übung 14.2.2.06

digi.study/bm-k1422a6

Als Folge der großen Überschwemmungen ist in einem Ort eine Grippeepidemie ausgebrochen. Das Gesundheitsamt stellt fest, dass die Anzahl A der Erkrankten näherungsweise durch die folgende Gleichung beschrieben werden kann:

$A(t) = 48 \cdot t - t^2 \quad \text{mit } t \in [0;48]$

t … Zeit in Tagen (d)

$A(t)$ … Anzahl der Erkrankten zum Zeitpunkt t

1 Erstellen Sie den Graphen der Funktion A. (B)

2 Schreiben Sie eine Formel an, mit welcher man die relative Änderung der Anzahl der Erkrankten in Prozent vom 5ten auf den 20igsten Tag berechnen kann. (A)

3 Berechnen Sie die durchschnittliche Anzahl der Erkrankten pro Tag vom 15ten auf den 30igsten Tag. (B)

4 Stellen Sie die Funktionsgleichung der 1. Ableitung auf. (A)

5 Lesen Sie aus dem Graphen der Funktion A ab, nach wie vielen Tagen die Anzahl der Erkrankten den Höhepunkt überschritten hat. (C)

Übung 14.2.2.07

digi.study/bm-k1422a7

Die Flugbahn eines in einem ebenen Gelände abgeschossenen Golfballes kann simuliert werden. Die Bahn des Golfballes kann annähernd durch die Funktion h beschrieben werden. Es gilt:

$h(x) = -\frac{1}{216\,000} \cdot x^3 + \frac{1}{5} \cdot x \quad \text{mit } x \geq 0$

x … waagrechte Entfernung vom Abschlag in m

$h(x)$ … Höhe des Balles in m an der Stelle x

Ein 10 m hoher Baum, der genau in der Flugbahn des Golfballes steht, wird von diesem gerade noch überflogen.

1 Zeichnen Sie den Graphen der Funktion h in das folgende Koordinatensystem. (B)

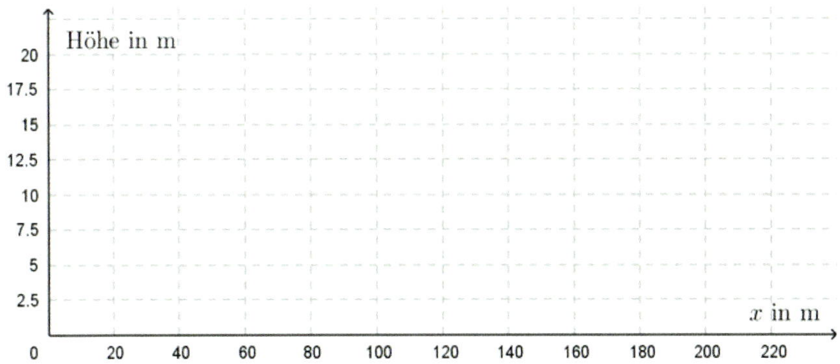

2 Markieren Sie im Graphen die möglichen Standpunkte des Baumes. (C)

3 Lesen Sie daraus die möglichen Entfernungen vom Abschlag ab. (C)

Nach dem nächsten Abschlag befindet sich ein Teich. Der Ball fällt in diesen hinein.

4 Dokumentieren Sie, wie man den Winkel berechnen kann, unter welchem der Ball in den Teich eintaucht. (C)

Übung 14.2.2.08

digi.study/bm-k1422a8

Kreuzen Sie an, welche Aussage in Bezug auf den Differenzialquotienten einer reellen Funktion f an einer Stelle x richtig bzw. falsch ist. (D)

	richtig	falsch
Der Differenzialquotient gibt den Funktionswert an der Stelle x an.		
Der Differenzialquotient gibt die Änderung der Funktionswerte an der Stelle x an.		
Der Differenzialquotient gibt die Steigung der Funktion an der Stelle x an.		
Die Differenzialquotient gibt den Winkel an, den die Tangente im Punkt $P = (x \mid f(x))$ mit der positiven x-Achse einschließt.		
Der Differenzialquotient gibt die durchschnittliche Geschwindigkeit an der Stelle x an.		

Übung 14.2.2.09

digi.study/bm-k1422a9

Gegeben ist eine reelle Funktion f mit $f(x) = 2 \cdot x + 4$.

1 Kreuzen Sie jene Eigenschaft an, welche für f Gültigkeit hat. (D)

	richtig	falsch
$f(x-1) = 2 \cdot f(x)$		
$f(x-1) = f(x) - 4$		
$f(x-1) = f(x) + 2$		
$f(x_2) - f(x_1) = f'(x) \cdot (x_2 - x_1)$		
$f(x-1) = 4 \cdot f(x)$		

2 Dokumentieren Sie, warum die angekreuzte Eigenschaft gilt. (C)

14.3 Ableitungsregeln (Deskriptor 4.3)

ERKLÄR-VIDEO
digi.study/bm-k143

Beispiel 14.3.01:

Gegeben ist eine konstante reelle Funktion f mit der Gleichung $f(x) = c$ ($c \in \mathbb{R}$, c konstant).

1 Erstellen Sie die erste Ableitungsfunktion f'.

Lösung:

Möglichkeit 1:

Der Graph von f ist eine Gerade parallel zur x-Achse. Diese hat für jedes x die Steigung Null.

Daher gilt: $f'(x) = 0$

Möglichkeit 2:

$\frac{\Delta f}{\Delta x} = \frac{c - c}{x - x_1} = \frac{0}{x - x_1} = 0$, daraus folgt auch: $f'(x) = 0$

Beispiel 14.3.02:

Der Querschnitt durch eine „Rundschaukel" kann durch eine Parabel beschrieben werden. Die Funktionsgleichung dafür lautet: $f(x) = 0{,}15 \cdot x^2$

1 Berechnen Sie mithilfe des Differenzialquotienten die Steigung des Graphen an der Stelle $x = 3$. (B)

2 Stellen Sie die Funktion der ersten Ableitung auf. (A)

Lösung:

1 $\frac{\Delta f}{\Delta x} = \frac{f(x) - f(3)}{x - 3} = \frac{0{,}15 \cdot x^2 - 0{,}15 \cdot 9}{x - 3} = \frac{0{,}15 \cdot (x^2 - 9)}{x - 3} = \frac{0{,}15 \cdot (x - 3) \cdot (x + 3)}{x - 3} = 0{,}15 \cdot (x + 3)$

$\lim\limits_{x \to 3} 0{,}15 \cdot (x + 3) = 0{,}15 \cdot 6 = 0{,}9$

Der Graph hat an der Stelle $x = 3$ die Steigung 0,9; d.h. die Tangente hat im Punkt $P = (3|1{,}35)$ die Steigung 0,9.

2 Die erste Ableitung an der Stelle x_1 berechnet man analog:

$\frac{\Delta f}{\Delta x} = \frac{f(x) - f(x_1)}{x - x_1} = \frac{0{,}15 \cdot x^2 \quad 0{,}15 \quad x_1^2}{x - x_1} = \frac{0{,}15 \cdot (x^2 - x_1^2)}{x - x_1} = \frac{0{,}15 \cdot (x - x_1) \cdot (x + x_1)}{x - x_1} = 0{,}15 \cdot (x + x_1)$

$\lim\limits_{x \to x_1} 0{,}15 \cdot (x + x_1) = 0{,}3 \cdot x_1$

Es gilt: $f'(x) = 0{,}15 \cdot 2 \cdot x$

Formel

Ableitungsregeln:

Potenzregel:

$f(x) = x^q; q \in \mathbb{Q}$ $\qquad f'(x) = q \cdot x^{q-1}$

Regel vom konstanten Faktor:

$f(x) = (c \cdot g)(x); c \in \mathbb{R}$ $\qquad f'(x) = c \cdot g'(x)$

Summen- bzw. Differenzregel:

$h(x) = (g \pm f)(x)$ $\qquad h'(x) = g'(x) \pm f'(x)$

Produktregel:

$f(x) = (u \cdot v)(x)$ $\qquad f'(x) = u'(x) \cdot v(x) + u(x) \cdot v'(x)$

Kurze Merkformel: $\qquad (u \cdot v)' = u' \cdot v + u \cdot v'$

Quotientenregel:

$f(x) = \frac{u}{v}(x); v(x) \neq 0$ $\qquad f'(x) = \frac{u'(x) \cdot v(x) - u(x) \cdot v'(x)}{[v(x)]^2}$

Kurze Merkformel: $\qquad \left(\frac{u}{v}\right)' = \frac{u' \cdot v - u \cdot v'}{v^2}$

Logarithmusfunktion:

$f(x) = \ln x$ $\qquad f'(x) = \frac{1}{x}$

Exponentialfunktion:

$f(x) = e^x$ $\qquad f'(x) = e^x$

Winkelfunktionen:

$f(x) = \sin x$ $\qquad f'(x) = \cos x$

$f(x) = \cos x$ $\qquad f'(x) = -\sin x$

$f(x) = \tan x$ $\qquad f'(x) = 1 + (\tan x)^2 = \frac{1}{(\cos x)^2}$

Kettenregel:

$h(x) = f(g(x))$ $\qquad h'(x) = f'(g(x)) \cdot g'(x)$

Beispiel 14.3.03:

Bilden Sie aus den Funktionen f jeweils f'. (A)

a) $f(x) = x^5$ b) $f(x) = 3 \cdot x$ c) $f(x) = x^4 - 2 \cdot x + 5$

d) $f(x) = x \cdot e^x$ e) $f(x) = \frac{\cos x}{x}$ f) $f(x) = \sin(3x)$

Lösung:

a) $f'(x) = 5 \cdot x^{5-1} = 5 \cdot x^4$

b) $f'(x) = 3 \cdot (x^1)' = 3 \cdot 1 \cdot x^{1-1} = 3 \cdot x^0 = 3$

c) $f'(x) = (x^4)' - (2 \cdot x)' + (5 \cdot x^0)' = 4 \cdot x^{4-1} - 2 \cdot x^{1-1} + 0 \cdot 5 \cdot x^{0-1} = 4 \cdot x^3 - 2$

d) $f'(x) = x' \cdot e^x + x \cdot (e^x)' = 1 \cdot e^x + x \cdot (e^x)' = e^x + x \cdot e^x = e^x \cdot (x+1)$

e) $f'(x) = \frac{(\cos x)' \cdot x - \cos x \cdot (x)'}{x^2} = \frac{-\sin x \cdot x - \cos x \cdot 1}{x^2} = -\frac{x \cdot \sin x + \cos x}{x^2}$

f) $f'(x) = (\sin)'(3x) \cdot (3x)' = \cos(3x) \cdot 3 = 3 \cdot \cos(3x)$

Übung 14.3.01

digi.study/bm-k143a1

1 Bilden Sie von den folgenden Funktionen f die Funktion f'. (A)

2 Zeichnen Sie in ein und dasselbe Koordinatensystem die Graphen von f und f' ein. (B)

3 Stellen Sie die Tangentengleichung t_P im Punkt $P = (2|f(2))$ auf. (B) (A)

a) $f(x) = x^3$ b) $f(x) = 3 \cdot \sqrt{x}$ c) $f(x) = \frac{2}{x^3}$

d) $f(x) = 3 \cdot x^2$ e) $f(x) = \frac{\sin x}{2}$ f) $f(x) = -\frac{3}{x^2}$

g) $f(x) = x^3 + x$ h) $f(x) = 3 \cdot x^4 + \sqrt[3]{x^2}$ i) $f(x) = 0{,}5 \cdot x^3 - \frac{2}{\sqrt{x}} + \frac{5}{x^2}$

j) $f(x) = \left(x^2 - \frac{x}{2}\right) \cdot e^x$ k) $f(x) = e^{(3 \cdot x - 1)}$ l) $f(x) = \frac{x^2 + 1}{3 \cdot x}$

Übung 14.3.02

digi.study/bm-k143a2

Gegeben sind Polynomfunktionen über der Menge der reellen Zahlen.

1 Stellen Sie die Funktion f' auf. (A)

2 Berechnen Sie die Koordinaten all jener Punkte P_i, deren Tangente an die Kurve die gegebene Steigung k hat. (B)

a) $f(x) = 4 \cdot \left(x^3 + 0{,}75 \cdot x^2 - x - \frac{1}{16}\right)$ $k = 2$

b) $f(x) = 0{,}5 \cdot x^3 - 4{,}5 \cdot x^2 + 9 \cdot x$ $k = 1{,}5$

c) $f(x) = x^3 - 6 \cdot x^2 + 6 \cdot x + 3$ $k = -3$

d) $f(x) = 3 \cdot x^4 + 8 \cdot x^3 - 6 \cdot x^2 + 15$ $k = 12$

Übung 14.3.03

digi.study/bm-k143a3

Gegeben sind reelle Funktionen und je eine Geradengleichung.

1 Berechnen Sie die Koordinaten jener Punkte des Graphen, in denen die Tangente parallel zur Geraden verläuft. (B)

a) $f(x) = x^3 - 6 \cdot x^2 + 6 \cdot x + 1$ $g\colon 3 \cdot x + y = 6$

b) $f(x) = x^3 - 1{,}5 \cdot x^2 - 3{,}75 \cdot x + 1$ $g\colon 9 \cdot x - 4 \cdot y = 1$

Übung 14.3.04

digi.study/bm-k143a4

Die Strahlungsintensität eines schwarzen Körpers bei der absoluten Temperatur T kann ungefähr durch die folgende Funktionsgleichung beschrieben werden:

$I(T) = \sigma \cdot T^4$

T … Temperatur in Kelvin (K)

$I(T)$ … Intensität der Strahlung in Watt pro Quadratmeter $(\mathrm{W/m^2})$ bei der Temperatur T

$\sigma = 5{,}668 \cdot 10^{-8}\ \mathrm{W \cdot m^{-2} \cdot K^{-4}}$

1 Skizzieren Sie grob den Verlauf des Graphen dieser Funktion. (A)

2 Berechnen Sie die Höhe der Strahlungsintensität bei einer Temperatur von 285 K. (B)

3 Schreiben Sie eine Formel für die durchschnittliche Änderung der Strahlungsintensität im Temperaturintervall [280; 285] an (A)

4 Berechnen Sie die momentane Änderungsrate der Strahlungsintensität bei der Temperatur 286 K. (B)

Übung 14.3.05

digi.study/bm-k143a5

Der Strömungswiderstand F eines mit der Geschwindigkeit v fliegenden Flugzeugs kann ungefähr durch die Gleichung $F(v) = 2{,}3 \cdot v^2$ beschrieben werden.

v … Geschwindigkeit in Kilometern pro Stunde (km/h)

$F(v)$ … Strömungswiderstand in Newton bei der Geschwindigkeit v

1 Zeichnen Sie den Graphen von F für den Geschwindigkeitsbereich [400; 1 000]. (B)

2 Lesen Sie aus dem Graphen die durchschnittliche Änderungsrate des Strömungswiderstandes für den Geschwindigkeitsbereich [750; 900] ab. (C)

3 Interpretieren Sie den folgenden Ausdruck in diesem Zusammenhang: $\lim\limits_{v \longrightarrow 800} F(v)$ (C)

4 Berechnen Sie die momentane Änderungsrate des Strömungswiderstandes für die Geschwindigkeit $v = 900$ km/h. (B)

Übung 14.3.06

digi.study/bm-k143a6

Der Lichtpunkt auf einem Bildschirm bewegt sich längs einer Kurve, die durch den Graphen der Funktion f beschrieben wird: $f(x) = 0{,}9 \cdot (x^3 - x)$

1 Berechnen Sie die Steigung der Tangente im Punkt $P = (2|f(2))$. (B)

2 Zeichen Sie in den Graphen von f das Steigungsdreieck der Tangente ein. (B) (A)

3 Stellen Sie eine Formel auf, mit welcher man den Steigungswinkel der Tangente berechnen kann. (A)

4 Beschreiben Sie den Verlauf des Graphen in Bezug auf das Monotonieverhalten. (C)

5 Lesen Sie aus dem Graphen die Koordinaten der Schnittpunkte des Graphen von f mit den beiden Achsen ab. (C)

Axel behauptet, dass es sich bei f um eine ungerade Funktion handelt.

6 Argumentieren Sie, ob die Behauptung von Axel stimmt. (D)

Übung 14.3.07

digi.study/bm-k143a7

Wird ein Körper mit der Abschussgeschwindigkeit v_0 lotrecht nach oben geschossen, so ist seine Höhe durch folgende Gleichung gegeben: $h(t) = v_0 \cdot t - 5 \cdot t^2$

t … Zeit in Sekunden (s)

$h(t)$ … Höhe des Körpers in Metern (m) zum Zeitpunkt t

1 Erstellen Sie den Graphen der Funktion h für $v_0 = 64$ m/s. (B)

2 Lesen Sie aus dem Graphen ab, zu welchen Zeitpunkten der Körper eine Höhe von 25 m hat. (C)

3 Berechnen Sie, wann der Körper wieder am Boden auftrifft. (B)

Ernst behauptet, dass nach 6,4 Sekunden die Geschwindigkeit des Körpers Null ist.

4 Begründen Sie, ob Ernst mit seiner Behauptung Recht hat. (D)

Übung 14.3.08

digi.study/bm-k143a8

Eine Firma erzeugt Fernsehgeräte. Die Kostenfunktion K und die Erlösfunktion E sind bekannt.

$K(x) = 500 \cdot x + 100\,000 \quad E(x) = 1\,250 \cdot x - \frac{x^2}{4}$ mit $0 \leq x \leq 5\,000$

x … Anzahl der Fernseher

$K(x)$ … Erzeugungskosten in Euro (€) bei der Produktion von x Stück

$E(x)$ … Einnahmen in Euro (€) beim Verkauf von x Stück

1 Erstellen Sie die Graphen beider Funktionen in ein und demselben Koordinatensystem. (B)

2 Lesen Sie die Koordinaten des Schnittpunktes ab. (C)

3 Interpretieren Sie die Bedeutung des Schnittpunktes im Sachzusammenhang. (C)

4 Berechnen Sie die durchschnittliche Änderungsrate der Kosten bei der Produktionszunahme von $x = 3\,000$ Stück auf $x = 3\,200$ Stück. (B)

5 Berechnen Sie die relative Änderung der Erlösfunktion, wenn der Verkauf der Fernsehgeräte von $x = 2\,800$ Stück auf $x = 2\,780$ Stück abnimmt. (B)

6 Berechnen Sie die momentane Änderungsrate der Erlösfunktion beim Verkauf von $x = 2\,000$ Stück. (B)

14.4 Kurvendiskussion (Deskriptor 4.4)

Bei einer Kurvendiskussion geht es darum, den Verlauf eines Funktionsgraphen mit all seinen Eigenschaften zu bestimmen.

14.4.1 Monotonie und Extrempunkte

Neben dem Monotonieverhalten der Funktion ist auch wichtig zu erheben, wo die Funktion maximale bzw. minimale Werte hat.
Man unterscheidet in diesem Zusammenhang **absolute Extrempunkte** oder auch **globale Extrempunkte** und **relative Extrempunkte**:

Merke

Sei $f{:}I \to \mathbb{R}$ eine Funktion (I ein Intervall).
Eine Stelle x_0 ist eine **globale Maximumstelle**, wenn für alle $x \in I$ gilt: $f(x) \leq f(x_0)$
Eine Stelle x_0 ist eine **globale Minimumstelle**, wenn für alle $x \in I$ gilt: $f(x) \geq f(x_0)$
Lokale oder **relative Extrempunkte** sind Punkte, bei welchen sich das Monotonieverhalten ändert.
Von einem **Hochpunkt** oder **relativen/lokalen Maximum** $HP = \left(x_0 \middle| f(x_0)\right)$ spricht man, wenn der Graph links von der Stelle x_0 streng monoton steigt, rechts davon streng monoton fällt.
Von einem **Tiefpunkt** oder **relativen/lokalen Minimum** $TP = \left(x_0 \middle| f(x_0)\right)$ spricht man, wenn der Graph links von der Stelle x_0 streng monoton fällt, rechts davon streng monoton steigt.

Eine andere Beschreibung der relativen Extrema kann man aus dem folgenden Beispiel ablesen.

digi.study/bm-k1441b1

Beispiel 14.4.1.01:
Gegeben ist eine reelle Funktion f mit der Gleichung: $f(x) = \frac{2 \cdot x^3}{3} - 4 \cdot x^2 + 6 \cdot x + 1$
1 Stellen Sie die Funktionsgleichungen für die 1. und 2. Ableitung auf. (A)
2 Erstellen Sie in je einem eigenen Koordinatensystem die Graphen von f, f', f'' (B)
Lösung:
1 $f'(x) = \frac{2}{3} \cdot 3 \cdot x^2 - 4 \cdot 2 \cdot x + 6 = 2 \cdot x^2 - 8 \cdot x + 6$
$f''(x) = 2 \cdot 2 \cdot x - 8 = 4 \cdot x - 8$

Betrachtet man im Graphen von f den **Hochpunkt** an der Stelle $x_0 = 1$, so ändert sich dort das Monotonieverhalten.
Geht man im Graphen f' zur Stelle $x_0 = 1$, so stellt man fest, dass sie dort einen Vorzeichenwechsel hat.

Formel

In der Nähe von x_0 gilt also:
$f'(x) > 0$ für $x < x_0$
$f'(x) < 0$ für $x > x_0$

2 Graph f:

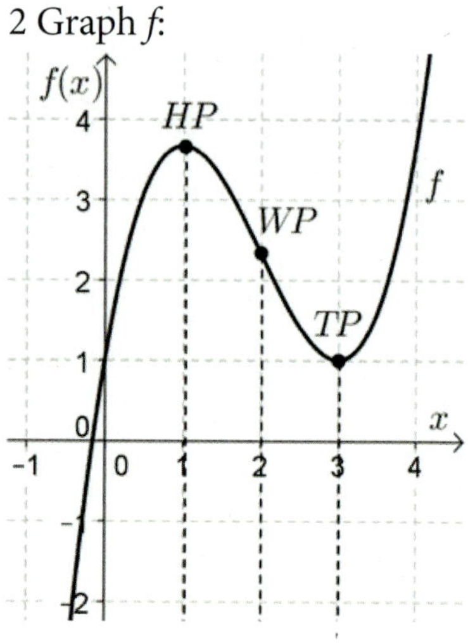

Graph f':

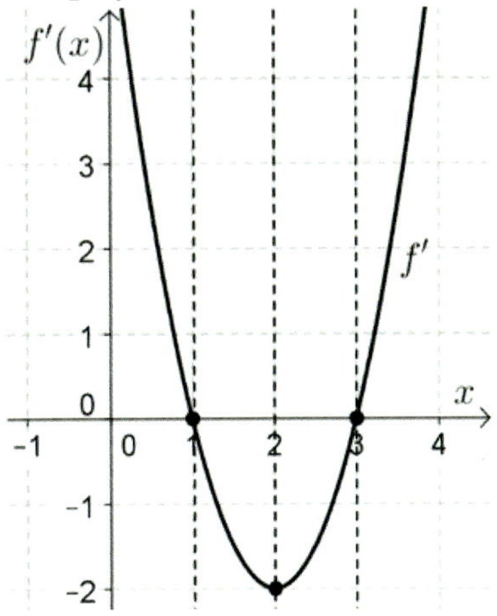

In diesem Beispiel ist die zweite Ableitung an der Stelle x_0 negativ. Eine hinreichende Bedingung für ein **relatives Maximum** an der Stelle x lautet:

Formel

$$f'(x) = 0 \quad \text{und}\, f''(x) < 0$$

Ganz analog kann man die Eigenschaften des **Tiefpunktes** bestimmen.

Formel

In der Nähe von x_0 gilt also:
$f'(x) < 0 \quad$ für $x < x_0$
$f'(x) > 0 \quad$ für $x > x_0$

Eine hinreichende Bedingung für ein **relatives Minimum** an der Stelle x lautet:

Formel

$$f'(x) = 0 \quad \text{für}\, f''(x) > 0$$

14.4.2 Krümmungsverhalten

Graph f'':

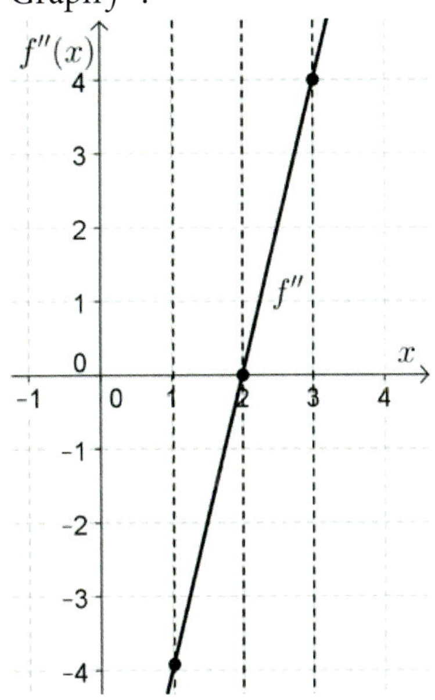

WP steht für **Wendepunkt**. Dieser Punkt hat den Namen von der Eigenschaft, dass sich dort das **Krümmungsverhalten** ändert: Links von der Stelle $x_W = 2$ ist der Graph **rechts gekrümmt** (Eselsbrücke: Bogen des handgeschriebenen Buchstabens r), rechts davon ist der Graph **links gekrümmt** (Eselsbrücke: Bogen des handgeschriebenen Buchstabens l).
Betrachtet man diese Stelle $x_W = 2$ im Graphen der ersten Ableitung, so liegt dort eine lokale Extremstelle, in diesem Fall die x-Stelle des Tiefpunktes. Somit ist bei dieser Funktion f die **Wendestelle** jene, in welcher die **1. Ableitung** ihr **Minimum** hat. Man kann die Wendestelle so interpretieren, dass dort die **Steigung der Tangente** oder die **momentane Änderungsrate** am **stärksten abnimmt**. Es lässt sich auch feststellen, dass an dieser Wendestelle die zweite Ableitung den Wert Null hat.
Hinreichende Bedingung für die Wendestelle:

Formel

$$f''(x) = 0 \quad \text{und}\, f'''(x) \neq 0$$

Merke

digi.study/bm-k1442d1

ERKLÄR-VIDEO

Beachten Sie die folgenden Eigenschaften der wichtigen Punkte eines Graphen:

Schnittpunkte mit der x-Achse: $f(x) = 0$

Lokale Extrempunkte: Änderung des Monotonieverhaltens bzw.
$f'(x) = 0$ und $f''(x) < 0 \Rightarrow$ lokales Maximum
$f'(x) = 0$ und $f''(x) > 0 \Rightarrow$ lokales Minimum

Wendepunkte: Änderung des Krümmungsverhaltens bzw.
$f''(x) = 0$ und $f'''(x) \neq 0$

Beispiel 14.4.2.01:

Gegeben ist eine reelle Funktion f durch die Gleichung: $f(x) = x^3 - 3 \cdot x + 3$

1 Erstellen Sie den Graphen der Funktion f. (B)

2 Berechnen Sie die Koordinaten der Schnittpunkte mit den beiden Achsen. (B)

3 Berechnen Sie die Koordinaten der lokalen Extrempunkte. (B)

4 Interpretieren Sie den Verlauf des Graphen hinsichtlich des Monotonieverhaltens. (C)

5 Lesen Sie aus dem Graphen die Koordinaten jenes Punktes ab, in welchem die Steigung der Tangente am stärksten abnimmt.(C)

6 Berechnen Sie die Koordinaten des Wendepunktes. (B)

7 Stellen Sie die Gleichung der Wendetangente t_W auf. (A)

8 Interpretieren Sie den Verlauf des Graphen hinsichtlich des Krümmungsverhaltens. (C)

9 Beschriften Sie den Graphen mit den charakteristischen Punkten. (C)

Lösung:

1 Graph und **9** Beschriftung der Punkte:

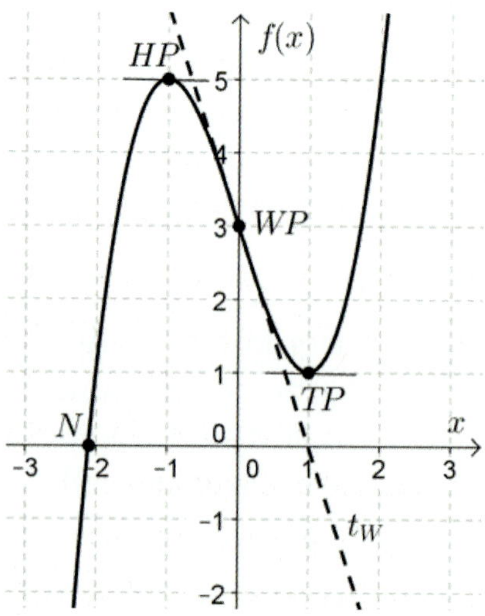

2 Schnittpunkt mit der y-Achse: $f(0) = 3$; $N = (0|3)$

Schnittpunkte mit der x-Achse: $f(x) = 0 \Rightarrow x^3 - 3 \cdot x + 3 = 0$; diese Gleichung löst man mit dem Taschenrechner auf und erhält folgende Lösung: $x \approx -2{,}10$;
$N = (-2{,}10|0)$

3 Berechnung der lokalen Extrempunkte:

$f'(x) = 3 \cdot x^2 - 3; \quad f''(x) = 6 \cdot x$

$3 \cdot x^2 - 3 = 0 \Rightarrow x_{1,2} = \pm 1$

$f''(1) = 6 > 0 \Rightarrow$ Minimum

$f''(-1) = -6 < 0 \Rightarrow$ Maximum

$HP = (-1|f(-1)) = (-1|5); TP = (1|f(1)) = (1|1)$

4 Der Graph ist in folgenden Intervallen streng monoton steigend: $]-\infty;-1[$ bzw. $]1;\infty[$

Der Graph ist im folgenden Intervall streng monoton fallend: $]-1;1[$

5 Der Punkt, in welchem die Steigung der Tangente am stärksten abnimmt, ist der Wendepunkt.

$WP = (0|3)$

6 Berechnung der Koordinaten des Wendepunktes: $f''(x) = 0 \Rightarrow 6 \cdot x = 0 \Rightarrow x = 0;$

$WP = (0|f(0)) = (0|3)$

7 Um die Gleichung der Wendetangente aufstellen zu können, fehlt noch die Steigung, welche man über die erste Ableitung erhält: $f'(0) = -3 = k_{t_w}$

$t_W: y = k \cdot x + d \rightarrow y = -3 \cdot x + 3$

8 Der Graph ist in folgendem Intervall rechts gekrümmt: $]-\infty;0[$ und im Intervall $]0;\infty[$ links gekrümmt.

Merke

Beachten Sie: Mithilfe des Taschenrechners lässt sich die Bestimmung der charakteristischen Punkte eines Graphen einer reellen Funktion gut vereinfachen.

Beispiel 14.4.2.02:

Gegeben ist eine reelle Funktion f durch die Funktionsgleichung:

$f(x) = \frac{1}{2} \cdot x^3 - 3 \cdot x^2 + \frac{9}{2} \cdot x + 2$

1 Zeichnen Sie den Graphen der Funktion f. (B)

2 Lesen Sie aus dem Graphen die Koordinaten der Schnittpunkte des Graphen mit den beiden Achsen ab. (C)

3 Überprüfen Sie die abgelesenen Koordinaten durch eine Rechnung. (D)

4 Bilden Sie die erste und die zweite Ableitungsfunktion. (A)

5 Lesen Sie aus dem Graphen die Koordinaten der relativen Extrempunkte ab. (C)

6 Überprüfen Sie die abgelesenen Koordinaten der relativen Extrempunkte durch eine Berechnung. (D)

7 Lesen Sie aus dem Graphen die Monotonie- und die Krümmungsintervalle ab. (C)

8 Berechnen Sie die Koordinaten des Wendepunktes. (B)

9 Stellen Sie die Gleichung der Wendetangente auf. (A)

10 Berechnen Sie die momentane Änderungsrate des Graphen an der Stelle $x = 1{,}5$. (B)

Agnes behauptet, dass die durchschnittliche Änderung des Graphen im Intervall $[-1;3]$ deshalb einen positiven Wert ergibt, weil Δy in diesem Intervall positiv ist.

11 Argumentieren Sie, ob Agnes Recht hat. (D)

12 Beschreiben Sie den Verlauf des Graphen, wenn $x \longrightarrow +\infty$ bzw. $x \longrightarrow -\infty$ geht. (C)

Lösung:

1 Mit [Y=] wird der Y-Editor aufgerufen. Nun können Sie den Funktionsterm eingeben. Durch Drücken der Taste [GRAPH] zeichnet der TR den Graphen der Funktion. Mithilfe von TABLE können Sie geeignete Punkte zum Übertragen des Graphen ins Heft ermitteln.

2 und **3** Schnittpunkte mit Achsen: Schnittpunkt mit der y-Achse: $x = 0$
TR: CALC»1:value»… ⇒ $y = 2$ wird angezeigt; $S_y = (0|2)$ (siehe auch S. 108 und Anhang)

Schnittpunkte mit der x-Achse: $f(x) = 0$
TR: CALC»2:zero»… ⇒ $x \approx -0{,}36$; $N = (-0{,}36|0)$ (siehe auch S. 108 und Anhang)

4 $f'(x) = \frac{3}{2} \cdot x^2 - 6 \cdot x + \frac{9}{2} \quad f''(x) = 3 \cdot x - 6$

5 siehe *HP*/*TP*:

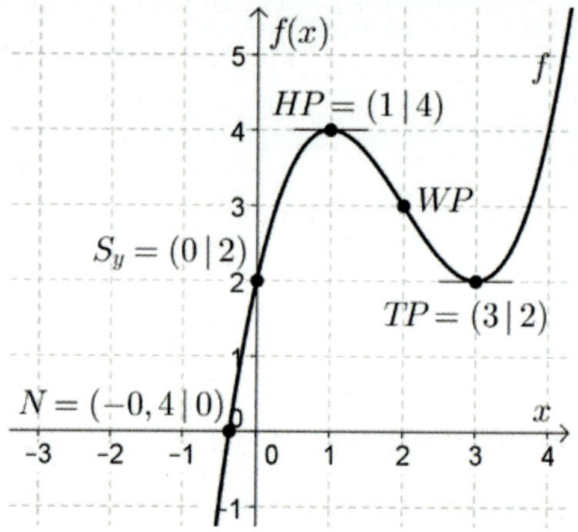

6 Berechnung der relativen Extrempunkte mithilfe des Taschenrechners:

CALC»3:minimum»… Lokalen Tiefpunkt berechnen (siehe auch S. 159 und Anhang)

Zuerst öffnen Sie das Menü CALC (Eingabe: [2nd] [TRACE]). Das Programm 3:minimum wird gestartet, indem Sie die Ziffer [3] drücken bzw. indem Sie den Cursor mit den Tasten [▼], [▲] in die gewünschte Zeile bewegen und [ENTER] klicken. Es öffnet sich das Graph-Fenster. Sie positionieren den Cursor auf dem Graphen mit den Tasten [◄], [►] links vom Tiefpunkt und drücken [ENTER]. Anschließend positionieren Sie den Cursor auf dem Graphen mit den Tasten [◄], [►] rechts vom Tiefpunkt und drücken wieder [ENTER]. Nun ist der Bereich fixiert, wo das Programm den Tiefpunkt sucht. Schließlich taucht die Frage **„guess?"** auf, man bestätigt mit [ENTER] und erhält beide Koordinaten des Tiefpunkts. ⇒Minimum = (3|2)

CALC»4:maximum»… Lokalen Hochpunkt berechnen (siehe S. 159 und Anhang) ⇒ Maximum = (1|4)

7 Monotoniebereiche: $]-\infty;1[$ und $]3;\infty[$ streng monoton steigend; $]1;3[$ streng monoton fallend

Krümmungsbereiche: $]-\infty;2[$ rechts gekrümmt; $]2;\infty[$ links gekrümmt

8 Berechnen der Koordinaten des Wendepunktes: $f''(x) = 0$ und $f'''(x) \neq 0$

$3 \cdot x - 6 = 0 \Rightarrow x = 2$; $WP = (2|f(2))$; $f(2)$
mit TR: CALC»1:value»2 ⇒ $WP = (2|3)$

9 Gleichung der Wendetangente mit TR: DRAW»5:tangent»2 ⇒ $t_{WP}: y = -1{,}5 \cdot x + 6$

Hinweis: $f'(2) = -1{,}5$ … Tangentensteigung im Wendepunkt

Das Menü DRAW öffnen Sie mit [2nd] [PRGM]. Um die Tangente nicht mehr anzuzeigen, wählen Sie DRAW»1:ClrDraw

10 Die momentane Änderungsrate an der Stelle $x = 1{,}5$ findet man mit dem TR analog zur Berechnung der Tangentensteigung im Wendepunkt: $f'(1{,}5) = -1{,}125$

11 Formel für die durchschnittliche Änderungsrate im Intervall $[-1; 3]$: $\frac{\Delta y}{\Delta x} = \frac{f(3) - f(-1)}{3 - (-1)}$; es gilt: $f(3) > f(-1)$, daher ist Δy positiv, der Nenner ist auch positiv, daher ist die durchschnittliche Änderungsrate positiv.

12 $\lim\limits_{x \to +\infty} f(x) = +\infty \quad \lim\limits_{x \to -\infty} f(x) = -\infty$

Für genügend große x-Stellen werden die Funktionswerte beliebig groß. Für genügend kleine x-Stellen werden die Funktionswerte beliebig klein.

Übung 14.4.2.01

digi.study/bm-k1442a1

1 Führen Sie von den folgenden reellen Funktionen eine vollständige Kurvendiskussion durch. Berechnen Sie dazu die Koordinaten der Schnittpunkte mit den beiden Achsen, der relativen Extrempunkte und der Wendepunkte. (B)

2 Überprüfen Sie die Berechnungen mithilfe der Graphen. (D)

3 Beschreiben Sie den Verlauf des Graphen hinsichtlich des Monotonie- und Krümmungsverhaltens. (C)

4 Erstellen Sie die Gleichung der Wendetangente. (A)

5 Berechnen Sie den Steigungswinkel der Wendetangente. (B)

a) $f(x) = \frac{1}{4} \cdot (x + 2)^2 \cdot (x - 4)$

b) $f(x) = x^4 - 6 \cdot x^2 + 5$

c) $f(x) = \frac{x^3}{8} - 2$

d) $f(x) = x^3 - 6 \cdot x^2 + 9 \cdot x - 2$

e) $f(x) = -3 \cdot x^4 + 18 \cdot x^3 - 36 \cdot x^2 + 24 \cdot x$

Übung 14.4.2.02

digi.study/bm-k1442a2

Gegeben sind drei Graphen reeller Funktionen:

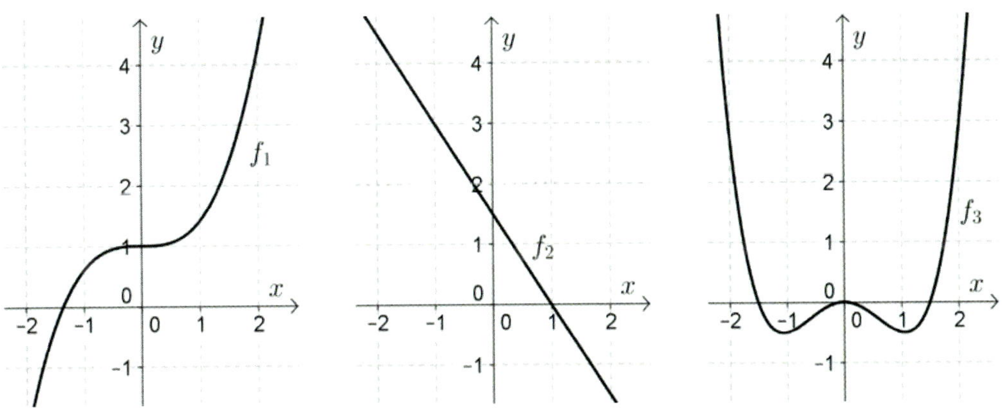

Zur Auswahl stehen auf der nächsten Seite vier mögliche Graphen der ersten Ableitung.

1 Kennzeichnen Sie, zu welchem Graphen der Ableitungsgraph gehört. (C)

2 Argumentieren Sie, warum Sie diese Zuordnung so getroffen haben. (D)

Fortsetzung
Übung 14.4.2.02

Graph 1

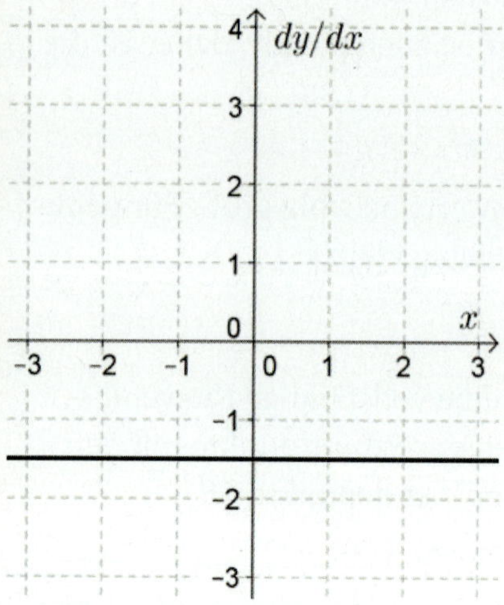

Graph 2

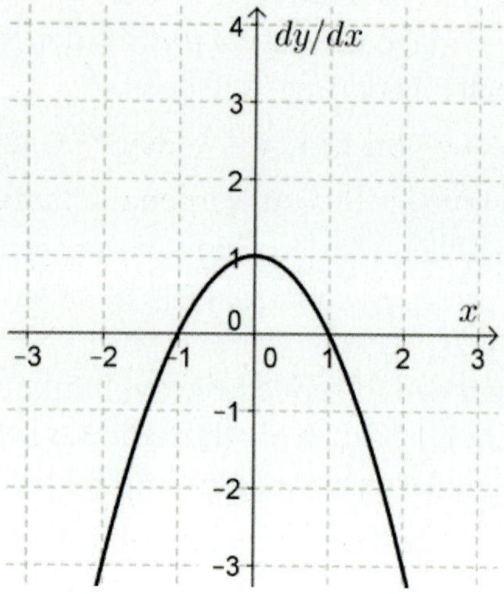

Graph 3

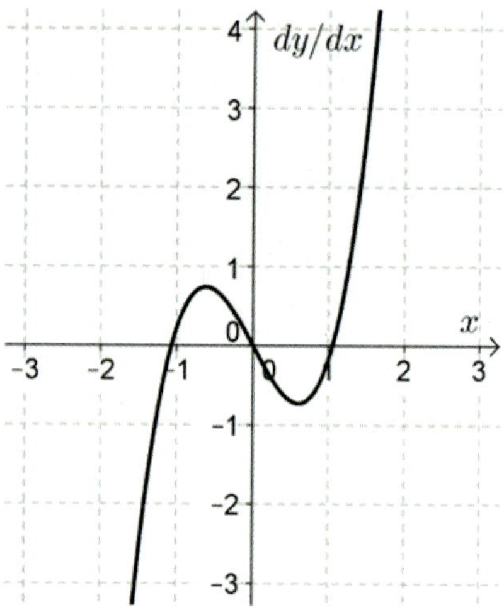

Graph 4

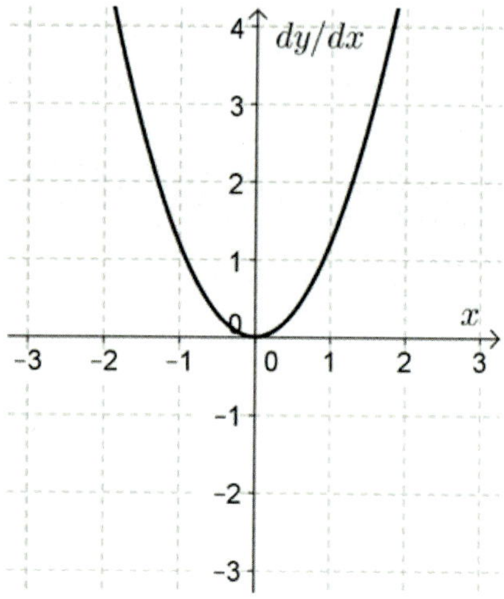

Übung 14.4.2.03

digi.study/bm-k1442a3

Sie fahren mit dem Auto in 10 Minuten vom Ort A zum Ort B. Der zurückgelegte Weg ist durch die folgende Funktion in Abhängigkeit von der Zeit beschrieben:

$s(t) = -0{,}03 \cdot t^3 + 0{,}45 \cdot t^2$

t … Zeit in Minuten (min)

$s(t)$ … bis zum Zeitpunkt t zurückgelegter Weg in Kilometern (km)

1 Berechnen Sie die Entfernung der beiden Orte. (B)

Die Geschwindigkeit in Abhängigkeit von der Zeit erhalten Sie als Ableitungsfunktion von s.

2 Erstellen Sie die Geschwindigkeitsfunktion. (A)

3 Zeichnen Sie die Weg- und die Geschwindigkeitsfunktion in ein und dasselbe Koordinatensystem ein. (B)

4 Lesen Sie aus dem Graphen ab, nach wie vielen Minuten die maximale Geschwindigkeit erreicht wird. (C)

5 Erklären Sie anhand der beiden Graphen den Zusammenhang zwischen den Kurven in den folgenden Zeitabschnitten: $1 \leq t < 5$; $t = 5$; $5 < t \leq 10$ (D)

Der Benzinverbrauch hängt generell von der Fahrgeschwindigkeit ab. Sie fahren vom Ort A zum Ort B. Die folgende Abbildung zeigt annähernd den Benzinverbrauch in Liter pro 100 km für eine bestimmte Automarke in Abhängigkeit von der Geschwindigkeit v (in km/h).

6 Lesen Sie aus der Grafik ab, mit welcher Geschwindigkeit Sie fahren sollten, um Benzin zu sparen. (C)

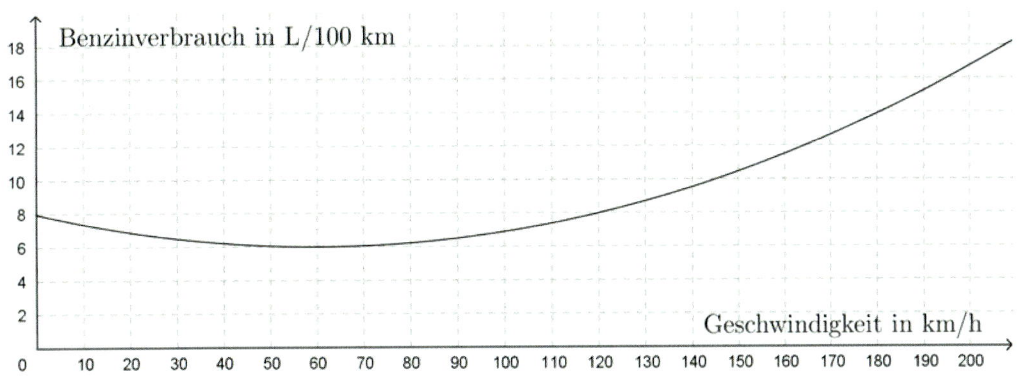

Ein Freund fährt die Strecke von A nach B mit einer durchschnittlichen Geschwindigkeit von 140 km/h.

7 Berechnen Sie, um welchen Betrag bei ihm die Fahrt teurer wird, wenn 1 Liter Benzin im Moment € 1,65 kostet. (B)

Übung 14.4.2.04

digi.study/bm-k1442a4

Ein Unternehmen erstellte für die Herstellung eines neuen Produktes die folgende Kostenfunktion K:

$$K(x) = 0{,}1 \cdot x^2 + 6 \cdot x + 45$$

x … produzierte Menge in Mengeneinheiten (ME)

$K(x)$ … Gesamtkosten in Geldeinheiten (GE) bei der Produktion von x

Pro Tag kann das Unternehmen höchstens 35 ME produzieren.

1 Beschreiben Sie den Verlauf der Kostenfunktion hinsichtlich der Bedeutung der Variablen x, eines sinnvollen Definitionsbereiches für die Funktion K, des Monotonieverhaltens des Graphen und der Größe der Fixkosten. (C)

2 Zeichnen Sie den Graphen der Kostenfunktion. (B)

3 Berechnen Sie, wie viele Mengeneinheiten das Unternehmen produzierte, wenn Kosten in der Höhe von 150 GE angefallen sind. (B)

Der Chef bearbeitet einen Auftrag über 30 ME dieses Produktes. Er hat 225 GE für die Produktion zur Verfügung.

4 Argumentieren Sie, ob das vorhandene Budget für die Produktion ausreicht. (D)

Das Unternehmen verkauft eine Mengeneinheit um a Euro. Die tägliche Kapazität wird tatsächlich produziert.

5 Berechnen Sie, wie hoch der Verkaufspreis a mindestens sein muss, wenn mit dem Erlös (= aus dem Verkauf eingenommener Betrag) die Gesamtkosten (aus der Produktion) abgedeckt werden sollen. (B)

Die Stückkostenfunktion $\overline{K}$ erhält man, indem man die Gesamtkosten auf die Anzahl x der Mengeneinheiten aufteilt.

6 Berechnen Sie, bei welchen Mengeneinheiten die Stückkostenfunktion ein Minimum hat. (B)

Übung 14.4.2.05

digi.study/bm-k1442a5

Falls ein Unternehmen S Tonnen eines Produktes verkauft, ist der pro Tonne erzielte Preis P gegeben durch die Gleichung: $P(S) = 100 - \frac{1}{3} \cdot S$

S … Masse des Produktes in Tonnen

$P(S)$ … Preis in Geldeinheiten (GE) für S Tonnen.

Die Kosten, die dem Unternehmen entstehen, sind durch folgende Gleichung gegeben: $K(S) = 800 + \frac{1}{5} \cdot S$

S … Masse des Produktes in Tonnen

$K(S)$ … Gesamtkosten in Geldeinheiten (GE) für S Tonnen

Zusätzlich gibt es Transportkosten in der Höhe von 100 GE pro Tonne. Unter den Gewinnschwellen versteht man die Nullstellen der Gewinnfunktion.
Anmerkung: Unter dem Erlös versteht man die Einnahmen des Unternehmens beim Verkauf von S Tonnen.

1 Geben Sie eine Formel für den Erlös E beim Verkauf von S Tonnen an. (A)

2 Beschreiben Sie, wie sich der Preis verändert, wenn man S um 1 Tonne vergrößert. (C)

Fortsetzung Übung 14.4.2.05

Die Gewinnfunktion des Unternehmens in Abhängigkeit von S lässt sich unter den gegebenen Voraussetzungen angeben: $G(S) = -\frac{1}{3} \cdot S^2 + 99{,}8 \cdot S - 700$

S … Masse des Produktes in Tonnen

$G(S)$ … Gewinn in Geldeinheiten beim Verkauf von S Tonnen

3 Berechnen Sie, wie viele Tonnen verkauft werden müssen, um einen maximalen Gewinn zu erzielen. (B)

4 Zeichnen Sie den Graphen der Gewinnfunktion. (B)

5 Lesen Sie aus dem Graphen die Gewinnschwellen ab. (C)

Übung 14.4.2.06

digi.study/bm-k1442a6

Angefügt ist der Graph einer Polynomfunktion f.

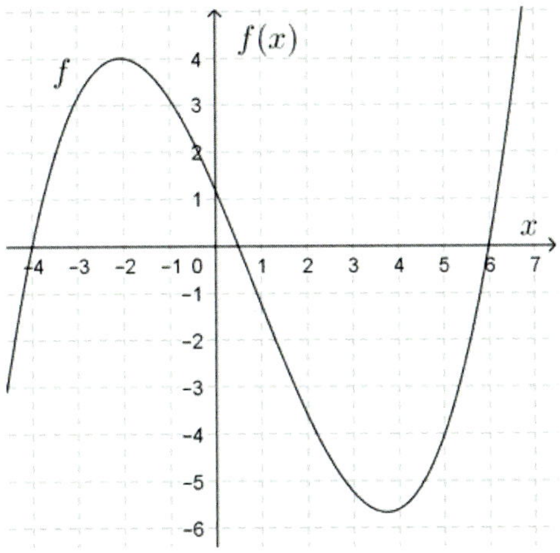

1 Lesen Sie aus dem Graphen die unten angeführten Maßzahlen ab und tragen Sie diese in die Tabelle ein. (C)

2 Beschreiben Sie den Verlauf des Graphen hinsichtlich des Monotonie- und Krümmungsverhaltens. (C)

3 Stellen Sie eine mögliche Funktionsgleichung für f auf. (A)

absolute Änderung der Funktionswerte im Intervall $[-4; -2]$	
Differenzenquotient für das Intervall $[-2; 0]$	
Differenzialquotient an der Stelle $x = -1$	

Übung 14.4.2.07

digi.study/bm-k1442a7

Die Graphen von vier Polynomfunktionen sind gegeben.

1 Kennzeichnen Sie in der folgenden Tabelle bei jedem Graphen, wie viele Null-, Extrem- und Wendestellen er im gezeichneten Bereich hat. (C)

2 Entscheiden Sie, welchen Grad die zugehörige Polynomfunktion mindestens haben muss. (D)

	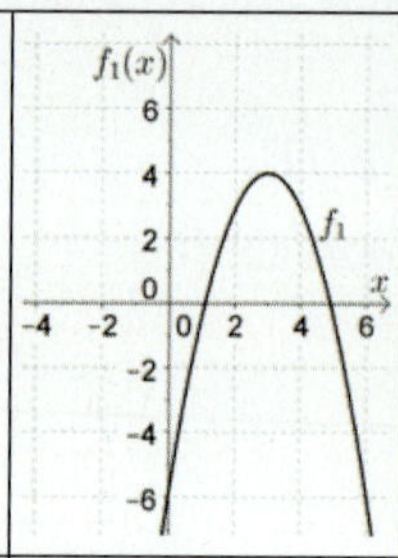	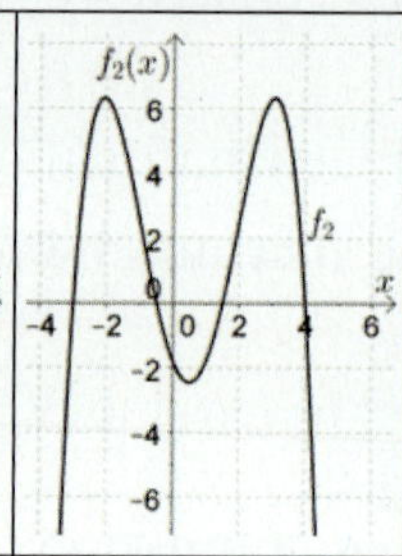	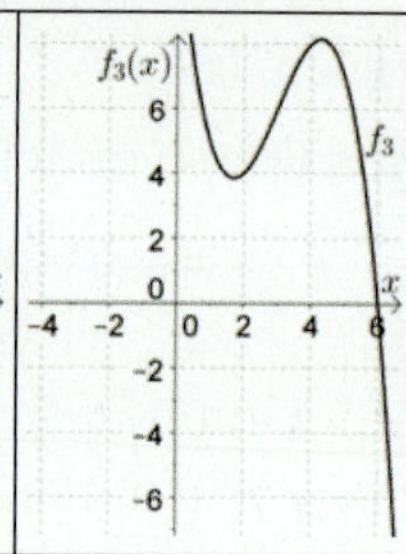	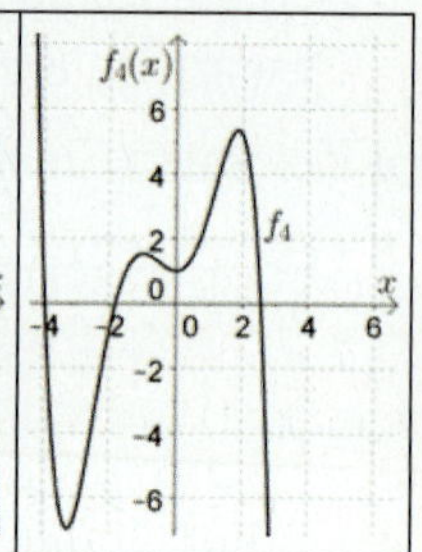
Anzahl der Nullstellen				
Anzahl der lokalen Extremstellen				
Anzahl der Wendestellen				
Grad der Polynomfunktion (mindestens)				

Übung 14.4.2.08

digi.study/bm-k1442a8

Gegeben ist eine Polynomfunktion f dritten Grades.

1 Erklären Sie, wann f genau drei Nullstellen besitzt. (D)

2 Erklären Sie, wann f zwei lokale Extremstellen besitzt. (D)

3 Erklären Sie, wann f einen Wendepunkt besitzt. (D)

Übung 14.4.2.09

digi.study/bm-k1442a9

Gegeben ist der Graph einer Funktion f.

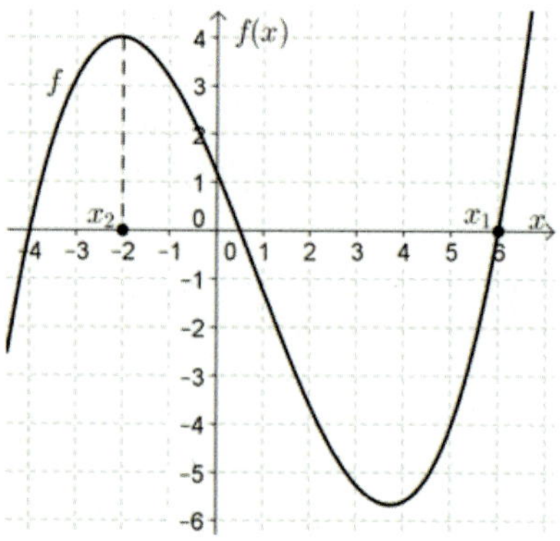

1 Skizzieren Sie den Graphen der Ableitungsfunktion f' in diesem Koordinatensystem. (A)

2 Erklären Sie, welches Vorzeichen die folgenden Ausdrücke haben: (D)

$f'(x_1)$ $\quad f''(x_1)$ $\quad f'(x_2)$ $\quad f''(x_2)$

Übung 14.4.2.10

digi.study/bm-k1442a10

Gegeben sind zwei Weg-Zeit-Diagramme, die Bewegungsvorgänge der Fahrzeuge A und B darstellen.

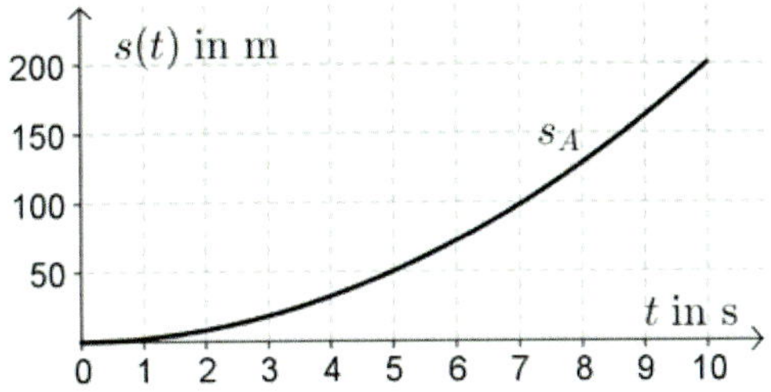

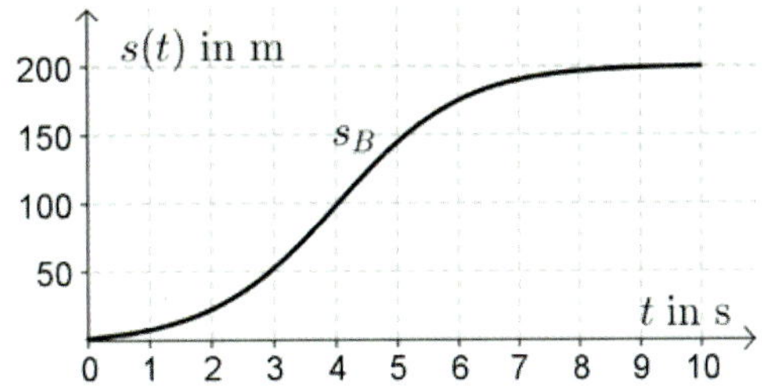

1 Lesen Sie aus dem Graphen die Durchschnittsgeschwindigkeit des Fahrzeuges A während der ersten 5 Sekunden ab. (C)

2 Beschreiben Sie, wie man die Momentangeschwindigkeit des Fahrzeuges A zum Zeitpunkt $t = 7$ s grafisch finden kann. (C)

Nehmen Sie an, dass das Weg-Zeit-Diagramm des Fahrzeuges A durch eine quadratische Funktion modelliert wurde.

3 Erklären Sie, wie der Graph der zweiten Ableitung verläuft. (D)

4 Interpretieren Sie, welche Bedeutung dies hinsichtlich des Bewegungsvorganges hat. (C)

5 Zeichnen Sie im Weg-Zeit-Diagramm des Fahrzeuges B ungefähr jenen Zeitpunkt ein, zu welchem das Fahrzeug die höchste Geschwindigkeit erreicht. (A)

Fahrzeug C sollte denselben Weg wie Fahrzeug B mit konstanter Geschwindigkeit zurücklegen.

6 Berechnen Sie, wie hoch diese Geschwindigkeit in m/s sein müsste. (B)

7 Zeichnen Sie diese Geschwindigkeitsfunktion in den bestehenden Graphen ein. (A)

Übung 14.4.2.11

digi.study/bm-k1442a11

In einer Baumschule wird das Wachstum einer Pappel beobachtet. Vier Jahre lang wird die Höhe dieses Baumes erhoben. Die folgende Tabelle gibt die Messergebnisse wieder:

t in Jahren	0	1	2	3	4
Höhe h in m	0,12	0,36	0,76	1,3	1,84

1 Überprüfen Sie, ob das Wachstum der Pappel in den ersten zwei Jahren annähernd exponentiell verläuft. (D)

Man nimmt an, dass im Zeitintervall [2; 6] Jahre das durchschnittliche Wachstum konstant bleibt.

2 Berechnen Sie unter dieser Voraussetzung, wie hoch die Pappel nach 6 Jahren ist. (B)

Übung 14.4.2.12

digi.study/bm-k1442a12

Gegeben ist eine Polynomfunktion dritten Grades mit der Gleichung:

$f(x) = \frac{1}{3} \cdot x^3 - 3 \cdot x^2 + 8 \cdot x - \frac{16}{3}$

1 Erstellen Sie den Graphen dieser Funktion. (B)

2 Berechnen Sie die Koordinaten der beiden lokalen Extrempunkte. (B)

3 Begründen Sie, dass das Gefälle des Graphen von f an der Stelle $x = 3$ am stärksten ist. (D)

Die Funktion f ist die erste Ableitungsfunktion einer Funktion F.

4 Entscheiden Sie, bei welchen der folgenden Graphen es sich nicht um den Graphen von F handeln kann. (D)

5 Begründen Sie Ihre Entscheidung. (D)

A:

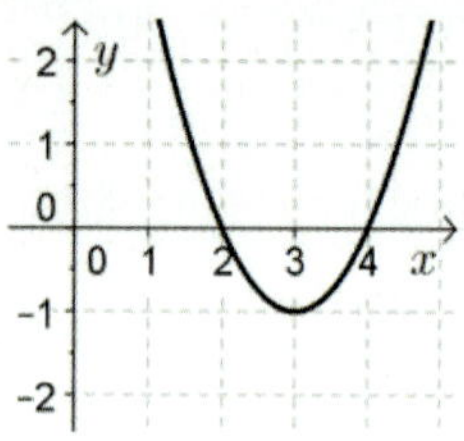

B:

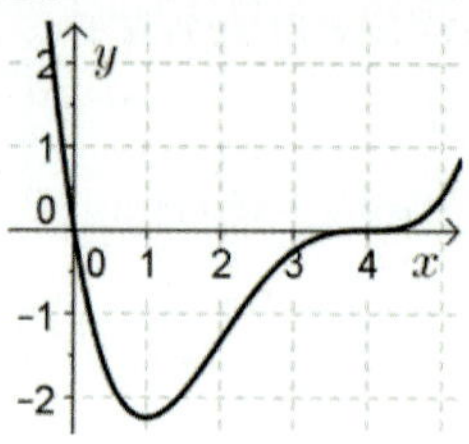

C:

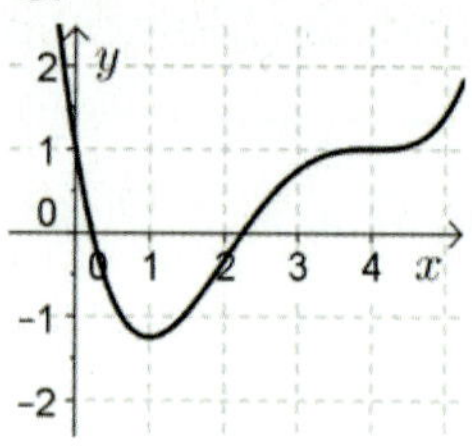

D:

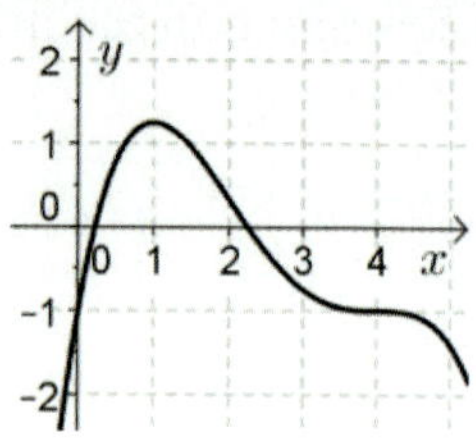

Übung 14.4.2.13

digi.study/bm-k1442a13

Der Druck p in einem Behälter kann für ein 15 Minuten dauerndes Experiment in Abhängigkeit von der Zeit t durch die folgende Gleichung beschrieben werden:

$p(t) = \frac{1}{64} \cdot t^3 - \frac{3}{16} \cdot t^2 + 6$

t … Zeit in Minuten

$p(t)$ … Höhe des Drucks zum Zeitpunkt t in bar

Bei $t = 0$ beginnt das Experiment.

1 Berechnen Sie die momentane Änderungsrate des Drucks zum Zeitpunkt $t = 12$. Geben Sie das Ergebnis auf zwei Dezimalen genau an. (B)

2 Zeichnen Sie den Graphen von p in das nachfolgende Koordinatensystem ein. (B)

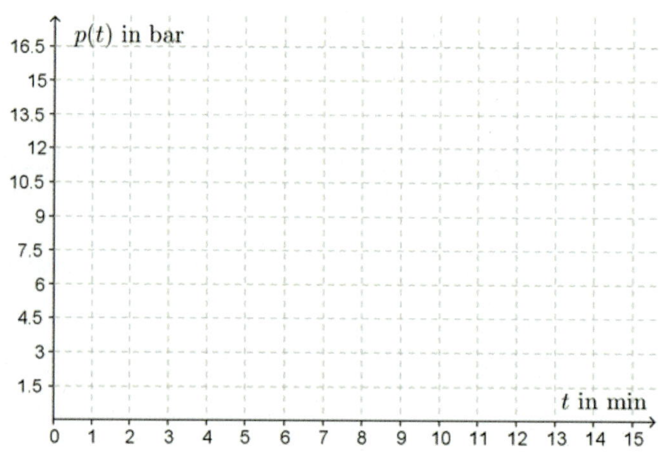

3 Lesen Sie aus dem Graphen jene Zeitpunkte t ab, bei welchem der Druck im Behälter 6 bar beträgt. (C)

Übung 14.4.2.14

digi.study/bm-k1442a14

1 Kreuzen Sie an, welche Aussagen über die 1. Ableitungsfunktion f' der Funktion f mit $f(x) = x^4 + 2 \cdot x^3 - 5 \cdot x^2 + 10$ richtig bzw. falsch sind. (D)

	richtig	falsch
$\forall x \in [0; 1]$ ist f streng monoton steigend		
$f'(2) < 0$		
$f'(1) = f'(0)$		
$f'(-2) = -12$		
$\forall x > 1$ ist f streng monoton fallend		

Übung 14.4.2.15

digi.study/bm-k1442a15

Nachfolgend ist der Graph einer Polynomfunktion f gegeben.

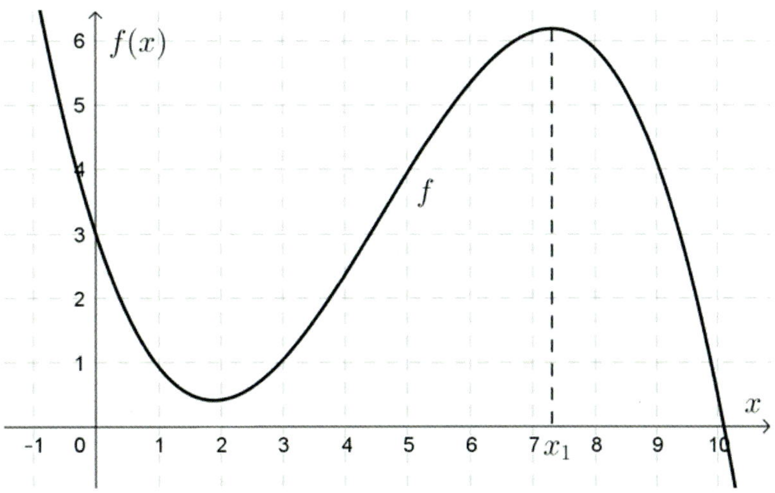

1 Ergänzen Sie die Textlücken im folgenden Satz durch Ankreuzen der jeweils richtigen Satzteile so, dass eine mathematisch korrekte Aussage entsteht.
Wenn ______1______ und ______2______ ist, besitzt die gegebene Funktion f an der Stelle x_1 ein lokales Maximum.

1		2	
$f'(x_1) < 0$	☐	$f''(x_1) < 0$	☐
$f'(x_1) = 0$	☐	$f''(x_1) = 0$	☐
$f'(x_1) > 0$	☐	$f''(x_1) > 0$	☐

Übung 14.4.2.16

digi.study/bm-k1442a16

Studenten der Fachhochschule entwickeln ein Computerspiel. Dabei bewegt sich ein „Palk“ annähernd auf dem Graphen der Funktion f mit:

$f(x) = -\frac{3}{196} \cdot x^4 + \frac{9}{98} \cdot x^3 - \frac{3}{196} \cdot x^2 - \frac{18}{49} \cdot x + \frac{135}{49}$

Im Punkt $T = (-1|1)$ befindet sich ein feindliches Objekt. Der „Palk“ schießt vom Wendepunkt $W(x > 1|y)$ seiner Bewegungsbahn einen Laserstrahl tangential in Richtung T.

1 Erstellen Sie den Graphen von f und tragen Sie ihn in das folgende Koordinatensystem ein. (B)

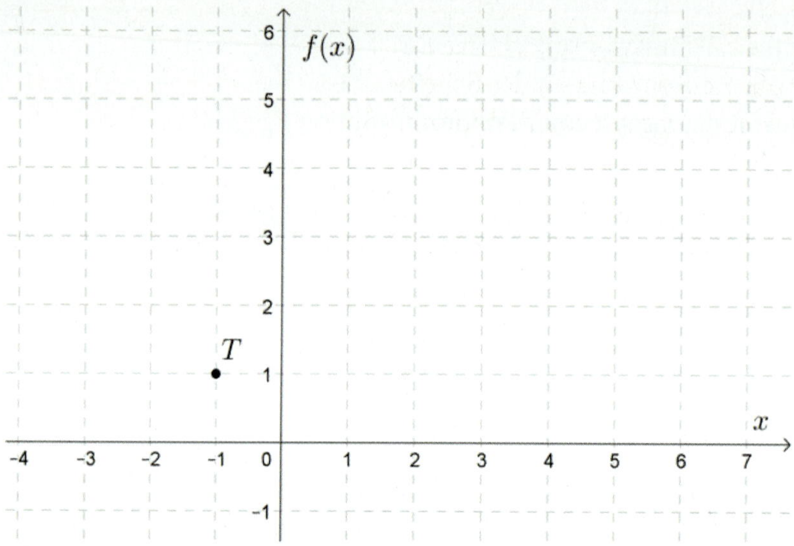

2 Ermitteln Sie die Gleichung der Tangente, die den Weg des Laserstrahls beschreibt. (B)

3 Überprüfen Sie rechnerisch, ob das feindliche Objekt vom Laserstrahl getroffen wird. (D)

Übung 14.4.2.17

digi.study/bm-k1442a17

Ein Paragleiter startet vom Schwarzerberg. Seine Flughöhe kann durch die folgende Funktion h annähernd beschrieben werden:

$h(t) = -0{,}007254 \cdot t^4 + 0{,}5245 \cdot t^3 - 13{,}101 \cdot t^2 + 95{,}3 \cdot t + 1\,440 \quad \text{mit } 2 \leq t \leq 20$

t … Zeit in Minuten (min) nach dem Start

$h(t)$ … Flughöhe zur Zeit t in Metern (m)

1 Beschreiben Sie, wie Sie mit Hilfe der Differenzialrechnung jene Zeit berechnen können, zu der der Paragleiter die größte Höhe erreicht. (C)

2 Ermitteln Sie jenen Zeitpunkt zwischen der 9. und 19. Minute, an dem der Paragleiter die größte Höhe verliert. (B)

14.5 Ermitteln von Funktionsgleichungen (Deskriptoren 3.9, 3.8. B_P_3.1, B_P_4.1)

Es geht darum, aus bestimmten gegebenen Eigenschaften die Funktionsgleichung zu finden.

Beispiel 14.5.01:
Von einer Polynomfunktion f zweiten Grades kennt man die Punkte $P = (1|\frac{3}{2})$ und $Q = (-2|2)$; die Tangente im Punkt Q hat die Steigung $k = -\frac{5}{3}$.

1 Stellen Sie ein Gleichungssystem auf, mit dessen Hilfe man die Koeffizienten berechnen kann. (A)
2 Berechnen Sie die Funktionsgleichung von f. (B)
3 Berechnen Sie die Koordinaten des Scheitels. (B)
4 Zeichnen Sie den Graphen der Funktion f. (B)

digi.study/bm-k145b1

Lösung:

1 $f(x) = a \cdot x^2 + b \cdot x + c$ mit $a \neq 0, a, b, c \in \mathbb{R}$ $f'(x) = 2 \cdot a \cdot x + b$

I.	$f(1) = \frac{3}{2}$	$a \cdot 1^2 + b \cdot 1 + c = \frac{3}{2}$
II.	$f(-2) = 2$	$a \cdot (-2)^2 + b \cdot (-2) + c = 2$
III.	$f'(-2) = -\frac{5}{3}$	$2 \cdot a \cdot (-2) + b = -\frac{5}{3}$

2 Das Gleichungssystem löst man mit dem Taschenrechner auf und erhält folgende Werte:

$a = 0{,}5 \quad b = \frac{1}{3} \quad c = \frac{2}{3}$

$f(x) = 0{,}5 \cdot x^2 + \frac{1}{3} \cdot x + \frac{2}{3}$

3 Der Scheitel ist das relative Minimum. Dieses berechnet man mit dem Taschenrechner:

Minimum = $(-\frac{1}{3}|\frac{11}{18})$

4 Graph:

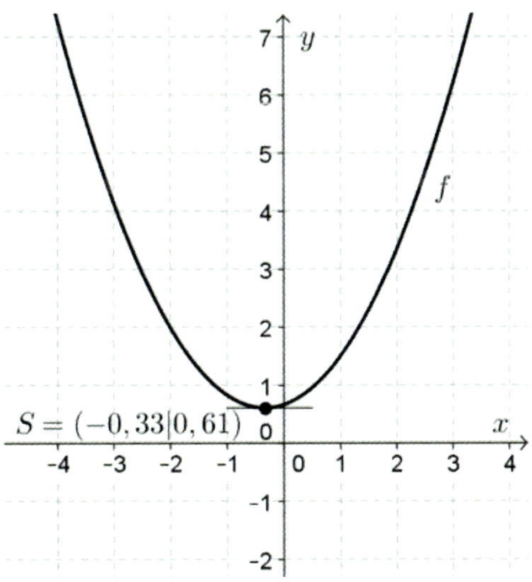

Beispiel 14.5.02:

Beim Joggen wird Energie verbraucht. Diese hängt von der Körpermasse und der Geschwindigkeit ab. Die folgende Tabelle gibt den Zusammenhang zwischen der Körpermasse in Kilogramm (kg) und dem Energieverbrauch in Kilojoule pro Minute (kJ/min) an.

Körpermasse in kg	50	60	70	80	90	100
Energieverbrauch in kJ/min	56	64	71	80	88	96

1 Berechnen Sie aus den Daten der Tabelle die mittlere Änderungsrate des Energieverbrauches pro Kilogramm Körpermasse zwischen 60 kg und 100 kg Körpermasse. (B)

2 Erklären Sie, was man unter der mittleren Änderungsrate in einem linearen Modell versteht. (D)

Franz hat eine Körpermasse von 60 kg und beginnt mit einer bestimmten Geschwindigkeit zu joggen. Wegen des Nachlassens der Kräfte wird er langsamer. Sein Energieverbrauch sinkt aus diesem Grund mit jeder Minute um 0,5 %.

3 Stellen Sie eine Funktion E in Abhängigkeit von der Zeit t auf, welche den sinkenden Energieverbrauch von Franz beschreibt. (A)

Karla hat eine Körpermasse von 60 kg. Sie joggt bergauf. Der Energieverbrauch pro Minute kann näherungsweise durch eine quadratische Funktion f in Abhängigkeit von der Zeit im Intervall [0 min; 30 min] modelliert werden. Zu Beginn macht der Energieverbrauch 64 kJ aus; nach 10 Minuten beträgt er 89 kJ und nach 14 Minuten beträgt er 96,2 kJ.

4 Stellen Sie das Gleichungssystem auf, mit welchem man die Koeffizienten der quadratischen Funktion berechnen kann. (A)

5 Berechnen Sie die Funktionsgleichung. (B)

Lösung:

1 $\frac{\Delta y}{\Delta x} = \frac{96-64}{100-60} = \frac{32}{40} = \frac{4}{5} \frac{\text{kJ}}{\text{min} \cdot \text{kg}}$

2 Durch die Berechnung der mittleren Änderungsrate können die Datenpunkte durch ein lineares Modell angenähert werden, wobei die mittlere Änderungsrate als Steigung der linearen Funktion herangezogen wird.

3 Der „Abnahmekoeffizient“ pro Minute ist 0,995. Der Energieverbrauch zu Beginn ist 64 kJ/min.

$E(t) = 64 \cdot 0{,}995^t$

t … Zeit in Minuten

$E(t)$ … Energieverbrauch in Kilojoule pro Minuten (kJ/min) zum Zeitpunkt t

4 $f(t) = a \cdot t^2 + b \cdot t + c$

I.	$f(0) = 64$	$c = 64$
II.	$f(10) = 89$	$a \cdot 10^2 + b \cdot 10 + 64 = 89$
III.	$f(14) = 96{,}2$	$a \cdot 14^2 + b \cdot 14 + 64 = 96{,}2$

5 Dieses Gleichungssystem löst man mit dem Taschenrechner und erhält folgende Funktionsgleichung:

$f(t) = -0{,}05 \cdot t^2 + 3 \cdot t + 64$

Übung 14.5.01
digi.study/bm-k145a1

Die Flughöhe eines Körpers kann durch eine quadratische Funktion mit der Gleichung

$$f(t) = a \cdot t^2 + b \cdot t + c$$

modelliert werden.

t … Zeit in Sekunden (s)

$f(t)$ … Flughöhe in Metern (m) zum Zeitpunkt t

1 Erklären Sie, welche Bedingungen die Koeffizienten $a, b, c \in \mathbb{R}$ erfüllen müssen, damit die Abschussstelle im Koordinatenursprung und die Aufprallstelle auf der positiven x-Achse liegen. (D)

Übung 14.5.02
digi.study/bm-k145a2

Das Drahtseil eines Schiliftes überbrückt einen 40 m breiten Graben bei einem Höhenunterschied von 8 m. Im oberen Aufhängepunkt B ist das Seil unter 42° geneigt. Der Verlauf des Drahtseiles kann näherungsweise durch eine Polynomfunktion zweiten Grades beschrieben werden.

1 Erstellen Sie eine beschriftete Skizze. (A)

2 Stellen Sie das Gleichungssystem auf, mit welchem sich die Koeffizienten der Polynomfunktion berechnen lassen. (A)

3 Berechnen Sie die Koeffizienten. (B)

4 Stellen Sie eine Formel auf, mit welcher man den Winkel berechnen kann, den das Drahtseil im unteren Aufhängepunkt A mit der Horizontalen einschließt. (A)

Unter dem „Durchhang" versteht man den vertikalen Abstand der Strecke AB von der Tangente t in jenem Punkt der Polynomfunktion, in welchem die Tangente parallel zur Strecke AB verläuft.

5 Berechnen Sie den Durchhang. (B)

Übung 14.5.03
digi.study/bm-k145a3

Ein Seil wird zwischen zwei gleich hohen Aufhängepunkten C und D gespannt. Die Form dieses Seils kann durch eine quadratische Funktion beschrieben werden. Die Länge der Strecke CD wird mit $s = 36$ m beschriftet; das Minimum liegt um 5 m tiefer als die Strecke CD.

1 Erstellen Sie eine beschriftete Skizze. (A)

2 Stellen Sie das Gleichungssystem zur Berechnung der Koeffizienten auf. (A)

3 Stellen Sie die Gleichung der quadratischen Funktion auf. (B)

4 Berechnen Sie das Maß des Winkels γ, den das Seil im Aufhängepunkt mit der Horizontalen einschließt. (B)

Übung 14.5.04

digi.study/bm-k145a4

Das Drahtseil einer Seilbahn überbrückt einen 100 m breiten Graben und überwindet dabei 25 Höhenmeter. Im unteren Aufhängepunkt hat das Seil eine Steigung von $k = -0{,}25$.

Der Verlauf des Drahtseils kann annähernd durch eine quadratische Funktion beschrieben werden.

1 Erstellen Sie eine sauber beschriftete Skizze. (A)

2 Stellen Sie das Gleichungssystem zur Berechnung der Koeffizienten auf. (A)

3 Berechnen Sie die Gleichung der quadratischen Funktion. (B)

4 Erklären Sie, wie man die tiefste Stelle des Drahtseils und deren Tiefe zum Aufhängepunkt berechnen kann. (D)

5 Stellen Sie eine Formel auf, mit welcher sich der Winkel β ausrechnen lässt, unter dem das Drahseil im oberen Aufhängepunkt zur Horizontalen geneigt ist. (A)

Übung 14.5.05

digi.study/bm-k145a5

Von einem Kegel kennt man den Radius $r = 3$ cm und die Länge der Höhe $h = 5$ cm.

Der Radius und die Höhe werden um denselben Betrag verlängert, sodass ein neuer Kegel mit einem 10-mal so großen Volumen entsteht.

1 Stellen Sie eine Gleichung auf, mit welcher sich der Erhöhungsbetrag berechnen lässt. (A)

2 Berechnen Sie diesen Betrag. (B)

Schneidet man den gegebenen Kegel in der Mitte durch, so entsteht ein gleichschenkeliges Dreieck *ABC*. Eine quadratische Funktion verläuft durch die Punkte *A* und *B*; das Maximum verläuft genau zwischen den beiden Punkten und liegt 3,5 cm über der Strecke *AB*.

3 Erstellen Sie eine gut beschriftete Skizze. (A)

4 Stellen Sie das Gleichungssystem zur Berechnung der Koeffizienten auf. (A)

5 Schreiben Sie die quadratische Funktionsgleichung an. (B)

6 Beschreiben Sie das Symmetrieverhalten der Funktion. (C)

Übung 14.5.06

digi.study/bm-k145a6

Ein Monopolbetrieb produziert Smartphones. Bekannt ist die Kostenfunktion *K* durch die Funktionsgleichung $K(x) = x^3 - 9 \cdot x^2 + 30 \cdot x + 10$.

x … Anzahl der verkauften Mengeneinheiten (ME)

$K(x)$ … Kosten in Geldeinheiten (GE) beim Verkauf von x

Für den Verkauf ist die Preisfunktion p in Abhängigkeit von der Anzahl der verkauften ME bekannt:

$p(x) = -6 \cdot x + 42$

x … Anzahl der verkauften ME

$p(x)$ … Preis in GE/ME

Unter der Erlösfunktion E versteht man die Höhe der Einnahmen aus dem Verkauf von x ME zum Preis von $p(x)$ GE/ME.

Fortsetzung Übung 14.5.06

1 Stellen Sie eine Funktionsgleichung für die Erlösfunktion auf. (A)

2 Zeichnen Sie in ein und dasselbe Koordinatensystem sowohl die Kostenfunktion K als auch die Erlösfunktion E ein. (B)

3 Interpretieren Sie in diesem Zusammenhang die Bedeutung der Schnittpunkte von K und E. (C)

Bezüglich der Erzeugung und des Verkaufs eines Vorgängermodells kannte man von der Gewinnfunktion folgende Daten: Beim Verkauf von 5 ME bzw. 20 ME ist der Gewinn Null. Wenn nichts verkauft wurde, beträgt der Verlust 10 GE.

4 Modellieren Sie die Gewinnfunktion durch eine quadratische Funktion. (A)

5 Stellen Sie die Gleichungen zur Berechnung der Koeffizienten auf. (A)

6 Berechnen Sie die Gewinngleichung. (B)

7 Berechnen Sie, bei welchen Mengeneinheiten der Gewinn 3 GE beträgt. (B)

8 Dokumentieren Sie, wie man den maximalen Gewinn berechnen kann. (C)

Übung 14.5.07

digi.study/bm-k145a7

Die Umsatzfunktion (entspricht auch der Erlösfunktion) eines kleinen Unternehmens kann durch folgende Gleichung angegeben werden:

$U(x) = -5{,}25 \cdot x^2 + 119{,}5 \cdot x$

x … Anzahl der verkauften Mengeneinheiten (ME)

$U(x)$ … Umsatz in Geldeinheiten (GE) bei x verkauften ME

Die Umsatzfunktion U erhält man folgendermaßen: $U(x) = p(x) \cdot x$, wobei p die Nachfragefunktion ist.

Unter dem Höchstpreis versteht man jenen Preis, den niemand mehr für das Produkt bezahlen will, daher wird dort nichts verkauft.

Durchschnittliche Stückkosten: $\overline{K}(x) = \frac{K(x)}{x}$)

Grenzkosten: $K'(x)$

Von der quadratischen Gesamtkostenfunktion weiß man, dass bei einer Produktion von 6 ME die Kosten 176,4 GE betragen. Die durchschnittlichen Stückkosten machen bei 10 ME 21 GE/ME aus. Die Grenzkosten betragen bei 12 ME 7,6 GE/ME.

1 Stellen Sie alle Bedingungsgleichungen mit den Formvariablen a, b, $c \in \mathbb{R}$ zum Berechnen der Gleichung für die Kostenfunktion auf. (A)

2 Stellen Sie den Term für die Nachfragefunktion p auf. (A)

3 Lesen Sie aus der Preisfunktion den Höchstpreis ab. (C)

Die Gewinnfunktion eines anderen Kleinunternehmers ist durch die folgende Gleichung gegeben:

$G(x) = -0{,}15 \cdot x^2 + 109{,}5 \cdot x - 120$

x … verkaufte Mengeneinheiten (ME)

$G(x)$ … Gewinn in Geldeinheiten (GE) beim Verkauf von x verkauften ME

4 Berechnen Sie den maximalen Gewinn, der beim Verkauf von x ME erzielt wird. (B)

Übung 14.5.08

digi.study/bm-k145a8

Ein Unternehmen produziert Handys mit Touchscreen. Bei der Herstellung entstehen Fixkosten von € 35.000,00 und folgende Gesamtkosten:

Stück	50	200	600
Gesamtkosten	€ 38.312,50	€ 46.600,00	€ 69.800,00

Die Gesamtkostenfunktion kann annähernd durch eine Polynomfunktion dritten Grades modelliert werden.

1 Stellen Sie alle notwendigen Gleichungen mit den Parametern $a,\ b,\ c,\ d \in \mathbb{R}$ auf, sodass man die Gesamtkostenfunktion berechnen kann. (A)

2 Berechnen Sie die Kostenfunktion K. (B)

Die Kostenfunktion K für ein anderes Handy wird durch folgende Gleichung beschrieben:

$K(x) = 0{,}0001 \cdot x^3 - 0{,}08 \cdot x^2 + 70 \cdot x + 35\,000$

x … Anzahl der produzierten Stück

$K(x)$ … Kosten in Euro (€) bei x produzierten Stück

3 Schreiben Sie für die Stückkostenfunktion (die Kosten werden gleichmäßig auf die Stückzahl aufgeteilt) den entsprechenden Term an. (A)

Sie verkaufen das Handy zu einem Preis von € 140,00.

4 Stellen Sie die Erlösfunktion auf. (Diese gibt die Einnahmen beim Verkauf von x Stück zum Preis $p(x)$ an.) (A)

5 Stellen Sie die Gleichung der Gewinnfunktion auf. (Diese ergibt sich aus der Differenz von Erlös- und Kostenfunktion.) (A)

6 Lesen Sie aus dem Graphen der zu zeichnenden Gewinnfunktion ab, innerhalb welcher Grenzen das Unternehmen überhaupt Gewinn macht. (C)

Übung 14.5.09

digi.study/bm-k145a9

Ein Wasserstrahl tritt aus einem Gartenschlauch aus.

Der Verlauf eines Wasserstrahls kann annähernd mit der folgenden Funktion beschrieben werden:

$h(x) = -0{,}16 \cdot x^2 + 0{,}95 \cdot x + 0{,}65$

x … Entfernung vom Austrittsort in Metern (m)

$h(x)$ … Höhe des Wasserstrahles bei x in Metern

Der Wasserstrahl trifft wieder auf dem Boden auf.

1 Berechnen Sie, in welcher horizontalen Entfernung x vom Austrittsort dieser Strahl auf dem Boden auftrifft. (B)

Der Gartenschlauch wird senkrecht nach oben verschoben, ohne die Strahlrichtung bzw. den Wasserdruck zu verändern.

2 Argumentieren Sie, ob dadurch der Strahl in größerer Entfernung x auf dem Boden auftrifft. (D)

Ein Wasserstrahl tritt in einer Höhe von 1 m aus. Nach 3 m horizontaler Entfernung vom Austrittsort erreicht der Strahl eine maximale Höhe von 2,5 m. Die Höhe des Wasserstrahles kann durch eine Polynomfunktion zweiten Grades modelliert werden.

Fortsetzung Übung 14.5.09

3 Stellen Sie das Gleichungssystem zum Berechnen der Polynomfunktion auf. (A)

4 Ermitteln Sie eine Funktionsgleichung in Abhängigkeit von der horizontalen Entfernung x vom Austrittsort des Wassers. (B)

Die untenstehende Grafik zeigt die Verläufe von 3 Wasserstrahlen, die unter gleichem Wasserdruck bei unterschiedlichen Austrittswinkeln entstehen.

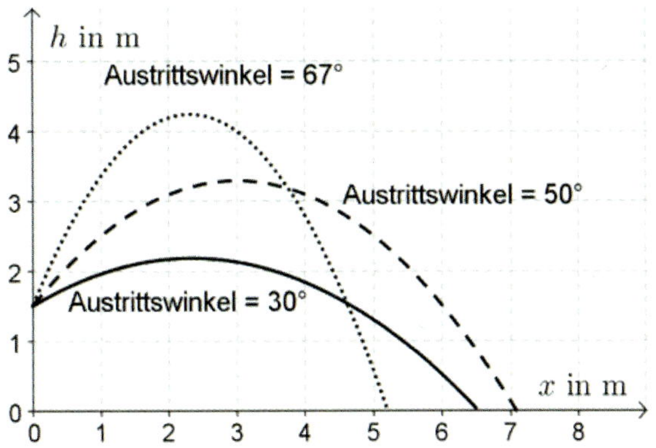

5 Lesen Sie die Reichweiten und maximalen Höhen für jede der dargestellten Kurven ungefähr ab. (C)

6 Interpretieren Sie außerdem, wie sich die Höhe und die Reichweite des Strahls verändern, wenn der Austrittswinkel variiert. (C)

Übung 14.5.10

digi.study/bm-k145a10

Die Graphen zweier Funktionen h und g berühren sich im Punkt $R = (x_1|y_1)$.
Für die Funktion g gilt: Die Tangente im Punkt R schließt mit der x-Achse den Winkel 135° ein und hat einen negativen Anstieg.

1 Kreuzen Sie an, welche der folgenden Aussagen auf diese Bedingungen zutrifft: (D)

	richtig	falsch
$h(x_1) > g(x_1)$		
$g'(x_1) = h(x_1)$		
$g(x_1) = 1$		
$g'(x_1) = -1$		
$h'(x_1) = g'(x_1) = 1$		

2 Begründen Sie Ihre Entscheidung. (D)

Übung 14.5.11

digi.study/bm-k145a11

Gegeben ist der Graph einer reellen Funktion f.

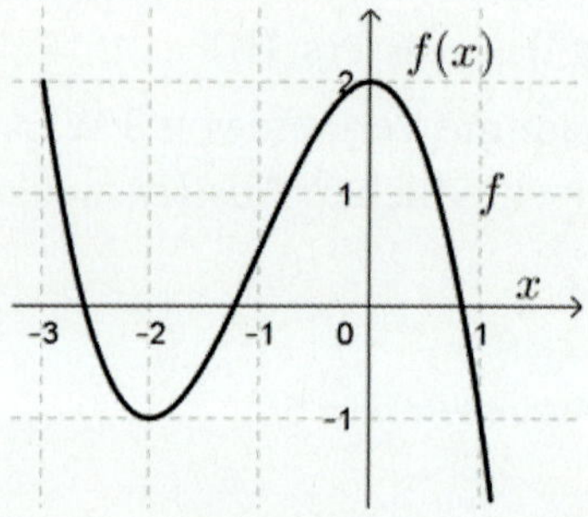

1 Kreuzen Sie jene der folgenden Abbildungen an, welche der 1. Ableitungsfunktion von f entspricht. (D)

A	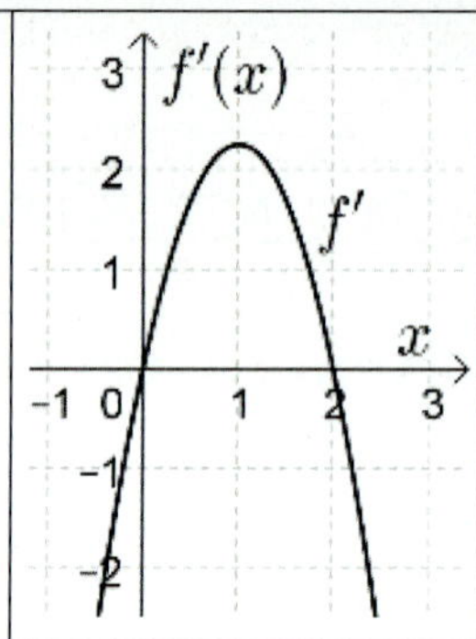	B	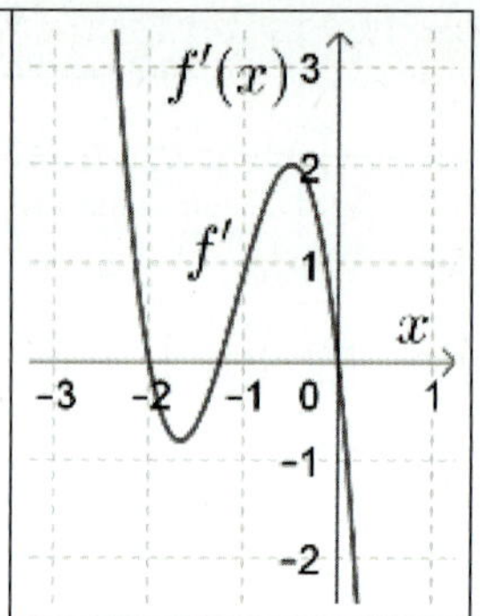
C	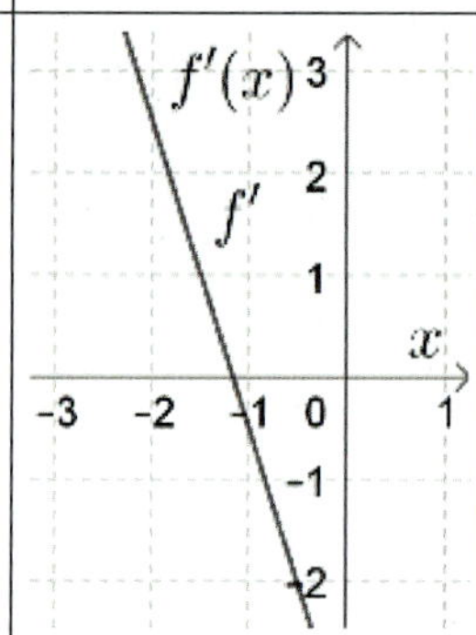	D	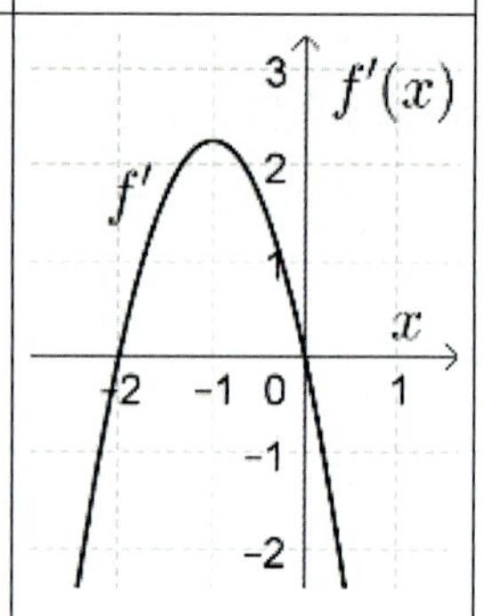
E	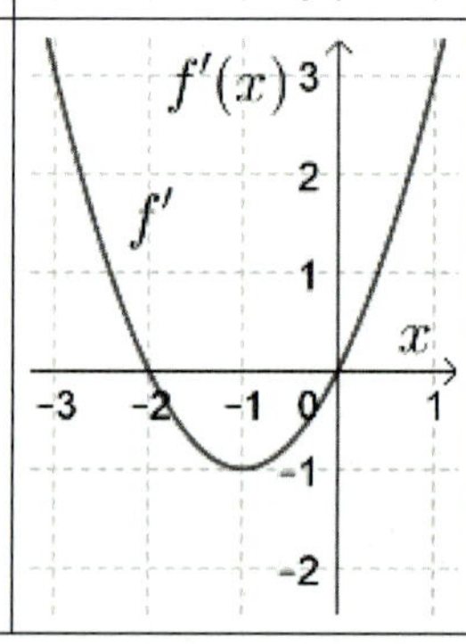		

2 Begründen Sie Ihre Entscheidung. (D)

Übung 14.5.12

digi.study/bm-k145a12

Wasser wird in ein Becken gefüllt. Der folgende Graph f beschreibt die in das Becken fließende Wassermenge. Die Funktion f hat an der Stelle $t = 4$ eine Wendestelle.

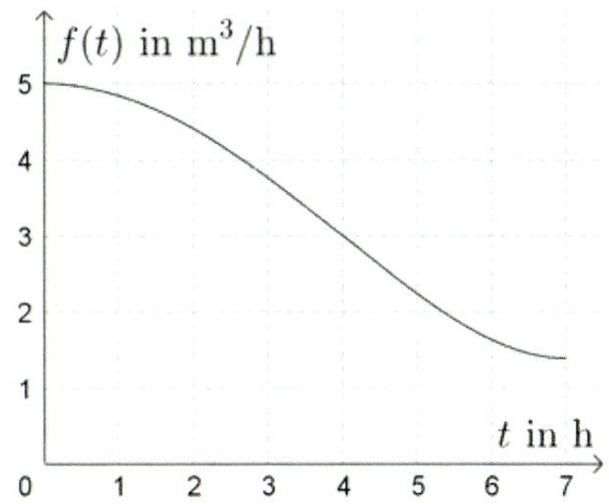

1 Kreuzen Sie die für die Funktion f zutreffende Aussage an. (D)

	richtig	falsch
An der Stelle $t = 4$ geht die Linkskrümmung ($f''(t) > 0$) in eine Rechtskrümmung ($f''(t) < 0$) über.		
Der Wert der zweiten Ableitung an der Stelle $t = 4$ ist kleiner als 0.		
Für alle $t > 4$ gilt: $f''(t) < 0$		
An der Stelle t = 4 geht die Rechtskrümmung ($f''(t) < 0$) in eine Linkskrümmung ($f''(t) > 0$)		

2 Begründen Sie Ihre Entscheidung. (D)

Übung 14.5.13

digi.study/bm-k145a13

Studentinnen/Studenten einer Fachhochschule entwickelten im Zuge der Programmierung eines neuen Computerspieles die Flugbahn des Objektes „Hurti". Der nachfolgende Graph beschreibt die Flugbahn von „Hurti".

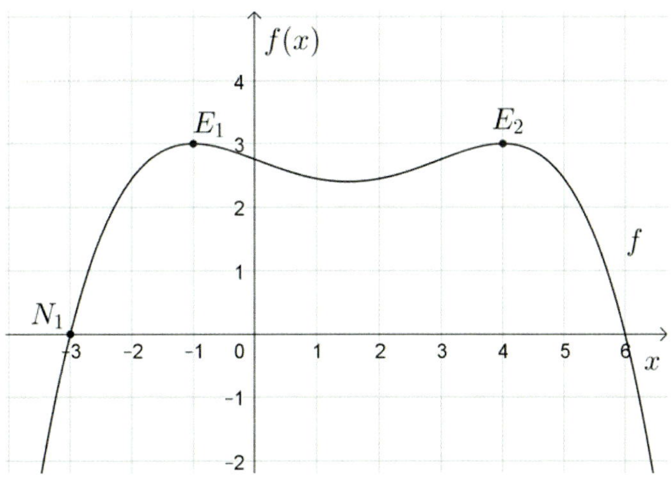

In der Abbildung sind die Nullstelle N_1 sowie die lokalen Extrempunkte E_1 und E_2 des Funktionsgraphen von f eingezeichnet. Sie haben ganzzahlige Koordinaten. Die Funktion f ist eine Polynomfunktion vierten Grades:

$$f(x) = a \cdot x^4 + b \cdot x^3 + c \cdot x^2 + d \cdot x + e$$

1 Stellen Sie ein Gleichungssystem auf, mit dem die Koeffizienten dieser Funktion f ermittelt werden können. (B)

Fortsetzung Übung 14.5.13

2 Ermitteln Sie die Funktionsgleichung von *f*. (B)

3 Markieren Sie jene Stellen im Graphen von *f*, in denen der Betrag der Geschwindigkeit von „Hurti" maximal ist. (C)

4 Skizzieren Sie im gegebenen Koordinatensystem den Graphen der 1. Ableitung. (A)

Übung 14.5.14

digi.study/bm-k145a14

Eine Designerin gestaltet eine Vorlage für einen Anhänger. Die folgende Abbildung zeigt ihren Entwurf. Es wird ein Kreis durch den Graphen einer Polynomfunktion dritten Grades in zwei Teile geteilt.

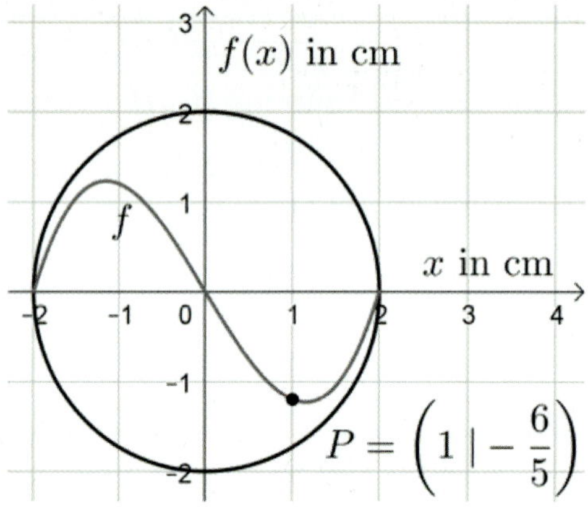

1 Stellen Sie das Gleichungssystem auf, mit dem die Koeffizienten dieser Polynomfunktion *f* ermittelt werden können. (A)

2 Ermitteln Sie die Funktionsgleichung. (B)

Die Vorlage für einen kreisrunden Anhänger wird mit einem kleineren Radius hergestellt.

3 Ordnen Sie den beiden linken Aussageteilen den richtigen aus A, B, C oder D zu. (D)

Wird der Radius um 25 % verkleinert, …	
Wird der Radius halbiert, …	

A	so halbiert sich der Flächeninhalt.
B	so vermindert sich der Flächeninhalt auf ein Viertel.
C	so vermindert sich der Flächeninhalt um 25 %.
D	so sinkt der Flächeninhalt auf das $\frac{9}{16}$-fache.

Übung 14.5.15

digi.study/bm-k145a15

An einer Staustufe wird Wasser durch einen Kanal in einen Fluss abgelassen.

Unter der Durchflussrate versteht man dasjenige Wasservolumen, das pro Zeiteinheit durch einen festgelegten Querschnitt transportiert wird. Nach dem Öffnen des Tores an der Staustufe schießt das Wasser in einem Schwall in den Kanal; erst allmählich nähert sich die Durchflussrate einem konstanten Wert. Zu Beginn beträgt die Durchflussrate 12 m^3/s. Der höchste Wert wird nach 4 Sekunden erreicht und beträgt 80 m^3/s. Nach 11 Sekunden wird das Minimum erreicht. Hier findet der Übergang in einen konstanten Strom statt.

Die Durchflussrate lässt sich für die ersten 11 Sekunden durch eine Polynomfunktion dritten Grades mit

$$g(t) = a \cdot x^3 + b \cdot x^2 + c \cdot x + d$$

annähernd beschreiben.

1 Stellen Sie das Gleichungssystem zur Berechnung der Koeffizienten auf. (A)

2 Ermitteln Sie die Funktionsgleichung. (B)

15 Integralrechnung

15.1 Stammfunktionen – unbestimmtes Integral (Deskriptoren 4.5,4.6)

digi.study/bm-k15

Merke

Definition: Ist eine reelle Funktion f auf dem Intervall $[a; b]$ gegeben, so bezeichnet man eine Funktion F auf $[a; b]$ als **Stammfunktion** von f, wenn gilt: $\boldsymbol{F'(x) = f(x)}$.

Man nennt eine Stammfunktion auch ein unbestimmtes Integral der Funktion f. Wenn es eine Stammfunktion F von f gibt, so existieren unendliche viele solcher Funktionen, die sich nur durch eine sogenannte **Integrationskonstante** $\boldsymbol{C}$ unterscheiden:

$\boldsymbol{\int f(x)\,\mathrm{d}x = F(x) + C}$

Merke

Beachten Sie: $\int \ldots \mathrm{d}x$ nennt man den **Integraloperator**. Er bedeutet die Aufforderung, das Integral zu berechnen. Der Integraloperator hat eine Wirkung wie eine Klammer:
Das Integralzeichen öffnet gewissermaßen die Klammer, dx schließt sie ab; $f(x)$ heißt **Integrand**.

Beispiel 15.1.01:

Gegeben ist eine reelle Funktion f durch ihre Funktionsgleichung: $f(x) = x^2$

1 Berechnen Sie alle Stammfunktionen F von f. (B)

Lösung:

Es wird also nach einer Funktion gesucht, deren Ableitung eine quadratische Funktion ist. Es muss sich bei den Stammfunktionen um eine Polynomfunktion 3. Ordnung handeln.

$F_1(x) = \frac{1}{3} \cdot x^3$, weil $F_1(x) = \frac{1}{3} \cdot 3 \cdot x^2 = x^2$

Alle Stammfunktionen von f können durch folgende Gleichungen angegeben werden:

$F(x) = \frac{1}{3} \cdot x^3 + C$

Aus den Ableitungsregeln ist bekannt, dass die erste Ableitung eines konstanten Summanden Null ergibt.

Formel

digi.study/bm-k151f1

ERKLÄR-VIDEO

Integrationsregeln:

$\int k\,\mathrm{d}x = k \cdot x + C$	$\int x^n\,\mathrm{d}x = \frac{1}{n+1} \cdot x^{n+1} + C$
$\int k \cdot f(x)\,\mathrm{d}x = k \cdot \int f(x)\,\mathrm{d}x$	$\int (f \pm g)(x)\,\mathrm{d}x = \int f(x)\,\mathrm{d}x \pm \int g(x)\,\mathrm{d}x$
$\int \frac{1}{x}\,\mathrm{d}x = \ln\lvert x\rvert + C$	$\int \mathrm{e}^x\,\mathrm{d}x = \mathrm{e}^x + C$
$\int \sin x\,\mathrm{d}x = -\cos x + C$	$\int \cos x\,\mathrm{d}x = \sin x + C$

Beispiel 15.1.02:

1 Berechnen Sie alle Stammfunktionen der gegebenen reellen Funktionen. (B)

a) $\int 5\,\mathrm{d}x =$ b) $\int x^4\,\mathrm{d}x =$ c) $\int \frac{1}{5 \cdot x}\,\mathrm{d}x =$ d) $\int (4 \cdot x^2 - 3 \cdot x + 7)\,\mathrm{d}x =$

e) $\int \left(\frac{y^2}{5} - \frac{y}{3} + \sqrt{y}\right)\mathrm{d}y =$ f) $\int (2 \cdot \sin(x))\,\mathrm{d}x =$

Lösung:

a) $\int 5\,dx = 5 \cdot x + C$

b) $\int x^4\,dx = \frac{1}{5} \cdot x^5 + C$

c) $\int \frac{1}{5 \cdot x}\,dx = \frac{1}{5} \cdot \int \frac{1}{x}\,dx = \frac{1}{5} \cdot \ln|x| + C$

d) $\int (4 \cdot x^2 - 3 \cdot x + 7)\,dx = 4 \cdot \frac{1}{3} \cdot x^3 - 3 \cdot \frac{1}{2} \cdot x^2 + 7 \cdot x + C = \frac{4}{3} \cdot x^3 - \frac{3}{2} \cdot x^2 + 7 \cdot x + C$

e) $\int \left(\frac{y^2}{5} - \frac{y}{3} + \sqrt{y}\right) dy = \int \left(\frac{y^2}{5} - \frac{y}{3} + y^{\frac{1}{2}}\right) dy = \frac{1}{5} \cdot \frac{1}{3} \cdot y^3 - \frac{1}{3} \cdot \frac{1}{2} \cdot y^2 + \frac{1}{\frac{3}{2}} \cdot y^{\frac{3}{2}} + C =$
$\frac{1}{15} \cdot y^3 - \frac{1}{6} \cdot y^2 + \frac{2}{3} \cdot \sqrt{y^3} + C$

f) $\int ((2 \cdot \sin(x))\,dx = -2 \cdot \cos(x) + C$

Beispiel 15.1.03:

Die Geschwindigkeitsfunktion v eines Körpers ist durch die folgende Gleichung gegeben: $v(t) = 3 + \frac{9}{t}$ mit $1\text{ s} \leq t \leq 6\text{ s}$

t … Zeit in Sekunden (s)

(t) … Geschwindigkeit des Körpers in Metern pro Sekunde (m/s) zum Zeitpunkt t

1 Berechnen Sie jenen Zeitpunkt, zu dem der Körper die Geschwindigkeit 5 m/s hat. (B)

2 Stellen Sie die Wegfunktion s zum Zeitpunkt t auf, wenn man weiß, dass der Weg zum Zeitpunkt $t = 1$ s genau 5 m betrug. (A)

3 Skizzieren Sie den Graphen der Geschwindigkeits- und der Wegfunktion in ein und dasselbe Koordinatensystem. (B)

Lösung:

1 Es gilt: $3 + \frac{9}{t} = 5$; $t = 4{,}5$. Nach 4,5 Sekunden hat der Körper die Geschwindigkeit 5 m/s.

2 $s(t) = \int v(t)\mathrm{d}t = \int (3 + \frac{9}{t})\mathrm{d}t = 3 \cdot t + 9 \cdot \ln|t| + C$; da der Weg zum Zeitpunkt $t = 1$ den Wert 5 hat, gilt: $s(1) = 5 = 3 \cdot 1 + 9 \cdot \ln 1 + C \Rightarrow C = 2$

$s(t) = 3 \cdot t + 9 \cdot \ln|t| + 2.$

3 Graphen:

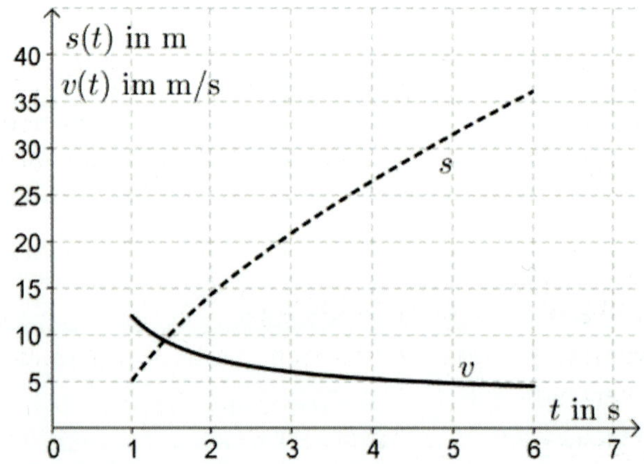

Übung 15.1.01

digi.study/bm-k151a1

1 Berechnen Sie alle Stammfunktionen F der gegebenen Funktionen f. (B)

a) $f(x) = 7$

b) $f(x) = 3 \cdot x + 4$

c) $f(x) = x^6$

d) $f(x) = x^3 - 5 \cdot x^2 + 7 \cdot x - 1$

e) $f(r) = 3 \cdot r^2 - 6 \cdot r + 5$

f) $f(s) = \frac{s^4}{5} + \frac{s^2}{3} - \frac{s}{7} + 1$

g) $f(x) = \frac{2}{x^2} - \frac{3}{x^3} + \frac{1}{x}$

h) $g(x) = \left(\frac{2 - 3 \cdot x^2}{\sqrt[3]{x^2}}\right)^2$

i) $h(x) = a \cdot \cos x - b \cdot \sin x$

Übung 15.1.02

digi.study/bm-k151a2

Von einer reellen Funktion f kennt man die erste Ableitung f', die folgendermaßen gegeben ist: $f'(x) = \frac{3}{2} \cdot x^2 - 7 \cdot x + 2$

1 Berechnen Sie alle möglichen Gleichungen für f. (B)

Ab nun ist weiters bekannt, dass der Graph von f die x-Achse an der Stelle $x = 2$ schneidet.

2 Stellen Sie die Gleichung für f auf. (A)

3 Zeichnen Sie den Graphen von f. (B)

4 Lesen Sie aus dem Graphen die Koordinaten der relativen Extrema ab. (C)

5 Erklären Sie, an welcher Stelle der Graph von f das größte Gefälle hat. (D)

Übung 15.1.03

digi.study/bm-k151a3

Anmerkung:

$s(t)$ … Weg-Zeit-Funktion

$v(t) = s'(t)$ … Geschwindigkeits-Zeit-Funktion

$a(t) = v'(t) = s''(t)$ … Beschleunigungs-Zeit-Funktion

Ein Auto fährt zum Zeitpunkt $t = 0$ mit einer Geschwindigkeit von 126 km/h.

1 Übertragen Sie die gegebene Geschwindigkeit in die Einheit m/s. (A)

Durch Betätigung des Bremspedals wird das Auto auf eine niedrigere Geschwindigkeit gebracht. Die Verzögerung = negative Beschleunigung erfolgt bis zu jenem Zeitpunkt, für den $a(t)$ Null wird. a kann durch die folgende Gleichung beschrieben werden: $a(t) = \frac{4}{9} \cdot t^2 - \frac{8}{3} \cdot t$

t … Zeit in Sekunden (s)

$a(t)$ … Beschleunigung in m/s² zum Zeitpunkt t

2 Berechnen Sie, wann das Auto den höchsten Wert der Verzögerung (= Minimum der Verzögerung) erreicht. (B)

3 Geben Sie den höchsten Wert an. (B)

4 Dokumentieren Sie, wie man die Dauer des Bremsvorganges berechnen kann. (C)

5 Stellen Sie eine Gleichung für die Geschwindigkeit v in Abhängigkeit von t auf, wenn die Geschwindigkeit zum Zeitpunkt $t = 0$ den Wert 35 m/s hat. (A)

6 Berechnen Sie, welche Geschwindigkeit das Auto am Ende des Bremsvorganges erreicht. (B)

Übung 15.1.04

digi.study/bm-k151a4

Sie stehen auf der Dachterrasse eines Hauses und werfen einen Softball senkrecht in die Luft. Die Höhe h in Meter (m) zum Zeitpunkt t in Sekunden (s) kann durch eine quadratische Funktion mit der folgenden Gleichung modelliert werden:

$s(t) = a \cdot t^2 + b \cdot t + c$

t … Zeit in Sekunden (s)

$s(t)$ … Höhe in Metern (m) zum Zeitpunkt t

1 Dokumentieren Sie, wie man die Geschwindigkeit des Balles zum Zeitpunkt t berechnen kann. (C)

Die Geschwindigkeit des Balles eines Freundes hat folgende Gleichung:
$v(t) = -9{,}81 \cdot t + 62$

t … Zeit in Sekunden (s)

$v(t)$ … Geschwindigkeit in Meter pro Sekunde zum Zeitpunkt t

2 Stellen Sie eine Gleichung für die Höhe h in Abhängigkeit von der Zeit t auf, wenn sich die Dachterrasse in 120 m Höhe befindet. (A)

15.2 Bestimmtes Integral (Deskriptoren 4.7, 4.8)

In vielen Anwendungsbereichen der Mathematik hat man Graphen von Funktionen gegeben, bei denen die Fläche zwischen dem Graphen der Funktion und der x-Achse zu berechnen ist. Dies ist ein Grundproblem der Integralrechnung.

z.B.:
Fahrzeuge mit einem höchstzulässigen Gesamtgewicht ab 3,5 t und Busse mit mehr als neun Sitzplätzen sind in Österreich gesetzlich verpflichtet, einen sogenannten „Tachographen" für die ständige Aufzeichnung der Fahrgeschwindigkeit zu benutzen.
Anhand dieser Aufzeichnung kann man ablesen, ob die vorgeschriebenen Pausenzeiten durch den Fahrer eingehalten wurden.
Ebenso lässt sich die zurückgelegte Wegstrecke daraus berechnen.

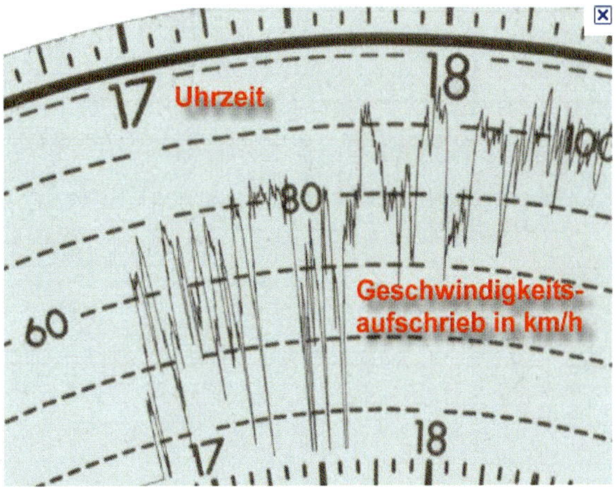

Tachographenscheibe
(bis 30. 4. 2006 verwendet)

Beispiel 15.2.01:

Bekannt ist die Geschwindigkeits-Zeit-Funktion. Daraus will man die Länge der zurückgelegten Wegstrecke in einem bestimmten Zeitintervall berechnen.

Zur Vereinfachung der Situation geht man vorerst von einer gleichförmigen Bewegung aus, die Geschwindigkeit bleibt im betrachteten Zeitbereich konstant.

Es gilt: $v(t) = v_0 = \text{konstant}$

Somit ist der Graph der Geschwindigkeits-Zeit-Funktion eine Parallele zur waagrechten Zeitachse.

1 Erklären Sie, wie man die Weglänge im Zeitintervall $[t_1; t_2]$ berechnen kann. (D)

Lösung:

Bei gleichförmiger Bewegung gilt die folgende Formel: $s = v \cdot t$

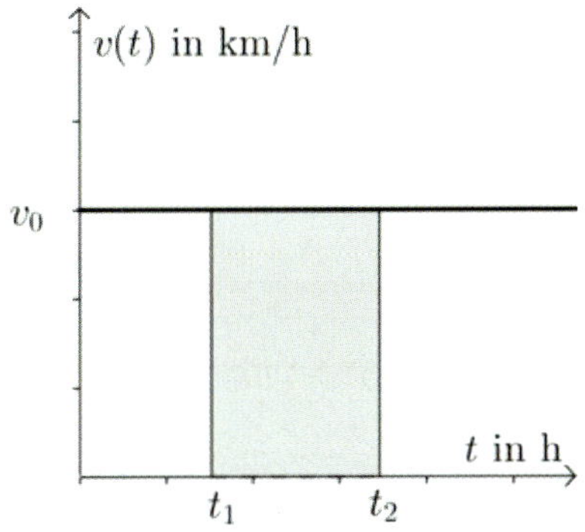

Daher lässt sich die im gegebenen Zeitintervall zurückgelegte Weglänge folgendermaßen angeben: $s = v_0 \cdot t_2 - v_0 \cdot t_1 = v_0 \cdot (t_2 - t_1)$

Dieser Term lässt sich als Differenz zweier Rechteckflächen interpretieren.

Legt man t_1 in den Koordinatenursprung, so erhält man die Formel:

$s = v_0 \cdot t_2$

Es gilt:

Formel

$s(t)$	...	Weg-Zeit-Funktion
$v(t) = s'(t)$	...	Geschwindigkeits-Zeit-Funktion
$a(t) = v'(t) = s''(t)$	...	Beschleunigungs-Zeit-Funktion

Beispiel 15.2.02:

Sie fahren im Zeitintervall von 8:00 Uhr bis 10:30 Uhr mit einer durchschnittlichen Geschwindigkeit von 100 km/h von Bischofshofen nach Linz.

1 Berechnen Sie, welche Wegstrecke Sie zurückgelegt haben. (B)

Lösung:

Ist man 2,5 Stunden mit einer durchschnittlichen Geschwindigkeit von 100 km/h unterwegs, so legt man $2{,}5 \cdot 100 = 250$ km zurück.

Formel

ERKLÄR-VIDEO

digi.study/bm-k152f2

Bestimmtes Integral:

Ist f eine reelle Funktion, die im Intervall $[a; b]$ stetig ist, und F eine Stammfunktion von f, dann gilt:

$\int_a^b f(x)\,dx = F(b) - F(a)$ 1. Hauptsatz der Differenzial- und Integralrechnung

$\int_a^b f(x)\,dx$ nennt man das **bestimmte Integral** von f über das Intervall $[a; b]$.

Merke

Die zurückgelegte Wegstrecke lässt sich folgendermaßen anschreiben:

$s(t_2) = s(t_1) + \int_{t_1}^{t_2} v(t)dt$, weil $s'(t) = v(t)$

Beispiel 15.2.03:

Gegeben ist die reelle Funktion f mit der Funktionsgleichung $f(x) = x; x \geq 0$.

1 Stellen Sie eine Formel zur Berechnung des Flächeninhaltes zwischen dem Graphen von f und der x-Achse im Intervall $[x_1; x_2]$ auf. (A)

Lösung:

Die gesuchte Fläche ist ein Trapez, für welches folgende Flächenformel gilt:

$A = \frac{(a+c)\cdot h}{2} = \frac{(f(x_2)+f(x_1))\cdot(x_2-x_1)}{2} = \frac{(x_2+x_1)\cdot(x_2-x_1)}{2} = \frac{x_2^2-x_1^2}{2}$

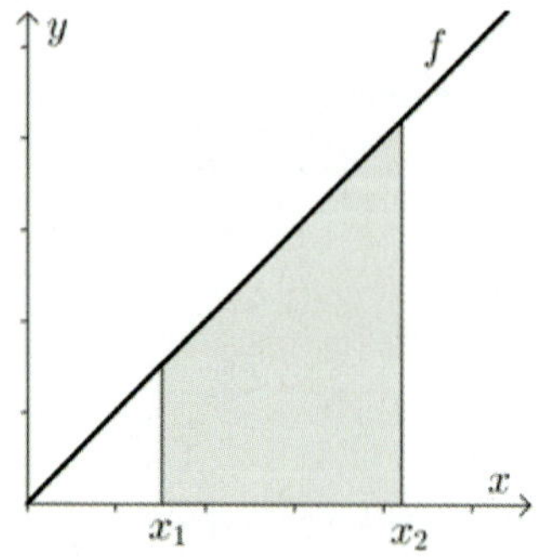

Mithilfe des bestimmten Integrals:

$A = \int_{x_1}^{x_2} x\,dx = F(x_2) - F(x_1) = \left[\frac{1}{2}\cdot x_2^2 + C\right] - \left[\frac{1}{2}\cdot x_1^2 + C\right] =$

$= \frac{1}{2}\cdot x_2^2 - \frac{1}{2}\cdot x_1^2 = \frac{1}{2}\cdot\left(x_2^2 - x_1^2\right)$

Beispiel 15.2.04:

Gegeben ist eine reelle Funktion f mit der Gleichung: $f(x) = -4 \cdot x + x^2$

1 Erstellen Sie den Graphen der Funktion. (B)

2 Berechnen Sie das Maß der Fläche, welche die x-Achse vom Graphen abschneidet. (B)

Lösung

1 Graph:

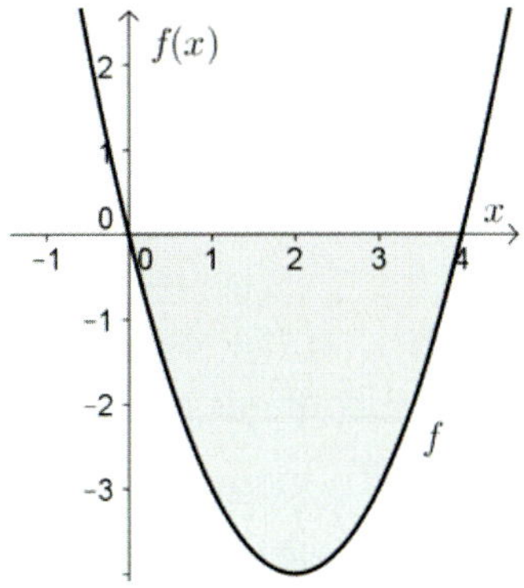

2 Da der Graph im betroffenen Bereich zwischen den beiden Nullstellen unterhalb der x-Achse verläuft, ergibt das bestimmte Integral einen negativen Wert:

$F(x) = -2 \cdot x^2 + \frac{1}{3} \cdot x^3 + C$

$\int_0^4 (-4 \cdot x + x^2)\,dx = F(4) - F(0) = -10{,}\dot{6}$

Das Maß der Fläche hat den Wert $10{,}\dot{6}$ E^2.

Beispiel 15.2.05:

Gegeben ist die reelle Funktion f mit der Gleichung: $f(x) = x^2 - 2x$

1 Erstellen Sie den Graphen der Funktion. (B)

2 Berechnen Sie den Flächeninhalt zwischen dem Graphen von f und der x-Achse im Intervall $[-1; 1{,}5]$. (B)

Lösung:

1 Graph:

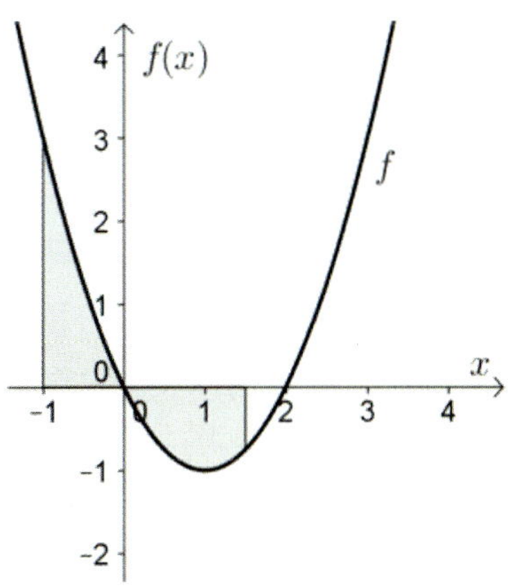

2 Da im angegebenen Intervall eine Nullstelle liegt, hat der Graph im Bereich $[-1; 0]$ positive Funktionswerte, im Intervall $[0; 1{,}5]$ negative Funktionswerte. Daher muss man über die beiden Intervalle getrennt integrieren.

$A = \int_{-1}^{0} f(x)\,dx + \left|\int_0^{1{,}5} f(x)\,dx\right|$

Merke

Beachten Sie:

Bestimmte Integrale lassen sich mit dem Taschenrechner berechnen:

CALC»7:∫$f(x)$ dx »Untergrenze»Obergrenze

Absolutbetrag einer Funktionsgleichung f:

[Y=] »[MATH] »NUM»1:abs(Funktionsterm)

[Y=] »…1:abs(x^2−2x)»…7:∫$f(x)$ dx»…−1»…1.5

→ $A = 2{,}458\ \text{E}^2$

Übung 15.2.01

digi.study/bm-k152a1

1 Dokumentieren Sie die einzelnen Rechenschritte zum Berechnen der folgenden bestimmten Integrale. (C)

2 Kontrollieren Sie die Ergebnisse mithilfe des Taschenrechners. (D)

3 Zeichnen Sie die Graphen der Funktionen. (B)

4 Interpretieren Sie den Wert des bestimmten Integrals. (C)

a) $\int_1^4 x^2\ dx =$ b) $\int_4^5 2\ dx =$ c) $\int_1^2 x^{-3}\ dx =$ d) $\int_{-2}^{-1} \frac{1}{u} du =$

e) $\int_1^{1,5} \frac{1}{t^2} dt =$ f) $\int_1^3 3 \cdot x^2\ dx =$ g) $\int_{-1}^3 x^3\ dx =$ h) $\int_{-1}^2 x^{-2}\ dx =$

Übung 15.2.02

digi.study/bm-k152a2

Die Querschnittsfläche des Almkanals in Salzburg wird unten vom Graphen der Funktion f begrenzt. Der Wasserspiegel verläuft genau entlang der x-Achse.

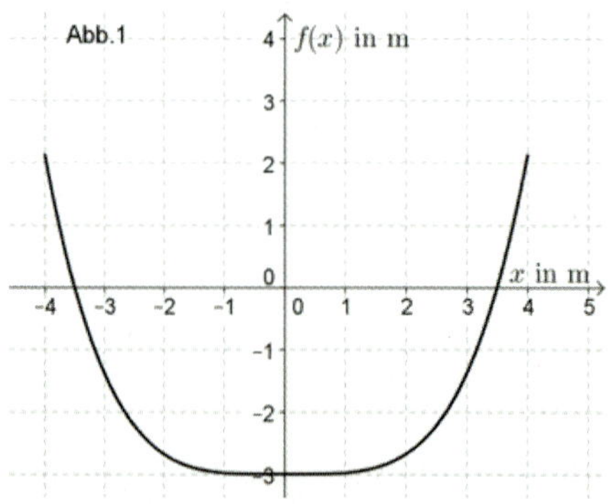

Die Funktionsgleichung von f lautet folgendermaßen: $f(x) = 0{,}015 \cdot x^4 - 3$

x … horizontaler Abstand in Meter (m) von der Kanalmitte

$f(x)$ … Normalabstand vom Wasserspiegel an der Stelle x

Das Wasser fließt mit einer Geschwindigkeit von 1,2 Meter pro Sekunde (m/s) durch den Kanal.

1 Berechnen Sie, wie viel Kubikmeter Wasser pro Sekunde durch den Kanalquerschnitt fließen. (B)

2 Dokumentieren Sie, wie man mithilfe der Differenzialrechnung den Winkel der Seitenwände bestimmen kann, den sie jeweils mit der x-Achse einschließen. (C)

Fortsetzung Übung 15.2.02

Die Kanalhöhe wird über dem Wasserspiegel um 1,5 m vergrößert.

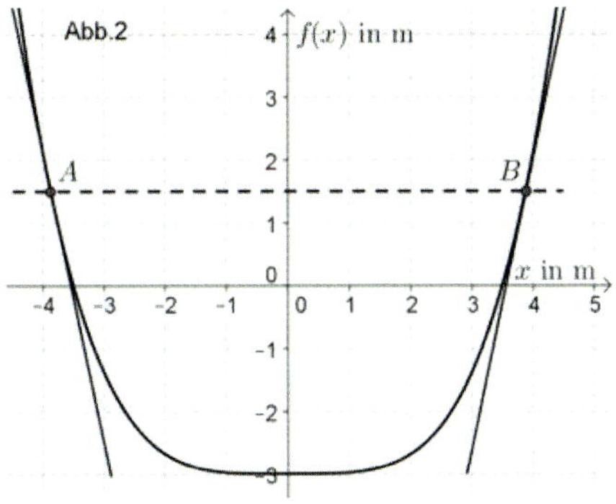

3 Geben Sie an, mit welcher geometrischen Figur man die Vergrößerung der Querschnittsfläche gut abschätzen kann. (A)

4 Schätzen Sie unter Zuhilfenahme des obigen Graphen die Vergrößerung der Fläche ab. (B)

Übung 15.2.03

digi.study/bm-k152a3

Wegen der Baustelle auf der A10 in Richtung Deutschland kommt es immer wieder zu Staubildungen. Der folgende Graph zeigt die momentane Änderungsrate f der Staulänge (stark vereinfacht) innerhalb von 4 Stunden im Zeitraum von 8:30 Uhr ($t = 0$) bis 12:30 Uhr. Zu Beginn hatte der Stau bereits eine Länge von 1,5 km.

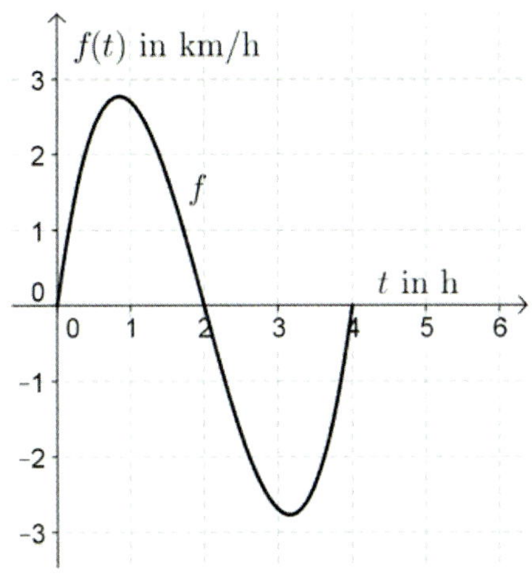

1 Interpretieren Sie die Bedeutung der Nullstellen in Bezug auf die Staulänge. (C)

2 Lesen Sie aus dem Graphen ab, wann die Staulänge am stärksten zunimmt. (C)

3 Skizzieren Sie einen möglichen Graphen F für die Staulänge in km abhängig von der Zeit t in Stunden. Achten Sie auf richtige Skalierungen und Achsenbeschriftungen. (A)

An einem anderen Stautag lässt sich die Stauentwicklung in km abhängig von der Zeit t in Stunden annähernd durch folgende Gleichung angeben:

$F(t) = \frac{3}{16} \cdot t^4 - \frac{3}{2} \cdot t^3 + 3 \cdot t^2$ mit $0 \leq t \leq 4$

t … Zeit in Stunden (h)

$F(t)$ … Staulänge in Kilometern (km) zum Zeitpunkt t, $t = 0$ bedeutet 7:00 Uhr

4 Berechnen Sie, wann in dieser Zeit die Staulänge am längsten ist. (B)

5 Geben Sie eine Formel für die durchschnittliche Länge des Staus von 7:00 Uhr bis 11:00 Uhr an. (A)

Übung 15.2.04

digi.study/bm-k152a4

Nachfolgend ist der Graph einer reellen Funktion f gegeben, welche an den Stellen $x_1 = 1, x_2 = 3$ und $x_3 = 6$ eine Nullstelle hat.

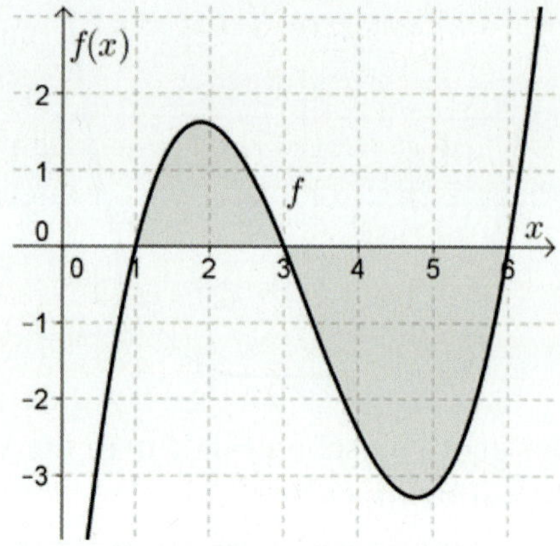

1 Interpretieren Sie den Wert c des folgenden Integrals:

$\int_1^3 f(x)\,dx = c$ (C)

2 Erklären Sie, welches Vorzeichen der Wert d des folgenden Integrals hat:

$\int_2^5 f(x)\,dx = d$ (D)

Der Querschnitt eines Daches wird durch eine Polynomfunktion zweiten Grades beschrieben. Sie hat an der Stelle $x = 2$ eine Nullstelle und schneidet die y-Achse im Punkt $P = (0|5)$. Die von der Funktionskurve im Intervall $[-1; 1]$ erzeugte Fläche hat den Inhalt 6,4 cm².

3 Stellen Sie die zur Berechnung der Funktionsgleichung notwendigen Gleichungen auf. (A)

4 Berechnen Sie die Koeffizienten. (B)

Übung 15.2.05

digi.study/bm-k152a5

Der abgebildete Graph einer reellen Funktion f hat die Nullstellen $x_1 = 3, x_2 = -1$ und $x_3 = 6$.

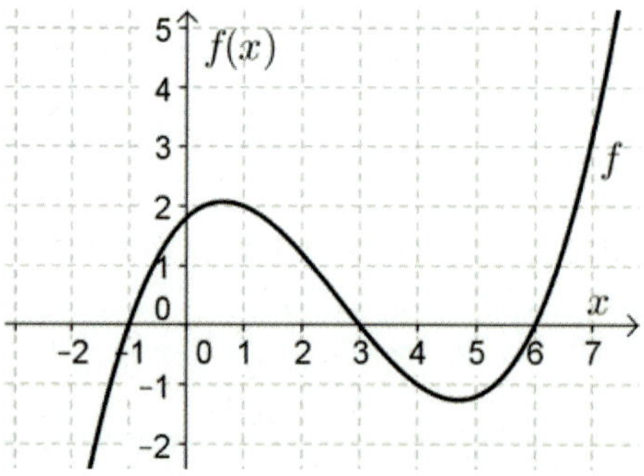

1 Beschreiben Sie ausführlich, welche Bedeutung die Werte a, b, c der folgenden Integrale haben: (C)

$\int_3^6 f(x)\,dx = a$ $\int_{-1}^6 f(x)\,dx = b$ $\int_0^4 f(x)\,dx = c$

In der Angabe einer Maturaarbeit ist von einer reellen Funktion g die erste Ableitung gegeben. Ein Maturant hat dazu folgende Abhandlung geschrieben:

$g'(x) = \frac{dg}{dx} = -x^2 + 10 \cdot x - 6$

$g(x) = \int(-x^2 + 10 \cdot x - 6)\,dx = -\frac{1}{3} \cdot x^3 + 5 \cdot x^2 - 6 \cdot x$

2 Argumentieren Sie, ob diese Abhandlung richtig ist. (D)

Übung 15.2.06

digi.study/bm-k152a6

Die Wiener U-Bahn-Linie U2 verkehrt zwischen den Stationen Karlsplatz und Seestadt Aspern. Die Gesamtstrecke der U2 beträgt 17,2 km (Stand 2018).

Zwischen den beiden Stationen Donaumarina und Donaustadtbrücke fährt die U-Bahn nahezu geradlinig und benötigt für diese 855 m lange Strecke ca. eine Minute.

Betrachtet man die Geschwindigkeit eines Zuges zwischen diesen beiden Stationen, so lässt sie sich näherungsweise durch die folgende Funktion v beschreiben.

$$v(t) = \begin{cases} 0{,}07 \cdot t^2 & \\ 15{,}75 & \text{mit} \\ -0{,}15 \cdot (t-50)^2 + 15{,}75 & \end{cases} \quad \begin{matrix} 0 \le t < 15 \\ 15 \le t < 50 \\ 50 \le t \le 61{,}34 \end{matrix}$$

t … Zeit in Sekunden (s)

$v(t)$ … Geschwindigkeit der U-Bahn zum Zeitpunkt t in m/s

1 Zeichnen Sie die Graphen der Geschwindigkeitsfunktion in das folgende Koordinatensystem ein. (B)

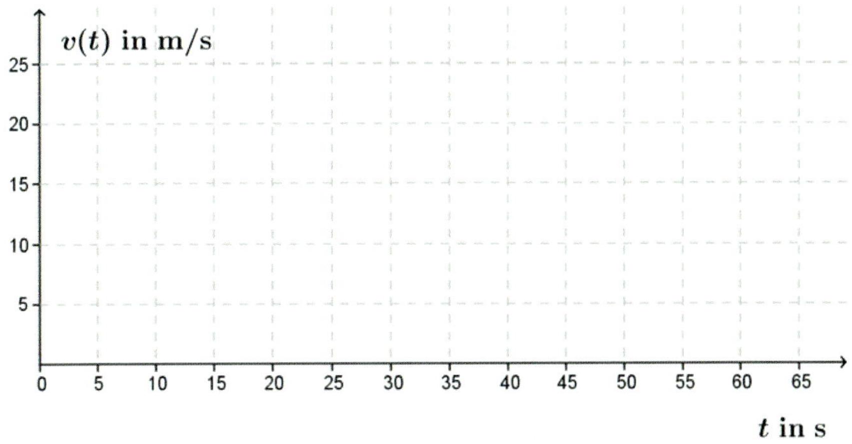

2 Berechnen Sie die Länge des Weges, den die U-Bahn im Zeitintervall [15; 50] zurücklegt. (B)

Zur Modellierung des Bremsvorganges wurde die Funktion v_3 verwendet.

3 Erklären Sie, wie sich die Veränderung des Parameters −0,15 auf −0,20 auf den Bremsvorgang auswirkt. (D)

4 Berechnen Sie die mittlere Beschleunigung des Zuges vom Anfahren bis zum Erreichen der Höchstgeschwindigkeit. (B)

5 Erklären Sie, wieso der Verlauf des Graphen des Geschwindigkeits-Zeit-Diagrammes im Intervall [14; 16] nicht exakt der Realität entsprechen kann. (D)

Übung 15.2.07

digi.study/bm-k152a7

Die Geschwindigkeit einer Radfahrerin kann während eines Zeitintervalls von 9 Sekunden durch die Funktion v annähernd beschrieben werden.

$v(t) = -\frac{1}{9} \cdot t^2 + \frac{4}{3} \cdot t + 4 \quad \text{mit} \quad 0 \leq t \leq 9$

t … Zeit in Sekunden (s)

$v(t)$ … Geschwindigkeit zum Zeitpunkt t in m/s

1 Zeichen Sie in das Koordinatensystem den Graphen der Geschwindigkeitsfunktion v. (B)

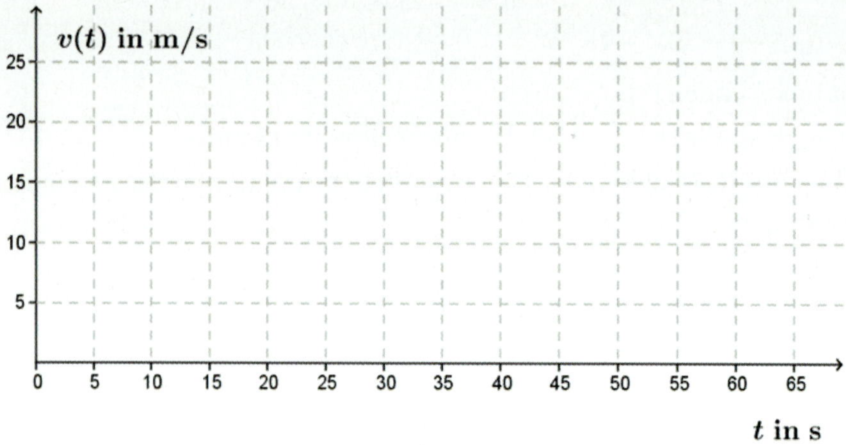

Die Funktion s beschreibt den von der Radfahrerin zurückgelegten Weg innerhalb der ersten t Sekunden.

t … Zeit in Sekunden (s)

$s(t)$ … Weg zum Zeitpunkt t in Metern (m)

2 Zeichnen Sie den Graphen der Weg-Zeit-Funktion s. (A)

3 Berechnen Sie $v'(7{,}5)$. (B)

4 Interpretieren Sie die Bedeutung des Vorzeichens des Ergebnisses im gegebenen Kontext. (C)

5 Überprüfen Sie die folgenden Aussagen über den von der Radfahrerin im Zeitintervall $[5; 8]$ zurückgelegten Weg auf ihre Richtigkeit. (D)

6 Begründen Sie, warum eine Aussage falsch ist. (D)

A: $s(5) + s'(5)$

B: $s(5) - s(8)$

C: $\int_5^8 s(t) \cdot dt$

D: $\int_5^8 v(t) \cdot dt$

E: $s(5) + v(5)$

7 Berechnen Sie diesen Weg. (B)

Übung 15.2.08

digi.study/bm-k152a8

Gegeben ist der Graph einer Polynomfunktion *f* dritten Grades.

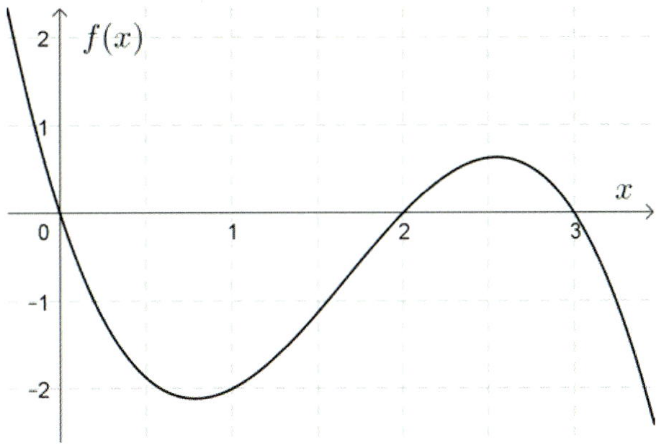

1 Kreuzen Sie an, welche Aussagen richtig bzw. falsch sind. (D)

	richtig	falsch
$\int_0^2 f(x)\,dx > \int_2^3 f(x)\,dx$		
$\int_0^3 f(x)\,dx > 0$		
$\int_0^2 f(x)\,dx$ gibt den Flächeninhalt zwischen dem Graphen und der x-Achse im Bereich $[0;2]$ an.		
$\int_0^3 f(x)\,dx$ gibt den Flächeninhalt zwischen dem Graphen und der x-Achse im Bereich $[0;3]$ an.		
$-\int_0^2 f(x)\,dx + \int_2^3 f(x)\,dx$ gibt den Flächeninhalt zwischen dem Graphen und der x-Achse Im Bereich $[0;3]$ an.		

Übung 15.2.09

digi.study/bm-k152a9

Ein Körper wird auf einer geraden Bahn hin und her bewegt. Der folgende Graph gibt seine Geschwindigkeit v in m/min in Abhängigkeit von der Zeit t in min im Intervall [0; 4,2] an.

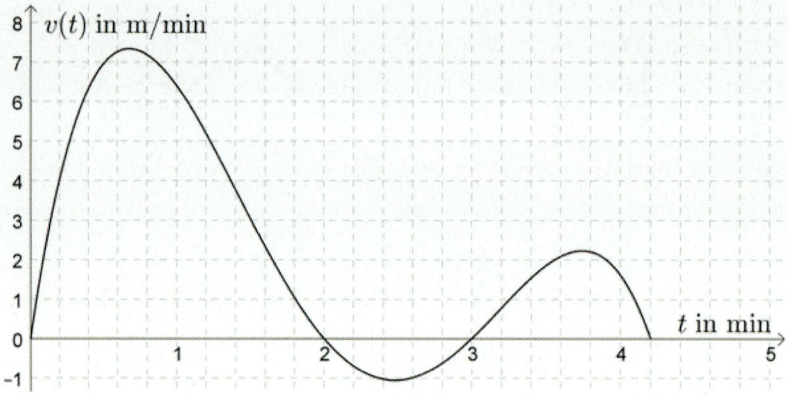

1 Kreuzen Sie an, welche Aussagen richtig bzw. falsch sind. (D)

	richtig	falsch
Zum Zeitpunkt $t = 2$ ist der Körper weiter vom Ausgangspunkt entfernt als zum Zeitpunkt $t = 3$.		
$\int_1^2 v(t)\mathrm{d}t$ gibt die Länge des Weges an, den der Körper in den ersten zwei Minuten zurückgelegt hat.		
Der Körper bewegt sich stets in der gleichen Richtung, er fährt also nie zurück.		
Der Weg, den der Körper in der ersten Minute zurücklegt, ist kürzer als jener der letzten Minute.		
Nach 4,2 Minuten ist der Körper gleich weit vom Ausgangspunkt entfernt wie nach zwei Minuten.		

15.3 Fläche zwischen zwei Kurven

Beispiel 15.3.01:

Ein Designer entwirft ein Logo für ein neues Produkt. Die Grenzlinien werden durch die Graphen der beiden Funktionen f und g beschrieben.

$f(x) = -\frac{1}{2} \cdot x^2 + \frac{17}{2}$ und $g(x) = \frac{8}{x^2}$ mit $1 \leq x \leq 4$

1 Erstellen Sie die Graphen der beiden Funktionen in einem gemeinsamen Koordinatensystem. (B)

2 Berechnen Sie das Maß der Fläche, welche das Logo zwischen den beiden Graphen einnimmt. (B)

Lösung:

1 Graph:

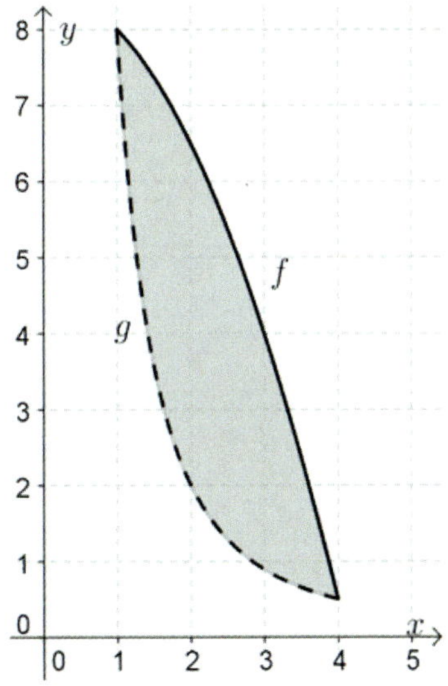

2 Die von beiden Graphen eingeschlossene Fläche lässt sich als Differenz der beiden Integrale berechnen:

$$\int_1^4 f(x)\,dx - \int_1^4 g(x)\,dx = \int_1^4 [f(x) - g(x)]\,dx = \int_1^4 \left(-\frac{1}{2} \cdot x^2 + \frac{17}{2} - \frac{8}{x^2}\right) dx = 9\ \text{E}^2$$

Formel

Fläche A zwischen zwei Funktionsgraphen:

$$A = \int_a^b \left(f(x) - g(x)\right) dx$$

Der Graph von f ist dabei die obere Begrenzungslinie der Fläche und der Graph von g ist dabei die untere Begrenzungslinie der Fläche.

ERKLÄR-VIDEO
digi.study/bm-k153f1

Übung 15.3.01

digi.study/bm-k153a1

Die folgende Grafik zeigt die Geschwindigkeitsverläufe v_1 und v_2 zweier frei fallender Körper (unter Berücksichtigung des Luftwiderstandes).

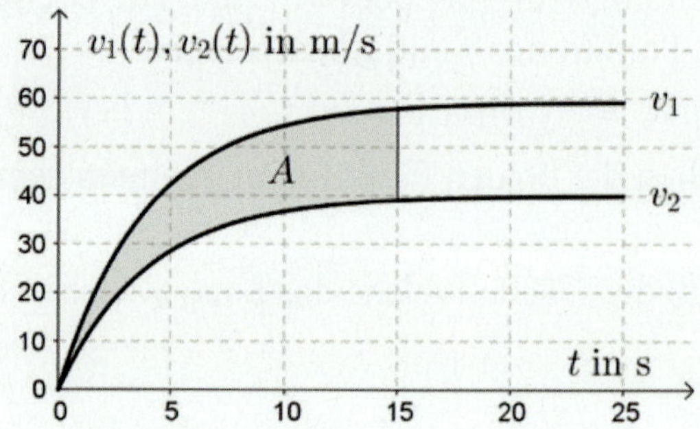

1 Erstellen Sie eine Formel für den Flächeninhalt A (Fläche zwischen den beiden Graphen) mit Hilfe von Integralen. (A)

2 Interpretieren Sie diesen Flächeninhalt im vorliegenden Kontext. (C)

Übung 15.3.02

digi.study/bm-k153a2

Die Funktionsgraphen von f und g schließen ein gemeinsames Flächenstück ein.

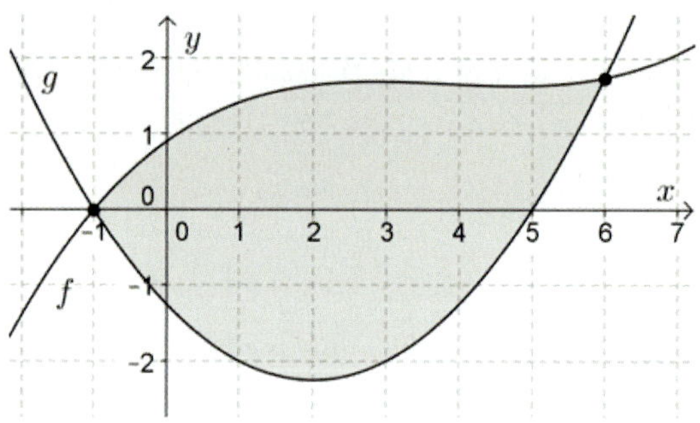

1 Markieren Sie, welche der folgenden Berechnungsvorschriften zur Ermittlung dieses Flächeninhalts richtig sind. (A)

2 Begründen Sie Ihre Entscheidung. (D)

A: $\int_{-1}^{6} [g(x) - f(x)]\,dx$

B: $\int_{-1}^{6} f(x)\,dx - \int_{5}^{6} g(x)\,dx + \left|\int_{-1}^{5} g(x)\,dx\right|$

C: $\int_{-1}^{6} [f(x) - g(x)]\,dx$

D: $\left|\int_{-1}^{6} f(x)\,dx\right| + \left|\int_{-1}^{6} g(x)\,dx\right|$

Übung 15.3.03

digi.study/bm-k153a3

Eine Künstlerin gestaltet ein Fenster. Die Umrandung wird durch den Graphen der Funktion f dargestellt. Die Funktionsgleichung lautet folgendermaßen:

$f(x) = -0{,}5 \cdot x^2 + 18$

Sie möchte die Fläche, die der Graph mit der x-Achse einschließt, durch eine Parallele zur x-Achse in zwei gleich große Flächenteile zerlegen.

1 Erstellen Sie eine Skizze und tragen Sie die für den Lösungsweg relevanten Bestimmungsstücke ein. (B) (A)

2 Berechnen Sie jenen y-Wert, an welchem die Parallele gezogen wird. (B)

Übung 15.3.04

digi.study/bm-k153a4

Gegeben sind die Graphen zweier reeller Funktionen f und g, die einander an den Stellen $x = -2$ und $x = 2$ schneiden.

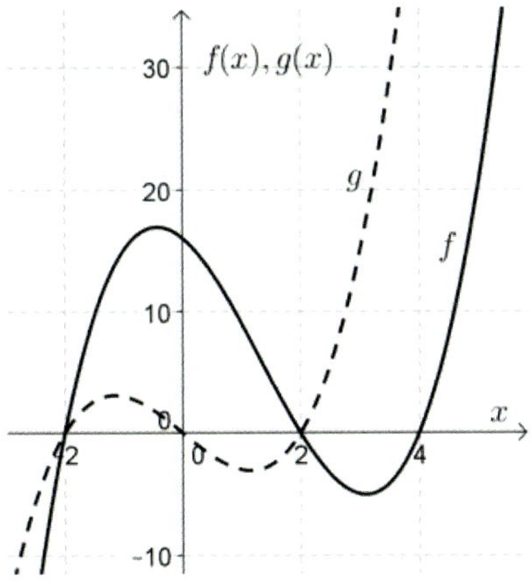

1 Interpretieren Sie den folgenden Term: $\int_{-2}^{2} f(x)\,\mathrm{d}x$ (C)

2 Erklären Sie, warum das folgende Integral $\int_{-2}^{2} g(x)\,\mathrm{d}x$ nicht geeignet ist, den Flächeninhalt zu berechnen, den die x-Achse im Intervall $[-2; 2]$ von g abschneidet. (D)

3 Stellen Sie eine Formel auf, mit welcher man den Flächeninhalt zwischen den Graphen von f und g im Intervall $[-2; 2]$ berechnen kann. (A)

Übung 15.3.05

digi.study/bm-k153a5

Gegeben ist folgende reelle Funktion f mit $f(x) = -x^2 + 3x$.

Nachfolgend finden Sie Graphen dieser Funktion f mit unterschiedlich schraffierten Flächenstücken.

1 Ordnen Sie den markierten Flächen die richtigen Integralausdrücke zu. (D)

A

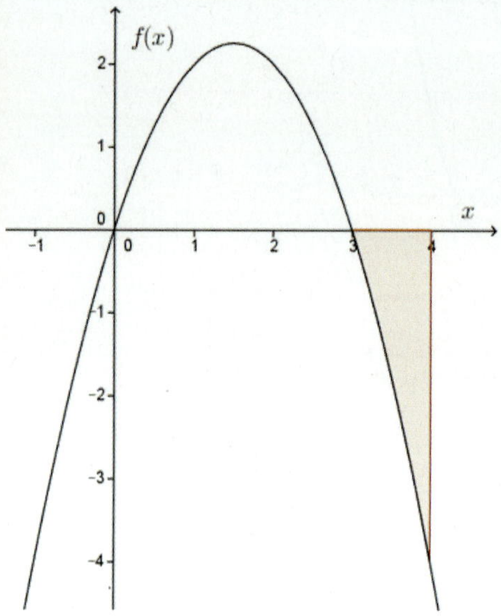

1 $\int_3^4 (-x^2 + 3 \cdot x)\,dx$

2 $\left|\int_1^4 (-x^2 + 3 \cdot x)\,dx\right|$

B

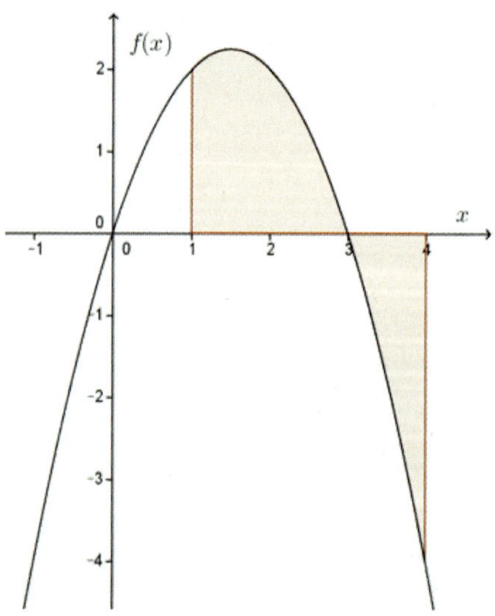

3 $\int_1^4 |-x^2 + 3 \cdot x|\,dx$

4 $\left|\int_3^4 (-x^2 + 3 \cdot x)\,dx\right|$

Übung 15.3.06

digi.study/bm-k153a6

Eine stetige reelle Funktion f mit dem abgebildeten Graphen schneidet bei $x = 2$, $x = 4$ und $x = 7$ die x-Achse.

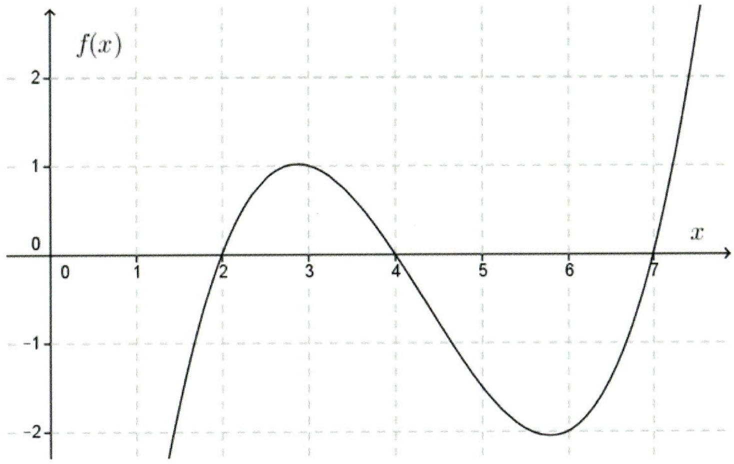

1 Kreuzen Sie an, welche der folgenden Aussagen richtig bzw. falsch sind. (D)

	richtig	falsch
$\int_2^4 f(x)\,dx = 2$		
$\int_2^7 f(x)\,dx > 0$		
$\left\lvert \int_4^7 f(x)\,dx \right\rvert > 5$		
$\int_2^4 f(x)\,dx + \int_4^7 f(x)\,dx > 0$		
$\int_2^4 f(x)\,dx > 0$ und $\int_4^7 f(x)\,dx < 0$		

2 Begründen Sie Ihre Wahl. (D)

16 Beschreibende Statistik

digi.study/bm-k16

digi.study/bm-k16t1

In der Statistik geht es um alle Methoden, die zur Erhebung, Darstellung, Untersuchung, Interpretation und kritischen Beurteilung von Daten angewendet werden. Man unterscheidet die **beschreibende** und die **beurteilende Statistik**.

In der **beschreibenden Statistik** beschreibt und analysiert man die Daten, ohne eine Schlussfolgerung auf die Grundgesamtheit zu geben. Oft können Datenerhebungen nicht in der Grundgesamtheit erfolgen, sondern nur in einer sogenannten **Stichprobe**. Ist diese **repräsentativ**, so können daraus Eigenschaften für die Grundgesamtheit abgeleitet werden. In der **beurteilenden Statistik** geht es vor allem darum, aus den Daten einer Stichprobe Rückschlüsse auf die Grundgesamtheit zu ziehen.

Unter der **Grundgesamtheit** versteht man die Menge aller zu beurteilenden Objekte. Eine **Stichprobe** ist eine Teilmenge der Grundgesamtheit, die zufällig ausgewählt wurde. Die Anzahl ihrer Elemente nennt man **Stichprobenumfang**. Eine Stichprobe kann nur dann **repräsentativ** sein, wenn sie die Grundgesamtheit bestmöglich abbildet.

Ein **Merkmal** ist eine interessierende Eigenschaft, ihre Werte sind **Merkmalsausprägungen**.

Es gibt **qualitative Merkmale**, bei welchen es um die Beschaffenheit, die Eigenschaften geht. Die Merkmalsausprägungen sind Beschreibungen, also nicht messbare Eigenschaften ohne Reihenfolge, gleichberechtigt nebeneinander stehend. Man kann bei einem Vergleich nur feststellen, ob sie gleich oder ungleich sind.

Beispiel 16.01:

Merkmal: Geschlecht

Merkmalsausprägung: männlich, weiblich

Eine andere Art von Merkmalen sind die **Rangmerkmale**, die durch eine Reihenfolge gekennzeichnet sind. Die Abstände zwischen den Merkmalsausprägungen sind nicht gleich, mathematisch nicht interpretierbar. Bei einem Vergleich lassen sich folgende Überlegungen anstellen: folgt vor, ist größer, ist besser, … . Man kann keinesfalls damit rechnen!

Beispiel 16.02:

Merkmal: Leistungsnoten

Merkmalsausprägung: sehr gut, gut, befriedigend, genügend, nicht genügend

Schließlich gibt es noch die **quantitativen Merkmale**, also metrisch skalierte Merkmale. Die Merkmalsausprägungen sind angeordnet, die Abstände zwischen ihnen sind mathematisch interpretierbar, durch reelle Zahlen ausdrückbar. Vergleiche sind möglich durch Summenbildung, die Differenz, die Berechnung des arithmetischen Mittels.

Beispiel 16.03:

Merkmal: Masse von Personen

Merkmalsausprägung: 70 kg, 74 kg, 90 kg, …

ERKLÄR-VIDEO
digi.study/bm-k161

16.1 Zentralmaße (Deskriptor 5.2)

16.1.1 Arithmetisches Mittel

Beispiel 16.1.1.01:

In einer Liste, der Urliste, werden die erreichten Punkte von 100 erreichbaren Punkten der 15 Teilnehmer/innen an der Reifeprüfung aus Mathematik und Angewandter Mathematik angeführt:

74, 68, 62, 71, 45, 53, 61, 96, 35, 58, 51, 61, 30, 21, 94

1 Erklären Sie, welches Merkmal zugrunde liegt; welche Art von Merkmalsausprägungen gegeben sind. (D)

Lösung:

Merkmal: Punktezahl bei der Reifeprüfung

Merkmalsausprägungen: vorkommende Punktezahlen

Es ist ein quantitatives Merkmal, deshalb kann das arithmetische Mittel berechnet werden.

Zur Berechnung des arithmetischen Mittels werden alle vorkommenden Punktezahlen addiert und durch die Anzahl der Teilnehmer/innen dividiert.

$\bar{x} = \frac{74 + 68 + \ldots + 94}{15} = 58,\dot{6}$

Allgemeine Formel für das **arithmetische Mittel**:

Formel

$$\bar{x} = \frac{x_1 + x_2 + \ldots + x_n}{n} = \frac{1}{n} \cdot \sum_{i=1}^{n} x_i$$

Kommt ein Datenwert x_i in der Liste H_i-mal vor, so nennt man H_i die **absolute Häufigkeit** des Datenwertes x_i; $\frac{H_i}{n} = h_i$ nennt man die **relative Häufigkeit** des Datenwertes x_i.

Arbeitet man mit den absoluten Häufigkeiten, dann lässt sich das arithmetische Mittel, das in diesem Fall **gewichtetes arithmetisches Mittel** heißt, folgendermaßen berechnen:

Formel

$$\bar{x} = \frac{H_1 \cdot x_1 + H_2 \cdot x_2 + \ldots + H_k \cdot x_k}{H_1 + H_2 + \ldots + H_k} = \frac{\sum_{i=1}^{k} H_i \cdot x_i}{\sum_{i=1}^{k} H_i} = \sum_{i=1}^{k} h_i \cdot x_i \qquad H_i \geq 0, \quad \sum_{i=1}^{k} H_i = n$$

Merke

Beachten Sie: Das arithmetische Mittel reagiert sehr stark auf Ausreißer (Messwert ist viel größer oder kleiner als alle anderen Messwerte).

Berechnung des arithmetischen Mittels mit dem Taschenrechner:

Eingabe der Daten in die Liste L1: STAT »1:Edit»…

Nach jedem eingegebenen Datenwert wird ENTER gedrückt.

Berechnung des arithmetischen Mittels: STAT »CALC»1:1-Var Stats» ENTER

Wird unter L1 das Merkmal und unter L2 die Häufigkeiten eingegeben, so müssen diese Listen beim Aufruf des Befehls 1-Var Stats mit angegeben werden: …1:1-Var Stats L1,L2 » ENTER Ganz oben kann man $\bar{x}$ ablesen. Ratsam ist noch der Blick auf die Anzeige von n, weil dadurch sichergestellt ist, dass man die Daten vollständig eingegeben hat.

16.1.2 Median oder Zentralwert

Alle vorliegenden Daten werden der Größe nach geordnet. Jedem Datenwert wird gewissermaßen eine Platznummer zugeordnet. Der **Median** oder **Zentralwert** ist jener Wert, dem die mittlere Platznummer zugeteilt wurde. Man muss nun unterscheiden, ob die Anzahl der Daten eine gerade oder eine ungerade Zahl ist.

Bei einer ungeraden Anzahl von Daten gibt es tatsächlich eine Platznummer genau in der Mitte und damit einen Datenwert auf diesem Platz. Bei einer geraden Anzahl von Daten nimmt man das arithmetische Mittel der beiden mittleren Datenwerte.

Formel

Es gilt: Median $= x_{\frac{n+1}{2}}$ n ungerade

Median $= \frac{1}{2} \cdot (x_{\frac{n}{2}} + x_{\frac{n}{2}+1})$ n gerade

Beispiel 16.1.2.01:

Trainingszeiten in Sekunden für den 400-Meter-Lauf:

52,1; 53,2; 52,3; 54,6; 51,9

1 Berechnen Sie den Median. (B)

2 Interpretieren Sie diesen Wert. (c)

Lösung:

1 Ordnen der Datenreihe: 51,9 – 52,1 – 52,3 – 53,2 – 54,6

Genau in der Mitte steht die Zeit 52,3 s, das ist der Median.

2 Der Median besagt, dass die Hälfte der Zeiten kleiner oder gleich dem Medianwert sind, die andere Hälfte der Zeiten ist größer oder gleich diesem Wert.

16.1.3 Quartile und Boxplot

ERKLÄR-VIDEO digi.study/bm-k1613

Der Median teilt eine **geordnete Datenliste** in zwei gleich große Teile. Die Liste kann aber auch in vier gleich große Teile geteilt werden. Diese Vierteltteile nennt man **Quartile.** Das untere Quartil q_1 teilt die erste Hälfte der Liste in zwei gleiche Teile; das obere Quartil q_3 die obere Hälfte. Das mittlere Quartil q_2 entspricht dem Median. Die Differenz $q_3 - q_1$ nennt man **(Inter)quartilsabstand.**

Beispiel 16.1.3.01:

Bei einem sportlichen Wettbewerb einer Jugendgruppe wurden die folgenden Punkte erreicht:

31, 9, 19, 22, 54, 13, 39, 40, 45, 51, 26, 66, 60

1 Berechnen Sie die folgenden statistischen Kennzahlen: Median, 1. und 3. Quartil, arithmetisches Mittel, Minimum, Maximum, Spannweite. (B)

2 Interpretieren Sie die Bedeutung der beiden Quartile in diesem Zusammenhang. (C)

3 Stellen Sie die fünf statistischen Kennzahlen in einem **Boxplot** (Kastenschaubild) dar. (A)

Lösung:

1 Eingabe der Daten bei L1: STAT »1:Edit …

Berechnung: STAT »CALC»1-Var Stats … man erhält die gefragten statistischen Kennzahlen:

$q_1 = 20{,}5$; Median $= 39$; $q_3 = 52{,}5$; $\bar{x} \approx 36{,}54$

Nimmt man zum **Median**, den **beiden Quartilen** auch noch den kleinsten Wert 9, das **Minimum**, und den größten Wert 66, das **Maximum**, der Datenliste dazu, so hat man die fünf statistischen Kennzahlen von **John Tukey**. Er hat 1977 die **Explorative Datenanalyse** (EDA) eingeführt. Die Differenz aus Maximum und Minimum nennt man **Spannweite**, hier 57.

2 Ein Viertel der Jugendlichen erreichte eine Punktezahl unter 20,5; die Hälfte der Jugendlichen lag mit den Punkten unter 39; ein Viertel der Jugendlichen hatte Punkte im Bereich von 39 bis 52,5.

3 Diese fünf statistischen Kennzahlen lassen sich in einem **Boxplot** veranschaulichen:

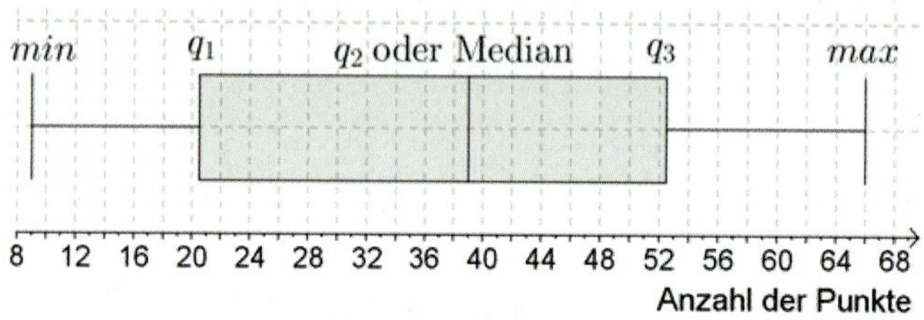

Übung 16.1.3.01
digi.study/bm-k1613a1

Eine Auswahl von 25 Bioeiern wurde gewogen. Die Messwerte in Gramm sind gegeben: 57, 62, 59, 54, 57, 61, 54, 63, 62, 60, 57, 55, 54, 56, 58, 63, 64, 72, 59, 60, 62, 57, 58, 59, 57

1 Erstellen Sie eine Strichliste für die Masse der ausgewählten Bioeier. (A)

2 Berechnen Sie das arithmetische Mittel der Massen der 25 Bioeier. (B)

Eine andere Stichprobe ergab folgendes Messergebnis:

Masse x_i in g	54	55	56	57	58	59	60	61	62
absolute Häufigkeit H_i	4	3	2	6	3	3	4	1	4

3 Stellen Sie die Häufigkeitsverteilung in einem Balkendiagramm dar. (A)

Übung 16.1.3.02
digi.study/bm-k1613a2

Gegeben ist eine Liste der Sonnenscheindauer in Stunden in Innsbruck in den 12 Monaten eines Jahres: 106, 159, 143, 184, 263, 162, 183, 233, 184, 155, 119, 88

1 Berechnen Sie das arithmetische Mittel $\bar{x}$. (B)

2 Zeichnen Sie ein Boxplot-Diagramm. (A)

Übung 16.1.3.03
digi.study/bm-k1613a3

Gegeben ist eine Liste der durchschnittlichen Monatstemperaturen in °C von Eisenstadt: –2,7 ; 3,5; 5,6; 7,6; 16,0; 18,5; 19,5; 20,3; 15,4; 8,1; 5,0; 2,2

1 Berechnen Sie die durchschnittliche Jahrestemperatur von Eisenstadt. (B)

2 Erstellen Sie ein Boxplot-Diagramm. (A)

Übung 16.1.3.04

digi.study/bm-k1613a4

In einer Berufsschule wurde unter anderem die Körpergröße von 120 Lehrlingen festgehalten. Diese sind hier zusammengefasst in Form eines Boxplot-Diagrammes dargestellt.

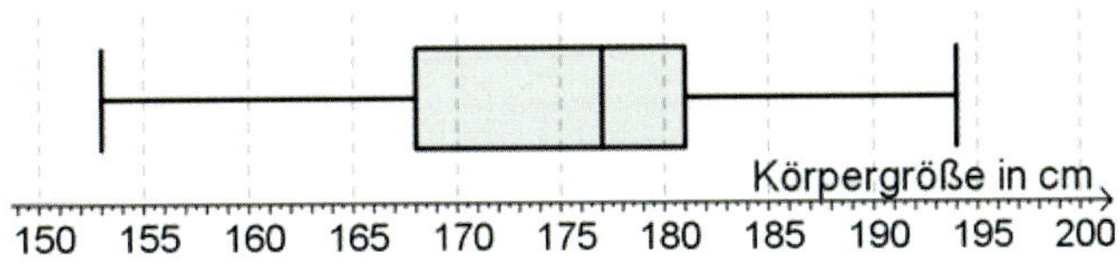

1 Setzen Sie in den folgenden Aussagen die richtigen Zahlen ein: (C)

Aus dem Diagramm kann man entnehmen, dass

ca. 50 % der Lehrlinge kleiner als .... cm sind.

jeder Lehrling mindestens .... cm groß ist.

von den 120 Lehrlingen ca. .... Lehrlinge mindestens 181 cm groß sind.

von den 120 Lehrlingen ca. .... Lehrlinge größer als 168 cm sind.

ca. .... Lehrlinge zwischen 168 cm und 181 cm groß sind.

Übung 16.1.3.05

digi.study/bm-k1613a5

Hermine führt Aufzeichnungen über den Benzinverbrauch ihres Autos in Liter auf 100 km.

Hier sind ihre Werte: 8,7; 4,8; 5,3; 6,9; 7,4; 8,1; 10,5

1 Berechnen Sie den durchschnittlichen Verbrauch in Liter auf 100 km. (B)

Hermine behauptet, dass das Auto in der Hälfte ihrer Aufzeichnungen weniger als 7,4 L auf 100 km verbraucht.

2 Überprüfen Sie, ob sie mit dieser Behauptung Recht hat. (D)

Der Taschenrechner gibt für q_3 den Wert 8,7 L an.

3 Interpretieren Sie diesen Wert im Sachzusammenhang. (C)

4 Zeichnen Sie das Boxplot-Diagramm. (A)

Übung 16.1.3.06

digi.study/bm-k1613a6

In zwei Gruppen werden zur Berufsreifeprüfung aus Mathematik und Angewandter Mathematik dieselben Aufgaben gegeben. Nun sollen die Ergebnisse, nämlich die Noten, verglichen werden.

Mehrere Vorschläge für die Verwendung von Zentralmaßen werden argumentiert.

1 Entscheiden Sie für jede der folgenden Argumentationen zur Wahl eines Zentralmaßes, ob sie stichhaltig ist. (D)

2 Markieren Sie die passenden Argumente. (A)

3 Begründen Sie Ihre Entscheidungen. (D)

	stichhaltig	nicht stichhaltig
Das arithmetische Mittel ist geeignet, weil in jeder Gruppe sicher gleich viele Noten besser und auch gleich viele Noten schlechter als dieser Mittelwert sind.		
Das arithmetische Mittel ist nicht geeignet, weil Noten keine echten Zahlen, sondern nur Rangdaten sind und deshalb statistisch das arithmetische Mittel nicht zulässig ist.		
Der Median ist nicht geeignet, weil er gar nicht definiert ist, wenn zwei Noten gleich häufig auftreten.		

Übung 16.1.3.07

digi.study/bm-k1613a7

Das arithmetische Mittel (die Durchschnittszahl) von fünf Zahlen ist 65. Vier der Zahlen lauten 43, 38, 83 und 76.

1 Bestimmen Sie die fehlende Zahl. (B)

Übung 16.1.3.08

digi.study/bm-k1613a8

Die folgende Tabelle zeigt die Verteilung der österreichischen Wohnbevölkerung (15 Jahre und älter) hinsichtlich der höchsten abgeschlossenen Ausbildung („Bildungsstand“) im Jahr 2015:

Bildungsstand	relative Häufigkeit (in %)
Pflichtschule	26,90
Lehre	31,64
Fachschule	14,21
AHS, BHS	14,62
Universität, Hochschule	12,63
insgesamt	100

1 Stellen Sie diese Verteilung in einem Stabdiagramm dar. (A)

Übung 16.1.3.09
digi.study/bm-k1613a9

Die folgende Tabelle zeigt die Anzahl der Nächtigungen in Österreichs Fremdenverkehrsbetrieben im Winter 2016/17:

Gäste aus:	Übernachtungen (in 1 000)
Österreich	15 908
Deutschland	25 489
Niederlande	5 747
anderen Ländern	21 448

1 Berechnen Sie die relativen Häufigkeiten. (B)

2 Stellen Sie die Verteilung der Wintergäste in einem Kreisdiagramm dar. (A)

Übung 16.1.3.10
digi.study/bm-k1613a10

Sie sehen ein Boxplot-Diagramm, in welchem die Betreuungszeiten pro Woche für die Kinder einer Krabbelstubengruppe dargestellt sind.

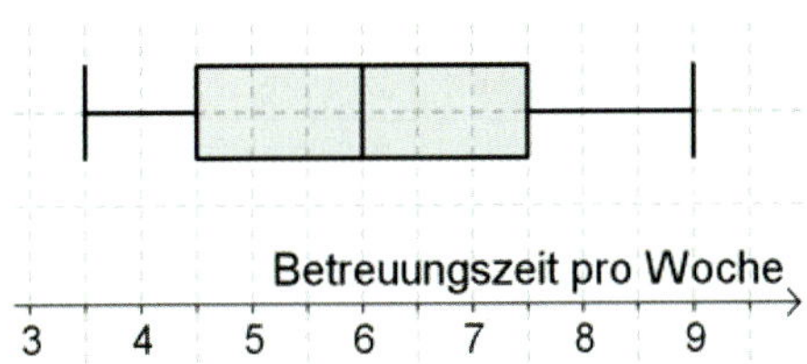

1 Formulieren Sie an Hand dieses Diagrammes mindestens drei konkrete Aussagen über die Verteilung der Betreuungsstunden. (C)

2 Begründen Sie, ob bei dieser Verteilung das arithmetische Mittel über oder unter dem Median liegen muss. (D)

Übung 16.1.3.11
digi.study/bm-k1613a11

In einem Vorbereitungskurs mit 20 Teilnehmer/innen wurde erhoben, wie viele SMS sie im vergangenen Monat verschickt haben ($\bar{x}$ ist das errechnete arithmetische Mittel, m der Median der Liste). Hinterher gab eine Person an, in Wirklichkeit um 200 SMS mehr verschickt zu haben.

1 Argumentieren Sie, wie sich dadurch die Werte $\bar{x}$ und m verändern. (D)

Übung 16.1.3.12
digi.study/bm-k1613a12

Bei einer LKW-Kontrolle wurde bei 550 Fahrzeugen eine Überladung festgestellt. Zur Festlegung des Strafrahmens wurde die Überladung der einzelnen Fahrzeuge in der folgenden Tabelle festgehalten.

Überladung in kg		Anzahl der LKW
von	bis	
	<1 000	160
1 000	<2 000	250
2 000	<3 000	90
3 000	<4 000	50

1 Berechnen Sie die relativen Häufigkeiten der einzelnen Kategorien. (B)

2 Zeichnen Sie mithilfe der relativen Häufigkeiten ein Säulendiagramm. (A)

Übung 16.1.3.13

digi.study/bm-k1613a13

480 Lehrlinge, die den Mathematikkurs zur Vorbereitung auf die Berufsreifeprüfung besuchen, wurden befragt, mit welchem Verkehrsmittel sie zum Kursort kommen. Die folgende Tabelle stellt die Antworten dar:

„öffentliche Verkehrsmittel“	„mit dem Auto / von den Eltern gebracht“	„mit dem Rad / zu Fuß“
240	80	160

1 Berechnen Sie die relativen Häufigkeiten. (B)

2 Übertragen Sie die Werte der Tabelle in ein Kreisdiagramm. (A)

Übung 16.1.3.14

digi.study/bm-k1613a14

Eine Bäckerei hat in ihren Verkaufsstellen die Umsatzzahlen eines neuen Dinkelbrotes über einen Zeitraum von 15 Wochen festgehalten und der Größe nach geordnet.

1 Ordnen Sie die entsprechenden Umsatzzahlen der einzelnen Verkaufsstellen den angegebenen Boxplots zu. (D)

A	13, 13, 13, 13, 14, 15, 18, 18, 18, 21, 21, 25, 25, 25, 25
B	13, 15, 15, 17, 17, 18, 19, 19, 19, 23, 23, 24, 24, 24, 25
C	13, 14, 14, 16, 16, 19, 19, 21, 21, 21, 23, 23, 25, 25, 27
D	13, 15, 15, 17, 17, 19, 19, 21, 21, 21, 21, 21, 25, 25, 25

1

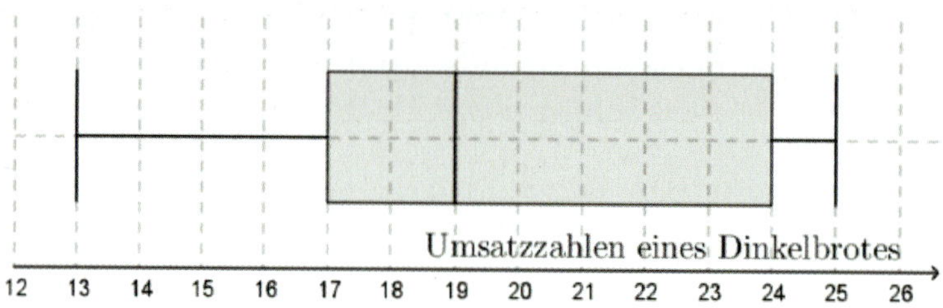

2

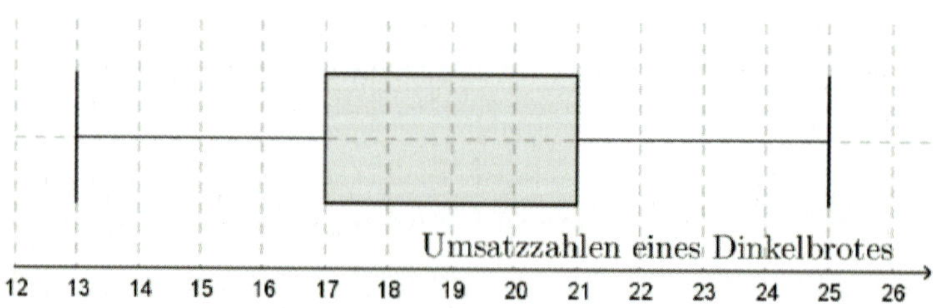

16.2 Streumaße (Deskriptor 5.2)

digi.study/bm-k162

ERKLÄR-VIDEO

Beispiel 16.2.01:

Ein chemisches Experiment wird von zwei Forschern je drei Mal durchgeführt; dabei wird der entstehende pH-Wert gemessen. Die folgende Liste zeigt die Ergebnisse:

	Messreihe 1	Messreihe 2
Messung 1	5,4	4,2
Messung 2	4,8	6,2
Messung 3	5,2	5,0
arithmetisches Mittel	**5,133 3**	**5,133 3**

Das arithmetische Mittel der beiden Messreihen hat denselben Wert. Daher ist es berechtigt, sich Gedanken darüber zu machen, ob die beiden Messreihen als qualitativ gleichwertig zu beurteilen sind. Aus dem folgenden Diagramm lässt sich ablesen, dass bei der Messreihe 2 die Abweichungen vom Mittelwert weitaus größer sind als in der Messreihe 1.

Man sagt dazu: Die **Streuung** der Werte um das arithmetische Mittel ist bei Messreihe 2 größer.

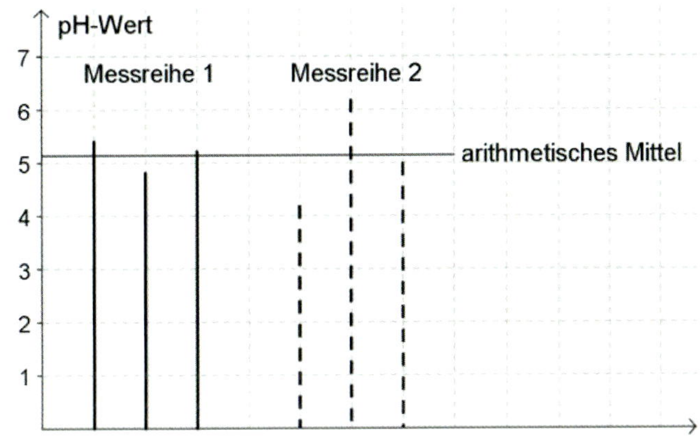

Als Maß für die Abweichung der Daten vom arithmetischen Mittel nimmt man die Quadrate der Differenzen zwischen den Datenwerten und dem arithmetischen Mittel und berechnet daraus wieder den Mittelwert.

Formel

s^2 nennt man **empirische Varianz** oder mittlere quadratische Abweichung:

$$s^2 = \frac{(x_1 - \bar{x})^2 + (x_2 - \bar{x})^2 + \ldots + (x_n - \bar{x})^2}{n}$$

s nennt man die empirische Standardabweichung:

$$s = \sqrt{\frac{(x_1 - \bar{x})^2 + (x_2 - \bar{x})^2 + \ldots + (x_n - \bar{x})^2}{n}} = \sqrt{\frac{1}{n} \cdot \sum_{i=1}^{n} (x_i - \bar{x})^2}$$

Die empirische Standardabweichung ist ein Maß für die Streuung der Daten um das arithmetische Mittel. Statt s kann man auch σ verwenden.

	Messreihe 1	Messreihe 2
Messung 1	5,4	4,2
Messung 2	4,8	6,2
Messung 3	5,2	5,0
arithmetisches Mittel $\bar{x}$	5,133 3	5,133 3
empirische Standardabweichung s	0,249 4	0,821 9

Mithilfe der empirischen Standardabweichung kann man somit eine Datenreihe besser beschreiben.

Berechnung des arithmetischen Mittels mit dem Taschenrechner:

Eingabe der Daten in die Liste L1: STAT »1:Edit»…

Nach jedem eingegebenen Datenwert wird ENTER gedrückt.

Berechnung des arithmetischen Mittels: STAT »CALC»1:1-Var Stats» ENTER

Wird unter L1 das Merkmal und unter L2 die Häufigkeiten eingegeben, so müssen diese Listen beim Aufruf des Befehls 1-Var Stats mit angegeben werden: …1:1-Var Stats L1,L2 » ENTER

In der vierten Zeile kann man s_x und in der fünften Zeile σ_x ablesen. Ratsam ist noch der Blick auf die Anzeige von n, weil dadurch sichergestellt ist, dass man die Daten vollständig eingegeben hat.

Mit s_x liest man die empirische Standardabweichung einer Stichprobe als Schätzung auf die Grundgesamtheit ab.

Mit σ_x liest man die empirische Standardabweichung bei einer Vollerhebung ab.

Als Lösung kann jeder der beiden Werte angegeben werden.

Übung 16.2.01

digi.study/bm-k162a1

Von sieben Angestellten eines Callcenters kennt man die monatlichen Bruttogehälter in Euro (€):

1.120, 1.240, 1.500, 950, 8.760, 1.200, 980

1 Berechnen Sie das arithmetische Mittel und die fünf statistischen Kennzahlen nach Tukey (Minimum, Maximum, 1. und 3. Quartile, Median). (B)

Der Abteilungsleiter erklärt bei einem Workshop, dass das durchschnittliche monatliche Bruttoeinkommen in seiner Abteilung einen um € 1.050 höheren Wert liefert als der Median.

2 Argumentieren Sie, welches Zentralmaß sich besser eignet. (D)

In den Abteilungsnachrichten steht: „In unserer Abteilung liegen 75 % der Bruttogehälter über € 1.500."

3 Erklären Sie, mit welcher statistischen Größe hier argumentiert wurde. (D)

Nachfolgend finden Sie Aussagen über arithmetisches Mittel und Median.

4 Entscheiden Sie, welche Aussagen richtig sind. (D)

5 Begründen Sie Ihre Wahl. (D)

A: Beim arithmetischen Mittel werden alle Gehälter addiert und durch die Anzahl dividiert, daher muss das arithmetische Mittel immer größer sein als der Median.

B: Beim Median wirkt sich der hohe Wert € 8.760 nicht sehr stark aus, beim arithmetischen Mittel hingegen schon.

C: Beim Median wirken sich die beiden niedrigen Gehälter (unter € 1.000) sehr stark aus.

D: Da der Median den in der Mitte stehenden Wert (hier € 950) angibt, kann der Median auch ein (im Vergleich zu den anderen Werten) sehr niedriger Wert sein.

Übung 16.2.02

digi.study/bm-k162a2

In Salzburg nahmen an einer Sportveranstaltung (Hochsprung) 150 Jugendliche teil, in Graz waren es 170.

Ein Vergleich der Listen der Hochsprungergebnisse Salzburg-Graz ergab, dass für beide das arithmetische Mittel 1,05 m und die empirische Standardabweichung s für Salzburg 0,22 m und für Graz 0,3 m betrug.

1 Entscheiden Sie, welche Aussagen aus den gegebenen Daten geschlossen werden können. (D)

2 Markieren Sie die richtigen Aussagen. (A)

		wahr	falsch
A	Beide Listen haben den gleichen Median.		
B	Das arithmetische Mittel $\bar{x}$ repräsentiert die Leistungen der Salzburger besser als die der Grazer.		
C	Die empirische Standardabweichung s der Salzburger ist auf Grund der geringeren Teilnehmerzahl kleiner als die der Grazer.		
D	Von den Sprunghöhen (gemessen in m) der Salzburger liegt kein Wert außerhalb des Intervalls [0,45;1,65].		

Übung 16.2.03

digi.study/bm-k162a3

Unten stehendes Liniendiagramm veranschaulicht die Entwicklung des Stromverbrauches in Österreich im Zeitraum 2010 bis 2016.

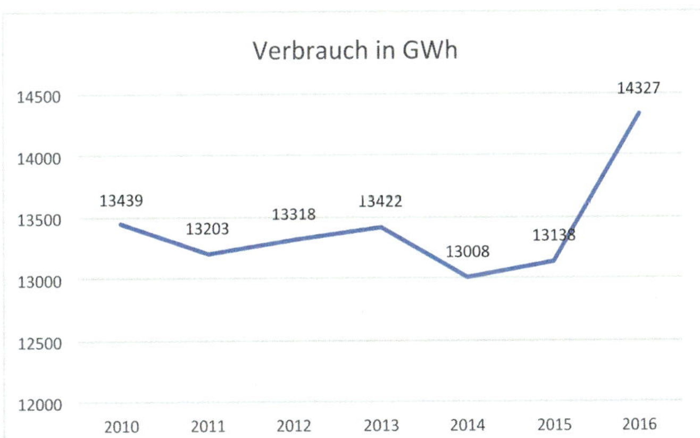

1 Lesen Sie aus dem Diagramm ab, um wie viele GWh der Stromverbrauch durchschnittlich vom Jahr 2010 bis zum Jahr 2016 gestiegen ist. (C)

2 Berechnen Sie die prozentuelle Veränderung des Stromverbrauchs vom Jahr 2014 auf das Jahr 2016. (B)

Übung 16.2.04

digi.study/bm-k162a4

Die unten stehende Tabelle gibt eine Übersicht über die Zahl der Einbürgerungen in Österreich aufgeteilt auf die Bundesländer Wien und Salzburg im Jahr 2016 nach Quartalen.

Ein Zeitraum von 3 Monaten wird als Quartal bezeichnet. Von Jänner bis März läuft das erste Quartal usw.

Quartal	Österreich	Wien	Salzburg
1. Quartal	2 062	702	110
2. Quartal	2 117	719	118
3. Quartal	1 970	694	132
4. Quartal	2 321	940	117

1 Berechnen Sie das arithmetische Mittel $\bar{x}$, die Standardabweichung s, den Median, die 1. und 3. Quartile, das Maximum, das Minimum und die Spannweite der Zahl der Einbürgerungen für die Bundesländer Salzburg und Wien bzw. für Österreich bezogen auf das Jahr 2016. (B)

2 Zeichnen Sie für die beiden Bundesländer und für Österreich die Boxplot-Diagramme. (A)

3 Berechnen Sie, wie viel Prozent die Einbürgerungen in Salzburg im 1. Quartal im Vergleich zu Österreich ausmachen. (B)

4 Erstellen Sie eine Formel, mit welcher man die prozentuelle Veränderung der Zahl der Einbürgerungen in Österreich innerhalb der vier Quartale berechnen kann. (A)

Übung 16.2.05

digi.study/bm-k162a5

Gegeben ist die Datenreihe $x_1, x_2, \dots, x_{10}$.

Der arithmetische Mittelwert $\bar{x}$ der Datenreihe ist $\bar{x} = 20$. Die Standardabweichung $s = 5$.

Nun wird die Datenreihe um die beiden Werte $x_{11} = 19$ und $x_{12} = 21$ erweitert.

Gabriel behauptet, dass das Maximum der neuen Datenreihe größer ist als das Maximum der ursprünglichen Datenreihe.

1 Überprüfen Sie, ob diese Behauptung richtig ist. (D)

2 Begründen Sie Ihre Entscheidung. (D)

3 Erklären Sie, wie sich die Erweiterung der Daten auf die Spannweite auswirkt. (D)

In einem Heft steht, dass die Standardabweichung der neuen Datenreihe kleiner ist als die Standardabweichung der ursprünglichen Datenreihe.

4 Erklären Sie, ob das Richtige im Heft steht. (D)

Übung 16.2.06

digi.study/bm-k162a6

Bekannt ist eine Datenreihe mit 24 Daten. Das arithmetische Mittel $\bar{x} = 115$, die Standardabweichung $s = 12$. Martin bildet eine neue Datenreihe derart, dass er zu jedem Datenwert der gegeben Datenreihe 7 addiert.

1 Berechnen Sie daraus das arithmetische Mittel und die Standardabweichung der neu gebildeten Datenreihe. (B)

Martin tritt zu verschiedenen Tests für das Studium der Molekularbiologie an. Pro Test sind 100 Punkte zu erreichen. Bei den ersten vier absolvierten Tests hat er durchschnittlich 60 Punkte erreicht. Beim fünften Test schaffte er 80 Punkte.

2 Berechnen Sie den Punktedurchschnitt bei allen fünf Tests. (B)

Übung 16.2.07

digi.study/bm-k162a7

Ein Schularzt protokolliert die Körpermassen der Schüler/innen eines Jahrgangs und erhält dabei die folgende Aufstellung hinsichtlich des Zahlenpaares (Masse in kg/Häufigkeit):

(60/2), (61/3), (62/7), (63/11), (64/21), (65/21), (66/12), (67/15), (68/5), (69/3), (70/1), (71/1)

1 Transferieren Sie die gegebenen Wertepaare in eine grafische Darstellungsform. (A)

2 Beschreiben Sie die Form der Verteilung. (C)

3 Berechnen Sie die durchschnittliche Körpermasse der Schüler/innen. (B)

4 Begründen Sie, warum der Median aussagekräftiger ist als das arithmetische Mittel. (D)

Die Standardabweichung dieser Daten beträgt 2,1.

5 Interpretieren Sie diesen Wert. (C)

Übung 16.2.08

digi.study/bm-k162a8

Das nachfolgende Diagramm zeigt die Ergebnisse eines Physiktests für zwei Gruppen, die als Gruppe A und Gruppe B bezeichnet wurden. Die durchschnittliche Punktezahl von Gruppe A ist 62,0 und der Durchschnitt für die Gruppe B ist 64,5. Student/innen haben den Test bestanden, wenn ihre Punktezahl bei 50 oder darüber liegt.

Der Professor betrachtet das Diagramm und behauptet, dass Gruppe B beim Test besser abgeschnitten hat als Gruppe A. Sie vertreten eine Studentin der Gruppe A und versuchen den Professor zu überzeugen, dass Gruppe B nicht unbedingt besser abgeschnitten hat.

1 Schreiben Sie Ihre Argumente unter Verwendung des folgenden Diagrammes auf. (D)

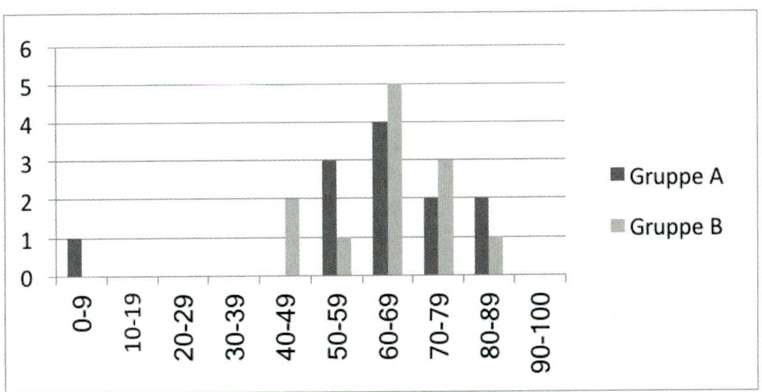

Übung 16.2.09

digi.study/bm-k162a9

Im Zuge der Präsidentenwahl eines Staates wurden Meinungsumfragen durchgeführt, um die Unterstützung für den Präsidenten bei der kommenden Wahl herauszufinden. Vier Zeitungsherausgeber führten separate landesweite Umfragen durch. Die Ergebnisse der Umfragen (für die Unterstützung des Präsidenten) durch die vier Zeitungen lauten wie folgt:

Zeitung 1: 36,5 % (Umfrage durchgeführt am 6. September 2017, bei einer Stichprobe von 500 zufällig ausgewählten Stimmberechtigten)

Zeitung 2: 41,0 % (Umfrage durchgeführt am 20. September 2017, bei einer Stichprobe von 500 zufällig ausgewählten Stimmberechtigten)

Zeitung 3: 39,0 %(Umfrage durchgeführt am 20. September 2017, bei einer Stichprobe von 1 000 zufällig ausgewählten Stimmberechtigten)

Zeitung 4: 44,5 % (Umfrage durchgeführt am 20. September 2017, bei einer Stichprobe von 1 000 Lesern, die angerufen haben, um zu sagen, wen sie wählen würden)

1 Entscheiden Sie, welches Zeitungsergebnis am ehesten geeignet war, die Unterstützung für den Präsidenten vorauszusagen, wenn die Wahl am 6. November 2012 stattfand. (D)

2 Geben Sie zwei Gründe an, welche Ihre Entscheidung unterstützen. (D)

Übung 16.2.10

digi.study/bm-k162a10

Laura hat auf ihrem PC zehn Zahlen eingetippt und mit Hilfe eines Tabellenkalkulationsprogramms das arithmetische Mittel dieser zehn Zahlen berechnet. Der angezeigte Wert beträgt 4 260.

Leider hat sich Laura bei der Zahleneingabe bei einer Zahl vertippt und statt 2 100 den Wert 1 200 eingegeben.

1 Markieren Sie, welche der folgenden Aussagen für die richtigen zehn Zahlen zutreffend ist. (A)

2 Begründen Sie Ihre Wahl. (D)

A: Das arithmetische Mittel ist 3 360.

B: Das arithmetische Mittel ist 4 170.

C: Das arithmetische Mittel ist 4 260.

D: Das arithmetische Mittel ist 4 350.

E: Man kann nicht sagen, welchen Wert das arithmetische Mittel hat.

Übung 16.2.11

digi.study/bm-k162a11

Gegeben sind die Zeiten $t_1, t_2, \dots, t_n$ in Sekunden der Teilnehmer/innen an einem 100-m-Lauf.

1 Kreuzen Sie an, welche der folgenden Aussagen richtig bzw. falsch sind. (D)

	richtig	falsch
Werden die Zeiten $t_1, t_2, \dots, t_n$ um 1 Sekunde erhöht, so erhöht sich das arithmetische Mittel um $\frac{1}{n}$ Sekunden.		
Werden die Zeiten $t_1, t_2, \dots, t_n$ jeweils um 1 Sekunde erhöht, so erhöht sich auch das arithmetische Mittel um 1 Sekunde.		
Werden die Zeiten $t_1, t_2, \dots, t_n$ jeweils um 1 Sekunde erhöht, so erhöht sich auch die empirische Standardabweichung um 1 Sekunde.		
Verdoppelt man die Zeiten $t_1, t_2, \dots, t_n$ in Sekunden, so bleibt das arithmetische Mittel gleich.		

digi.study/bm-k163

16.3 Klasseneinteilung, Häufigkeiten (Deskriptor 5.1)

Besteht eine Datenliste aus sehr vielen Daten, ist es wegen der besseren grafischen Darstellung sinnvoll, diese Daten in Klassen zusammenzufassen, also eine **Klasseneinteilung** zu bilden.
Zuerst ermittelt man mithilfe einer Strichliste die **absoluten Häufigkeiten** H_i der Werte in einer Klasse. Dann berechnet man die **relativen Häufigkeiten** h_i, indem man die absoluten Häufigkeiten durch die Gesamtzahl n der Daten dividiert. Es gilt: $h_i = \frac{H_i}{n}$
Relative Häufigkeiten können als Bruchzahl, als Dezimalzahl oder in der Prozentschreibweise angegeben werden.

digi.study/bm-k163b1

Beispiel 16.3.01:

Gegeben ist eine vollständige Liste der erreichten Punkte einer Gruppe bei einer Berufsreifeprüfung aus Mathematik und Angewandter Mathematik:

74, 68, 62, 71, 45, 53, 61, 96, 35, 58, 51, 61, 30, 21, 94, 62, 55, 78, 74, 44, 45, 74, 92, 53, 49, 55, 69, 67, 47, 42, 51

1 Unterteilen Sie die Datenliste in 8 Klassen der Breite 10, bestimmen Sie die absoluten und die relativen Häufigkeiten der einzelnen Klassen. (A)

2 Veranschaulichen Sie die Ergebnisse in einem Histogramm. (A)

3 Erstellen Sie ein passendes Kreisdiagramm. (A)

Lösung:

1 Klasse K_i	absolute Häufigkeit H_i	relative Häufigkeit h_i
21 bis 30 Punkte	2	$\frac{2}{31}$ = 0,064 5 = 6,45 %
31 bis 40 Punkte	1	$\frac{1}{31}$ = 0,032 2 = 3,22 %
41 bis 50 Punkte	6	$\frac{6}{31}$ = 0,193 5 = 19,35 %
51 bis 60 Punkte	7	$\frac{7}{31}$ = 0,225 8 = 22,58 %
61 bis 70 Punkte	7	$\frac{7}{31}$ = 0,225 8 = 22,58 %
71 bis 80 Punkte	5	$\frac{5}{31}$ = 0,161 3 = 16,13 %
81 bis 90 Punkte	0	$\frac{0}{31}$ = 0 = 0 %
91 bis 100 Punkte	3	$\frac{3}{31}$ = 0,096 8 = 9,68 %
Gesamt	31	$\frac{31}{31}$ = 1,000 0 = 100,00 %

Der Vorteil dieser Klasseneinteilung liegt in der Erhöhung der Übersichtlichkeit, bedeutet aber einen Informationsverlust. Aus der Tabelle können einzelne Punktezahlen nicht mehr festgestellt werden.

Merke

Beachten Sie: In der Regel sind Klassen rechtsoffen, z.B. [21; 31[. Die Anzahl der Klassen soll 20 nicht übersteigen.

2 Bei einem **Histogramm** werden auf der waagrechten Achse die Klassen aufgetragen, die Fläche der Rechtecke entspricht den absoluten Häufigkeiten. Bei gleicher Klassenbreite kann auch die Höhe als Maß für die absolute Häufigkeit verwendet werden.

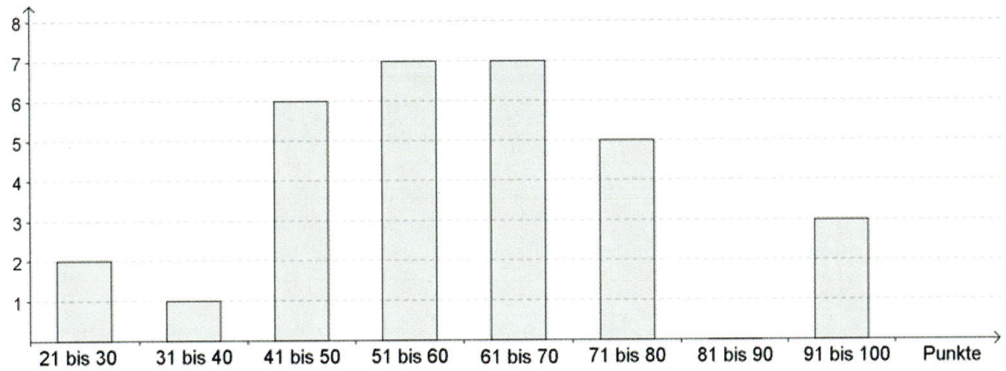

3 Kreisdiagramm:

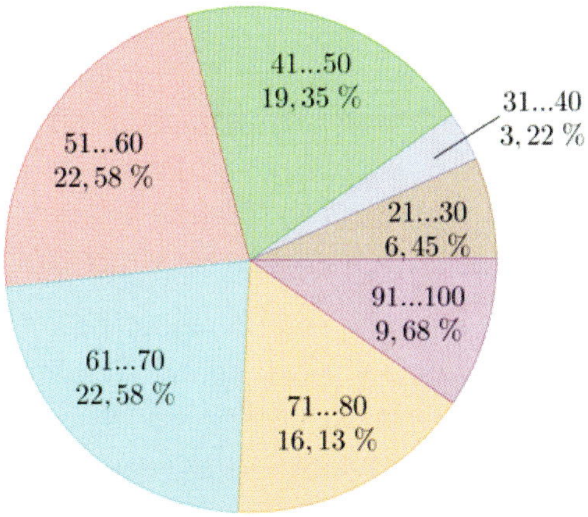

Merke

digi.study/bm-k163h2

Beachten Sie: Mithilfe der relativen und absoluten Häufigkeiten lässt sich das arithmetische Mittel sehr gut näherungsweise berechnen. Nimmt man an, dass innerhalb einer Klasse die Werte gleichmäßig verteilt sind, dann multipliziert man die absoluten Häufigkeiten mit der „Klassenmitte“ und dividiert durch die Gesamtzahl n der Daten.

$$\bar{x} \approx \frac{2 \cdot 25{,}5 + 1 \cdot 35{,}5 + 6 \cdot 45{,}5 + 7 \cdot 55{,}5 + 7 \cdot 65{,}5 + 5 \cdot 75{,}5 + 0 \cdot 85{,}5 + 3 \cdot 95{,}5}{31} = 60{,}338\,7\ldots$$

Der Unterschied zum tatsächlichen arithmetischen Mittel ($\bar{x} = 59{,}258\,58$) ist somit sehr gering.

Übung 16.3.01

digi.study/bm-k163a1

In der folgenden Grafik wird die Entwicklung der Gesamtkriminalität in Österreich in den Jahren 2004 - 2013 dargestellt.

1 Lesen Sie aus dem Graphen die absolute Veränderung der Anzahl der Kriminalfälle vom Jahr 2004 bis zum Jahr 2013 ab. (C)

2 Interpretieren Sie das Ergebnis. (C)

3 Erstellen Sie mit den in obiger Grafik eingezeichneten Werten ein Balkendiagramm, das die unterschiedliche Entwicklung der Gesamtkriminalität im angegebenen Zeitraum stärker erscheinen lässt. (A)

Übung 16.3.02

digi.study/bm-k163a2

In einem Betrieb wurde eine Erhebung über den Bruttolohn der Angestellten gemacht, es wurden 280 Personen befragt. Für das Ergebnis gilt 1 GE = € 1.000.

In der folgenden Häufigkeitstabelle sind die Ergebnisse übersichtlich dargestellt.

Mittlerer Bruttolohn in GE	1,0	1,4	1,8	2,2	2,6	3,0	3,4	4,0
Anzahl der Personen	31	67	71	52	21	4	23	11

Die Klasseneinteilung in den Gehaltsstufen wurde geändert, dadurch trat eine Verschiebung in der Häufigkeitsverteilung ein:

Mittlerer Bruttolohn in GE	1,0	1,5	2,0	2,5	3,0	3,5	4,0
Anzahl der Personen	61	92	62	28	26	7	4

1 Übertragen Sie die Häufigkeitsverteilung der beiden Datensätze in jeweils ein Diagramm. (A)

2 Erklären Sie, warum die Daten augenscheinlich sehr unterschiedliche sind, obwohl ein gleich großer Datenumfang die Grundlage bildet. (D)

3 Berechnen Sie das arithmetische Mittel der Gehälter in der ersten Tabelle in GE. (B)

4 Berechnen Sie die Standardabweichung der Daten der zweiten Tabelle in GE. (B)

5 Interpretieren Sie den erhaltenen Wert. (C)

Übung 16.3.03

digi.study/bm-k163a3

Bei einem Bankomaten werden Tagesprotokolle über die Höhe der Beträge, die immer ein Vielfaches von 10 € sein müssen, angefertigt. Die folgende Tabelle zeigt diese Aufzeichnungen für einen bestimmten Tag:

behobener Betrag in €	Häufigkeit
[10;100]	46
[110;200]	152
[210;300]	145
[310;400]	88

1 Bestimmen Sie die Klassenmitten der in der Tabelle angegebenen Klassen. (B)

2 Berechnen Sie damit die Höhe des durchschnittlich behobenen Geldbetrages. (B)

3 Erstellen Sie ein Histogramm aus diesen Daten. Achten Sie auf die richtigen Achsenbeschriftungen und Skalierungen. (A)

Es muss auch immer wieder kontrolliert werden, ob der Standort eines Bankomaten aus wirtschaftlicher Sicht sinnvoll gewählt wurde. Zu diesem Zweck wurde bei diesem Bankomaten über einen Zeitraum von 8 Wochen die Anzahl der Behebungen pro Woche protokolliert.

Die folgende Tabelle zeigt die Ergebnisse:

Woche	1	2	3	4	5	6	7	8
Anzahl der Behebungen	1 400	1 930	2 302	9 100	3 587	1 760	1 956	2 467

4 Erklären Sie, warum diese Daten mit dem arithmetischen Mittel nicht gut beschrieben werden können. (D)

5 Bestimmen Sie ein aussagekräftigeres Lagemaß. (D)

6 Begründen Sie Ihre Entscheidung. (D)

Übung 16.3.04

digi.study/bm-k163a4

Auf den österreichischen Schipisten tummeln sich jährlich ca. 7,9 Millionen Schifahrer, Snowboarder etc. Man kann davon ausgehen, dass sich unter allen von ihnen ca. 0,80 % durch einen Unfall verletzen.

In der folgenden Tabelle sind die relativen Anteile nach der Art der Verletzung aufgelistet:

Art des Unfalls	Handgelenk	Oberarm	Schädel	Schulter	Brustkorb	Knie	Bein	Wirbelsäule
Relative Häufigkeit in %	2,6 %	2,5 %	9,7 %	17,7%	13,1%	33,7 %	3,8 %	10,7 %

1 Zeichnen Sie ein Säulen- oder Balkendiagramm mit den absoluten Häufigkeiten der angegebenen Verletzungsarten. (A)

Bei ungefähr 32 % der Verletzungen auf den Pisten muss ein Krankenwagen angefordert werden, der die Verletzten in ein Krankenhaus transportiert. Gehen Sie davon aus, dass im Schigebiet einer Region pro Jahr 398 000 Personen auf den Schipisten unterwegs sind und sich ca. 0,80 % durch einen Unfall verletzen.

2 Berechnen Sie, wie viele dieser Pistenbenutzer/innen dieser Region pro Jahr ins Krankenhaus geliefert werden. (B)

Übung 16.3.05

digi.study/bm-k163a5

Die Ergebnisse der Längenmessung von Fischen einer bestimmten Sorte können aus der folgenden Tabelle abgelesen werden. Man gibt die Altersklassen der Fische in Lebenssommern („sömmrig") an.

Altersklasse (sömmrig)	Anzahl der männlichen Fische	Anzahl der weiblichen Fische	mittlere Länge in cm
3	17	3	31,5
4	27	11	35,1
5	20	13	37,2
6	10	7	40
7	9	13	43,5
8	3	10	45,9

1 Berechnen Sie die relativen Häufigkeiten für das Vorkommen männlicher Fische in den unterschiedlichen Altersklassen bezogen auf die Gesamtzahl der Fische in der jeweiligen Altersklasse. (B)

2 Stelle Sie die relativen Häufigkeiten in einem Prozentstreifen dar. (B)

3 Berechnen Sie das arithmetische Mittel für alle in der Tabelle angeführten Fische unter Verwendung der mittleren Längen. (B)

4 Erklären Sie, wie Sie dieses arithmetische Mittel berechnet haben. (D)

Zu einem anderen Zeitpunkt wurden die Längen von je 120 weiblichen und männlichen Fischen gemessen. Die folgenden Boxplot-Diagramme veranschaulichen die Messergebnisse.

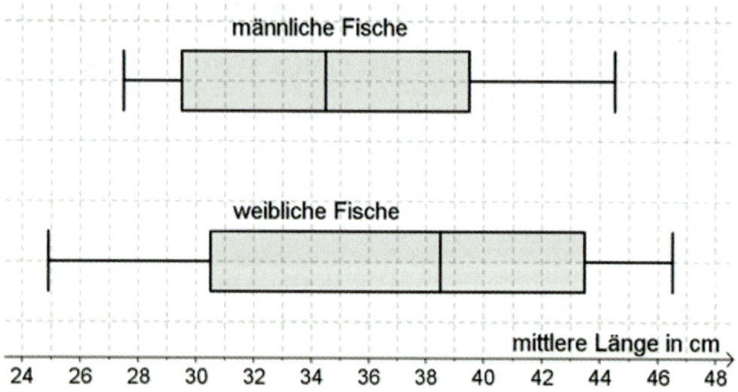

5 Vergleichen Sie die beiden Diagramme im Hinblick auf den Median und die Spannweite. (C)

Übung 16.3.06

digi.study/bm-k163a6

Eine Flasche soll 300 Millimeter (ml) Olivenöl enthalten. Die Genauigkeit der Abfüllanlage wird mit 20 Stichproben überprüft. Es ergeben sich die folgenden Abfüllmengen in ml:

296, 298, 302, 301, 304 , 300, 295, 296, 297, 301

298, 296, 295, 300, 302, 295, 297, 295, 296, 303

1 Berechnen Sie den Mittelwert und den Median der gemessenen Abfüllmengen. (B)

2 Erklären Sie, wie sich beide Größen verändern, wenn die Flasche mit den 304 ml an Inhalt einen wesentlich höheren Messwert gehabt hätte. (D)

Eine weitere Überprüfung der Anlage hat die nachfolgenden Tabellenwerte geliefert:

statistische Kennzahl	Minimum	1.Quartil	Median	3.Quartil	Maximum
Füllmenge in ml	294	298	299	302	308

3 Erstellen Sie ein Boxplot-Diagramm. (A)

Als Ergebnis einer dritten Überprüfung der Abfüllanlage wurde das nachfolgende Boxplot-Diagramm erstellt.

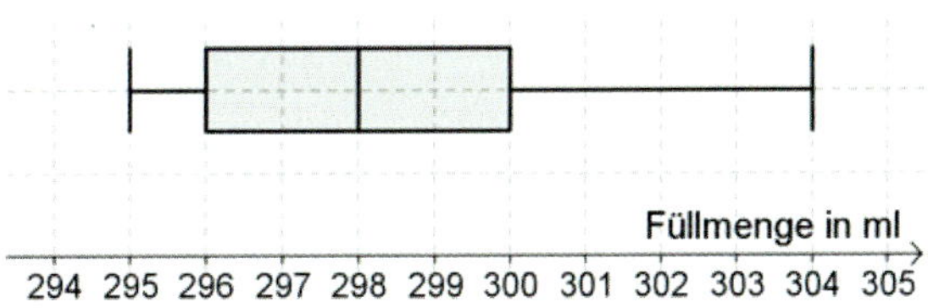

4 Interpretieren Sie das Diagramm in Bezug auf die Verteilung der Flaschen in den einzelnen Bereichen. (C)

Übung 16.3.07

digi.study/bm-k163a7

Gegeben sind Aussagen über statistische Kennzahlen (Minimum, Maximum, 1.Quartile, Median, 3.Quartile) und verschiedene Boxplot-Diagramme.

Aussage 1: Die Verteilung ist leicht schief, die größte Zahl der Werte liegt zwischen 4 und 5.

Aussage 2: Die Verteilung ist schmal, beinahe symmetrisch, viele Werte liegen im mittleren Bereich. Sie hat wenig Streuung.

Aussage 3: Die Verteilung ist breit, sie hat große Streuung.

Aussage 4: Die Verteilung ist schief, verzerrt in Richtung höherer Ausprägungen.

Aussage 5: Die Verteilung ist symmetrisch.

Aussage 6: Die Hälfte der Werte ist kleiner oder gleich 5,5.

Aussage 7: Ein Viertel der Werte liegt zwischen 6,5 und 11.

Aussage 8: Eine passende Urliste ist: {1, 1, 1, 2, 2, 2, 2, 3, 3, 3, 4, 4, 4, 4, 4, 4, 5, 5, 5, 5, 5}

Aussage 9: Die Hälfte der Werte liegt im Bereich von 3 bis 6.

Aussage 10: Die Spannweite ist 5.

Abbildung 1

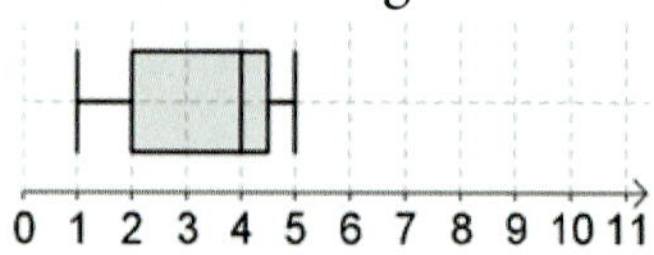

Abbildung 2

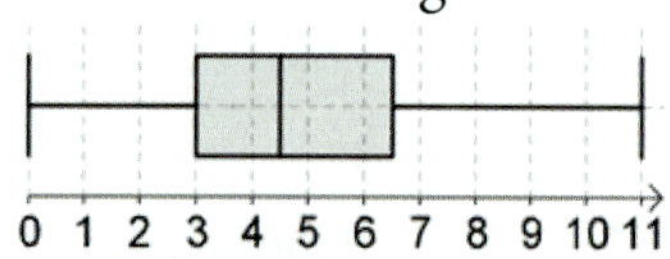

Abbildung 3

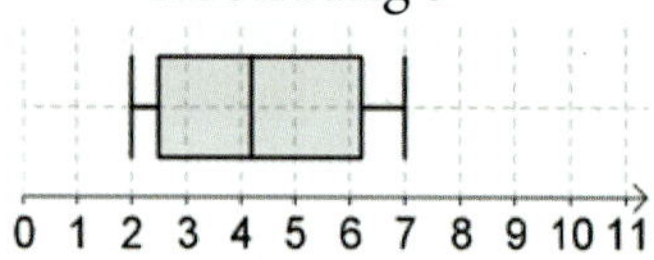

Abbildung 4

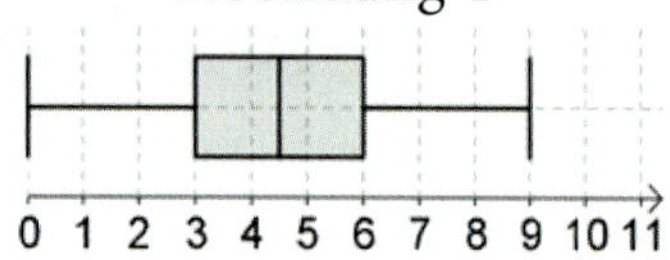

Abbildung 5

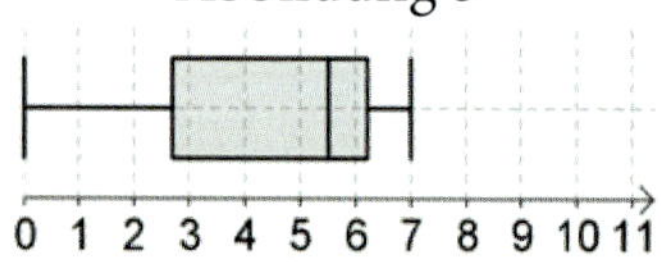

1 Ordnen Sie jeder Abbildung die zwei passenden Aussagen zu. (A)

2 Begründen Sie Ihre Wahl. (D)

ERKLÄR-VIDEO
digi.study/bm-k164

16.4 Regression und Korrelation (Deskriptor B_P_5.1)

Die Regressionsrechnung bestimmt den Zusammenhang zweier metrischer Größen, z.B. den Zusammenhang zwischen Körpergröße und Masse. Dieser Zusammenhang kann durch ein **Streudiagramm** veranschaulicht und durch eine **Funktionsgleichung** algebraisch dargestellt werden. Dazu muss geklärt werden, welche Funktion für eine passende Beschreibung geeignet ist.

Kann dafür eine Näherungsgerade gewählt werden, so spricht man von der **Regressionsgeraden**. Allgemein heißt jede Näherungskurve **Regressionskurve**.

Beispiel 16.4.01:

In einem Unternehmen wurden von 16 Personen einer Abteilung das Alter und deren Bruttojahreseinkommen in € 1.000 erhoben. Die Ergebnisse sind in der folgenden Tabelle zusammengefasst.

Alter in Jahren	45	42	39	33	25	47	45	25	33	36	24	40	34	48	55	23
Bruttojahreseinkommen in € 1.000	42	39	38	23	22	31	28	20	26	25	20	21	21	15	10	7

Die folgende Grafik veranschaulicht die Daten in einer Streuwolke. Es ist auch eine Regressionsgerade eingezeichnet.

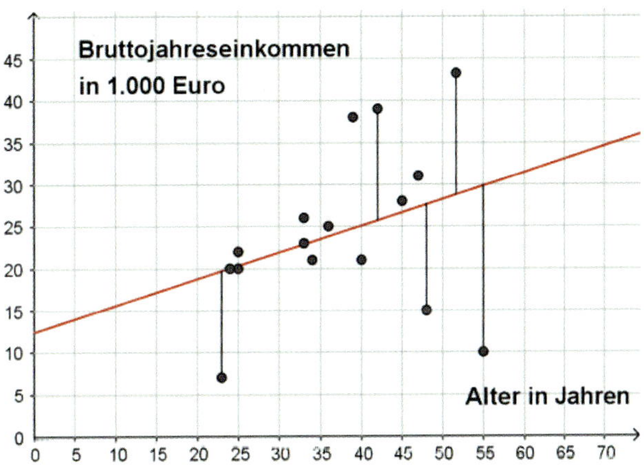

Carl Friedrich Gauß hat zum Auffinden der Gleichung der Regressionsgeraden die „Methode der kleinsten Fehlerquadrate" entwickelt: Die beste Annäherung ist jene Gerade, für die die Summe der quadrierten Abstände d^2 aller Punkte von der Regressionsgeraden, in y-Richtung gemessen, am kleinsten ist.

Die Regressionsgerade gibt aber keinerlei Auskunft darüber, wie stark der lineare Zusammenhang zwischen dem Alter und dem Bruttojahreseinkommen ist.

Liegen die Datenpunkte $\left(x_i \mid y_i\right)$ „sehr nahe" an der Regressionsgeraden, dann spricht man von einem starken linearen Zusammenhang.

Streuen die Datenpunkte stark um die Regressionsgerade, dann spricht man von einem schwachen linearen Zusammenhang.

Die Stärke des linearen Zusammenhangs zwischen zwei Merkmalen wird als **Korrelation** bezeichnet.

Liegen alle Datenpunkte auf der Regressionsgeraden, so ist dadurch eine **vollkommene Korrelation** gegeben.

Als Maß für die Stärke des linearen Zusammenhanges zweier Merkmale nimmt man den **pearsonschen Korrelationskoeffizienten r.**

Formel

$r > 0$	Es liegt eine **positive Korrelation** vor, d.h. mit zunehmenden Werten von x nehmen die y-Werte tendenziell zu.
$r < 0$	Es liegt eine **negative Korrelation** vor, d.h. mit zunehmenden Werten von x nehmen die y-Werte tendenziell ab.
$r = 1$	Es liegt eine **vollkommen positive Korrelation** vor.
$r = -1$	Es liegt eine **vollkommen negative Korrelation** vor.
$r = 0$	Es liegt keine Korrelation vor.

Lösung der Aufgabe mit dem TR:

Damit der Rechner auch den Korrelationskoeffizienten anzeigt, geht man auf [2nd] Catalog zum Befehl DiagnosticOn und bestätigt zwei Mal die Enter-Taste. (TR–Ausgabe Done) Wählen Sie Das Menü [STAT] →1:Edit, tragen Sie die x-Werte in die Liste L1 und die y-Werte in die Liste L2 ein. Steigen Sie mit [2nd] Quit aus. Wählen Sie im Menü **STAT→CALC→ 4: LinReg(ax+b)** aus.

Ergebnis: $a = 0{,}252\ldots$ $b = 14{,}887\ldots$ $r = 0{,}249\ldots$

Wenn gewünscht wird, dass zusätzlich die Funktion im Y-Editor gespeichert wird, ist folgende Eingabe zu tätigen: **LinReg(ax+b) L1, L2, Y1**

Y1 ist über [VARS], Y - VARS→1: Funktion→Y1 einzugeben.

Dadurch wird das Ergebnis auch im Y-Editor unter Y1 gespeichert.

Gleichung der Regressionsgeraden: $y = 0{,}252 \cdot x + 14{,}887$

0,252 … Steigung der Regressionsgeraden, d.h. steigt das Alter um 1 Jahr, so steigt das Bruttojahreseinkommen um € 252.

14,887… Abschnitt auf der y-Achse

0,249… Korrelationskoeffizient, d.h. dieser Wert liegt sehr nahe bei null, es gibt also zwischen dem Alter und dem Jahresbruttoeinkommen in € 1.000 einen sehr schwachen linearen Zusammenhang.

Beispiel 16.4.02:

In einer Region bricht eine ansteckende Krankheit aus. Für eine Vorhersage über die Ausbreitung der Krankheit muss die Anzahl der infizierten Personen in Abhängigkeit von der Zeit betrachtet werden. Ein Arzt verabreicht allen infizierten Personen zur Eindämmung der Krankheit ein bestimmtes Medikament. Die folgende Tabelle gibt die Anzahl der infizierten Personen in Abhängigkeit von den Tagen nach der Verabreichung des Medikamentes an.

Anzahl der Tage nach dem Verabreichen des Medikamentes	0	1	2	3	4	5	6	7	8	9
Anzahl der infizierten Personen	550	593	613	610	587	543	489	406	314	188

1 Bestimmen Sie die abhängige und die unabhängige Variable. (A)

2 Erstellen Sie mit Hilfe einer quadratischen Regression eine Funktion, die den Verlauf der Krankheit nach Verabreichung des Medikaments beschreibt. (B)

3 Berechnen Sie, wann es im Dorf voraussichtlich keine infizierten Personen mehr gibt. (B)

Lösung:

1 Abhängige Variable y: Anzahl der infizierten Personen
unabhängige Variable t: Anzahl der Tage nach dem Verabreichen des Medikamentes

2 Eingabe der Daten in die Listen L1 (t) und L2 (y)
Aus dem Menü wählt man: STAT /CALC/5: QuadReg
Eingabe der Parameter: QuadReg L1,L2,Y1
Quadratische Regressionskurve: $y = -9{,}825\ldots \cdot t^2 + 48{,}110\ldots \cdot t + 552{,}836\ldots$

3 Es muss die Nullstelle der quadratischen Regressionskurve berechnet werden.
Da die Funktionsgleichung im Y-Editor zur Verfügung steht, lässt sich die Nullstelle auch grafisch ermitteln.
$t = 10{,}3\ldots$
Nach ca. 11 Tagen könnte es in der Region keine infizierten Personen geben.

Übung 16.4.01
digi.study/bm-k164a1

In Hannover findet alljährlich die Fachmesse für Informationstechnologie CeBIT statt.
Die folgende Tabelle gibt die Anzahl der Besucher/innen (in 1 000) für die Jahre von 2007 bis 2017 an:

2007	2008	2009	2010	2011	2012	2013	2014	2015	2016	2017
480	495	400	334	339	312	280	208	221	200	200

1 Ermitteln Sie unter der Annahme eines linearen Zusammenhanges der Daten die entsprechende Gleichung der Regressionsgeraden. (B)
2 Stellen Sie die Daten und die Regressionsgerade grafisch dar. (B)
3 Beschreiben Sie die Bedeutung des Korrelationskoeffizienten im Sachzusammenhang. (C)
4 Berechnen Sie, wie viele Besucher/innen für das Jahr 2020 zu erwarten sind. (B)

Übung 16.4.02
digi.study/bm-k164a2

Um einen Studienplatz an einer Fachhochschule zu erhalten, muss eine Eignungsprüfung abgelegt werden. Bei einer Eignungsprüfung erreichten 10 Teilnehmer/innen die folgenden Punktezahlen:
67, 90, 83, 95, 100, 97, 45, 98, 96, 87

1 Berechnen Sie das arithmetische Mittel und die Standardabweichung. (B)
2 Erklären Sie, warum für diese Ergebnisse der Median zur Beschreibung geeigneter ist. (D)

Das folgende Boxplot beschreibt die Ergebnisse einer anderen Teilnehmer/innengruppe.

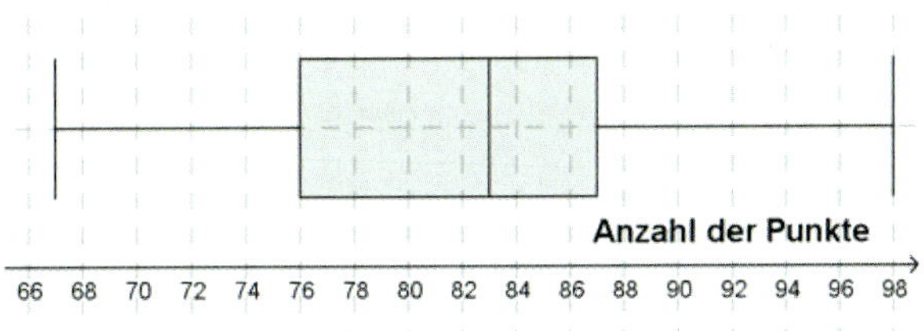

Fortsetzung
Übung 16.4.02

3 Lesen Sie die statistischen Kennzahlen Median und Quartilsabstand für diese Teilnehmer/innengruppe ab. (C)

Für eine Aufnahme musste man mindestens 85 Punkte erreichen. Peter behauptet, dass nur 25 % der Teilnehmer/innen die Aufnahme geschafft haben.

4 Argumentieren Sie, ob Peter mit seiner Behauptung Recht hat. (D)

Es soll überprüft werden, ob für das Abschneiden bei dieser Eignungsprüfung und dem Notendurchschnitt im Maturazeugnis ein Zusammenhang besteht.
Das folgende Streudiagramm und die Regressionsgerade veranschaulichen für eine Gruppe von Teilnehmer/innen den Zusammenhang. (aus: www.srdp.at, Eignungsprüfung)

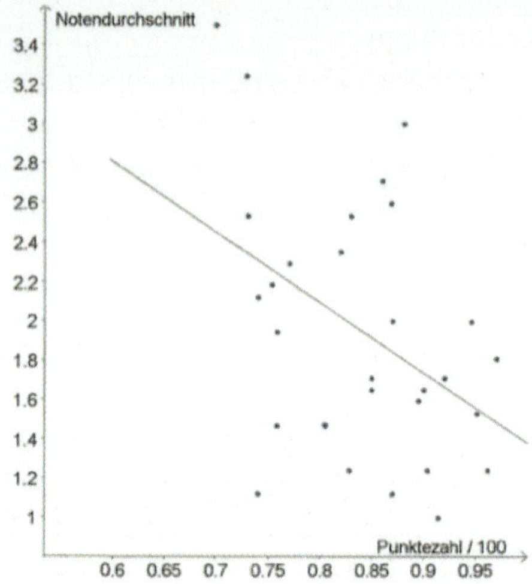

5 Kreuzen Sie den zu dieser Regressionsgeraden passenden Korrelationskoeffizienten an. (C)

$r \approx -1{,}42$	
$r \approx -0{,}91$	
$r \approx -0{,}38$	
$r \approx 0{,}52$	
$r \approx 0{,}95$	

Einige Teilnehmer/innen haben bei dieser Eignungsprüfung zwischen 70 und 75 Punkte erreicht.

6 Beurteilen Sie deren Erfolg bei der Matura. (D)

7 Lesen Sie für jene Teilnehmer/innen, die im Maturazeugnis einen Notendurchschnitt von höchstens 1,5 hatten, die Spannweite der bei dieser Eignungsprüfung erreichten Punkte ab. (C)

Übung 16.4.03

digi.study/bm-k164a3

Auf der Wetterwarte am Flughafen wurden an einem Oktobertag die Temperaturen gemessen. Der Temperaturverlauf kann annähernd durch eine Polynomfunktion dritten Grades beschrieben werden mit:

$T(t) = a \cdot t^3 + b \cdot t^2 + c \cdot t + d$

t	1	4	7	10	13	16	19	21
$T(t)$	5,2	4,1	8,4	11,9	15,0	13,9	8,8	7,1

1 Erstellen Sie mit Hilfe einer Regressionsrechnung eine zu diesen Daten passende Polynomfunktion 3. Grades. Runden Sie dabei die Koeffizienten auf 4 Dezimalstellen. (B)

2 Berechnen Sie die mittlere Änderungsrate der Temperatur im Zeitintervall $[10; 16]$. (B)

3 Interpretieren Sie den Wert der mittleren Änderungsrate im Sachzusammenhang. (C)

Übung 16.4.04

digi.study/bm-k164a4

In einem Zufallsexperiment werden 300 Münzen geworfen. Dabei werden jene Münzen, die „Kopf" zeigen, entfernt. Die restlichen werden nochmals geworfen usw.

In der folgenden Tabelle ist das Ergebnis eines Versuches dargestellt:

Wurfnummer	0	1	2	3	4	5	6	7	8
Anzahl der Münzen	300	154	83	45	32	28	13	8	3

1 Erstellen Sie mit Hilfe der linearen Regression die Gleichung der Regressionsgeraden. (B)

2 Erstellen Sie mit Hilfe der Regressionsrechnung die Gleichung der quadratischen Regressionskurve. (B)

3 Erstellen Sie mit Hilfe der Regressionsrechnung die Gleichung der exponentiellen Regressionskurve. (A)

4 Veranschaulichen Sie die Daten und die drei verschiedenen Regressionskurven. (A)

5 Begründen Sie, welches dieser drei Modell die Daten am besten beschreibt. (D)

Übung 16.4.05

digi.study/bm-k164a5

Die folgende Tabelle gibt die Messwerte der Höhe des Wasserstandes in einer Stadt nach heftigen Unwettern innerhalb von 12 Tagen an.

Anzahl der Tage seit Beginn der Unwetter	0	4	7	8	10	11	12
Höhe des Wasserstandes in cm	24	99,9	114,5	99,8	53,6	32,9	24

Die Abhängigkeit der Höhe h des Wasserstandes von der Anzahl der Tage t seit Beginn der Unwetter kann näherungsweise durch eine Polynomfunktion vierten Grades beschrieben werden.

1 Ermitteln Sie mit Hilfe der Regression die Funktionsgleichung von h für $0 \leq t \leq 12$.

Runden Sie die Koeffizienten auf 3 Dezimalstellen. (B)

2 Berechnen Sie die Höhe des Wasserstandes nach 5 Tagen. (B)

3 Ermitteln Sie, an welchem Tag erstmals der Wasserstand eine Höhe von 80 cm erreicht hat. (B)

4 Beschreiben Sie, wie mit Hilfe der Differenzialrechnung der höchste Wasserstand im angegebenen Zeitraum berechnet werden kann. (C)

5 Ermitteln Sie, zwischen welchen zwei Tagen der Wasserstand am stärksten gesunken ist. (B)

17 Wahrscheinlichkeitsrechnung

digi.study/bm-k17

digi.study/bm-k171

17.1 Klassische Definition der Wahrscheinlichkeit (Deskriptoren 5.3, 5.4)

Die Wahrscheinlichkeitsrechnung versucht, statistische Kennzahlen der Ergebnisse eines wiederholten Experiments vorherzusagen.
Unter einem **Zufallsexperiment** versteht man ein Experiment, das vom **Zufall** abhängt.

Merke

Kennzeichen eines Zufallsexperimentes/Zufallsversuches:
- Das Ergebnis hängt vom Zufall ab.
- Das Experiment kann beliebig oft wiederholt werden, ohne dass sich die Ergebnisse gegenseitig beeinflussen.

Fasst man alle möglichen Ergebnisse zusammen, so spricht man vom **Ergebnisraum Ω.**

Eine Teilmenge A des Ergebnisraums Ω eines Zufallsexperimentes heißt **Ereignis**.

Ein Ereignis A tritt dann ein, wenn das Ergebnis des Zufallsexperimentes ein Element davon ist.

Besteht ein Ereignis nur aus genau einem Element, dann nennt man es **Elementarereignis**.

Das Ereignis $A = \Omega$ heißt das **sichere Ereignis**.

Das Ereignis $A = \{\}$ heißt **unmögliches Ereignis**.

Das Ereignis $\Omega \setminus A$ heißt das **Komplementär-** oder **Gegenereignis** von A. (Anstelle von $\Omega \setminus A$ schreibt man in der Wahrscheinlichkeitsrechnung oft auch $\neg A$.)

Ereignisse A und B können auch mit **UND** verbunden werden. Man erhält das Ereignis $A \cap B$, bei welchem sowohl A als auch B eintritt.

Werden sie mit **ODER** verbunden so erhält man das Ereignis $A \cup B$, welches eintritt, wenn entweder A eintritt oder B oder beide.

Haben die Ereignisse A und B kein gemeinsames Element ($A \cap B = \{\}$), so sind sie **einander ausschließende** oder **unvereinbare** Ereignisse.

Beispiel 17.1.01:
Man würfelt mit einem Würfel.
$\Omega = \{1, 2, 3, 4, 5, 6\}$
Die möglichen Elementarereignisse sind: $A = \{1\}, B = \{2\}, \ldots, F = \{6\}$
Das Gegenereignis von A lautet: $\Omega \setminus A = \{2, 3, 4, 5, 6\}$
Es sei $G = \{2, 4, 6\}$. Dann sind die Ereignisse G und A einander ausschließende Ereignisse, weil sie kein gemeinsames Element haben.

Übung 17.1.01

digi.study/bm-k171a1

Es wird eine Münze mit den Seiten Kopf und Zahl zwei Mal geworfen.

1 Erstellen Sie den Ergebnisraum Ω. (A)

2 Ermitteln Sie die beschriebenen Ereignisse. (A)

a) A: Es kommt beide Male Kopf.

b) B: Die erste Münze zeigt Kopf, die zweite Zahl.

Übung 17.1.02

digi.study/bm-k171a2

Ein Würfel wird zwei Mal geworfen. Die Augenzahlen werden notiert, wobei die Anordnung der Würfel wesentlich ist.

1 Erstellen Sie den Ergebnisraum Ω. (A)

2 Ermitteln Sie die beschriebenen Ereignisse. (A)

a) Die beiden Augenzahlen sind gerade.

b) Die beiden Augenzahlen sind durch 3 teilbar.

c) Die beiden Augenzahlen ergeben die Summe 5.

d) Die beiden Augenzahlen sind Primzahlen.

Beispiel 17.1.02:

Eine Münze wird ein Mal geworfen. Die beiden Elementarereignisse $A = \{K\}$ und $B = \{Z\}$ sind ausschließende Ereignisse, von denen keines bei den Versuchen bevorzugt wird. Daher sagt man, dass diese Ereignisse **gleichwahrscheinlich** sind. Man spricht bei solchen Zufallsexperimenten von **Laplace-Experimenten**.

Setzt man bei diesem Experiment auf Zahl und tritt dieses Ereignis B tatsächlich ein, dann ist das ein günstiger Fall.

Die Wahrscheinlichkeit, dass B eintritt, berechnet man daher folgendermaßen:

Formel

$$P(B) = \frac{\text{Anzahl der für } B \text{ günstigen Ergebnisse}}{\text{Anzahl der möglichen Ergebnisse}} = \frac{1}{2}$$

Klassische Definition der Wahrscheinlichkeit nach Laplace, einem französischen Mathematiker.

Merke

Beachten Sie: Diese Formel gilt nur, wenn die Elementarereignisse gleichwahrscheinlich sind.

Weitere Eigenschaften der klassischen Wahrscheinlichkeit:

Formel

$0 \leq P(E) \leq 1$	gilt für alle Ereignisse E
$P(\Omega) = 1$	sicheres Ereignis
$P(\{\}) = 0$	unmögliches Ereignis
$P(A \cup B) = P(A) + P(B)$	falls A und B einander ausschließen
$P(A \cup B) = P(A) + P(B) - P(A \cap B)$	für beliebige Ereignisse
$P(A \cap B) = P(A) \cdot P(B)$	falls A und B unabhängig sind
$P(\neg A) = 1 - P(A)$	Gegenwahrscheinlichkeit von A

Wahrscheinlichkeiten gibt man entweder als Dezimalzahl, als Bruchzahl oder in Prozent an.

Beispiel 17.1.03:

In einer Internet–Partnerbörse geben 15 % aller Frauen an, dass sie blond sind; 12 % sagen, dass sie blaue Augen haben. Die Anzahl der Frauen, die weder blond sind noch blaue Augen haben, beträgt 80 %.

1 Übertragen Sie die gegebenen Informationen in eine Vierfeldertafel. (A)

Eine Frau wird zufällig ausgewählt.

2 Berechnen Sie die Wahrscheinlichkeit, dass sie blond ist und blaue Augen hat. (B)

3 Vervollständigen Sie die Vierfeldertafel. (B)

Lösung:

1 Vierfeldertafel:

E_1: Die Frau ist blond. E_2: Die Frau hat blaue Augen

	E_1	$\neg E_1$	Summe
E_2	0,07	0,05	0,12
$\neg E_2$	0,08	0,80	0,88
Summe	0,15	0,85	1

2 Da 80 % der Frauen weder blond sind noch blaue Augen haben, kann man mithilfe des Gegenereignisses die Wahrscheinlichkeit ausrechnen, dass eine zufällig ausgewählte Frau entweder blond ist oder blaue Augen hat:

$P(E_1 \cup E_2) = 1 - P(\neg E_1 \cap \neg E_2) = 1 - 0{,}8 = 0{,}2$

3 Für die Wahrscheinlichkeit, dass eine zufällig ausgewählte Frau blond ist und blaue Augen hat, gilt:

$P(E_1 \cap E_2) = P(E_1) + P(E_2) - P(E_1 \cup E_2) = 0{,}15 + 0{,}12 - 0{,}2 = 0{,}07$

Anmerkung: Die Ereignisse E_1 und E_2 schließen sich nicht aus.

Beispiel 17.1.04:

Ein Würfel wird zwei Mal geworfen.

1 Berechnen Sie die Wahrscheinlichkeit, dass beide Male die Augenzahl 6 kommt. (B)

2 Dokumentieren Sie, wie man berechnen kann, wie oft ein Würfel geworfen werden müsste, um mit einer Wahrscheinlichkeit von mindestens 90 % mindestens einen Sechser zu würfeln. (C)

3 Berechnen Sie die Anzahl der Würfe. (B)

Lösung:

1 Das Zufallsexperiment wird in zwei Teilexperimente zerlegt:

E_1: Die Augenzahl des ersten Wurfes ist 6. E_2: Die Augenzahl des zweiten Wurfes ist 6.

Die beiden Teilexperimente beeinflussen einander nicht. Deshalb kann man die folgende Formel zur Berechnung der Wahrscheinlichkeit verwenden:

$P(E_1 \cap E_2) = P(E_1) \cdot P(E_2) = \frac{1}{6} \cdot \frac{1}{6} = \frac{1}{36}$

2 Der Würfel soll n-mal geworfen werden. E_1: Es kommt mindestens ein Mal ein Sechser. $\neg E_1$: Es kommt nie ein Sechser.

$P(E_1) = 1 - P(\neg E_1) = 1 - (\frac{5}{6})^n \geq 0{,}90$

Auf beiden Seiten der Ungleichung subtrahiert man 0,90 und addiert $(\frac{5}{6})^n$.

Man erhält folgende Ungleichung: $0{,}1 \geq (\frac{5}{6})^n$.

Um die Hochzahl n berechnen zu können, muss man logarithmieren.

Es gilt: $\ln 0{,}1 \geq n \cdot \ln(\frac{5}{6})$

Schließlich dividiert man durch $\ln(\frac{5}{6})$ – das ist eine negative Zahl, daher dreht sich das Relationszeichen um – und erhält die Ungleichung:

$$\frac{\ln 0{,}1}{\ln(\frac{5}{6})} \leq n$$

3 Darauf folgt: $n \geq 12{,}6$

Man muss mindestens 13 Mal würfeln, um mit einer Wahrscheinlichkeit von mindestens 90 % mindestens einen Sechser zu würfeln.

Übung 17.1.03

digi.study/bm-k171a3

Ein Würfel wird ein Mal geworfen.

1 Berechnen Sie die Wahrscheinlichkeit für die folgenden Ereignisse. (B)

a) Es kommt die Augenzahl 6.

b) Es kommt eine Augenzahl kleiner als 4.

c) Es kommt eine gerade Augenzahl.

d) Es kommt eine Primzahl.

e) Es kommt eine gerade Augenzahl kleiner als 3.

f) Die Augenzahl ist kleiner gleich 4 und ungerade.

Übung 17.1.04

digi.study/bm-k171a4

In einer Urne sind 6 gelbe, 5 rote und 8 blaue Kugeln. Eine Kugel wird zufällig gezogen.

1 Schreiben Sie den Ergebnisraum Ω an. (A)

2 Berechnen Sie die Wahrscheinlichkeit für die folgenden Ereignisse. (B)

a) Es wird eine gelbe Kugel gezogen.

b) Es wird keine blaue Kugel gezogen.

c) Es wird eine rote Kugel gezogen.

d) Es wird eine blaue Kugel gezogen.

Übung 17.1.05

digi.study/bm-k171a5

Gernot spielt Roulette.

1 Berechnen Sie die Wahrscheinlichkeit für folgende Ereignisse. (B)

a) Es kommt eine rote Zahl.

b) Es kommt eine ungerade Zahl.

c) Es kommt seine Lieblingszahl 17.

d) Es kommt eine durch 4 teilbare Zahl.

Übung 17.1.06

digi.study/bm-k171a6

Das Hilfswerk einer Gemeinde veranstaltet eine Lotterie. Unter den 400 Losen befinden sich 25 Treffer. Angelika kauft ein Los.

1 Berechnen Sie die Wahrscheinlichkeit für die folgenden Ereignisse. (B)

a) Sie erhält einen Treffer.

b) Sie erhält keinen Treffer.

17.2 Statistische Definition der Wahrscheinlichkeit

Lässt sich der Ergebnisraum nicht in gleichwahrscheinliche Ereignisse zerlegen, so greift man auf die statistische Definition der Wahrscheinlichkeit zu.

Beispiel 17.2.01:

Im langjährigen Durchschnitt werden in Österreich um ca. 5 % mehr Knaben als Mädchen geboren. So wurden im Jahr 2017 in Österreich 87 675 Kinder lebend geboren, davon 45 051 Knaben und 42 624 Mädchen.

1 Berechnen Sie die Wahrscheinlichkeit einer Knabengeburt in Österreich. (B)

Lösung:

Es ist sinnvoll, die relative Häufigkeit als Schätzwert für die Wahrscheinlichkeit anzunehmen. Die Wahrscheinlichkeit einer Knabengeburt ist daher in Österreich:

$P(\text{Knabengeburt}) = \frac{45\,051}{87\,675} = 0{,}513\,84\ldots = 51{,}38\,\%$

Falls eine genügend große Anzahl an Versuchen vorliegt, kann man für die Definition der Wahrscheinlichkeit den relativen Anteil des Ereignisses verwenden.

Merke

Statistische Definition der Wahrscheinlichkeit:

Wird ein Zufallsexperiment mit dem Ereignis E n-mal unter den gleichen Bedingungen wiederholt und ist n genügend groß, so kann als Schätzwert für die Wahrscheinlichkeit die relative Häufigkeit genommen werden. Es gilt:

$h_n(E) \approx P(E)$

Merke

Empirisches Gesetz der großen Zahlen:

Die relative Häufigkeit eines Ereignisses $h_n(E)$ nähert sich mit größer werdender Anzahl der Versuche immer mehr an die Wahrscheinlichkeit dieses Ereignisses $P(E)$ an, wenn das zugrundeliegende Zufallsexperiment immer wieder unter denselben Voraussetzungen durchgeführt wird.

In der folgenden Grafik (Quelle: Wikipedia) ist das Gesetz der großen Zahlen grafisch veranschaulicht. Auf der y-Achse ist die relative Häufigkeit eines gewürfelten Sechsers aufgetragen, während auf der x-Achse die Anzahl der Durchgänge angegeben ist. Die horizontale graue Linie zeigt die Wahrscheinlichkeit eines Sechserwurfes von $16{,}67\,\% = \frac{1}{6}$, die schwarze Linie den in einem konkreten Experiment gewürfelten Anteil aller Sechserwürfe bis zur jeweiligen Anzahl der Durchgänge.

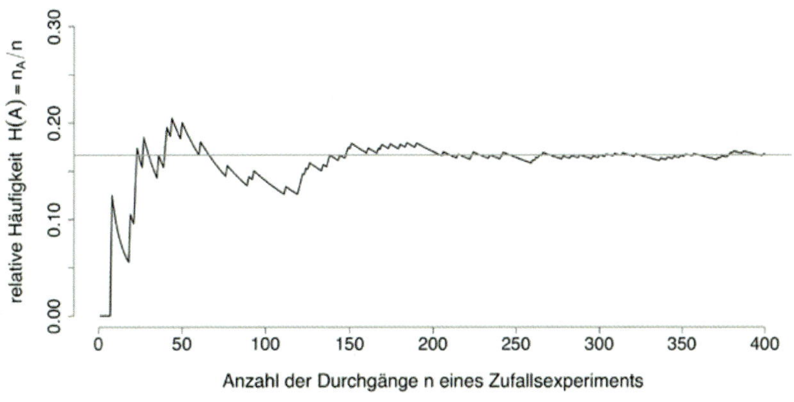

Nimmt man als weiteres Beispiel den Münzwurf und ist bei einem Experiment 17 Mal Kopf gekommen, dann muss beim nächsten Wurf keinesfalls Zahl kommen. Die Ergebnisse eines Versuches sind unabhängig vom Ergebnis des vorhergehenden.

In Österreich gibt es seit dem 07.09.1986 (= Datum der ersten Ziehung) Lotto „6 aus 45". Von der Lottogesellschaft gibt es Veröffentlichungen über die Häufigkeit der gezogenen Zahlen. Bis zum 28.01.2018 sieht die Tabelle folgendermaßen aus: (Quelle: http://www.lotto6aus45.com/statistiken-lotto-6-aus-45)

Zahl	wurde wie oft gezogen
43	418
13	360
1	350
35	357

Daraus kann man ablesen, dass z.B. die Zahl 35 um ca. 14,60 % weniger oft gezogen wurde als die Zahl 43. Trotzdem ist die Wahrscheinlichkeit, dass bei der nächsten Ziehung die Zahl 35 gezogen wird, nicht größer und nicht kleiner als ca. $\frac{1}{45}$, da das Ziehen der Kugeln unabhängig voneinander geschieht.

17.3 Axiomatische Wahrscheinlichkeit

Vom russischen Mathematiker Andrej N. KOLMOGOROW (1903–1987) wurde 1933 im Buch „Grundbegriffe der Wahrscheinlichkeitsrechnung" die folgende axiomatische Definition der Wahrscheinlichkeit veröffentlicht:

Merke

Axiomatische Definition der Wahrscheinlichkeit:

Ω ist der Ergebnisraum. Eine Funktion P, die jedem betrachteten Ereignis $A \subseteq \Omega$ eine reelle Zahl $P(A)$ zuordnet, heißt Wahrscheinlichkeitsfunktion (oder kurz Wahrscheinlichkeit), wenn gilt:

$0 \leq P(A) \leq 1$

$P(\Omega) = 1$

Schließen sich zwei Ereignisse A und B gegenseitig aus, d.h. $A \cap B = \{\}$, so gilt:

$P(A \cup B) = P(A) + P(B)$ (**Additionsregel**)

Mit diesen drei Axiomen, das sind Grundannahmen, die nicht mehr bewiesen werden können, lassen sich sämtliche Grundsätze der Wahrscheinlichkeitsrechnung herleiten. Als Spezialfälle sind sowohl der klassische als auch der statistische Wahrscheinlichkeitsbegriff enthalten.

17.4 Bedingte Wahrscheinlichkeit, Baumdiagramm (Deskriptor 5.4)

ERKLÄR-VIDEO
digi.study/bm-k174

E_1 und E_2 seien zwei Ereignisse eines Zufallsexperimentes. Mit $P(E_1|E_2)$ bezeichnet man die Wahrscheinlichkeit, dass das Ereignis E_1 eintritt, wenn man weiß, dass das Ereignis E_2 eingetreten ist.

Formel

Multiplikationsregel:
$P(E_1 \cap E_2) = P(E_1|E_2) \cdot P(E_2)$ für Ereignisse $E_1, E_2 \subseteq \Omega$

Das Ereignis E_1 heißt **unabhängig** vom Ereignis E_2, wenn gilt: $P(E_1) = P(E_1|E_2)$. (In diesem Fall gilt also $P(E_1 \cap E_2) = P(E_1) \cdot P(E_2)$. Weiters gilt auch $P(E_1 \cap E_2) = P(E_2|E_1) \cdot P(E_1)$ und somit folgt $P(E_2) = P(E_2|E_1)$, falls $P(E_1) \neq 0$. Also ist auch E_2 unabhängig von E_1.) Keines der beiden Ereignisse beeinflusst das andere.

Das Ereignis E_2 begünstigt das Ereignis E_1, wenn gilt: $P(E_1|E_2) > P(E_1)$

Das Ereignis E_2 benachteiligt das Ereignis E_1, wenn gilt: $P(E_1|E_2) < P(E_1)$

Beispiel 17.4.01:

Es wird mit einem Würfel ein Mal gewürfelt.

1 Berechnen Sie die Wahrscheinlichkeit, dass die Augenzahl gerade ist, wenn man weiß, dass eine Augenzahl größer als 3 gewürfelt wurde.

Lösung:

$E_1 = \{4, 5, 6\}$; $E_2 = \{2, 4, 6\}$

$P(E_2|E_1) = \frac{P(E_1 \cap E_2)}{P(E_1)} = \frac{\frac{2}{6}}{\frac{3}{6}} = \frac{2}{3}$; $P(E_2) = \frac{1}{2}$; $P(E_2|E_1) > P(E_2) \Rightarrow E_1$ begünstigt E_2.

Formel

Formel von BAYES:
$P(E_1|E_2) = \frac{P(E_2|E_1) \cdot P(E_1)}{P(E_2)}$

Beispiel 17.4.02:

Aus einer Studie weiß man, dass 70 % aller Männer rauchen. 0,08 % aller Männer rauchen und sterben an Lungenkrebs. Ein Mann wird zufällig ausgewählt, er raucht.

1 Berechnen Sie die Wahrscheinlichkeit, dass dieser Mann an Lungenkrebs stirbt. (B)

Lösung:

R: Der Mann raucht. K: Der Mann stirbt an Lungenkrebs.

$P(K|R) = \frac{P(K \cap R)}{P(R)} = \frac{0{,}0008}{0{,}70} = 0{,}001142 = 0{,}11\ \%$

Formel

Gilt $P(E_1 \cap E_2) = P(E_1) \cdot P(E_2)$ $\Rightarrow$ Die beiden Ereignisse sind unabhängig voneinander.

Gilt $P(E_1 \cap E_2) = P(E_1|E_2) \cdot P(E_2)$ und $P(E_1|E_2) \neq P(E_1)$ $\Rightarrow$ Die beiden Ereignisse sind voneinander abhängig.

Satz von der **totalen Wahrscheinlichkeit**:
$P(E_1) = P(E_1|E_2) \cdot P(E_2) + P(E_1|\neg E_2) \cdot P(\neg E_2)$

ERKLÄR-VIDEO
digi.study/bm-k174b3

Mehrstufige Versuche lassen sich mithilfe eines **Baumdiagrammes** gut veranschaulichen.

Beispiel 17.4.03:

Eine Urne enthält 6 weiße und 10 schwarze Kugeln. Man zieht zwei Mal; die Farbe der gezogenen Kugel wird notiert, die Kugel dann auf die Seite gelegt. Man sagt:

„Ziehen ohne Zurücklegen".

1 Veranschaulichen Sie den Vorgang durch ein Baumdiagramm. (A)

2 Berechnen Sie die Wahrscheinlichkeit, eine weiße und eine schwarze Kugel genau in dieser Reihenfolge zu ziehen. (B)

3 Berechnen Sie die Wahrscheinlichkeit, zwei schwarze Kugeln zu ziehen. (B)

4 Berechnen Sie die Wahrscheinlichkeit, mindestens eine weiße Kugel zu ziehen. (B)

Lösung:

1 Baumdiagramm:

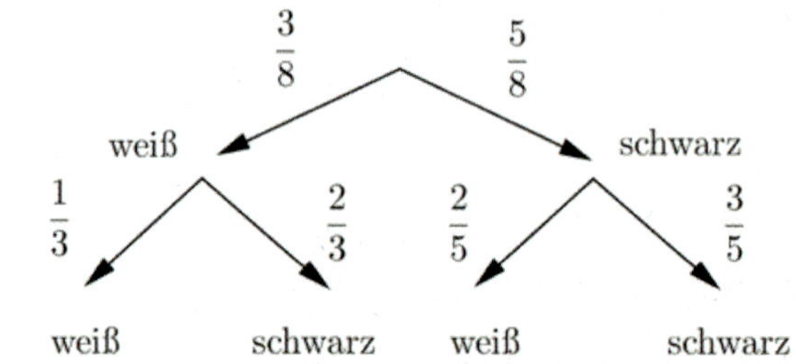

2 $P(\text{w}, \text{s}) = \frac{3}{8} \cdot \frac{2}{3} = \frac{1}{4}$

3 $P(\text{s}, \text{s}) = \frac{10}{16} \cdot \frac{9}{15} = \frac{3}{8}$

4 $P((\text{w}, \text{s}) \vee (\text{s}, \text{w}) \vee (\text{w}, \text{w})) = 1 - P(\text{s}, \text{s}) = 1 - \frac{3}{8} = \frac{5}{8}$

Formel

Pfadregeln:

Produktregel: Die Wahrscheinlichkeit eines Einzelereignisses ist gleich dem **Produkt** der Wahrscheinlichkeiten entlang eines Pfades, der vom Start zum Ereignis führt.

Summenregel: Die Wahrscheinlichkeit eines Gesamtereignisses ist gleich der **Summe** der Wahrscheinlichkeiten aller zum Gesamtereignis gehörenden Einzelergebnisse.

Übung 17.4.01
digi.study/bm-k174a1

Es wird beim Roulette gespielt.

1 Berechnen Sie die Wahrscheinlichkeit der folgenden Ereignisse. (B)

a) Es kommt 17 oder 20.

b) Es kommt eine der ersten vier Zahlen.

c) Es kommt eine der letzten zwölf Zahlen.

d) Es kommt eine der drei letzten Zahlen.

Übung 17.4.02

digi.study/bm-k174a2

Es werden zwei Münzen geworfen.

1 Berechnen Sie die Wahrscheinlichkeit der folgenden Ereignisse. (B)

a) Es kommt zwei Mal Kopf.

b) Es kommt mindestens ein Mal Kopf.

c) Beide Male kommt dasselbe.

Übung 17.4.03

digi.study/bm-k174a3

Zwei Würfel werden geworfen.

1 Berechnen Sie die Wahrscheinlichkeit der folgenden Ereignisse. (B)

a) Es werden zwei Sechser geworfen.

b) Es wird mindestens ein Sechser geworfen.

c) Es wird die Augensumme 7 geworfen.

d) Es wird kein Sechser geworfen.

e) Es wird eine Augensumme größer 8 geworfen

f) Die Augensumme ergibt 4.

Übung 17.4.04

digi.study/bm-k174a4

In einer Urne liegen 3 rote, 4 blaue und 8 grüne Kugeln.

a) Es werden 3 Kugeln mit Zurücklegen gezogen.

b) Es werden 3 Kugeln ohne Zurücklegen gezogen

1 Erstellen Sie jeweils ein Baumdiagramm. (A)

2 Berechnen Sie die Wahrscheinlichkeit der folgenden Ereignisse. (B)

(1) Eine rote, eine blaue und eine grüne Kugel werden in dieser Reihenfolge gezogen.

(2) Es werden zwei rote und eine grüne Kugel gezogen.

(3) Es werden drei grüne Kugeln gezogen.

Übung 17.4.05

digi.study/bm-k174a5

Bei einer Multiple-Choice-Aufgabe sind von fünf vorgegebenen Antworten mindestens eine, höchstens aber drei anzukreuzen. Für jede richtige angekreuzte und jede falsche nicht angekreuzte Antwort gibt es einen Punkt. Der Kandidat kreuzt zufällig an.

Bei der ersten Aufgabe sind zwei der fünf Antworten richtig.

Der Kandidat kreuzt zwei Antworten zufällig an.

1 Berechnen Sie die Wahrscheinlichkeit, dass er zwei, eine oder keine richtige Antwort(en) ankreuzt. (B)

2 Geben Sie jeweils die Anzahl der erreichten Punkte an. (B)

Der Kandidat entschließt sich dazu, nur eine Antwort anzukreuzen.

3 Überprüfen Sie, ob er in diesem Fall eine bessere Punktezahl erreichen kann. (D)

Übung 17.4.06

digi.study/bm-k174a6

In einem Beutel befinden sich drei Silbermünzen und vier Goldmünzen. In einem zweiten Beutel befinden sich fünf Silbermünzen und vier Goldmünzen. Eine Münze wird zufällig aus einem der beiden Beutel gezogen. Jeder Beutel wird dabei mit derselben Wahrscheinlichkeit gewählt.

1 Veranschaulichen Sie das Experiment mithilfe eines Baumdiagrammes. (A)

2 Berechnen Sie die Wahrscheinlichkeit, dass die gezogene Münze eine Goldmünze ist. (B)

Übung 17.4.07

digi.study/bm-k174a7

Eine Urne enthält 5 Kugeln mit den Nummern von 1 bis 5. Es werden nacheinander 2 Kugeln ohne Zurücklegen gezogen.

1 Veranschaulichen Sie das Experiment mit einem Baumdiagramm. (A)

2 Berechnen Sie die Wahrscheinlichkeit der folgenden Ereignisse. (B)

a) Die erste Kugel zeigt eine ungerade Nummer.

b) Die zweite Kugel trägt eine gerade Nummer.

c) Die erste oder die zweite Kugel oder beide tragen eine gerade Nummer.

Übung 17.4.08

digi.study/bm-k174a8

In einem Unternehmen wird eine Umfrage durchgeführt. Diese ergibt, dass 45 % der Betriebsangehörigen Frauen sind, 32 % rauchen und 25 % wohnen auswärts. Dabei hängt kein Merkmal vom anderen ab. Nach Betriebsschluss wird zufällig eine Person angehalten und befragt.

1 Berechnen Sie die Wahrscheinlichkeit folgender Ereignisse. (B)

a) Die ausgewählte Person ist männlich.

b) Die ausgewählte Person raucht nicht und kommt nicht von auswärts.

c) Die ausgewählte Person lebt am Ort des Unternehmens, raucht und ist ein Mann.

Übung 17.4.09

digi.study/bm-k174a9

In einer Sockenlade liegen 4 schwarze, 6 graue und 2 braune Socken.

Sie ziehen zufällig zwei Stück heraus.

1 Erstellen Sie ein vollständiges Baumdiagramm. (A)

2 Berechnen Sie die Wahrscheinlichkeit, zwei Socken gleicher Farbe zu erhalten. (B)

Übung 17.4.10

digi.study/bm-k174a10

In einer Bolzenproduktion werden Bolzen auf drei Maschinen M_1, M_2 und M_3 produziert. M_1 erzeugt 27 %, M_2 erzeugt 31 % und M_3 den Rest der gesamten Produktion. M_2 hat einen Ausschussanteil von 3,5 %, M_3 einen von 4 %.

1 Erstellen Sie ein geeignetes Baumdiagramm. (A)

2 Berechnen Sie, welchen Ausschussanteil M_1 haben muss, wenn ein zufällig der Gesamtproduktion entnommener Bolzen eine Ausschusswahrscheinlichkeit von 4,5 % hat. (B)

Übung 17.4.11

digi.study/bm-k174a11

Eine Blumenhandlung bezieht wöchentlich 600 Rosen. 200 Stück stammen aus der Gärtnerei *A*, 300 Stück aus dem Gartenbaubetrieb *B* und der Rest aus der Gärtnerei *C*. Aus Erfahrung weiß man, dass zirka 3 % der Rosen vom Betrieb *A*, 2 % der Rosen vom Betrieb *B* und 5 % der Rosen vom Betrieb *C* verwelkt ankommen und zum Verkauf nicht geeignet sind.

1 Berechnen Sie, wie viele der wöchentlich gelieferten Rosen im Durchschnitt zum Verkauf nicht geeignet sind. (B)

2 Dokumentieren Sie mit Hilfe eines Baumdiagrammes, wie man berechnen kann, mit welcher Wahrscheinlichkeit eine verwelkte Rose von der Gärtnerei *B* stammt. (C)

Übung 17.4.12

digi.study/bm-k174a12

Bei einem Kindergeburtstagsfest seiner Tochter Isabella gibt Werner 30 Kaubonbons verschiedener Geschmacksrichtungen in einen undurchsichtigen Beutel. Es gibt 5 Bonbons mit Erdbeer-, 5 mit Kirsch-, 10 mit Zitronen-, 8 mit Orangen- und nur 2 mit Himbeergeschmack.

Isabella liebt Erdbeer- und Zitronengeschmack und „hasst" Kirschgeschmack.

Sie nimmt ohne Hinschauen mit einem Griff drei Bonbons.

1 Erstellen Sie ein vollständiges Baumdiagramm. (A)

2 Berechnen Sie, wie groß die Wahrscheinlichkeit ist, dass unter den drei gezogenen Bonbons

a) alle drei Erdbeer- oder alle drei Zitronengeschmack haben,

b) mindestens eines Kirschgeschmack hat,

c) beide Himbeerbonbons dabei sind. (B)

18 Wahrscheinlichkeitsdichten

digi.study/bm-k18

18.1 Zufallsvariable (Deskriptor B_P_5.2)

digi.study/bm-k181

Beispiel 18.1.01:

Ein Würfel wird geworfen. Die geworfene Augenzahl kann die Werte 1, 2, 3, 4, 5, 6 annehmen, die Wahrscheinlichkeiten zu den einzelnen Werten sind in der Tabelle dargestellt:

Augenzahl	1	2	3	4	5	6
Wahrscheinlichkeit	$\frac{1}{6}$	$\frac{1}{6}$	$\frac{1}{6}$	$\frac{1}{6}$	$\frac{1}{6}$	$\frac{1}{6}$

Es liegt bei diesem Zufallsversuch eine Variable vor, welche die Werte 1, 2, 3, 4, 5, 6 annimmt.

Man kann vor dem Zufallsversuch nicht sagen, welchen Wert diese Variable annimmt.

Deshalb bezeichnet man sie **Zufallsvariable**. Man bezeichnet sie mit Großbuchstaben, z.B. X, Y, Z, … . Nimmt eine Zufallsvariable nur endlich viele oder abzählbar viele Werte an, dann bezeichnet man sie als **diskret** verteilt, andernfalls als **stetig** verteilt.

Nimmt eine Zufallsvariable bei einem Zufallsexperiment einen bestimmten Wert a an, so schreibt man $X = a$. Bei einem Zufallsversuch nimmt eine Zufallsvariable jeden ihrer Werte mit einer bestimmten Wahrscheinlichkeit an. Man schreibt dann $P(X = a)$. Es kann aber auch sein, dass die Zufallsvariable einen Wert größer als a annimmt, dann schreibt man die zugehörigen Wahrscheinlichkeiten so an: $P(X = a)$; analog $P(X \leq a)$ oder $P(a < X < b)$ oder $P(a \leq X \leq b)$.

18.2 Wahrscheinlichkeitsdichten und Wahrscheinlichkeitsverteilungen

digi.study/bm-k182

Beispiel 18.1.01 Fortsetzung:

Die Zufallsvariable X nimmt die Werte 1, 2, 3, 4, 5, 6 an. Wird jedem dieser Elementarereignisse $X = x_i$ eine Wahrscheinlichkeit $P(X = x_i)$ zugeordnet, so bezeichnet man die dadurch definierte Funktion als **Wahrscheinlichkeitsdichte** von X. Falls X diskret verteilt ist, so spricht man auch von einer **diskreten** Wahrscheinlichkeitsdichte.

Diese Wahrscheinlichkeitsdichten lassen sich veranschaulichen.

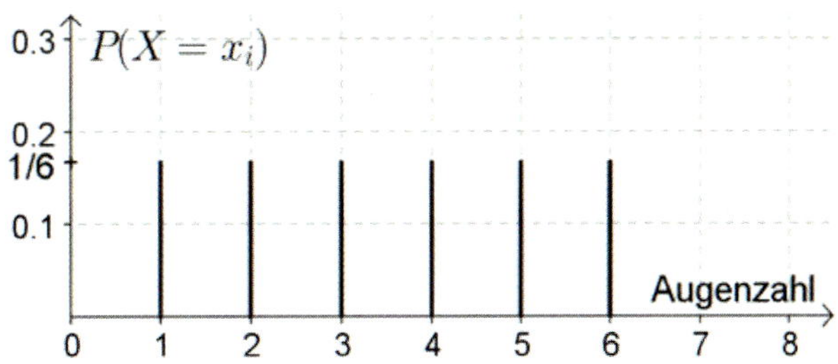

Man spricht bei diesem Beispiel von der **Wahrscheinlichkeitsdichte** der **Gleichverteilung**.

Beispiel 18.2.01:

Ein Würfel wird zweimal geworfen. Die Zufallsvariable Y ist die Summe der Augenzahlen.

1 Erstellen Sie eine Tabelle für die Wahrscheinlichkeitsdichte. (A)

2 Veranschaulichen Sie die Wahrscheinlichkeitsdichte. (B)

Lösung:

1 Tabelle:

Augensumme	2	3	4	5	6	7	8	9	10	11	12
Wahrscheinlichkeit	$\frac{1}{36}$	$\frac{2}{36}$	$\frac{3}{36}$	$\frac{4}{36}$	$\frac{5}{36}$	$\frac{6}{36}$	$\frac{5}{36}$	$\frac{4}{36}$	$\frac{3}{36}$	$\frac{2}{36}$	$\frac{1}{36}$

2 Diagramm:

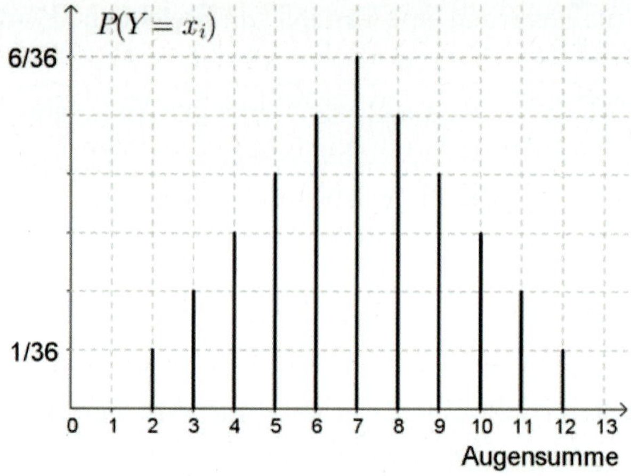

Bei dieser Wahrscheinlichkeitsdichte spricht man von einer **Dreiecksverteilung**.

Beispiel 18.2.02:

Ein Würfel wird so lange geworfen, bis 6 kommt. Die Zufallsvariable Z legt die Anzahl der Würfe fest, bis zum ersten Mal 6 kommt.

1 Zeichnen Sie ein Baumdiagramm für $n = 3$ Versuche. (A)

2 Erstellen Sie eine Tabelle für die Wahrscheinlichkeitsdichte. (B)

3 Veranschaulichen Sie die Wahrscheinlichkeitsdichte. (B)

Lösung:

1 Baumdiagramm:

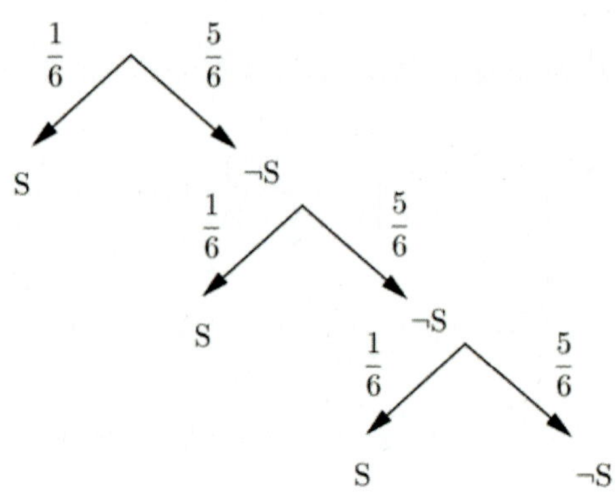

2 Tabelle:

Wurfanzahl	1	2	3	…	n
Wahrscheinlichkeit	$\frac{1}{6}$	$\frac{5}{6} \cdot \frac{1}{6}$	$\left(\frac{5}{6}\right)^2 \cdot \frac{1}{6}$	…	$\left(\frac{5}{6}\right)^{n-1} \cdot \frac{1}{6}$

3 Diagramm:

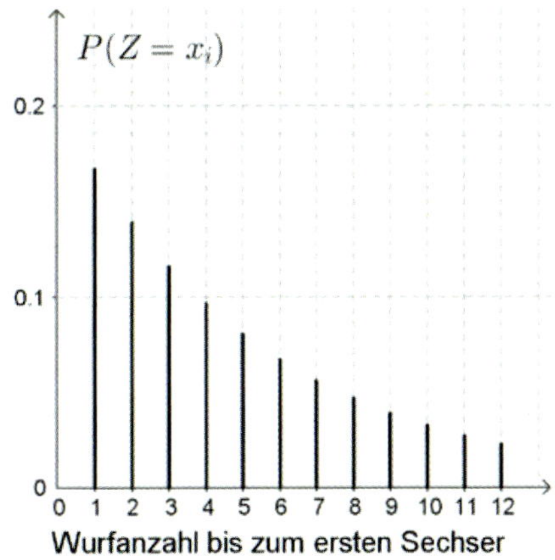

Diese Wahrscheinlichkeitsdichte heißt Dichte der **geometrischen Verteilung**.

Beispiel 18.2.03:

Ein Würfel wird dreimal geworfen. Die Zufallsvariable H gibt die Anzahl der geworfenen Sechser an.

1 Zeichnen Sie ein Baumdiagramm. (A)

2 Erstellen Sie eine Tabelle für die Wahrscheinlichkeitsdichte. (B)

3 Veranschaulichen Sie die Wahrscheinlichkeitsdichte durch ein Stabdiagramm. (B)

Lösung:

1 Baumdiagramm:

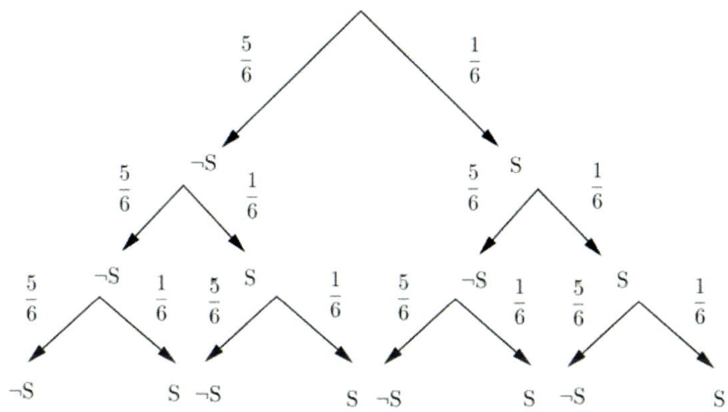

2 Tabelle:

Anzahl der Sechser	0	1	2	3
Wahrscheinlichkeit	$\left(\frac{5}{6}\right)^3$	$3 \cdot \frac{1}{6} \cdot \left(\frac{5}{6}\right)^2$	$3 \cdot \left(\frac{1}{6}\right)^2 \cdot \frac{5}{6}$	$\left(\frac{1}{6}\right)^3$

3 Stabdiagramm:

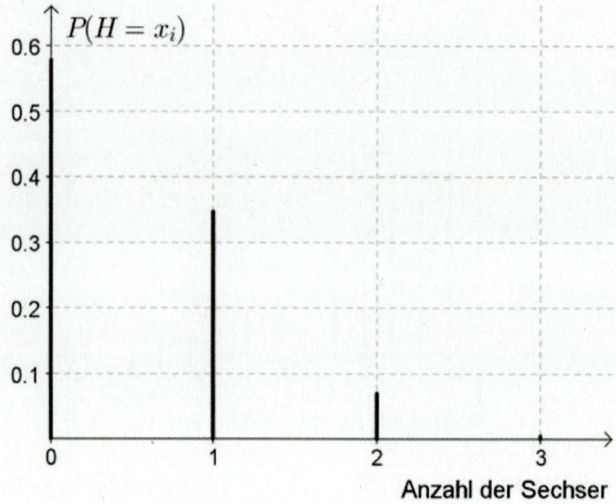

Diese Wahrscheinlichkeitsdichte heißt Dichte der **Binomialverteilung**.

Merke

Definition: Unter der **Verteilungsfunktion** F zu einer gegebenen diskret verteilten Zufallsvariable X versteht man die folgende Funktion:

$$F\colon\ \mathbb{R} \to [0,1]: \qquad x \mapsto P(X \leq x)$$

Mithilfe der Wahrscheinlichkeitsdichte f lässt sich $F(x)$ berechnen, indem die Wahrscheinlichkeiten aller Elementarereignisse aufsummiert werden, bei denen die Zufallsvariable X einen Wert $\leq x$ annimmt.

Beispiel 18.2.04:

1 Veranschaulichen Sie die Verteilungsfunktion F für die Wahrscheinlichkeitsdichte aus Beispiel 16.2.01. (B)

2 Veranschaulichen Sie die Verteilungsfunktion F für die Wahrscheinlichkeitsdichte aus Beispiel 16.2.02. (B)

3 Veranschaulichen Sie die Verteilungsfunktion F für die Wahrscheinlichkeitsdichte aus Beispiel 16.2.03. (B)

Lösung:

1

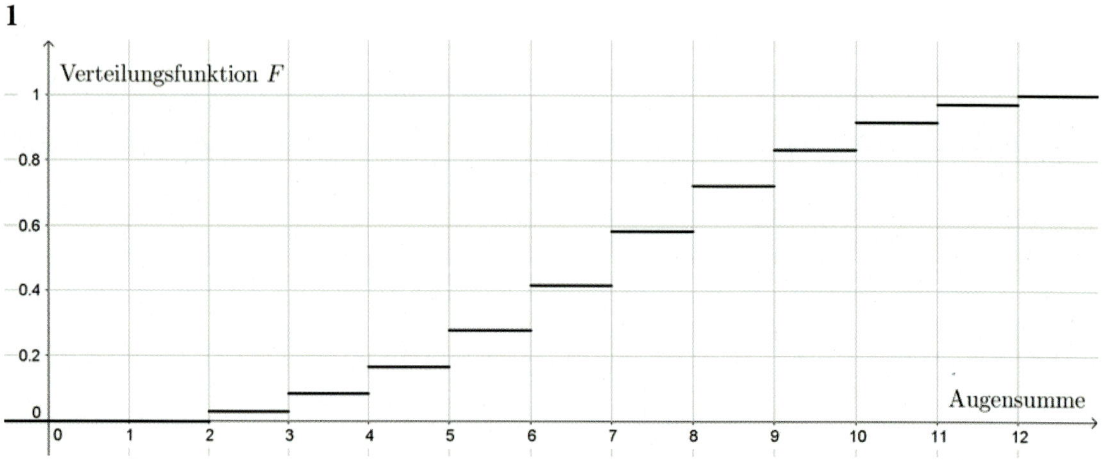

2

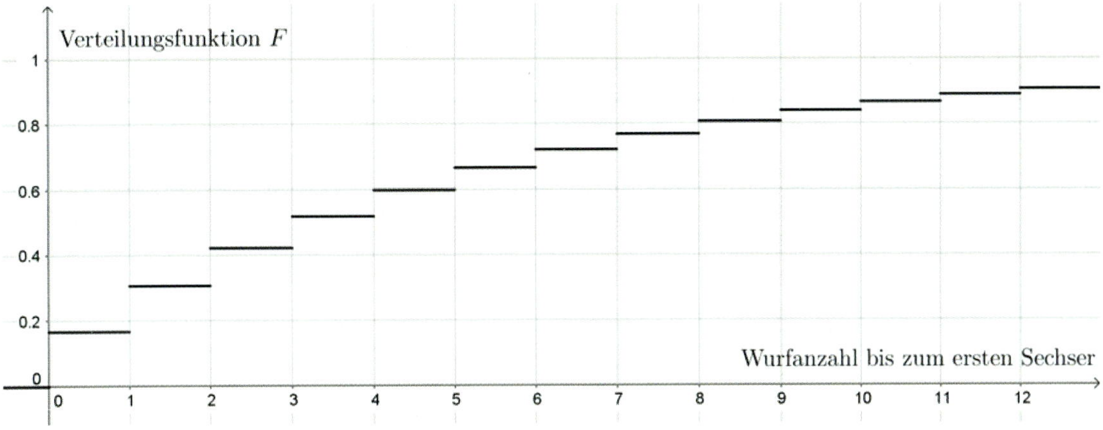
Verteilungsfunktion F
Wurfanzahl bis zum ersten Sechser
1
0.8
0.6
0.4
0.2
0
0 1 2 3 4 5 6 7 8 9 10 11 12

3

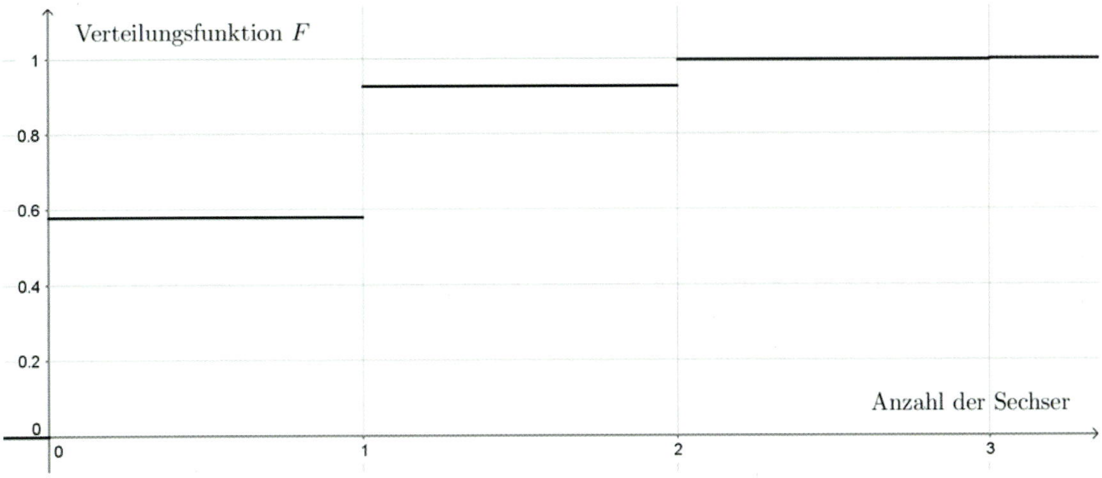
Verteilungsfunktion F
Anzahl der Sechser
1
0.8
0.6
0.4
0.2
0
0 1 2 3

18.3 Häufigkeitsverteilungen und Wahrscheinlichkeitsdichten

X ist eine Zufallsvariable, welche die Werte $x_1, x_2, x_3, \ldots$ annimmt. Wird das Zufallsexperiment n-mal ausgeführt, so kann jeder dieser Werte öfter vorkommen. Jedem der Werte $x_1, x_2, x_3, \ldots$ kann man daher absolute Häufigkeiten $H_n(x_i)$ bzw. relative Häufigkeiten $h_n(x_i)$ zuordnen. Damit erhält man eine absolute bzw. relative Häufigkeitsverteilung der Zufallsvariablen X. Diese Häufigkeitsverteilung kann man in einer Tabelle übersichtlich darstellen, aber auch mittels eines Stabdiagrammes veranschaulichen.

Merke

Beachten Sie: Erhöht man die Anzahl der Versuche immer mehr, so nähert sich jede relative Häufigkeit $h_n(x_i)$ der Wahrscheinlichkeit $P(X = x_i)$ an und somit die Häufigkeitsverteilung der Wahrscheinlichkeitsdichte.

Es gilt das **empirische Gesetz der großen Zahlen**: Wird eine Versuchsserie zu je n Versuchen mehrfach durchgeführt und ist n groß, so weichen die einzelnen Häufigkeitsverteilungen nur gering voneinander ab und schwanken um die Wahrscheinlichkeitsdichte.

Beispiel 18.3.01:

Zwei Würfel werden geworfen. Das Augenmerk wird auf die Summe der Augenzahlen gelegt.

Es werden Versuchsserien mit $n = 20$, $n = 100$ bzw. $n = 1\,000$ Würfen durchgeführt. Die folgenden Abbildungen zeigen die Häufigkeitsverteilungen.

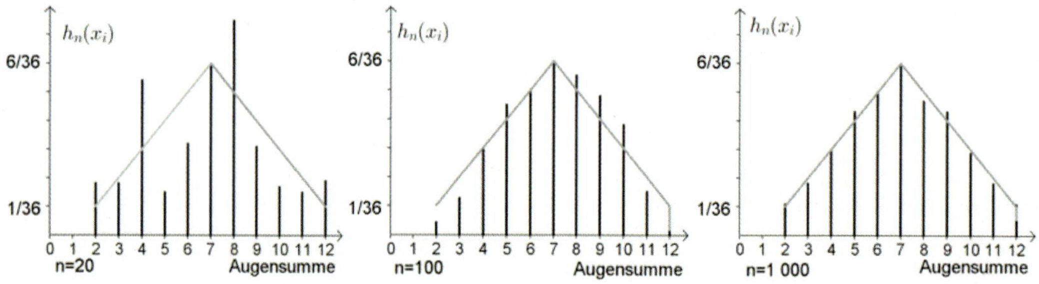

18.3.1 Mittelwert und empirische Varianz einer Häufigkeitsverteilung

Beispiel 18.3.1.01:

Bei einer Überprüfung der Kompetenzen werden Aufgabenstellungen in zwei Gruppen A und B erstellt.

Die Liste der erreichten Punkte von je 10 Teilnehmer/innen sind angegeben:

Gruppe A: 22, 22, 23, 21, 22, 23, 23, 21, 22, 22

Gruppe B: 23, 24, 24, 22, 21, 24, 22, 25, 23, 23

1 Ermitteln Sie für jede Gruppe die absoluten und relativen Häufigkeiten. (B)

2 Berechnen Sie für jede Gruppe die durchschnittlich erreichte Punktezahl. (B)

3 Berechnen Sie die empirische Varianz s^2 einer jeden Gruppe und die empirische Standardabweichung s. (B)

4 Vergleichen Sie die beiden Ergebnisse anhand dieser statistischen Kennzahlen. (C)

5 Übertragen Sie für jede Gruppe die relativen Häufigkeiten in ein Stabdiagramm. Zeichnen Sie auch die durchschnittlich erreichte Punktezahl ein. (A)

Lösung

	Gruppe A			Gruppe B				
Punktezahl	21	22	23	21	22	23	24	25
1 absolute Häufigkeit	2	5	3	1	2	3	3	1
1 relative Häufigkeit	0,2	0,5	0,3	0,1	0,2	0,3	0,3	0,1
2 arithmetisches Mittel	22,1			23,1				
3 emp. Varianz	0,49			1,290				
3 emp. Standardabweichung	0,7			1,136				

4 In Bezug auf die durchschnittliche Punkteanzahl hat Gruppe B klar besser abgeschnitten. Nimmt man aber die empirische Standardabweichung, welche ein Maß für die Streuung der Daten um den Mittelwert ist, so streuen die Daten in der Gruppe A viel weniger.

Man kann sagen, dass in dieser Gruppe die Leistungen homogener sind.

5 Stabdiagramme:

Gruppe A

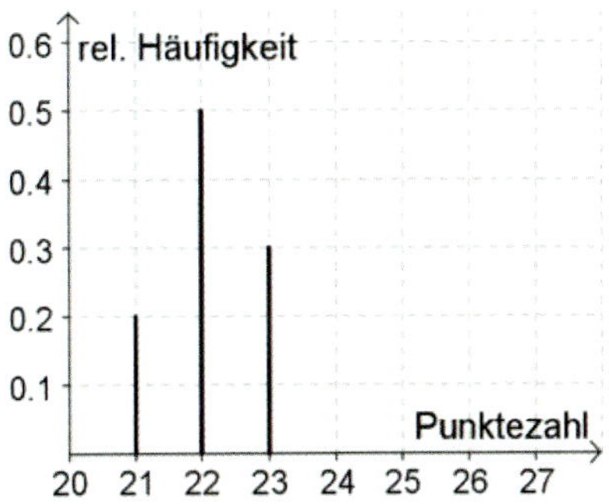

Gruppe B

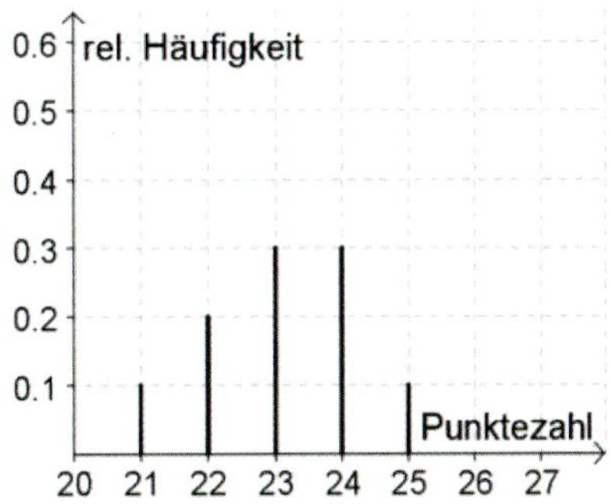

Formel

Es sind $x_1, x_2, \ldots, x_k$ mögliche Werte einer Zufallsvariablen X. Führt man ein Zufallsexperiment n-mal durch, so erhält man n Variablenwerte, wobei x_i mit der absoluten Häufigkeit H_i bzw. mit der relativen Häufigkeit h_i auftritt, $1 \leq i \leq k$.

Für den Mittelwert $\overline{x}$ der Liste gilt:

$$\overline{x} = \frac{x_1 \cdot H_1 + x_2 \cdot H_2 + \ldots + x_k \cdot H_k}{n} = x_1 \cdot h_1 + x_2 \cdot h_2 + \ldots + x_k \cdot h_k$$

Für die empirische Varianz gilt:

$$s^2 = \frac{(x_1 - \overline{x})^2 \cdot H_1 + (x_2 - \overline{x})^2 \cdot H_2 + \ldots + (x_k - \overline{x})^2 \cdot H_k}{n}$$

$$= (x_1 - \overline{x})^2 \cdot h_1 + (x_2 - \overline{x})^2 \cdot h_2 + \ldots + (x_k - \overline{x})^2 \cdot h_k$$

Für die empirische Standardabweichung gilt:

$$s = \sqrt{s^2}$$

ERKLÄR-VIDEO
digi.study/bm-k1832

18.3.2 Erwartungswert und Varianz einer Zufallsvariablen

Beispiel 18.3.2.01:

Das unten stehende Glücksrad ist in vier Sektoren eingeteilt. Im Sektor eingetragen ist der relative Anteil des Sektors an der Kreisfläche. Bleibt der Zeiger in einem bestimmten Sektor stehen, bekommt man die außen angeführten Euro ausbezahlt. Das Glücksrad wird sehr oft gedreht, z.B. 2 000-mal.

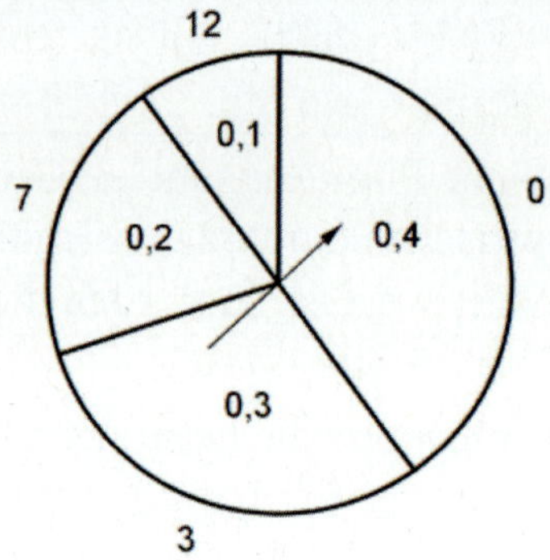

1 Berechnen Sie, welcher durchschnittliche Gewinn zu erwarten ist. (B)

Lösung:

Die Zufallsvariable G für Gewinn kann die Werte 0, 3, 7, 12 annehmen.

Die entsprechenden relativen Häufigkeiten bezeichnet man mit h_1, h_2, h_3 und h_4.

Für den durchschnittlichen Gewinn aller Spiele gilt:

$\bar{x} = 0 \cdot h_1 + 3 \cdot h_2 + 7 \cdot h_3 + 12 \cdot h_4$

Da das Glücksrad sehr oft gedreht wird, stimmen die relativen Häufigkeiten näherungsweise mit den entsprechenden Wahrscheinlichkeiten überein:

$h_1 \approx 0{,}4 \quad h_2 \approx 0{,}3 \quad h_3 \approx 0{,}2 \quad h_4 \approx 0{,}1$

$\bar{x} \approx 0 \cdot 0{,}4 + 3 \cdot 0{,}3 + 7 \cdot 0{,}2 + 12 \cdot 0{,}1 = 3{,}5$

Pro Drehung des Glücksrades kann man mit einem durchschnittlichen Gewinn von € 3,50 rechnen.

Formel

X ist eine Zufallsvariable mit den Werten x_1, x_2..., x_k, die mit den Wahrscheinlichkeiten p_1, p_2... p_k angenommen wird. Dann nennt man

$\mu = E(X) = x_1 \cdot p_1 + x_2 \cdot p_2 + \ldots + x_k \cdot p_k$

den **Erwartungswert** der Zufallsvariablen X.

Man kann sagen: Der Erwartungswert einer Zufallsvariablen ist näherungswese gleich dem Mittelwert einer sehr langen Liste von Variablenwerten.

Formel

$\sigma^2 = V(X) = (x_1 - \mu)^2 \cdot p_1 + (x_2 - \mu)^2 \cdot p_2 + \ldots + (x_k - \mu)^2 \cdot p_k$

nennt man die **Varianz** der Zufallsvariablen X.

Übung 18.3.01
digi.study/bm-k183a1

Eine Person D setzt beim Roulettespiel auf ihre Lieblingszahl 17. Kommt diese Zahl tatsächlich, so erhält die Person 35 Jetons und den eingesetzten Jeton; dies bedeutet einen Gewinn von 35 Jetons. Kommt diese Zahl nicht, so verliert man den eingesetzten Jeton.

1 Berechnen Sie Erwartungswert und Varianz des Gewinnes. (B)

Unter einer „einfachen Chance" versteht man Ereignisse, deren Wahrscheinlichkeit $\frac{18}{37}$ beträgt, z.B. wenn man auf Rot bzw. auf Ungerade setzt. Person D setzt auf Rot. Kommt tatsächlich eine rote Zahl, so gewinnt sie 1 Jeton, andernfalls verliert sie den eingesetzten Jeton.

2 Berechnen Sie Erwartungswert und Varianz des Gewinnes. (B)

Übung 18.3.02
digi.study/bm-k183a2

Bei einer Lotterie werden 500 Lose verkauft. Davon sind 250 Nieten, bei 80 Losen gewinnt man € 50,00; bei 120 Losen beträgt der Gewinn € 2,00 und bei den restlichen Losen erhält man € 1,00. Die Zufallsvariable G nimmt die Gewinnwerte an.

1 Berechnen Sie Erwartungswert und Varianz von G. (B)

Übung 18.3.03
digi.study/bm-k183a3

Das unten stehende Glücksrad wird zweimal gedreht. Man erhält so viel bezahlt, wie die Zahlen außen angeben.
Die Zufallsvariable L gibt das Produkt der Gewinne an.

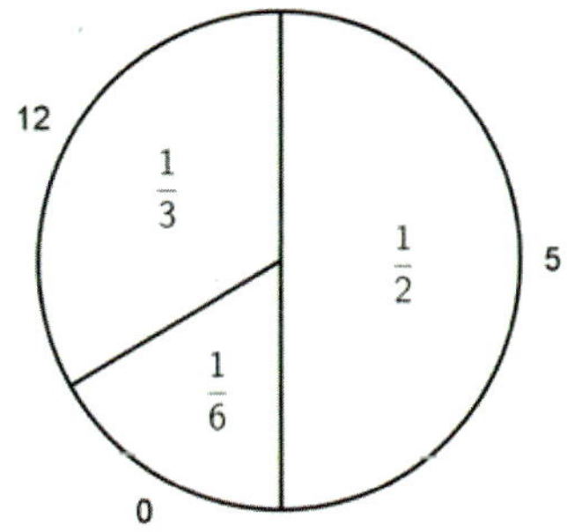

1 Berechnen Sie Erwartungswert und Varianz von L. (B)

Übung 18.3.04
digi.study/bm-k183a4

Ein Spiel heißt fair, wenn der Erwartungswert des Gewinnes Null ist; man gewinnt bzw. verliert bei sehr vielen Versuchen im Durchschnitt kein Geld. Die Gewinnwahrscheinlichkeit bei einem Spiel ist p; die Wahrscheinlichkeit für den Verlust ist demnach $1 - p$.

1 Berechnen Sie, in welchem Verhältnis der einzuzahlende Betrag e für ein Spiel zum auszuzahlenden Betrag a stehen muss, damit das Spiel fair ist. (B)

Übung 18.3.05

digi.study/bm-k183a5

Ein Jugendlicher kauft eine Vespa und holt von einer Versicherung ein Angebot ein. Aus Erfahrung weiß man, dass pro Jahr 7 % Unfälle mit Blechschaden ohne Personenschaden anfallen. Reparaturkosten belaufen sich im Schnitt auf € 360. Die Jahresprämie beträgt € 54, im Falle eines leichten Unfalles werden € 300 bezahlt.

Übertragen Sie die Ausgaben in die folgende Tabelle:

	mit Versicherung	ohne Versicherung
Unfall		
kein Unfall		

1 Berechnen Sie den Erwartungswert der Ausgaben mit bzw. ohne Abschluss einer Versicherung. (B)

2 Interpretieren Sie die Ergebnisse im Hinblick auf den Abschluss dieser angebotenen Versicherung. (C)

Übung 18.3.06

digi.study/bm-k183a6

Lisa hat einen besonderen Spielwürfel: Auf drei Flächen steht je die Zahl 1, auf zwei Seiten die Zahl 3 und auf der sechsten Fläche die Zahl 5.

Lisa würfelt einmal. Die Zufallsvariable X bezeichne die gewürfelte Augenzahl.

1 Erstellen Sie die Wahrscheinlichkeitsdichte in einer Tabelle. (B)

2 Übertragen Sie die Werte der Tabelle in ein Stabdiagramm. (A)

Lisa würfelt nun so lange, bis zum ersten Mal 5 kommt. Die Zufallsvariable Z sei die Anzahl der notwendigen Würfe.

3 Zeichnen Sie ein Baumdiagramm. (A)

4 Berechnen Sie $P(Z = 4)$. (B)

Übung 18.3.07

digi.study/bm-k183a7

Eine Packung Gummibärchen enthält 4 rote Gummibärchen und je 2 grüne, gelbe und weiße Gummibärchen. Es wird ein Gummibärchen nach dem anderen zufällig aus der Packung genommen und nicht wieder zurückgelegt. Dieser Vorgang wird so lange wiederholt, bis ein rotes Gummibärchen gezogen wird.

Die Zufallsvariable Z beschreibt die Anzahl der benötigten Züge, bis ein rotes Gummibärchen gezogen wird.

1 Erstellen Sie eine Tabelle, der man die möglichen Werte dieser Zufallsvariablen und die zugehörigen Wahrscheinlichkeiten entnehmen kann. (A)

2 Berechnen Sie den Erwartungswert $E(Z)$. (B)

3 Interpretieren Sie den Erwartungswert im Sachzusammenhang. (C)

Übung 18.3.08

digi.study/bm-k183a8

In einem Beutel sind 3 verschiedenfärbige (gelbe, grüne, violette) Figuren. Aus dem Beutel wird nacheinander ohne Zurücklegen eine Figur gezogen und zwar so lange, bis die violette gezogen wird.

1 Veranschaulichen Sie die möglichen Ausgänge dieses Zufallsexperimentes in einem mit den jeweiligen Wahrscheinlichkeiten beschrifteten Baumdiagramm. (A)

Die Zufallsvariable H beschreibt die Anzahl der Züge, die benötigt werden, bis die violette Figur gezogen worden ist.

2 Vervollständigen Sie die nachstehende Tabelle. (B)

Anzahl der Züge	Wahrscheinlichkeit

3 Berechnen Sie, mit wie vielen Zügen man erwartungsgemäß rechnen muss, bis die violette Figur gezogen worden ist. (B)

digi.study/bm-k184

18.4 Binomialverteilung (Deskriptor 5.5)

Man betrachtet ein Zufallsexperiment mit genau zwei Ausfällen: Erfolg oder Misserfolg. Die Erfolgswahrscheinlichkeit p bleibt bei jedem Experiment gleich. Das Zufallsexperiment wird unter gleichen Bedingungen n-mal wiederholt. Die diskrete Zufallsvariable X gibt die Anzahl der Erfolge an. Die Wahrscheinlichkeit, dass X die Anzahl der Versuche angibt, bei denen sich Erfolg einstellt, kann folgendermaßen berechnet werden:

Formel

$P(X = k) = \binom{n}{k} \cdot p^k \cdot (1-p)^{n-k}$ mit $0 \leq k \leq n,\ 0 \leq p \leq 1$

Die Zufallsvariable X – Anzahl der Erfolge bei n Versuchen – heißt **binomialverteilt**.

Erwartungswert der Zufallsvariablen X: $\mu = E(X) = n \cdot p$

Varianz der Zufallsvariablen X: $\sigma^2 = V(X) = n \cdot p \cdot (1-p)$

Standardabweichung der Zufallsvariablen X: $\sigma = \sqrt{n \cdot p \cdot (1-p)}$

Beispiel 18.4.01:

Aus einer Lieferung von Kinderüberraschungseiern wird eine große Zufallsstichprobe genommen. Laut Herstellerangabe befindet sich in jedem 4. Ei ein Schlumpf. Eine Mutter kauft 10 Kinderüberraschungseier. (Quelle: C. Wolfseher)

1 Erklären Sie, warum hier eine Binomialverteilung vorliegt. (D)

2 Berechnen Sie die Wahrscheinlichkeit, dass

a) in genau einem Kinderüberraschungsei ein Schlumpf ist,

b) einer oder zwei Schlümpfe enthalten sind,

c) mindestens ein Schlumpf enthalten ist,

d) höchstens drei Schlümpfe enthalten sind oder

e) mindestens drei, aber höchstens sechs Schlümpfe enthalten sind. (B)

3 Stellen Sie die Wahrscheinlichkeitsdichte durch ein Diagramm dar. (A)

Lösung:

1 Es liegt eine Binomialverteilung vor, weil es nur die Ausgänge „ein Schlumpf ist enthalten" oder „kein Schlumpf ist enthalten" gibt. Die Wahrscheinlichkeit für das Ereignis „ein Schlumpf ist enthalten" bleibt für alle Versuche konstant. Die Versuche sind unabhängig voneinander.

2 Auf dem Taschenrechner finden Sie ein Programm, mit welchem Sie diese Wahrscheinlichkeiten berechnen können: DISTR»0:binompdf(n,p,k)» ENTER

Die Zufallsvariable H gibt die Anzahl der Schlümpfe an.

a) $P(H = 1) = binompdf(10, \frac{1}{4}, 1) = 0{,}187\,711 \approx 18{,}77\,\%$

b) $P(H = 1) + P(H = 2) = 0{,}187\,711 + 0{,}281\,567 = 0{,}469\,279 \approx 46{,}93\,\%$

c) $P(H \geq 1) = 1 - P(H = 0) = 1 - 0{,}056\,313 = 0{,}943\,686 \approx 94.37\,\%$

d) $P(H \leq 3) = P(H = 0) + P(H = 1) + P(H = 2) + P(H = 3) = 0{,}056\,313 + 0{,}187\,711 + 0{,}281\,567 + 0{,}250\,282 = 0{,}775\,875 \approx 77{,}59\,\%$

e) ,$P(3 \leq H \leq 6) = P(H = 3) + P(H = 4) + P(H = 5) + P(H = 6)$
$= 0{,}250\,282 + 0{,}145\,998 + 0{,}058\,399 + 0{,}016\,222 = 0{,}47\,0901 \approx 47{,}09\,\%$

3 Diagramm:

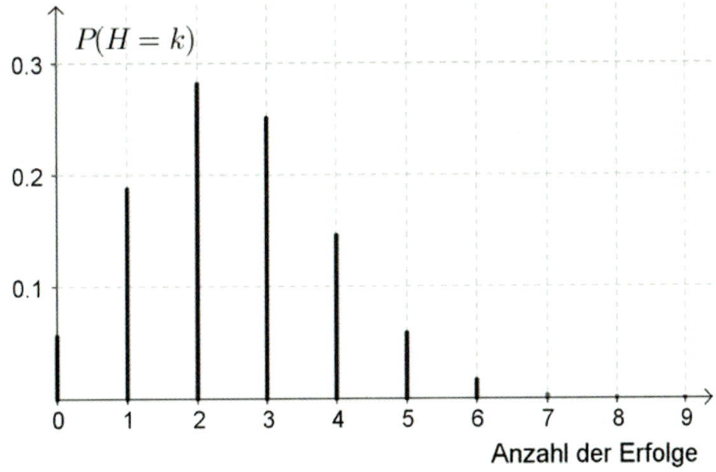

Berechnungen mit dem Taschenrechner:

Berechnung von $P(X = k)$:	DISTR»0:binompdf(n,p,k)» ENTER
Berechnung von $P(X \geq k)$:	1 - »DISTR»A:binomcdf(n,p,k–1)» ENTER
Berechnung von $P(X \leq k)$:	DISTR»A:binomcdf(n,p,k)» ENTER
Berechnung von $P(a \leq X \leq b)$:	DISTR»A:binomcdf(n,p,b)» - »DISTR»A:binom-cdf(n,p,a-1)

binompdf … **p**robability **d**ensity **f**unction (Wahrscheinlichkeitsdichte)

binomcdf … **c**umulative **d**ensity **f**unction (Verteilungsfunktion, Summenfunktion)

Arnold spielt an einem Glücksrad, das er zweimal dreht. Die Gewinnwahrscheinlichkeit beträgt 0,2.
Die Zufallsvariable *G* gibt die Anzahl der Treffer an.

1 Stellen Sie die Wahrscheinlichkeitsdichte in einer Tabelle dar. (A)

2 Übertragen Sie die Werte aus der Tabelle in ein Diagramm. (B)

Übung 18.4.01
digi.study/bm-k184a1

In einem Autobus, der die Grenze nach Kroatien überschreitet, sitzen 30 Personen. Aus Erfahrung wissen die Zöllner, dass 10 % Schmuggler sind. 3 Insassen werden kontrolliert.
Die Zufallsvariable *S* gibt die Anzahl der Schmuggler an.

1 Erklären Sie, warum hier eine Binomialverteilung vorliegt. (D)

2 Berechnen Sie die Wahrscheinlichkeiten für $k = 0, 1, 2, 3$. (B)

3 Dokumentieren Sie, wie man die Wahrscheinlichkeit berechnen kann, dass mehr als 1 Schmuggler dabei ist. (C)

Übung 18.4.02
digi.study/bm-k184a2

Übung 18.4.03

digi.study/bm-k184a3

In einem Konzern arbeiten 750 Personen. Aus Erfahrung weiß man, dass 30 % fehlsichtig sind. Im Rahmen einer Vorsorgeuntersuchung werden vom Betriebsarzt 123 Personen untersucht.

1 Erklären Sie, warum eine Binomialverteilung vorliegt. (D)

2 Berechnen Sie die Wahrscheinlichkeit, dass unter den Untersuchten genau 35 fehlsichtige Personen sind. (B)

3 Dokumentieren Sie, wie man die Wahrscheinlichkeit berechnen kann, dass mindestens 30 aber höchstens 40 fehlsichtig sind. (C)

4 Bestimmen Sie, mit welcher Anzahl an fehlsichtigen Personen man im gesamten Konzern rechnen kann. (B)

Übung 18.4.04

digi.study/bm-k184a4

In einem Hotel werden erfahrungsgemäß nur 74 % der Reservierungen auch tatsächlich in Anspruch genommen. Das Hotel verfügt über 35 Betten.

1 Erklären Sie, warum hier eine Binomialverteilung vorliegt. (D)

2 Berechnen Sie die Wahrscheinlichkeit, dass bei voller Reservierung mehr als 5 Betten frei bleiben. (B)

Übung 18.4.05

digi.study/bm-k184a5

Der Anteil der Linkshänder/innen wird mit 1 % der Bevölkerung angenommen. In einem Kurs für Berufsreifeprüfung sitzen 25 Teilnehmer/innen.

1 Berechnen Sie die Wahrscheinlichkeit, dass genau 2 Linkshänder/innen im Kurs sind. (B)

2 Stellen Sie die Wahrscheinlichkeitsdichte grafisch dar. (A)

3 Interpretieren Sie den folgenden Ausdruck: $\binom{25}{4} \cdot 0{,}01^4 \cdot 0{,}99^{21}$ (C)

Übung 18.4.06

digi.study/bm-k184a6

Während der Ballsaison 2017/18 führte die Polizei verschärft Alkoholkontrollen durch. Erfahrungsgemäß wird bei durchschnittlich 15 von 100 Lenkern die Grenze von 0,5 ‰ überschritten. An einem Abend werden 30 Lenker/innen überprüft.

1 Erklären Sie, warum es sich hier um eine Binomialverteilung handelt. (D)

2 Berechnen Sie, wie groß die Wahrscheinlichkeit ist, dass weniger als 3 Lenker/innen alkoholisiert sind. (B)

3 Dokumentieren Sie, wie man berechnen kann, wie viel Lenker/innen aufgehalten werden müssen, damit mit einer Wahrscheinlichkeit von mehr als 99 % mindestens ein alkoholisierter Lenker/eine alkoholisierte Lenkerin ertappt wird. (C)

Übung 18.4.07
digi.study/bm-k184a7

Ein Aufnahmetest enthält 20 Fragen, wobei von jeweils fünf vorgegebenen Antworten genau eine richtig ist. Eine Testperson kreuzt die Antworten rein zufällig an.

1 Erklären Sie, warum die Wahrscheinlichkeit, dass eine einzelne Testaufgabe richtig gelöst wird, 20 % beträgt. (D)

2 Berechnen Sie, wie viele richtige Antworten die Testperson erwarten kann. (B)

3 Berechnen Sie die Wahrscheinlichkeit, dass die Person den Test besteht, wenn dazu mindestens 12 richtige Antworten nötig sind. (B)

Die Ersteller des Tests möchten die Wahrscheinlichkeit für das Bestehen des Tests durch zufälliges Ankreuzen reduzieren.

4 Beschreiben Sie, durch welche Maßnahme man dies erreichen kann. (C)

Übung 18.4.08
digi.study/bm-k184a8

Ein Test besteht aus 12 Fragen mit jeweils 4 Antworten, von denen immer genau eine richtig ist. Die Antworten werden zufällig angekreuzt. X gibt die Anzahl der richtigen Antworten an.

In den folgenden Grafiken ist die Wahrscheinlichkeitsdichte von X dargestellt.

1 Beschreiben Sie sowohl umgangssprachlich als auch mit mathematischer Darstellung genau, was in den einzelnen Bildern jeweils durch die roten Stäbe angezeigt wird. (C)

Bild 1

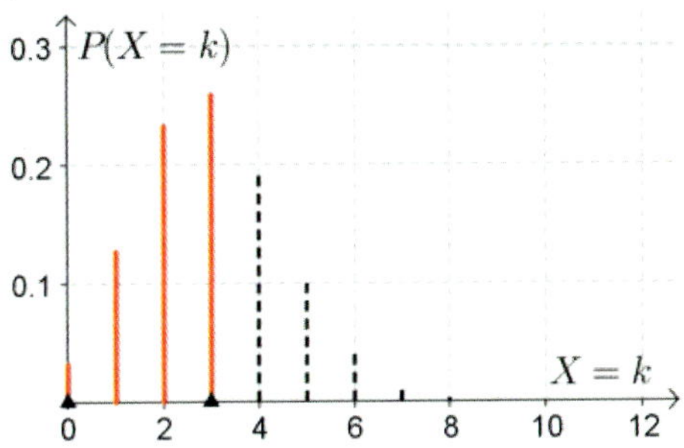

Bild 2

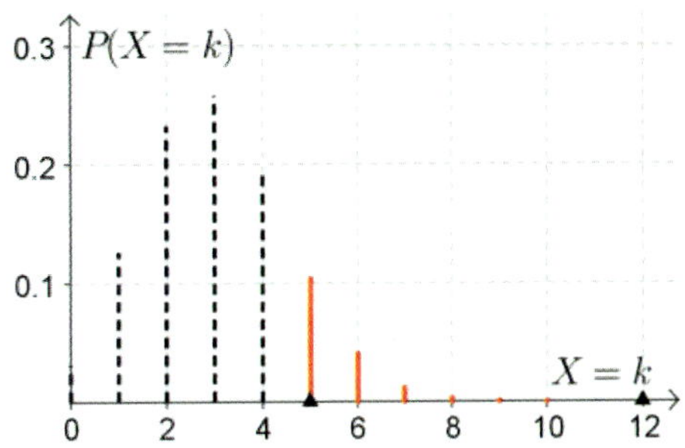

Der Test gilt als bestanden, wenn mindestens 4 der 12 Fragen richtig beantwortet wurden. Eine Teilnehmerin behauptet, dass die Wahrscheinlichkeit für das Bestehen bei zufälligem Ankreuzen größer als 0,5 ist.

2 Argumentieren Sie, ob die Behauptung richtig bzw. falsch ist. (D)

3 Kennzeichnen Sie die Wahrscheinlichkeit für das Bestehen des Testes in angefügter Grafik. (A)

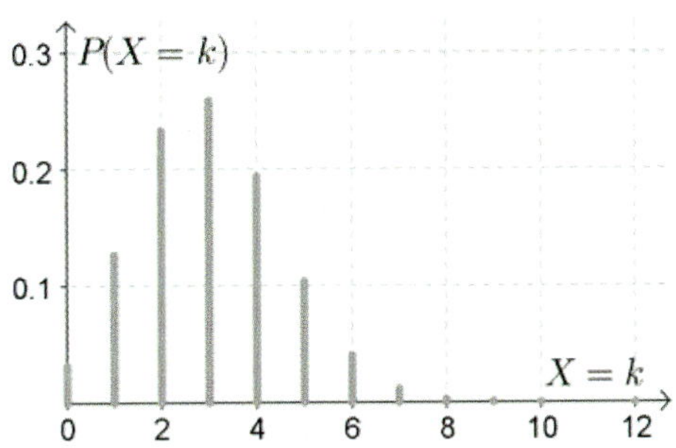

Übung 18.4.09

digi.study/bm-k184a9

1 Überprüfen Sie für die in der Tabelle genannten drei Situationen jeweils, ob sie mit einer Binomialverteilung angemessen beschrieben werden können oder nicht. (D)

2 Kreuzen Sie Ihre gewählte Entscheidung an. (A)

3 Begründen Sie diese in dem Fall, dass Ihre Antwort „nein" ist. (D)

4 Bei „ja" geben Sie die Werte von n (Anzahl der Wiederholungen), p (Einzelwahrscheinlichkeit) und k (interessierende Anzahl) an und berechnen Sie die gesuchte Wahrscheinlichkeit. (A) (B)

Situation				
Einem Bewerber wird ein Multiple-Choice-Test mit 20 Fragen und je vier Antwortmöglichkeiten vorgelegt, von denen jeweils nur eine Antwort richtig ist. Der Bewerber kreuzt „blind" an. a) Berechnen Sie, wie groß die Wahrscheinlichkeit ist, dass er 10 richtige Antworten hat. (B)	☐ ja ☐ nein Begründung:	$n =$	$p =$	$k =$
Von 25 Kursteilnehmer/innen haben nur 10 die Inhalte der Karteikarten wiederholt. Der Referent wählt 3 Teilnehmer/innen zufällig aus. b) Berechnen Sie, wie groß die Wahrscheinlichkeit ist, dass mindestens 2 davon die Inhalte der Karteikarten wiederholt haben. (B)	☐ ja ☐ nein Begründung:	$n =$	$p =$	$k =$
Beim Roulette gibt es 37 Zahlen, davon sind 18 ungerade. Eine Besucherin setzt bei 3 Spielen hintereinander immer den gleichen Betrag von € 20 auf „impair" (ungerade). c) Berechnen Sie, mit welcher Wahrscheinlichkeit sie alle 3-mal gewinnt. (B)	☐ ja ☐ nein Begründung:	$n =$	$p =$	$k =$

Übung 18.4.10

digi.study/bm-k184a10

Ein Versandhaus wird von einer Firma mit Artikeln für Haushaltselektronik beliefert, bei denen von einer Ausschussquote von $p = 0{,}06$ ausgegangen wird. Eine Lieferung umfasst 200 Stück.

Die Zufallsgröße X beschreibe die Anzahl defekter Artikel in einer Lieferung.

1 Begründen Sie, warum die Zufallsvariable X binomialverteilt ist. (D)

2 Berechnen Sie die Wahrscheinlichkeit, dass sich in der Lieferung kein defekter Artikel befindet. (B)

Nachdem die ersten 50 Stück der Ware verkauft worden sind, werden 5 als defekt reklamiert.

3 Berechnen Sie die Wahrscheinlichkeit, dass sich 5 defekte Artikel unter den ersten 50 befinden. (B)

Übung 18.4.11

digi.study/bm-k184a11

Die ASFINAG führt bei der Autobahnabfahrt zum Messezentrum Kontrollen durch. Die Wahrscheinlichkeit, ein Auto ohne Autobahnvignette zu erwischen, liegt erfahrungsgemäß bei 18 %.

Es werden 30 Autos kontrolliert.

Die Zufallsvariable X gibt die Anzahl jener Autos an, welche keine Autobahnvignette geklebt haben.

1 Kreuzen Sie jenen Term an, mit welchem sich die Wahrscheinlichkeit ausrechnen lässt, so dass X höchstens den Wert 2 annimmt. (D)

	richtig	falsch
$\binom{30}{2} \cdot 0{,}18^2 \cdot 0{,}82^{28}$		
$0{,}82^{30} + \binom{30}{1} \cdot 0{,}18^1 \cdot 0{,}82^{29} + \binom{30}{2} \cdot 0{,}18^2 \cdot 0{,}82^{28}$		
$\binom{30}{1} \cdot 0{,}18^1 \cdot 0{,}82^{29} + \binom{30}{2} \cdot 0{,}18^2 \cdot 0{,}82^{28}$		
$1 - \left[0{,}82^{30} + \binom{30}{1} \cdot 0{,}18^1 \cdot 0{,}82^{29} + \binom{30}{2} \cdot 0{,}18^2 \cdot 0{,}82^{28}\right]$		
$\binom{30}{2} \cdot 0{,}82^2 \cdot 0{,}18^{28}$		

Übung 18.4.12

digi.study/bm-k184a12

Es wird ein Bernoulli-Experiment durchgeführt. Die Wahrscheinlichkeit für den Erfolg ist p mit $0 < p < 1$. Das Experiment wird n-mal wiederholt. Die Werte der Zufallsvariablen X geben die Anzahl der Erfolge an. E bezeichnet den Erwartungswert, V die Varianz und σ die Standardabweichung.

1 Kreuzen Sie an, ob die folgenden Aussagen zutreffen oder nicht. (D)

	richtig	falsch
$E(X) = \sqrt{n \cdot p}$		
$V(X) = n \cdot p \cdot (1-p)$		
$P(X = 0) = 0$		
$P(X = 1) = p$		
$P(X = n) = (1-p)^n$		

2 Stellen Sie falsch angegebene Terme richtig. (A)

Übung 18.4.13

digi.study/bm-k184a13

Aus der angefügten Tabelle kann man die durchschnittliche Zahl an Regentagen in Steyr (Oberösterreich) in den Sommermonaten Juni bis September ablesen.

Monat	durchschnittliche Anzahl der Regentage
Juni	16,8
Juli	15,3
August	17,1
September	12,9

Sie verbringen im Monat Juli Ihren Sommerurlaub in Steyr und bleiben 6 Tage.

1 Berechnen Sie die Wahrscheinlichkeit, dass während Ihres Sommerurlaubes nicht mehr als ein Regentag vorkommt. (B)

Sie bezahlen in einem bestimmten Hotel für die Übernachtung mit Frühstück € 82,00. Für den Monat August bietet das Hotel ein besonderes Angebot an: Fällt in den Urlaub ein Regentag, dann bezahlen Sie für diesen Tag nur die Hälfte des sonst üblichen Preises. Der Hotelier möchte aber mit dieser Aktion den durchschnittlichen Zimmerpreis von € 82,00 halten und setzt deshalb für den Monat August die offiziellen Zimmerpreise hinauf.

2 Berechnen Sie, wie hoch der neue Zimmerpreis unter diesen Bedingungen angesetzt werden muss. (B)

Die folgende Grafik zeigt die durchschnittliche Zahl an täglichen Sonnenstunden während eines Jahres in Steyr.

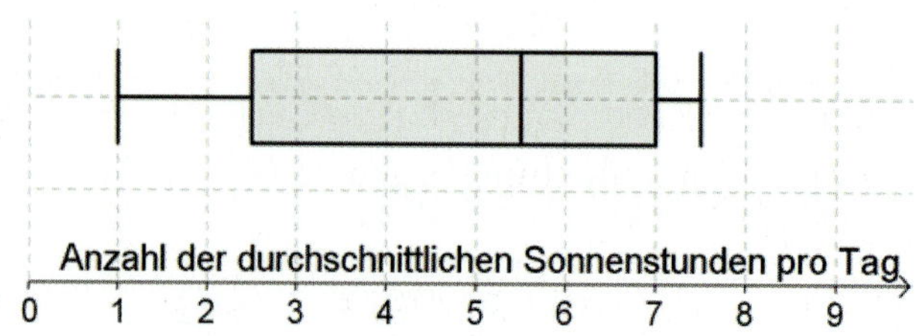

3 Lesen Sie aus diesem Boxplot die folgenden statistischen Kennzahlen ab: Spannweite, Median, unteres Quartil, oberes Quartil, Minimum, Maximum. (C)

Übung 18.4.14
digi.study/bm-k184a14

In einer öffentlichen Lotterie werden Lose zum Preis von € 1,50 angeboten. Die folgende Tabelle weist die Höhe und die Anzahl der Gewinne aus:

Höhe eines Gewinnes in €	100.000	10.000	1.000	500	100	10	2	1
Anzahl	4	9	55	110	2 122	35 000	350 000	1 350 000

Insgesamt wurden 5,5 Millionen Lose ausgegeben.

Herr Maier kauft ein Los.

1 Berechnen Sie die Wahrscheinlichkeit, dass er einen Gewinn in der Höhe von € 1 erzielt. (B)

2 Berechnen Sie die Wahrscheinlichkeit, dass er einen höheren Gewinn erzielt, als der Preis seines Loses ausmachte. (B)

Sein Freund möchte unbedingt den Höchstpreis mit € 100.000 gewinnen. Er ist der Überzeugung, dies durch den Kauf von vielen Losen zu erreichen.

3 Argumentieren Sie, wie viele Lose der Freund kaufen müsste, um sicher einen Höchstpreis zu gewinnen. (D)

Bei besonderen Veranstaltungen stellt die Casino-AG ein sogenanntes Glücksrad auf. Es besteht aus 80 Gewinnfeldern. Insgesamt 3 dieser Felder zeigen den Hauptgewinn an. Kauft man ein Los, so ist die Chance, das Glücksrad drehen zu dürfen $\frac{1}{5}$. Sie kaufen ein solches Los.

4 Dokumentieren Sie, wie man die Wahrscheinlichkeit für den Hauptgewinn berechnen kann. (C)

Die Wahrscheinlichkeit, dass eine Person beim Glücksrad € 5.000 gewinnt, beträgt 9,5 %.

5 Berechnen Sie, wie viele Personen am Glücksrad drehen müssen, um mit mindestens 90%iger Wahrscheinlichkeit mindestens ein Mal diesen Betrag zu gewinnen. (B)

Übung 18.4.15
digi.study/bm-k184a15

Aus einer Gruppe von 21 Kursteilnehmern/Kursteilnehmerinnen sollen Teams gebildet werden.

Ergänzen Sie die Textlücken im folgenden Satz durch Ankreuzen der jeweils richtigen Satzteile so, dass eine mathematisch korrekte Aussage entsteht.

Der Binomialkoeffizient $\binom{21}{3}$ gibt an, ____**1**____; sein Wert beträgt ____**2**____.

1	
wie viele der 21 Kursteilnehmer/innen in einem Team sind, wenn man drei gleiche große Teams bildet	☐
wie viele verschiedene Möglichkeiten es gibt, aus den 21 Kursteilnehmern/Kursteilnehmerinnen ein Dreierteam auszuwählen	☐
auf wie viele Arten drei unterschiedliche Aufgaben auf drei Mitglieder der Gruppe aufgeteilt werden können	☐

2	
7	☐
1 330	☐
7 980	☐

ERKLÄR-VIDEO

digi.study/bm-k185

18.5 Normalverteilung (Deskriptor 5.6)

Kann eine Zufallsvariable alle Werte in einem Intervall annehmen, so nennt man sie **stetig verteilt**. Wie im diskreten Fall betrachtet man die zugehörige Verteilungsfunktion:

$$F\colon \mathbb{R} \to [0,1]: \qquad x \mapsto P(X \leq x)$$

Diese Funktion F kann aber im Allgemeinen nicht mehr durch Summenbildung einer Wahrscheinlichkeitsdichte erhalten werden. Stattdessen lässt sie sich oft als Stammfunktion einer Funktion f definieren, die ebenfalls Wahrscheinlichkeitsdichte genannt wird:

$$F(x) = \int_{-\infty}^{x} f(t)\,\mathrm{d}t$$

Als grafische Darstellung dieser Wahrscheinlichkeitsdichte eignet sich das Stabdiagramm nicht mehr. Statt dessen entsprechen die Wahrscheinlichkeiten dem Inhalt der Fläche zwischen dem Graphen von f und der x-Achse.

Formel

Bei der **Normalverteilung** ist die Wahrscheinlichkeitsdichte durch die folgende Funktionsgleichung (= Dichtefunktion) gegeben ($x \in \mathbb{R}$):

$$\varphi(x) = \frac{1}{\sigma \cdot \sqrt{2\pi}} \cdot \mathrm{e}^{-\frac{1}{2} \cdot \left(\frac{x-\mu}{\sigma}\right)^2}$$

Der Graph dieser Funktion φ heißt **Gaußsche Glockenkurve**.

Formel

Eine Zufallsvariable X, deren Wahrscheinlichkeitsdichte durch die Gaußsche Glockenkurve mit den Parametern μ und σ festgelegt ist, heißt **normalverteilt** mit den Parametern μ und σ.

Die Wahrscheinlichkeitsverteilung bezeichnet man als Normalverteilung mit μ und σ.

μ ist der **Erwartungswert**, σ ist die **Standardabweichung**.

Dieser Graph verläuft symmetrisch zur Geraden $x = \mu$ und hat zwei Wendestellen bei $x_1 = \mu - \sigma$ und $x_2 = \mu + \sigma$.

Beispiel 18.5.01:

Es gibt 3 Varianten von Normalverteilungsaufgaben:

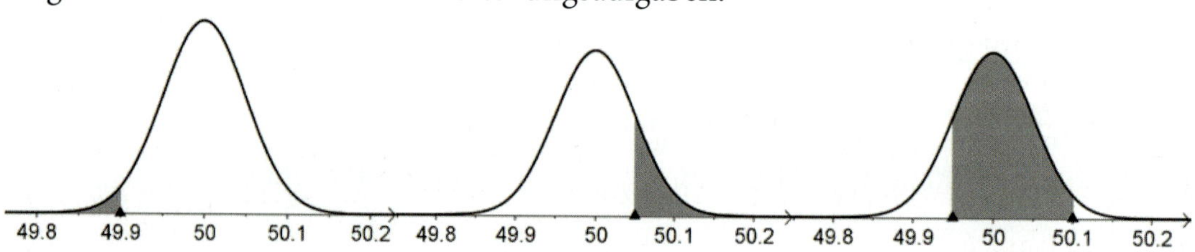

$P(X \leq a)$ $\qquad$ $P(X \geq a)$ $\qquad$ $P(a \leq X \leq b)$

Merke

Beachten Sie: $P(X = a) = 0$; $P(X < a) = P(X \leq a)$

Beispiel 18.5.02:

Eine Maschine füllt Marmelade in Gläser. Das Füllgewicht = Masse ist normalverteilt mit $\mu = 520$ g und $\sigma = 15$ g. Auf den Etiketten der Gläser steht: Füllgewicht 500 g.

digi.study/bm-k185b2

1 Berechnen Sie die Wahrscheinlichkeit, dass ein zufällig der Produktion entnommenes Glas weniger Masse hat als auf dem Etikett steht. (B)

2 Berechnen Sie die Wahrscheinlichkeit, dass ein zufällig der Produktion entnommenes Glas mehr als 510 g Masse hat. (B)

3 Berechnen Sie die Wahrscheinlichkeit, dass die Masse eines zufällig der Produktion entnommenen Glases zwischen 489 g und 555 g liegt. (B)

Das Unternehmen möchte höchstens 3 % untergewichtige Marmeladengläser (Ausschuss) haben.

4 Berechnen Sie, bei welcher Masse der Marmeladengläser dies der Fall wäre und überprüfen Sie, ob das bei diesen Maschineneinstellungen möglich ist. (B)

5 Interpretieren Sie die folgende Grafik in diesem Sachzusammenhang:

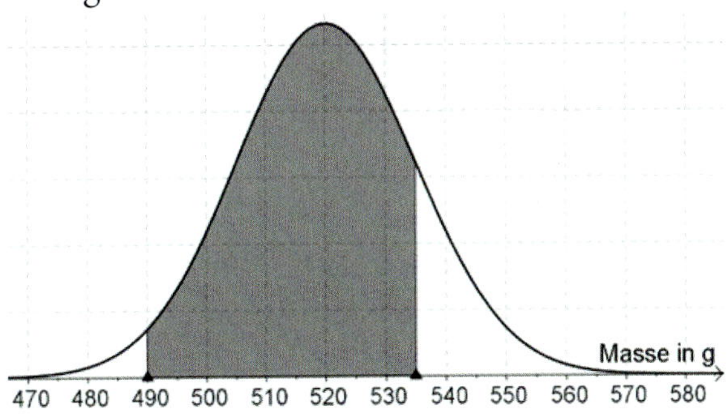

6 Berechnen Sie, auf welches μ die Maschine bei gleich bleibendem σ eingestellt werden muss, damit nur mehr 2 % der Gläser untergewichtig sind. (B)

Lösung:

Die Wahrscheinlichkeiten kann man mit dem Taschenrechner berechnen:
DISTR»2:normalcdf (Untergrenze, Obergrenze, μ, σ)

1 $P(X < 500) =$ DISTR»2:normalcdf$(-10^{99}, 500, 520, 15) = 0{,}091\,21 \approx 9{,}12\,\%$ -10^{99} steht für $-\infty$ und wird beim TR eingegeben mit: [(-)] EE99, wobei der Befehl EE mit [2nd] [,] ausgewählt wird.

2 $P(X > 510) =$ DISTR»2:normalcdf$(510, 10^{99}, 520, 15) = 0{,}747\,507 \approx 74{,}75\,\%$

3 $P(489 \leq X \leq 555) =$ DISTR»2:normalcdf$(489, 555, 520, 15) = 0{,}970\,80 \approx 97{,}08\,\%$

4 Zur Berechnung der Masse verwendet man die inverse Normalverteilung, da man weiß, dass die gefärbte Fläche den Wert 0,03 hat und die rechte Grenze der Fläche unbekannt ist.

DISTR»3:invNorm$(\frac{3}{100}, 520, 15) = 491{,}788\,09\ldots \approx 491{,}79$ g

3 % aller Gläser haben eine Masse unter 491,79 g.

Die folgende Grafik veranschaulicht die Situation:

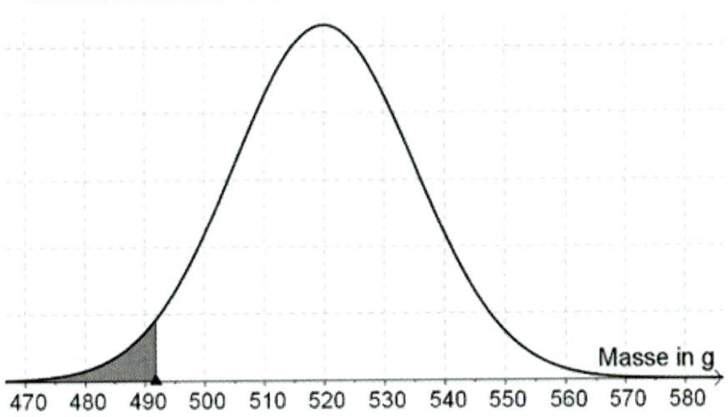

Dieser Ausschusswert von 3% ist nicht möglich, da der errechnete Massenwert von 491,79 g unter der Füllmenge von 500 g liegt.

5 Interpretation der gegebenen Grafik (Angabe):

Der gefärbte Flächeninhalt gibt die Wahrscheinlichkeit an, dass ein zufällig der Produktion entnommenes Glas eine Masse zwischen 490 g und 535 g hat.

6 Berechnung des neuen μ: $P(X \leq 500) = 0{,}02$; weil das μ nicht bekannt ist, löst man die Gleichung mit dem Gleichungslöser:

MATH »0:Solver»…2:normalcdf$(-10^{99}, 500, X, 15) - 0{,}02$…»Startwert»Solve

Als Lösung für das neue μ erhält man den Wert: $\mu = 530{,}806\ldots \approx 530{,}81$ g

ERKLÄR-VIDEO
digi.study/bm-k185b3

Beispiel 18.5.03:

Eine Maschine schneidet Holzlatten der Länge $\mu = 80$ cm ab. Die Längen der Latten sind annähernd normalverteilt mit der Standardabweichung $\sigma = 1$ cm.

1 Berechnen Sie die Wahrscheinlichkeit, dass die Länge einer zufällig der Produktion entnommenen Latte im Intervall $[\mu - \sigma; \mu + \sigma]$ liegt. (B)

2 Berechnen Sie die Wahrscheinlichkeit, dass die Länge einer zufällig der Produktion entnommenen Latte im Intervall $[\mu - 2\sigma; \mu + 2\sigma]$ liegt. (B)

3 Berechnen Sie die Wahrscheinlichkeit, dass die Länge einer zufällig der Produktion entnommenen Latte im Intervall $[\mu - 3\sigma; \mu + 3\sigma]$ liegt. (B)

Lösung:

1 $P(79 < X < 81) =$ DISTR»2:normalcdf(79,81,80,1) $= 0{,}682\,68\ldots \approx 68{,}27\,\%$

2 $P(78 < X < 82) =$ DISTR»2:normalcdf(78,82,80,1) $= 0{,}954\,49\ldots \approx 95{,}45\,\%$

3 $P(77 < X < 83) =$ DISTR»2:normalcdf(77,83,80,1) $= 0{,}997\,30\ldots \approx 99{,}73\,\%$

Bemerkung:

Analog gilt für jede normalverteilte Zufallsgröße mit beliebigen μ und σ:

$P(\mu - \sigma < X < \mu + \sigma) = 68{,}27\,\%$

$P(\mu - 2\sigma < X < \mu + 2\sigma) = 95{,}45\,\%$

$P(\mu - 3\sigma < X < \mu + 3\sigma) = 99{,}73\,\%$

Übung 18.5.01

digi.study/bm-k185a1

Nach dem österreichischen Lebensmittelgesetz sollen Semmeln eine Masse von 50 g haben. Die Masse der von einer Maschine erzeugten Semmeln kann als normalverteilt mit dem Erwartungswert $\mu = 50$ g und der Standardabweichung $\sigma = 2$ g betrachtet werden.

1 Berechnen Sie, wie viel Prozent der Semmeln höchstens 47 g wiegen. (B)

2 Interpretieren Sie in diesem Zusammenhang die folgende Grafik: (C)

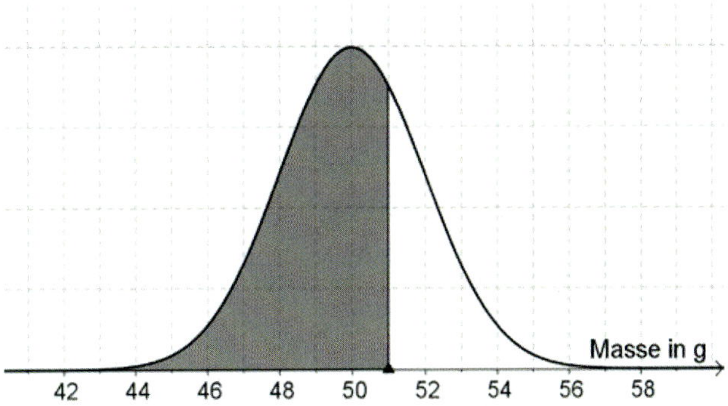

Semmeln, deren Masse über 52 g wiegen, werden dem Sozialmarkt zur Verfügung gestellt.

Im Zeitraum von einer Woche erhält der Sozialmarkt ungefähr 950 Semmeln.

3 Dokumentieren Sie, wie man berechnen kann, wie viele Semmeln diese Maschine in einer Woche produziert. (C)

Übung 18.5.02

digi.study/bm-k185a2

Man kann davon ausgehen, dass der Prozentanteil an Wählerstimmen für eine Partei S normalverteilt mit dem Erwartungswert $\mu = 32$ % und einer Standardabweichung von $\sigma = 4{,}35$ % ist.

Anita stellt folgende Behauptungen auf:

Behauptung 1: Die Partei S erhält mindestens 35 % der Stimmen.

Behauptung 2: Die Partei S erhält höchstens 35 % der Stimmen.

1 Erklären Sie, warum die beiden Behauptungen dieselbe Wahrscheinlichkeit haben. (D)

2 Berechnen Sie, mit welcher Wahrscheinlichkeit der Stimmenanteil für die Partei S zwischen 27 % und 35,5 % liegt. (B)

3 Interpretieren Sie die folgende Grafik im Sachzusammenhang: (C)

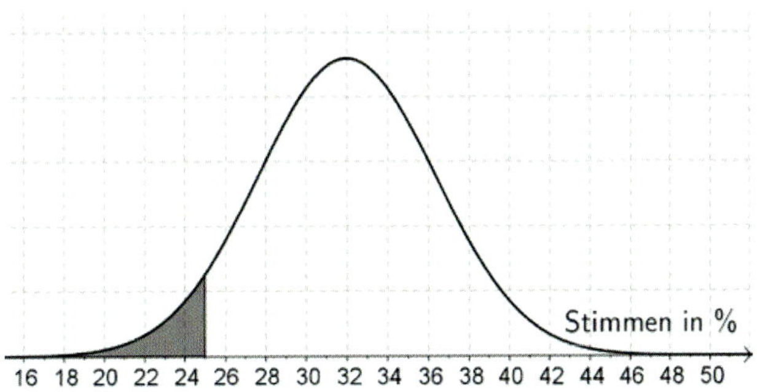

Übung 18.5.03

digi.study/bm-k185a3

Die Größe von 18-jährigen Burschen ist annähernd normalverteilt mit dem Erwartungswert $\mu = 180$ cm und der Standardabweichung von $\sigma = 6$ cm.

1 Überprüfen Sie, ob 68 % aller 18-jährigen Burschen eine Größe zwischen 174 cm und 186 cm haben. (D)

2 Berechnen Sie jenes symmetrische Intervall um den Erwartungswert μ, in welchem die Größe von 85 % aller 18-jährigen Burschen liegt. (B)

3 Interpretieren Sie, welche Bedeutung die gefärbte Fläche in diesem Zusammenhang hat. (C)

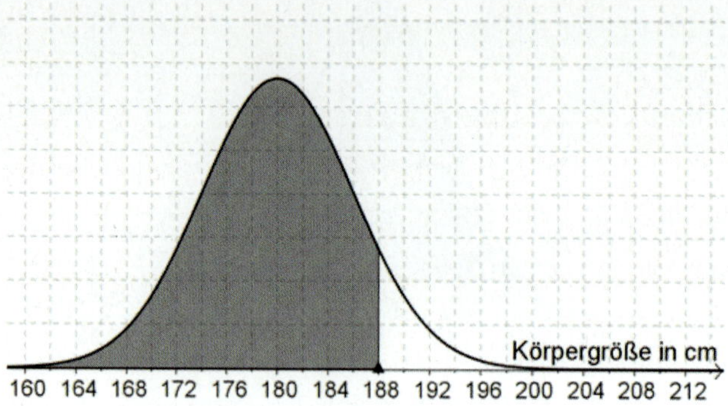

Übung 18.5.04

digi.study/bm-k185a4

Eine jugendliche Fußballmannschaft trainiert unter zwei verschiedenen Bedingungen: Eine Gruppe trainiert in Spanien am Meer, die andere Gruppe in einem Höhentrainingslager.

Nach dem Trainingslager absolvieren beide Gruppen einen Dauerlauf. Die statistische Auswertung der Zeiten ist in den beiden Boxplot-Diagrammen dargestellt:

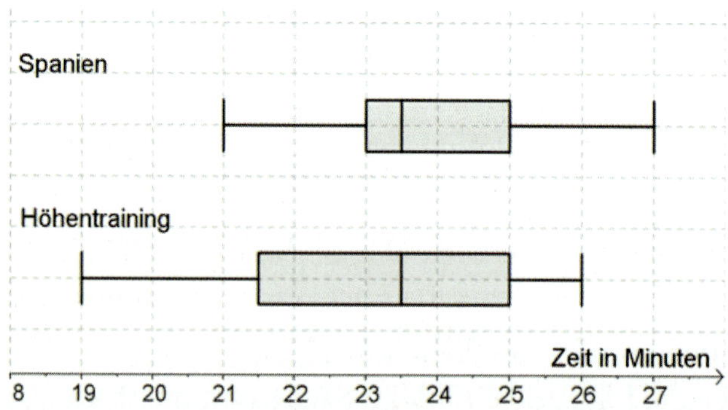

1 Vergleichen Sie die Ergebnisse in Bezug auf den schnellsten Läufer und die Spannweite. (C)

Ein Teilnehmer am Höhentraining behauptet: „Ungefähr 50 % sind schneller als 23,5 Minuten gelaufen."

2 Überprüfen Sie mithilfe des passenden Boxplots, ob die Behauptung richtig ist. (D)

Das arithmetische Mittel und der Median sind statistische Zentralmaße.

3 Erklären Sie allgemein den Unterschied zwischen den beiden Zentralmaßen, indem Sie insbesondere auf die Berechnung und den Einfluss von Ausreißern eingehen. (D)

Fortsetzung Übung 18.5.04

Die Aufzeichnungen bei den täglichen Trainingsläufen über 100 m können als annähernd normalverteilt betrachtet werden. Der Erwartungswert liegt bei $\mu = 12{,}01$ Sekunden, die Standardabweichung bei $\sigma = 0{,}35$ Sekunden.

4 Bestimmen Sie jene Zeit, die man höchstens laufen durfte, um zu den besten 8 % der Gruppe zu gehören. (B)

5 Stellen Sie die folgende Wahrscheinlichkeit grafisch dar: $P(11{,}5 \leq X \leq 12{,}75)$ (A)

Übung 18.5.05

digi.study/bm-k185a5

Bei der automatischen Verpackung von Eiern werden 3,5 % beschädigt.

1 Berechnen Sie, wie groß die Wahrscheinlichkeit ist, dass auf einem Tablett mit 30 Eiern genau 5 beschädigt sind. (B)

2 Schreiben Sie jene Formel an, mit welcher man berechnen kann, wie groß die Wahrscheinlichkeit ist, dass auf einem Tablett mit 30 Eiern höchstens 2 beschädigt sind. (A)

3 Begründen Sie, mit welcher Wahrscheinlichkeitsverteilung Sie diese Aufgabenstellungen gelöst haben. (D)

Übung 18.5.06

digi.study/bm-k185a6

In einer Urne befinden sich 20 Kugeln; 6 davon sind weiß, der Rest ist blau. Es sollen fünf Kugeln gezogen werden.

Für die Berechnung der Wahrscheinlichkeit, dass unter den fünf gezogenen Kugeln genau zwei weiße sind, haben zwei Schülerinnen folgende Ansätze geschrieben:

Ansatz A: $P(X = 2) = \binom{5}{2} \cdot 0{,}3^2 \cdot 0{,}7^3$

Ansatz B: $P(X = 2) = \dfrac{\binom{6}{2} \cdot \binom{14}{3}}{\binom{20}{5}}$

1 Erklären Sie, welcher Ansatz zum Ziehen ohne Zurücklegen passt. (D)

2 Entscheiden Sie, welcher Ansatz zum Ziehen mit Zurücklegen passt. (D)

3 Interpretieren Sie die Bedeutung der Ausdrücke $\binom{5}{2}$; $0{,}3^2$; $0{,}7^3$ aus dem Ansatz A. (C)

Übung 18.5.07

digi.study/bm-k185a7

Die Wahrscheinlichkeit, dass bei einer Geburt das Kind ein Mädchen ist, ist $p = 0{,}5$.

1 Berechnen Sie, wie groß die Wahrscheinlichkeit ist, dass es in einer Familie mit vier Kindern 0, 1, 2, 3 beziehungsweise 4 Mädchen gibt. (B)

Unter 200 Familien mit je vier Kindern wurde die Anzahl der Töchter festgestellt und nebenstehendes Ergebnis protokolliert:

Anzahl der Töchter	0	1	2	3	4
Anzahl der Familien	15	63	66	47	9

2 Berechnen Sie die relativen Häufigkeiten der Anzahl der Töchter in den Familien. (B)

3 Vergleichen Sie die relativen Häufigkeiten mit den Wahrscheinlichkeiten. (C)

4 Begründen Sie, warum sich die relativen Häufigkeiten zum Teil wesentlich von den prognostizierten Werten unterscheiden. (D)

Übung 18.5.08

digi.study/bm-k185a8

Äpfel sind hinsichtlich ihrer Masse annähernd normalverteilt mit $\mu = 200$ g und $\sigma = 50$ g.

Äpfel, die weniger als 150 g wiegen, werden als „zu klein" und damit nicht als Speiseobst zum Verkauf zugelassen. Die übrigen Äpfel werden in die Kategorien „Standard" und „Extragroß" so eingeteilt, dass der Anteil von beiden gleich groß ist.

1 Berechnen Sie die Wahrscheinlichkeit, dass die Äpfel zu klein sind und damit nicht verkauft werden können. (B)

2 Berechnen Sie, bei welcher Masse die Grenze zwischen „Standard" und „Extragroß" liegt. (B)

3 Interpretieren Sie in diesem Kontext die unten stehende Grafik: (C)

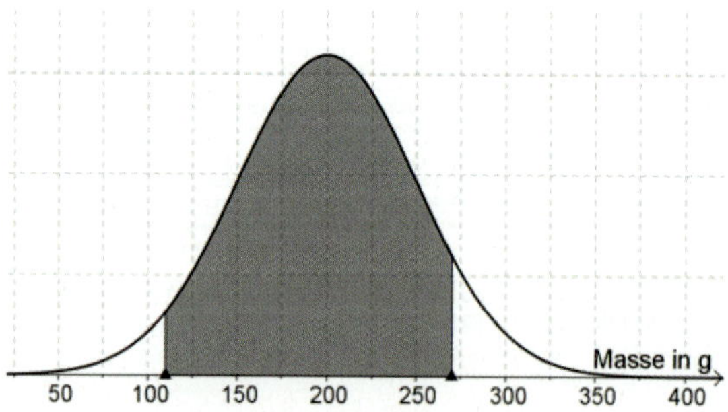

Übung 18.5.09

digi.study/bm-k185a9

In einer Stadt fahren täglich ungefähr 30 000 Personen mit der Straßenbahn. Durchschnittlich werden täglich 1 000 Personen kontrolliert, ob sie einen gültigen Fahrschein besitzen. Dabei wird festgestellt, dass 60 der kontrollierten Personen keinen gültigen Fahrschein haben. Jede/r ertappte Schwarzfahrer/in muss € 40,00 Strafe bezahlen und einen Fahrschein lösen.

1 Berechnen Sie, wie hoch der durchschnittliche Verlust für die Verkehrsbetriebe durch Schwarzfahrer/innen in einem Jahr (365 Tage) ist, wenn ein Fahrschein € 1,90 kostet. (B)

Übung 18.5.10

digi.study/bm-k185a10

Ein Glücksspielgerät besteht aus einer Kugeltrommel mit angebauter Kugelrinne. Die Trommel enthält eine rote, zwei schwarze und fünf weiße Kugeln. Durch Drehen der Trommel werden die Kugeln gemischt. Ein Greifarm entnimmt eine Kugel und setzt sie in die Kugelrinne. Bei einer Ziehung werden Kugeln nacheinander entnommen und in dieser Reihenfolge in die Rinne gelegt. Eine Ziehung endet, wenn die rote Kugel entnommen wird, spätestens jedoch nach der dritten Kugel.

1 Berechnen Sie die Wahrscheinlichkeiten folgender Ereignisse bei einer Ziehung: (B)

A: Die Ziehung endet nach zwei Kugeln.

B: Die beiden ersten Kugeln schwarz sind.

C: Es werden drei verschiedenfarbige Kugeln entnommen.

Eine Ziehung wurde durch die Entnahme der roten Kugel beendet.

2 Berechnen Sie, mit welcher Wahrscheinlichkeit drei Kugeln entnommen wurden. (B)

Lea und Tim vereinbaren für ein Spiel folgende Regeln:

Tim zahlt einen Einsatz von 10 Cent und führt eine Ziehung durch. Endet die Ziehung nach der ersten Kugel, erhält Tim 10 Cent. Ist die erste Kugel weiß und die zweite Kugel rot, bekommt er 40 Cent. Werden drei verschiedenfarbige Kugeln entnommen, erhält er a Cent.

In allen anderen Fällen erhält er nichts.

3 Berechnen Sie, wie a gewählt werden muss, damit das Spiel fair ist. (B)

19 Anhang: Taschenrechnerbefehle TI-82 STATS

Beispiele	Befehlsbaum	Eingabe
$4^2 - (-3) =$	4²-(-)3» ENTER	4 ^ 2 – (-) 3 ENTER
$\sqrt[5]{3} =$	3^(1/5)» ENTER	3 ^ (1 ÷ 5) ENTER
$3{,}4 \cdot 10^{-7}$ eingeben	3,4»EE» -7	3 , 4 2nd , (-) 7 ENTER
Zahl speichern auf A	Zahl» STO► »A	Zahl STO► ALPHA MATH
3.letzten Befehl hervorholen	Entry»Entry»Entry	2nd ENTER 2nd ENTER 2nd ENTER
0,333333333333 = Bruch	0,333333333333» MATH »1:Frac	0.333333333333 MATH 1 ENTER
Grundeinstellungen z.B.:DEG	MODE »DEGREE» ENTER »QUIT	MODE » ► ▼ …» ENTER » 2nd MODE
$3x - 2 = 5$ lösen	MATH »0:Solver»Eingabefenster» 3X-2-5»Berechnungsfenster»Solver	MATH 0 ▲ 3 X,T,Θ – 2 – 5 ▼Startwert ALPHA ENTER
$f(x) = 2x - 1$ eintippen	Y= »Y1=2x-1	Y= 2 X,T,Θ – 1
Y1 inaktiv	Cursor aufs Gleichzeichen» ENTER	► ▼ …» ENTER
Graph	GRAPH	GRAPH
Graph-Einstellung	WINDOW »…»QUIT Ymax Xmin <------+------->Xmax Ymin	WINDOW … 2nd MODE
Tabelle	TABLE	2nd GRAPH ▼ …
Tabelleneinstellung	TBLSET»… TblStart= …1. *x*-Stelle ΔTbl= … Abstand zweier *x*-Stellen	2nd WINDOW … 2nd MODE
y-Wert ermitteln	CALC»1:value»X=…	2nd TRACE 1 x eingeben ENTER
Nullstelle ermitteln Tiefpunkt ermitteln Hochpunkt ermitteln	CALC»2:zero»… CALC»3:minimum»… CALC»4:maximum»…	2nd TRACE 2 bzw. 3 bzw. 4 Left Bound? …◄… ENTER Right Bound? …►… ENTER Guess? … ENTER
Integral ermitteln	CALC»7:∫f(x)dx »…	2nd TRACE 7 Untergrenze eingeben ENTER Obergrenze eingegen ENTER
Schnittpunkt	Y= »Y1=… und Y2=…» CALC»5:intersect»…	Y= Y1 Eingabe ENTER Y2 Eingabe 2nd TRACE 5 ◄ ► … zum Schnittpunkt First curve? … ENTER Second curve?… ENTER

Y1 Belegung nutzen z.B.:Y3=Y1-Y2	VARS »Y-Vars»1:Function»1:Y1 Y= »Y3=Y1-Y2…	Y= VARS ► 1 1 Y=… VARS ► 1 1 – VARS ► 1 2
Tangente	DRAW»5:Tangent»X=Zahl	2nd PRGM Zahl ENTER
Tangente löschen	DRAW»1:ClrDraw	2nd PRGM 1
Gleichungssystem lösen	MATRX »EDIT»1:[A]»Werte…»QUIT MATRX »CALC» B:rref MATRX »1:[A]»…	MATRX ► ► 1 Werte… 2nd MODE MATRX ► ALPHA MATRX MATRX 1) ENTER
Statistikwerte Eingabe: 1 Spalte	STAT »1:Edit»L1 … STAT »CALC»1:1-VarStats» ENTER	STAT 1 L1-Werte… STAT ► 1 ENTER
Statistikwerte Eingabe: 2 Spalten	STAT »1:Edit»L1 …»L2 … STAT »CALC»1:1-VarStats L1,L2» ENTER	STAT 1 L1-Werte…L2-Werte… STAT ► 1 2nd 1 , 2nd 2 ENTER
$\binom{7}{6}$	7» MATH »PRB»3:nCr»6	7 MATH ► ► ► 3 6 ENTER
Binomialverteilung $P(X = k)$	DISTR»0:binompdf(n,p,k)	2nd VARS 0 n , p , k) ENTER
$P(X \leq k)$	DISTR»A:binomcdf(n,p,k)	2nd VARS ALPHA MATH n , p , k) ENTER
Normalverteilung $P(X \leq k)$, $P(X \geq k)$	DISTR» 2:normalcdf(Untergr,Obergr,μ,σ)	2nd VARS 2 Untergr , Obergr , μ , σ) ENTER
$P(X \leq k)$ = Wert	DISTR»3:invNorm(Wert,μ,σ)	2nd VARS 3 Wert , μ , σ) ENTER

20 Stichwortverzeichnis